环境监测水质样品采集、运输、保存标准方法实用手册

地表水

辽宁省生态环境监测中心　编

中国环境出版集团·北京

图书在版编目（CIP）数据

环境监测水质样品采集、运输、保存标准方法实用手册. 地表水/辽宁省生态环境监测中心编. —北京：中国环境出版集团，2020.7

ISBN 978-7-5111-4387-7

Ⅰ.①环… Ⅱ. ①辽… Ⅲ. ①地面水－水质监测－手册 Ⅳ. ①X832-62

中国版本图书馆 CIP 数据核字（2020）第 139898 号

出 版 人 武德凯
责任编辑 黄 颖 金捷霆
责任校对 任 丽
封面设计 宋 瑞

出版发行 中国环境出版集团
（100062 北京市东城区广渠门内大街 16 号）
网 址：http://www.cesp.com.cn
电子邮箱：bjgl@cesp.com.cn
联系电话：010-67112765（编辑管理部）
010-67147349（第四分社）
发行热线：010-67125803，010-67113405（传真）
印 刷 北京中科印刷有限公司
经 销 各地新华书店
版 次 2020 年 7 月第 1 版
印 次 2020 年 7 月第 1 次印刷
开 本 880×1230 1/16
印 张 30
字 数 790 千字
定 价 280.00 元（全四册）

编 委 会

目 录

一、相关标准和规范

（一）环境质量标准

序号	标准名称	标准编号	发布时间	实施时间
1	地表水环境质量标准	GB 3838—2002	2002-04-28	2002-06-01
2	食用农产品产地环境质量评价标准	HJ/T 332—2006	2006-11-17	2007-02-01
3	温室蔬菜产地环境质量评价标准	HJ/T 333—2006	2006-11-17	2007-02-01

（二）监测规范

序号	标准名称	标准编号	发布时间	实施时间
1	地表水和污水监测技术规范	HJ/T 91—2002	2002-12-25	2003-01-01
2	地表水自动监测技术规范（试行）	HJ 915—2017	2017-12-28	2018-04-01
3	环境二噁英类监测技术规范	HJ 916—2017	2017-12-28	2018-04-01
4	环境中有机污染物遗传毒性检测的样品前处理规范	GB/T 15440—1995	1995-03-25	1995-08-01
5	地震灾区地表水环境质量与集中式饮用水水源监测技术指南（暂行）	环境保护部公告 2008 年　第 14 号	2008-05-20	2008-05-20
6	地表水环境质量评价办法（试行）	环境保护部 环办〔2011〕22 号	2011-03-09	2011-03-09

（三）监测方法

1．样品采集、运输与保存

序号	标准名称	标准编号	发布时间	实施时间
1	水质　样品的保存和管理技术规定	HJ 493—2009	2009-09-27	2009-11-01
2	水质　采样技术指导	HJ 494—2009	2009-09-27	2009-11-01
3	水质　采样方案设计技术规定	HJ 495—2009	2009-09-27	2009-11-01
4	水质　湖泊和水库采样技术指导	GB/T 14581—1993	1993-08-14	1994-04-01
5	水质　河流采样技术指导	HJ/T 52—1999	1999-08-18	2000-01-01
6	水质　金属总量的消解　硝酸消解法	HJ 677—2013	2013-11-21	2014-02-01
7	水质　金属总量的消解　微波消解法	HJ 678—2013	2013-11-21	2014-02-01

2．检测方法

序号	项目	标准名称	标准编号	发布时间	实施时间
1	1,1,1,2-四氯乙烷	水质　挥发性有机物的测定　吹扫捕集/气相色谱-质谱法	HJ 639—2012	2014-01-13	2014-04-01
		水质　挥发性有机物的测定　顶空/气相色谱-质谱法	HJ 810—2016	2012-12-03	2013-03-01
		生活饮用水标准检验方法　有机物指标（附录 A 吹脱捕集/气相色谱-质谱法测定挥发性有机化合物）	GB/T 5750.8—2006（附录 A）	2006-12-29	2007-07-01

序号	项目	标准名称	标准编号	发布时间	实施时间
2	1,1,1-三氯乙烷	水质　挥发性有机物的测定　吹扫捕集/气相色谱-质谱法	HJ 639—2012	2014-01-13	2014-04-01
		水质　挥发性有机物的测定　顶空/气相色谱-质谱法	HJ 810—2016	2012-12-03	2013-03-01
		生活饮用水标准检验方法　有机物指标（附录 A 吹脱捕集/气相色谱-质谱法测定挥发性有机化合物）	GB/T 5750.8—2006（附录 A）	2006-12-29	2007-07-01
3	1,1,2,2-四氯乙烷	水质　挥发性有机物的测定　吹扫捕集/气相色谱-质谱法	HJ 639—2012	2014-01-13	2014-04-01
		水质　挥发性有机物的测定　顶空/气相色谱-质谱法	HJ 810—2016	2012-12-03	2013-03-01
		生活饮用水标准检验方法　有机物指标（附录 A 吹脱捕集/气相色谱-质谱法测定挥发性有机化合物）	GB/T 5750.8—2006（附录 A）	2006-12-29	2007-07-01
4	1,1,2-三氯乙烷	水质　挥发性有机物的测定　吹扫捕集/气相色谱-质谱法	HJ 639—2012	2014-01-13	2014-04-01
		水质　挥发性有机物的测定　顶空/气相色谱-质谱法	HJ 810—2016	2012-12-03	2013-03-01
		生活饮用水标准检验方法　有机物指标（附录 A 吹脱捕集/气相色谱-质谱法测定挥发性有机化合物）	GB/T 5750.8—2006（附录 A）	2006-12-29	2007-07-01
5	1,1-二氯丙烯	水质　挥发性有机物的测定　吹扫捕集/气相色谱-质谱法	HJ 639—2012	2014-01-13	2014-04-01
		水质　挥发性有机物的测定　顶空/气相色谱-质谱法	HJ 810—2016	2012-12-03	2013-03-01
		生活饮用水标准检验方法　有机物指标（附录 A 吹脱捕集/气相色谱-质谱法测定挥发性有机化合物）	GB/T 5750.8—2006（附录 A）	2006-12-29	2007-07-01
6	1,1-二氯乙烷	生活饮用水标准检验方法　有机物指标（吹脱捕集气相色谱法）	GB/T 5750.8—2006（5.1）	2006-12-29	2007-07-01
		生活饮用水标准检验方法　有机物指标（附录 A 吹脱捕集/气相色谱-质谱法测定挥发性有机化合物）	GB/T 5750.8—2006（附录 A）	2006-12-29	2007-07-01
7	1,1-二氯乙烯	水质　挥发性有机物的测定　吹扫捕集/气相色谱法	HJ 686—2014	2014-01-13	2014-04-01
		水质　挥发性有机物的测定　吹扫捕集/气相色谱-质谱法	HJ 639—2012	2012-12-03	2013-03-01
		水质　挥发性有机物的测定　顶空/气相色谱-质谱法	HJ 810—2016	2016-07-26	2016-10-01
		水质　挥发性卤代烃的测定　顶空气相色谱法	HJ 620—2011	2011-09-01	2011-11-01
		生活饮用水标准检验方法　有机物指标（吹脱捕集气相色谱法）	GB/T 5750.8—2006（5.1）	2006-12-29	2007-07-01
		生活饮用水标准检验方法　有机物指标（附录 A 吹脱捕集/气相色谱-质谱法测定挥发性有机化合物）	GB/T 5750.8—2006（附录 A）	2006-12-29	2007-07-01
8	1,2,3,4-四氯苯	水质　氯苯类化合物的测定　气相色谱法	HJ 621—2011	2011-09-01	2011-11-01
		水质　有机氯农药和氯苯类化合物的测定　气相色谱-质谱法	HJ 699—2014	2014-03-31	2014-07-01
9	1,2,3,5-四氯苯	水质　氯苯类化合物的测定　气相色谱法	HJ 621—2011	2011-09-01	2011-11-01
		水质　有机氯农药和氯苯类化合物的测定　气相色谱-质谱法	HJ 699—2014	2014-03-31	2014-07-01

序号	项目	标准名称	标准编号	发布时间	实施时间
10	1,2,3-三氯苯	水质　挥发性有机物的测定　吹扫捕集/气相色谱-质谱法	HJ 639—2012	2014-01-13	2014-04-01
		水质　挥发性有机物的测定　顶空/气相色谱-质谱法	HJ 810—2016	2012-12-03	2013-03-01
		水质　氯苯类化合物的测定　气相色谱法	HJ 621—2011	2011-09-01	2011-11-01
		水质　有机氯农药和氯苯类化合物的测定　气相色谱-质谱法	HJ 699—2014	2014-03-31	2014-07-01
		生活饮用水标准检验方法　有机物指标（附录 A 吹脱捕集/气相色谱-质谱法测定挥发性有机化合物）	GB/T 5750.8—2006（附录 A）	2006-12-29	2007-07-01
11	1,2,3-三氯丙烷	水质　挥发性有机物的测定　吹扫捕集/气相色谱-质谱法	HJ 639—2012	2014-01-13	2014-04-01
		水质　挥发性有机物的测定　顶空/气相色谱-质谱法	HJ 810—2016	2012-12-03	2013-03-01
		生活饮用水标准检验方法　有机物指标（附录 A 吹脱捕集/气相色谱-质谱法测定挥发性有机化合物）	GB/T 5750.8—2006（附录 A）	2006-12-29	2007-07-01
12	1,2,4,5-四氯苯	水质　氯苯类化合物的测定　气相色谱法	HJ 621—2011	2011-09-01	2011-11-01
		水质　有机氯农药和氯苯类化合物的测定　气相色谱-质谱法	HJ 699—2014	2014-03-31	2014-07-01
13	1,2,4-三甲基苯	水质　挥发性有机物的测定　吹扫捕集/气相色谱-质谱法	HJ 639—2012	2014-01-13	2014-04-01
		水质　挥发性有机物的测定　顶空/气相色谱-质谱法	HJ 810—2016	2012-12-03	2013-03-01
		生活饮用水标准检验方法　有机物指标（附录 A 吹脱捕集/气相色谱-质谱法测定挥发性有机化合物）	GB/T 5750.8—2006（附录 A）	2006-12-29	2007-07-01
14	1,2,4-三氯苯	水质　挥发性有机物的测定　吹扫捕集/气相色谱-质谱法	HJ 639—2012	2014-01-13	2014-04-01
		水质　挥发性有机物的测定　顶空/气相色谱-质谱法	HJ 810—2016	2012-12-03	2013-03-01
		水质　氯苯类化合物的测定　气相色谱法	HJ 621—2011	2011-09-01	2011-11-01
		水质　有机氯农药和氯苯类化合物的测定　气相色谱-质谱法	HJ 699—2014	2014-03-31	2014-07-01
		生活饮用水标准检验方法　有机物指标（附录 A 吹脱捕集/气相色谱-质谱法测定挥发性有机化合物）	GB/T 5750.8—2006（附录 A）	2006-12-29	2007-07-01
15	1,2-二氯苯	水质　挥发性有机物的测定　吹扫捕集/气相色谱-质谱法	HJ 639—2012	2014-01-13	2014-04-01
		水质　挥发性有机物的测定　顶空/气相色谱-质谱法	HJ 810—2016	2012-12-03	2013-03-01
		水质　氯苯类化合物的测定　气相色谱法	HJ 621—2011	2011-09-01	2011-11-01
		生活饮用水标准检验方法　有机物指标（附录 A 吹脱捕集/气相色谱-质谱法测定挥发性有机化合物）	GB/T 5750.8—2006（附录 A）	2006-12-29	2007-07-01
16	1,2-二氯丙烷	水质　挥发性有机物的测定　吹扫捕集/气相色谱-质谱法	HJ 639—2012	2014-01-13	2014-04-01
		水质　挥发性有机物的测定　顶空/气相色谱-质谱法	HJ 810—2016	2012-12-03	2013-03-01
		生活饮用水标准检验方法　有机物指标（附录 A 吹脱捕集/气相色谱-质谱法测定挥发性有机化合物）	GB/T 5750.8—2006（附录 A）	2006-12-29	2007-07-01

序号	项目	标准名称	标准编号	发布时间	实施时间
17	1,2-二氯乙烷	水质 挥发性有机物的测定 吹扫捕集/气相色谱法	HJ 686—2014	2014-01-13	2014-04-01
		水质 挥发性有机物的测定 吹扫捕集/气相色谱-质谱法	HJ 639—2012	2012-12-03	2013-03-01
		水质 挥发性有机物的测定 顶空/气相色谱-质谱法	HJ 810—2016	2016-07-26	2016-10-01
		水质 挥发性卤代烃的测定 顶空气相色谱法	HJ 620—2011	2011-09-01	2011-11-01
		生活饮用水标准检验方法 消毒副产物指标（顶空气相色谱法）	GB/T 5750.10—2006（5.1）	2006-12-29	2007-07-01
		生活饮用水标准检验方法 有机物指标（附录 A 吹脱捕集/气相色谱-质谱法测定挥发性有机化合物）	GB/T 5750.8—2006（附录 A）	2006-12-29	2007-07-01
18	1,2-二溴-3-氯丙烷	水质 挥发性有机物的测定 吹扫捕集/气相色谱-质谱法	HJ 639—2012	2014-01-13	2014-04-01
		水质 挥发性有机物的测定 顶空/气相色谱-质谱法	HJ 810—2016	2012-12-03	2013-03-01
		生活饮用水标准检验方法 有机物指标（附录 A 吹脱捕集/气相色谱-质谱法测定挥发性有机化合物）	GB/T 5750.8—2006（附录 A）	2006-12-29	2007-07-01
19	1,2-二溴乙烷	水质 挥发性有机物的测定 吹扫捕集/气相色谱-质谱法	HJ 639—2012	2014-01-13	2014-04-01
		水质 挥发性有机物的测定 顶空/气相色谱-质谱法	HJ 810—2016	2012-12-03	2013-03-01
		生活饮用水标准检验方法 有机物指标（附录 A 吹脱捕集/气相色谱-质谱法测定挥发性有机化合物）	GB/T 5750.8—2006（附录 A）	2006-12-29	2007-07-01
20	1,3,5-三甲基烷	水质 挥发性有机物的测定 吹扫捕集/气相色谱-质谱法	HJ 639—2012	2014-01-13	2014-04-01
		水质 挥发性有机物的测定 顶空/气相色谱-质谱法	HJ 810—2016	2012-12-03	2013-03-01
21	1,3,5-三氯苯	水质 氯苯类化合物的测定 气相色谱法	HJ 621—2011	2011-09-01	2011-11-01
		水质 有机氯农药和氯苯类化合物的测定 气相色谱-质谱法	HJ 699—2014	2014-03-31	2014-07-01
22	1,3-二氯苯	水质 挥发性有机物的测定 吹扫捕集/气相色谱-质谱法	HJ 639—2012	2014-01-13	2014-04-01
		水质 挥发性有机物的测定 顶空/气相色谱-质谱法	HJ 810—2016	2012-12-03	2013-03-01
		水质 氯苯类化合物的测定 气相色谱法	HJ 621—2011	2011-09-01	2011-11-01
		生活饮用水标准检验方法 有机物指标（附录 A 吹脱捕集/气相色谱-质谱法测定挥发性有机化合物）	GB/T 5750.8—2006（附录 A）	2006-12-29	2007-07-01
23	1,3-二氯丙烷	水质 挥发性有机物的测定 吹扫捕集/气相色谱-质谱法	HJ 639—2012	2014-01-13	2014-04-01
		水质 挥发性有机物的测定 顶空/气相色谱-质谱法	HJ 810—2016	2012-12-03	2013-03-01
		生活饮用水标准检验方法 有机物指标（附录 A 吹脱捕集/气相色谱-质谱法测定挥发性有机化合物）	GB/T 5750.8—2006（附录 A）	2006-12-29	2007-07-01
24	1,4-二氯苯	水质 挥发性有机物的测定 吹扫捕集/气相色谱-质谱法	HJ 639—2012	2014-01-13	2014-04-01
		水质 挥发性有机物的测定 顶空/气相色谱-质谱法	HJ 810—2016	2012-12-03	2013-03-01
		水质 氯苯类化合物的测定 气相色谱法	HJ 621—2011	2011-09-01	2011-11-01
		生活饮用水标准检验方法 有机物指标（附录 A 吹脱捕集/气相色谱-质谱法测定挥发性有机化合物）	GB/T 5750.8—2006（附录 A）	2006-12-29	2007-07-01

序号	项目	标准名称	标准编号	发布时间	实施时间
25	2-（2,4,5-三氯苯氧基）-丙酸（或 2,4,5-涕丙酸）	水质　苯氧羧酸类除草剂的测定　液相色谱/串联质谱法	HJ 770—2015	2015-11-20	2015-12-15
26	2-（2,4-二氯苯氧基）-丙酸（或 2,4-滴丙酸）	水质　苯氧羧酸类除草剂的测定　液相色谱/串联质谱法	HJ 770—2015	2015-11-20	2015-12-15
27	2-（2-甲基-4-氯苯氧基）丙酸	水质　苯氧羧酸类除草剂的测定　液相色谱/串联质谱法	HJ 770—2015	2015-11-20	2015-12-15
28	2,2′,3,4,4′,5,5′-七氯联苯	水质　多氯联苯的测定　气相色谱-质谱法	HJ 715—2014	2014-11-27	2015-01-01
29	2,2′,3,4,4′,5′,6-七溴二苯（BDE-183）	水质　多溴二苯醚的测定　气相色谱-质谱法	HJ 909—2017	2017-12-29	2018-04-01
30	2,2′,4,4′,5,5′-六氯联苯	水质　多氯联苯的测定　气相色谱-质谱法	HJ 715—2014	2014-11-27	2015-01-01
31	2,2′,4,4′,5,5′-六溴二苯醚（BDE-153）	水质　多溴二苯醚的测定　气相色谱-质谱法	HJ 909—2017	2017-12-29	2018-04-01
32	2,2′,4,4′,5,6′-六溴二苯醚（BDE-154）	水质　多溴二苯醚的测定　气相色谱-质谱法	HJ 909—2017	2017-12-29	2018-04-01
33	2,2′,4,4′,5-五溴二苯醚（BDE-99）	水质　多溴二苯醚的测定　气相色谱-质谱法	HJ 909—2017	2017-12-29	2018-04-01
34	2,2′,4,4′,6-五溴二苯醚（BDE-100）	水质　多溴二苯醚的测定　气相色谱-质谱法	HJ 909—2017	2017-12-29	2018-04-01
35	2,2′,4,4′-四溴二苯醚（BDE-47）	水质　多溴二苯醚的测定　气相色谱-质谱法	HJ 909—2017	2017-12-29	2018-04-01
36	2,2′3,4,4′,5′-六氯联苯	水质　多氯联苯的测定　气相色谱-质谱法	HJ 715—2014	2014-11-27	2015-01-01
37	2,2′4,5,5′-五氯联苯	水质　多氯联苯的测定　气相色谱-质谱法	HJ 715—2014	2014-11-27	2015-01-01
38	2,2′5,5′-四氯联苯	水质　多氯联苯的测定　气相色谱-质谱法	HJ 715—2014	2014-11-27	2015-01-01
39	2,2-二氯丙烷	水质　挥发性有机物的测定　吹扫捕集/气相色谱-质谱法	HJ 639—2012	2014-01-13	2014-04-01
		水质　挥发性有机物的测定　顶空/气相色谱-质谱法	HJ 810—2016	2012-12-03	2013-03-01
		生活饮用水标准检验方法　有机物指标（附录 A 吹脱捕集/气相色谱-质谱法测定挥发性有机化合物）	GB/T 5750.8—2006（附录 A）	2006-12-29	2007-07-01
40	2,3,3′,4,4′,5,5′-七氯联苯	水质　多氯联苯的测定　气相色谱-质谱法	HJ 715—2014	2014-11-27	2015-01-01
41	2,3,3′,4,4′,5-六氯联苯	水质　多氯联苯的测定　气相色谱-质谱法	HJ 715—2014	2014-11-27	2015-01-01

序号	项目	标准名称	标准编号	发布时间	实施时间
42	2,3,3′,4,4′,6-六氯联苯	水质　多氯联苯的测定　气相色谱-质谱法	HJ 715—2014	2014-11-27	2015-01-01
43	2,3,3′4,4′-五氯联苯	水质　多氯联苯的测定　气相色谱-质谱法	HJ 715—2014	2014-11-27	2015-01-01
44	2,3,4,4′,5-五氯联苯	水质　多氯联苯的测定　气相色谱-质谱法	HJ 715—2014	2014-11-27	2015-01-01
45	2,3,4,6-四氯苯酚	水质　酚类化合物的测定　气相色谱-质谱法	HJ 744—2015	2015-05-04	2015-07-01
46	2,3′,4,4′,5-五氯联苯	水质　多氯联苯的测定　气相色谱-质谱法	HJ 715—2014	2014-11-27	2015-01-01
47	2,3′4,4′,5,5′-六氯联苯	水质　多氯联苯的测定　气相色谱-质谱法	HJ 715—2014	2014-11-27	2015-01-01
48	2,4,4′-三氯联苯	水质　多氯联苯的测定　气相色谱-质谱法	HJ 715—2014	2014-11-27	2015-01-01
49	2,4,4′-三溴二苯醚（BDE-28）	水质　多溴二苯醚的测定　气相色谱-质谱法	HJ 909—2017	2017-12-29	2018-04-01
50	2,4,5-三氯苯胺	水质　苯胺类化合物的测定　气相色谱-质谱法	HJ 822—2017	2017-03-30	2017-05-01
51	2,4,5-三氯苯酚	水质　酚类化合物的测定　气相色谱-质谱法	HJ 744—2015	2015-05-04	2015-07-01
52	2,4,5-三氯苯氧乙酸	水质　苯氧羧酸类除草剂的测定　液相色谱/串联质谱法	HJ 770—2015	2015-11-20	2015-12-15
53	2,4,6-三氯苯胺	水质　苯胺类化合物的测定　气相色谱-质谱法	HJ 822—2017	2017-03-30	2017-05-01
54	2,4,6-三氯酚	水质　酚类化合物的测定　液液萃取/气相色谱法	HJ 676—2013	2013-11-21	2014-02-01
		水质　酚类化合物的测定　气相色谱-质谱法	HJ 744—2015	2015-05-04	2015-07-01
		生活饮用水标准检验方法　消毒副产物指标（衍生化气相色谱法）	GB/T 5750.10—2006（12.1）	2006.12.29	2007.07.01
		生活饮用水标准检验方法　消毒副产物指标（顶空固相微萃取气相色谱法）	GB/T 5750.10—2006（12.2）	2006.12.29	2007.07.01
55	2,4,6-三硝基甲苯	水质　硝基苯类化合物的测定　气相色谱-质谱法	HJ 716—2014	2014-11-27	2015-01-01
		水质　硝基苯类化合物的测定　液液萃取/固相萃取-气相色谱法	HJ 648—2013	2013-06-03	2013-09-01
56	2,4-二甲酚	水质　酚类化合物的测定　液液萃取/气相色谱法	HJ 676—2013	2013-11-21	2014-02-01
		水质　酚类化合物的测定　气相色谱-质谱法	HJ 744—2015	2015-05-04	2015-07-01
57	2,4-二氯苯氧乙酸	水质　苯氧羧酸类除草剂的测定　液相色谱/串联质谱法	HJ 770—2015	2015-11-20	2015-12-15
58	2,4-二氯酚	水质　酚类化合物的测定　液液萃取/气相色谱法	HJ 676—2013	2013-11-21	2014-02-01
		水质　酚类化合物的测定　气相色谱-质谱法	HJ 744—2015	2015-05-04	2015-07-01
		生活饮用水标准检验方法　消毒副产物指标（衍生化气相色谱法）	GB/T 5750.10—2006（12.1）	2006.12.29	2007.07.01
59	2,4-二硝基苯胺	水质　苯胺类化合物的测定　气相色谱-质谱法	HJ 822—2017	2017-03-30	2017-05-01

序号	项目	标准名称	标准编号	发布时间	实施时间
60	2,4-二硝基酚	水质 酚类化合物的测定 液液萃取/气相色谱法	HJ 676—2013	2013-11-21	2014-02-01
61	2,4-二硝基甲苯	水质 硝基苯类化合物的测定 气相色谱-质谱法	HJ 716—2014	2014-11-27	2015-01-01
		水质 硝基苯类化合物的测定 液液萃取/固相萃取-气相色谱法	HJ 648—2013	2013-06-03	2013-09-01
62	2,4-二硝基氯苯	水质 硝基苯类化合物的测定 气相色谱-质谱法	HJ 716—2014	2014-11-27	2015-01-01
		水质 硝基苯类化合物的测定 液液萃取/固相萃取-气相色谱法	HJ 648—2013	2013-06-03	2013-09-01
		生活饮用水标准检验方法 有机物指标（气相色谱法）	GB/T 5750.8—2006（31.1）	2006.12.29	2007.07.01
63	2,6-二氯-4-硝基苯胺	水质 苯胺类化合物的测定 气相色谱-质谱法	HJ 822—2017	2017-03-30	2017-05-01
64	2,6-二氯苯酚	水质 酚类化合物的测定 气相色谱-质谱法	HJ 744—2015	2015-05-04	2015-07-01
65	2,6-二硝基甲苯	水质 硝基苯类化合物的测定 气相色谱-质谱法	HJ 716—2014	2014-11-27	2015-01-01
		水质 硝基苯类化合物的测定 液液萃取/固相萃取-气相色谱法	HJ 648—2013	2013-06-03	2013-09-01
66	2,6-二溴-4-硝基苯胺	水质 苯胺类化合物的测定 气相色谱-质谱法	HJ 822—2017	2017-03-30	2017-05-01
67	2′,3,4,4′,5-五氯联苯	水质 多氯联苯的测定 气相色谱-质谱法	HJ 715—2014	2014-11-27	2015-01-01
68	2-甲酚	水质 酚类化合物的测定 气相色谱-质谱法	HJ 744—2015	2015-05-04	2015-07-01
69	2-甲基-4,6-二硝基酚	水质 酚类化合物的测定 液液萃取/气相色谱法	HJ 676—2013	2013-11-21	2014-02-01
70	2-甲基-4-氯苯氧乙酸	水质 苯氧羧酸类除草剂的测定 液相色谱/串联质谱法	HJ 770—2015	2015-11-20	2015-12-15
71	2-氯-4,6-二硝基苯胺	水质 苯胺类化合物的测定 气相色谱-质谱法	HJ 822—2017	2017-03-30	2017-05-01
72	2-氯-4-硝基苯胺	水质 苯胺类化合物的测定 气相色谱-质谱法	HJ 822—2017	2017-03-30	2017-05-01
73	2-氯苯胺	水质 苯胺类化合物的测定 气相色谱-质谱法	HJ 822—2017	2017-03-30	2017-05-01
74	2-氯酚	水质 酚类化合物的测定 液液萃取/气相色谱法	HJ 676—2013	2013-11-21	2014-02-01
		水质 酚类化合物的测定 气相色谱-质谱法	HJ 744—2015	2015-05-04	2015-07-01
		生活饮用水标准检验方法 消毒副产物指标（衍生化气相色谱法）	GB/T 5750.10—2006（12.1）	2006.12.29	2007.07.01
75	2-氯甲苯	水质 挥发性有机物的测定 吹扫捕集/气相色谱-质谱法	HJ 639—2012	2014-01-13	2014-04-01
		水质 挥发性有机物的测定 顶空/气相色谱-质谱法	HJ 810—2016	2012-12-03	2013-03-01
		生活饮用水标准检验方法 有机物指标（附录 A 吹脱捕集/气相色谱-质谱法测定挥发性有机化合物）	GB/T 5750.8—2006（附录 A）	2006-12-29	2007-07-01
76	2-硝基苯胺	水质 苯胺类化合物的测定 气相色谱-质谱法	HJ 822—2017	2017-03-30	2017-05-01
77	2-溴-4,6-二硝基苯胺	水质 苯胺类化合物的测定 气相色谱-质谱法	HJ 822—2017	2017-03-30	2017-05-01
78	2-溴-6-氯-4-硝基苯胺	水质 苯胺类化合物的测定 气相色谱-质谱法	HJ 822—2017	2017-03-30	2017-05-01
79	3,3′,4,4′,5,5′-六氯联苯	水质 多氯联苯的测定 气相色谱-质谱法	HJ 715—2014	2014-11-27	2015-01-01
80	3,3′,4,4″,5-五氯联苯	水质 多氯联苯的测定 气相色谱-质谱法	HJ 715—2014	2014-11-27	2015-01-01

序号	项目	标准名称	标准编号	发布时间	实施时间
81	3,3′,4,4′-四氯联苯	水质　多氯联苯的测定　气相色谱-质谱法	HJ 715—2014	2014-11-27	2015-01-01
82	3,4,4′,5-四氯联苯	水质　多氯联苯的测定　气相色谱-质谱法	HJ 715—2014	2014-11-27	2015-01-01
83	3,4-二氯苯胺	水质　苯胺类化合物的测定　气相色谱-质谱法	HJ 822—2017	2017-03-30	2017-05-01
84	3,4-二硝基甲苯	水质　硝基苯类化合物的测定　气相色谱-质谱法	HJ 716—2014	2014-11-27	2015-01-01
		水质　硝基苯类化合物的测定　液液萃取/固相萃取-气相色谱法	HJ 648—2013	2013-06-03	2013-09-01
85	3-甲酚	水质　酚类化合物的测定　液液萃取/气相色谱法	HJ 676—2013	2013-11-21	2014-02-01
		水质　酚类化合物的测定　气相色谱-质谱法	HJ 744—2015	2015-05-04	2015-07-01
86	3-氯苯胺	水质　苯胺类化合物的测定　气相色谱-质谱法	HJ 822—2017	2017-03-30	2017-05-01
87	3-羟基克百威	水质　氨基甲酸酯类农药的测定　超高效液相色谱-三重四极杆质谱法	HJ 827—2017	2017-03-30	2017-05-01
88	3-硝基苯胺	水质　苯胺类化合物的测定　气相色谱-质谱法	HJ 822—2017	2017-03-30	2017-05-01
89	4-（2,4-二氯苯氧）-丁酸	水质　苯氧羧酸类除草剂的测定　液相色谱/串联质谱法	HJ 770—2015	2015-11-20	2015-12-15
90	4-（2-甲基-4-氯苯氧基）丁酸	水质　苯氧羧酸类除草剂的测定　液相色谱/串联质谱法	HJ 770—2015	2015-11-20	2015-12-15
91	4-甲酚	水质　酚类化合物的测定　气相色谱-质谱法	HJ 744—2015	2015-05-04	2015-07-01
92	4-氯-2-硝基苯胺	水质　苯胺类化合物的测定　气相色谱-质谱法	HJ 822—2017	2017-03-30	2017-05-01
93	4-氯-3-甲酚	水质　酚类化合物的测定　液液萃取/气相色谱法	HJ 676—2013	2013-11-21	2014-02-01
94	4-氯苯胺	水质　苯胺类化合物的测定　气相色谱-质谱法	HJ 822—2017	2017-03-30	2017-05-01
95	4-氯酚	水质　酚类化合物的测定　液液萃取/气相色谱法	HJ 676—2013	2013-11-21	2014-02-01
		水质　酚类化合物的测定　气相色谱-质谱法	HJ 744—2015	2015-05-04	2015-07-01
96	4-氯甲苯	水质　挥发性有机物的测定　吹扫捕集/气相色谱-质谱法	HJ 639—2012	2014-01-13	2014-04-01
		水质　挥发性有机物的测定　顶空/气相色谱-质谱法	HJ 810—2016	2012-12-03	2013-03-01
		生活饮用水标准检验方法　有机物指标（附录 A 吹脱捕集/气相色谱-质谱法测定挥发性有机化合物）	GB/T 5750.8—2006（附录 A）	2006-12-29	2007-07-01
97	4-硝基苯胺	水质　苯胺类化合物的测定　气相色谱-质谱法	HJ 822—2017	2017-03-30	2017-05-01
98	4-硝基酚	水质　酚类化合物的测定　液液萃取/气相色谱法	HJ 676—2013	2013-11-21	2014-02-01
		水质　酚类化合物的测定　气相色谱-质谱法	HJ 744—2015	2015-05-04	2015-07-01
99	4-溴苯胺	水质　苯胺类化合物的测定　气相色谱-质谱法	HJ 822—2017	2017-03-30	2017-05-01
100	4-异丙基甲苯	水质　挥发性有机物的测定　吹扫捕集/气相色谱-质谱法	HJ 639—2012	2014-01-13	2014-04-01
		水质　挥发性有机物的测定　顶空/气相色谱-质谱法	HJ 810—2016	2012-12-03	2013-03-01
		生活饮用水标准检验方法　有机物指标（附录 A 吹脱捕集/气相色谱-质谱法测定挥发性有机化合物）	GB/T 5750.8—2006（附录 A）	2006-12-29	2007-07-01
101	*N*-亚硝基二苯胺	水质　亚硝胺类化合物的测定　气相色谱法	HJ 809—2016	2016-07-26	2016-10-01

序号	项目	标准名称	标准编号	发布时间	实施时间
102	*N*-亚硝基二甲胺	水质　亚硝胺类化合物的测定　气相色谱法	HJ 809—2016	2016-07-26	2016-10-01
103	*N*-亚硝基二乙胺	水质　亚硝胺类化合物的测定　气相色谱法	HJ 809—2016	2016-07-26	2016-10-01
104	*N*-亚硝基二正丙胺	水质　亚硝胺类化合物的测定　气相色谱法	HJ 809—2016	2016-07-26	2016-10-01
105	*o,p*′-DDD	水质　有机氯农药和氯苯类化合物的测定　气相色谱-质谱法	HJ 699—2014	2014-03-31	2014-07-01
106	*o,p*′-DDE	水质　有机氯农药和氯苯类化合物的测定　气相色谱-质谱法	HJ 699—2014	2014-03-31	2014-07-01
107	*o,p*′-DDT	水质　六六六、滴滴涕的测定　气相色谱法	GB/T 7492—1987	1987-03-14	1987-08-01
		水质　有机氯农药和氯苯类化合物的测定　气相色谱-质谱法	HJ 699—2014	2014-03-31	2014-07-01
		生活饮用水标准检验方法　农药指标（毛细管柱气相色谱法）	GB/T 5750.9—2006（1.2）	2006-12-29	2007-07-01
108	*p,p*′-DDD	水质　六六六、滴滴涕的测定　气相色谱法	GB/T 7492—1987	1987-03-14	1987-08-01
		水质　有机氯农药和氯苯类化合物的测定　气相色谱-质谱法	HJ 699—2014	2014-03-31	2014-07-01
		生活饮用水标准检验方法　农药指标（毛细管柱气相色谱法）	GB/T 5750.9—2006（1.2）	2006-12-29	2007-07-01
109	*p,p*′-DDE	水质　六六六、滴滴涕的测定　气相色谱法	GB/T 7492—1987	1987-03-14	1987-08-01
		水质　有机氯农药和氯苯类化合物的测定　气相色谱-质谱法	HJ 699—2014	2014-03-31	2014-07-01
		生活饮用水标准检验方法　农药指标（毛细管柱气相色谱法）	GB/T 5750.9—2006（1.2）	2006-12-29	2007-07-01
110	*p,p*′-DDT	水质　六六六、滴滴涕的测定　气相色谱法	GB/T 7492—1987	1987-03-14	1987-08-01
		水质　有机氯农药和氯苯类化合物的测定　气相色谱-质谱法	HJ 699—2014	2014-03-31	2014-07-01
		生活饮用水标准检验方法　农药指标（毛细管柱气相色谱法）	GB/T 5750.9—2006（1.2）	2006-12-29	2007-07-01
111	pH 值	水质　pH 值的测定　玻璃电极法	GB/T 6920—1986	1986-10-10	1987-03-01
112	α-六六六	水质　六六六、滴滴涕的测定　气相色谱法	GB/T 7492—1987	1987-03-14	1987-08-01
		水质　有机氯农药和氯苯类化合物的测定　气相色谱-质谱法	HJ 699—2014	2014-03-31	2014-07-01
		生活饮用水标准检验方法　农药指标（毛细管柱气相色谱法）	GB/T 5750.9—2006（1.2）	2006-12-29	2007-07-01
113	α-氯丹	水质　有机氯农药和氯苯类化合物的测定　气相色谱-质谱法	HJ 699—2014	2014-03-31	2014-07-01
114	β-六六六	水质　六六六、滴滴涕的测定　气相色谱法	GB/T 7492—1987	1987-03-14	1987-08-01
		水质　有机氯农药和氯苯类化合物的测定　气相色谱-质谱法	HJ 699—2014	2014-03-31	2014-07-01
		生活饮用水标准检验方法　农药指标（毛细管柱气相色谱法）	GB/T 5750.9—2006（1.2）	2006-12-29	2007-07-01
115	γ-六六六	水质　六六六、滴滴涕的测定　气相色谱法	GB/T 7492—1987	1987-03-14	1987-08-01
		水质　有机氯农药和氯苯类化合物的测定　气相色谱-质谱法	HJ 699—2014	2014-03-31	2014-07-01
		生活饮用水标准检验方法　农药指标（毛细管柱气相色谱法）	GB/T 5750.9—2006（1.2）	2006-12-29	2007-07-01

序号	项目	标准名称	标准编号	发布时间	实施时间
116	γ-氯丹	水质　有机氯农药和氯苯类化合物的测定　气相色谱-质谱法	HJ 699—2014	2014-03-31	2014-07-01
117	δ-六六六	水质　六六六、滴滴涕的测定　气相色谱法	GB/T 7492—1987	1987-03-14	1987-08-01
		水质　有机氯农药和氯苯类化合物的测定　气相色谱-质谱法	HJ 699—2014	2014-03-31	2014-07-01
		生活饮用水标准检验方法　农药指标（毛细管柱气相色谱法）	GB/T 5750.9—2006（1.2）	2006-12-29	2007-07-01
118	阿特拉津	水质　阿特拉津的测定　高效液相色谱法	HJ 587—2010	2010-09-20	2010-12-01
		水质　阿特拉津的测定　气相色谱法	HJ 754—2015	2015-10-22	2015-12-01
119	艾氏剂	水质　有机氯农药和氯苯类化合物的测定　气相色谱-质谱法	HJ 699—2014	2014-03-31	2014-07-01
120	氨氮	水质　氨氮的测定　纳氏试剂分光光度法	HJ 535—2009	2009-12-31	2010-04-01
		水质　氨氮的测定　水杨酸分光光度法	HJ 536—2009	2009-12-31	2010-04-01
		水质　氨氮的测定　气相分子吸收光谱法	HJ/T 195—2005	2005-11-09	2006-01-01
		水质　氰化物等的测定　真空检测管-电子比色法	HJ 659—2013	2013-09-18	2013-09-20
		水质　氨氮的测定　连续流动-水杨酸分光光度法	HJ 665—2013	2013-10-25	2014-01-01
		水质　氨氮的测定　流动注射-水杨酸分光光度法	HJ 666—2013	2013-10-25	2014-01-01
		水质　可溶性阳离子（Li^+、Na^+、NH_4^+、K^+、Ca^{2+}、Mg^{2+}）的测定　离子色谱法	HJ 812—2016	2016-07-26	2016-10-01
121	胺菊酯	水质　百菌清及拟除虫菊酯类农药的测定　气相色谱-质谱法	HJ 753—2015	2015-08-21	2015-10-01
122	百草枯	水质　百草枯和杀草快的测定　固相萃取-高效液相色谱法	HJ 914—2017	2017-12-28	2018-04-01
123	百菌清	水质　百菌清和溴氰菊酯的测定　气相色谱法	HJ 698—2014	2014-03-31	2014-07-01
		水质　百菌清及拟除虫菊酯类农药的测定　气相色谱-质谱法	HJ 753—2015	2015-08-21	2015-10-01
		生活饮用水标准检验方法　农药指标（气相色谱法）	GB/T 5750.9—2006（9.1）	2006-12-29	2007-07-01
124	钡	水质　钡的测定　石墨炉原子吸收分光光度法	HJ 602—2011	2011-02-10	2011-06-01
		生活饮用水标准检验方法　金属指标（无火焰原子吸收分光光度法）	GB/T 5750.6—2006（16.1）	2006-12-29	2007-07-01
		水质　65 种元素的测定　电感耦合等离子体质谱法	HJ 700—2014	2014-05-16	2014-07-01
		水质　32 种元素的测定　电感耦合等离子体发射光谱法	HJ 776—2015	2015-12-04	2016-01-01
125	苯	水质　苯系物的测定　顶空/气相色谱法	HJ 1067—2019	2019-12-24	2020-03-24
		水质　挥发性有机物的测定　吹扫捕集/气相色谱法	HJ 686—2014	2014-01-13	2014-04-01
		水质　挥发性有机物的测定　吹扫捕集/气相色谱-质谱法	HJ 639—2012	2012-12-03	2013-03-01
		水质　挥发性有机物的测定　顶空/气相色谱-质谱法	HJ 810—2016	2016-07-26	2016-10-01
		生活饮用水标准检验方法　有机物指标（溶剂萃取-填充柱气相色谱法）	GB/T 5750.8—2006（18.1）	2006-12-29	2007-07-01
		生活饮用水标准检验方法　有机物指标（溶剂萃取-毛细管柱气相色谱法）	GB/T 5750.8—2006（18.2）	2006-12-29	2007-07-01
		生活饮用水标准检验方法　有机物指标（顶空-填充柱气相色谱法）	GB/T 5750.8—2006（18.3）	2006-12-29	2007-07-01

序号	项目	标准名称	标准编号	发布时间	实施时间
125	苯	生活饮用水标准检验方法　有机物指标（顶空-毛细管柱气相色谱法）	GB/T 5750.8—2006（18.4）	2006-12-29	2007-07-01
		生活饮用水标准检验方法　有机物指标（附录 A 吹脱捕集/气相色谱-质谱法测定挥发性有机化合物）	GB/T 5750.8—2006（附录 A）	2006-12-29	2007-07-01
126	苯胺	水质　苯胺类化合物的测定　气相色谱-质谱法	HJ 822—2017	2017-03-30	2017-05-01
		生活饮用水标准检验方法　有机物指标（气相色谱法）	GB/T 5750.8—2006（37.1）	2006-12-29	2007-07-01
		水质　氰化物等的测定　真空检测管-电子比色法	HJ 659—2013	2013-09-18	2013-09-20
127	苯胺磺隆	水质　磺酰脲类农药的测定　高效液相色谱法	HJ 1018—2019	2019-04-13	2019-09-01
128	苯胺类	水质　苯胺类化合物的测定　*N*-（1-萘基）乙二胺偶氮分光光度法	GB/T 11889—1989	1989-12-25	1990-07-01
129	苯并[*a*]蒽	水质　多环芳烃的测定　液液萃取和固相萃取高效液相色谱法	HJ 478—2009	2009-09-27	2009-11-01
130	苯并[*a*]芘	水质　多环芳烃的测定　液液萃取和固相萃取高效液相色谱法	HJ 478—2009	2009-09-27	2009-11-01
		水质　苯并[*a*]芘的测定　乙酰化滤纸层析荧光光度法	GB/T 11895—1989	1989-12-25	1990-07-01
131	苯并[*b*]荧蒽	水质　多环芳烃的测定　液液萃取和固相萃取高效液相色谱法	HJ 478—2009	2009-09-27	2009-11-01
132	苯并[*g*,*h*,*i*]苝	水质　多环芳烃的测定　液液萃取和固相萃取高效液相色谱法	HJ 478—2009	2009-09-27	2009-11-01
133	苯并[*k*]荧蒽	水质　多环芳烃的测定　液液萃取和固相萃取高效液相色谱法	HJ 478—2009	2009-09-27	2009-11-01
134	苯酚	水质　酚类化合物的测定　液液萃取/气相色谱法	HJ 676—2013	2013-11-21	2014-02-01
		水质　酚类化合物的测定　气相色谱-质谱法	HJ 744—2015	2015-05-04	2015-07-01
135	苯乙烯	水质　苯系物的测定　顶空/气相色谱法	HJ 1067—2019	2019-12-24	2020-03-24
		水质　挥发性有机物的测定　吹扫捕集/气相色谱法	HJ 686—2014	2014-01-13	2014-04-01
		水质　挥发性有机物的测定　吹扫捕集/气相色谱-质谱法	HJ 639—2012	2012-12-03	2013-03-01
		水质　挥发性有机物的测定　顶空/气相色谱-质谱法	HJ 810—2016	2016-07-26	2016-10-01
		生活饮用水标准检验方法　有机物指标（溶剂萃取-填充柱气相色谱法）	GB/T 5750.8—2006（18.1）	2006-12-29	2007-07-01
		生活饮用水标准检验方法　有机物指标（溶剂萃取-毛细管柱气相色谱法）	GB/T 5750.8—2006（18.2）	2006-12-29	2007-07-01
		生活饮用水标准检验方法　有机物指标（顶空-毛细管柱气相色谱法）	GB/T 5750.8—2006（18.4）	2006-12-29	2007-07-01
		生活饮用水标准检验方法　有机物指标（附录 A 吹脱捕集/气相色谱-质谱法测定挥发性有机化合物）	GB/T 5750.8—2006（附录 A）	2006-12-29	2007-07-01
136	吡啶	生活饮用水标准检验方法　有机物指标（巴比妥酸分光光度法）	GB/T 5750.8—2006（41.1）	2006-12-29	2007-07-01
137	吡嘧磺隆	水质　磺酰脲类农药的测定　高效液相色谱法	HJ 1018—2019	2019-04-13	2019-09-01
138	铋	水质　汞、砷、硒、铋和锑的测定　原子荧光法	HJ 694—2014	2014-03-13	2014-07-01
		水质　65 种元素的测定　电感耦合等离子体质谱法	HJ 700—2014	2014-05-16	2014-07-01
		水质　32 种元素的测定　电感耦合等离子体发射光谱法	HJ 776—2015	2015-12-04	2016-01-01

序号	项目	标准名称	标准编号	发布时间	实施时间
139	苄嘧磺隆	水质　磺酰脲类农药的测定　高效液相色谱法	HJ 1018—2019	2019-04-13	2019-09-01
140	丙酮	水质　甲醇和丙酮的测定　顶空/气相色谱法	HJ 895—2017	2017-12-21	2018-02-01
141	丙烯腈	水质　丙烯腈和丙烯醛的测定　吹扫捕集/气相色谱法	HJ 806—2016	2016-06-24	2016-08-01
		生活饮用水标准检验方法　有机物指标（气相色谱法）	GB/T 5750.8—2006（15.1）	2006-12-29	2007-07-01
142	丙烯菊酯	水质　百菌清及拟除虫菊酯类农药的测定　气相色谱-质谱法	HJ 753—2015	2015-08-21	2015-10-01
143	丙烯醛	水质　丙烯腈和丙烯醛的测定　吹扫捕集/气相色谱法	HJ 806—2016	2016-06-24	2016-08-01
		生活饮用水标准检验方法　有机物指标（气相色谱法）	GB/T 5750.10—2006（7.1）	2006-12-29	2007-07-01
144	丙烯酰胺	水质　丙烯酰胺的测定　气相色谱法	HJ 697—2014	2014-03-31	2014-07-01
		生活饮用水标准检验方法　有机物指标（气相色谱法）	GB/T 5750.8—2006（10.1）	2006-12-29	2007-07-01
145	残杀威	水质　氨基甲酸酯类农药的测定　超高效液相色谱-三重四极杆质谱法	HJ 827—2017	2017-03-30	2017-05-01
146	大肠埃希氏菌	水质　总大肠菌群、粪大肠菌群和大肠埃希氏菌的测定　酶底物法	HJ 1001—2018	2018-12-26	2019-06-01
		生活饮用水标准检验方法 微生物指标（多管发酵法）	GB/T 5750.12—2006（4.1）	2006-12-29	2007-07-01
		生活饮用水标准检验方法-微生物指标（滤膜法）	GB/T 5750.12—2006（4.2）	2006-12-29	2007-07-01
		生活饮用水标准检验方法-微生物指标（酶底物法）	GB/T 5750.12—2006（4.3）	2006-12-29	2007-07-01
147	稻丰散	水、土中有机磷农药测定的气相色谱法	GB/T 14552—2003	2003-11-10	2004-04-01
148	狄氏剂	水质　有机氯农药和氯苯类化合物的测定　气相色谱-质谱法	HJ 699—2014	2014-03-31	2014-07-01
149	敌百虫	水质　有机磷农药的测定　气相色谱法	GB/T 13192—1991	1991-08-31	1992-06-01
150	敌敌畏	水质　有机磷农药的测定　气相色谱法	GB/T 13192—1991	1991-08-31	1992-06-01
		生活饮用水标准检验方法　农药指标（填充柱气相色谱法）	GB/T 5750.9—2006（4.1）	2006-12-29	2007-07-01
		生活饮用水标准检验方法　农药指标（毛细管柱气相色谱法）	GB/T 5750.9—2006（4.2）	2006-12-29	2007-07-01
151	碘化物	水质　碘化物的测定　离子色谱法	HJ 778—2015	2015-12-04	2016-01-01
152	丁基黄原酸	水质　丁基黄原酸的测定　吹扫捕集/气相色谱-质谱法	HJ 896—2017	2017-12-21	2018-02-01
		水质　丁基黄原酸的测定　紫外分光光度法	HJ 756—2015	2015-10-22	2015-12-01
		水质　丁基黄原酸的测定　液相色谱-三重四极杆串联质谱法	HJ 1002—2018	2018-12-26	2019-06-01
		生活饮用水标准检验方法　有机物指标（铜试剂亚铜分光光度法）	GB/T 5750.8—2006（43.1）	2006-12-29	2007-07-01
153	对二甲苯	水质　苯系物的测定　顶空/气相色谱法	HJ 1067—2019	2019-12-24	2020-03-24
		水质　挥发性有机物的测定　吹扫捕集/气相色谱法	HJ 686—2014	2014-01-13	2014-04-01

序号	项目	标准名称	标准编号	发布时间	实施时间
153	对二甲苯	生活饮用水标准检验方法　有机物指标（溶剂萃取-毛细管柱气相色谱法）	GB/T 5750.8—2006（18.2）	2006-12-29	2007-07-01
		生活饮用水标准检验方法　有机物指标（顶空-填充柱气相色谱法）	GB/T 5750.8—2006（18.3）	2006-12-29	2007-07-01
		生活饮用水标准检验方法　有机物指标（附录 A 吹脱捕集/气相色谱-质谱法测定挥发性有机化合物）	GB/T 5750.8—2006（附录 A）	2006-12-29	2007-07-01
		水质　挥发性有机物的测定　吹扫捕集/气相色谱-质谱法	HJ 639—2012	2012-12-03	2013-03-01
		水质　挥发性有机物的测定　顶空/气相色谱-质谱法	HJ 810—2016	2016-07-26	2016-10-01
		生活饮用水标准检验方法　有机物指标（顶空-毛细管柱气相色谱法）	GB/T 5750.8—2006（18.4）	2006-12-29	2007-07-01
154	对-二硝基苯	水质　硝基苯类化合物的测定　气相色谱-质谱法	HJ 716—2014	2014-11-27	2015-01-01
		水质　硝基苯类化合物的测定　液液萃取/固相萃取-气相色谱法	HJ 648—2013	2013-06-03	2013-09-01
		生活饮用水标准检验方法　有机物指标（气相色谱法）	GB/T 5750.8—2006（31.1）	2006.12.29	2007.07.01
155	对硫磷	水质　有机磷农药的测定　气相色谱法	GB/T 13192—1991	1991-08-31	1992-06-01
		生活饮用水标准检验方法　农药指标（填充柱气相色谱法）	GB/T 5750.9—2006（4.1）	2006-12-29	2007-07-01
		生活饮用水标准检验方法　农药指标（毛细管柱气相色谱法）	GB/T 5750.9—2006（4.2）	2006-12-29	2007-07-01
156	对-硝基甲苯	水质　硝基苯类化合物的测定　气相色谱-质谱法	HJ 716—2014	2014-11-27	2015-01-01
		水质　硝基苯类化合物的测定　液液萃取/固相萃取-气相色谱法	HJ 648—2013	2013-06-03	2013-09-01
157	对-硝基氯苯	水质　硝基苯类化合物的测定　气相色谱-质谱法	HJ 716—2014	2014-11-27	2015-01-01
		水质　硝基苯类化合物的测定　液液萃取/固相萃取-气相色谱法	HJ 648—2013	2013-06-03	2013-09-01
		生活饮用水标准检验方法　有机物指标（气相色谱法）	GB/T 5750.8—2006（31.1）	2006.12.29	2007.07.01
158	苊	水质　多环芳烃的测定　液液萃取和固相萃取高效液相色谱法	HJ 478—2009	2009-09-27	2009-11-01
159	恶虫威	水质　氨基甲酸酯类农药的测定　超高效液相色谱-三重四极杆质谱法	HJ 827—2017	2017-03-30	2017-05-01
160	蒽	水质　多环芳烃的测定　液液萃取和固相萃取高效液相色谱法	HJ 478—2009	2009-09-27	2009-11-01
161	二苯并[*a*,*h*]蒽	水质　多环芳烃的测定　液液萃取和固相萃取高效液相色谱法	HJ 478—2009	2009-09-27	2009-11-01
162	二噁英类	水质　二噁英类的测定　同位素稀释高分辨气相色谱-高分辨质谱法	HJ 77.1—2008	2008-12-31	2009-04-01
163	二氟二氯甲烷	生活饮用水标准检验方法　有机物指标（附录 A 吹脱捕集/气相色谱-质谱法测定挥发性有机化合物）	GB/T 5750.8—2006（附录 A）	2006-12-29	2007-07-01
164	二甲苯	生活饮用水标准检验方法　有机物指标（溶剂萃取-填充柱气相色谱法）	GB/T 5750.8—2006（18.1）	2006-12-29	2007-07-01
165	二氯苯	生活饮用水标准检验方法-有机物指标（气相色谱法）	GB/T 5750.8—2006（24.1）	2006-12-29	2007-07-01
166	二氯甲烷	水质　挥发性有机物的测定　吹扫捕集/气相色谱法	HJ 686—2014	2014-01-13	2014-04-01
		水质　挥发性有机物的测定　吹扫捕集/气相色谱-质谱法	HJ 639—2012	2012-12-03	2013-03-01

序号	项目	标准名称	标准编号	发布时间	实施时间
166	二氯甲烷	水质　挥发性有机物的测定　顶空/气相色谱-质谱法	HJ 810—2016	2016-07-26	2016-10-01
		水质　挥发性卤代烃的测定　顶空气相色谱法	HJ 620—2011	2011-09-01	2011-11-01
		生活饮用水标准检验方法　消毒副产物指标（顶空气相色谱法）	GB/T 5750.10—2006（5.1）	2006-12-29	2007-07-01
		生活饮用水标准检验方法　有机物指标（附录 A 吹脱捕集/气相色谱-质谱法测定挥发性有机化合物）	GB/T 5750.8—2006（附录 A）	2006-12-29	2007-07-01
167	二氯乙酸	水质　卤代乙酸类化合物的测定　气相色谱法	HJ 758—2015	2015-10-22	2015-12-01
168	二嗪磷	水、土中有机磷农药测定的气相色谱法	GB/T 14552—2003	2003-11-10	2004-04-01
169	二氢苊	水质　多环芳烃的测定　液液萃取和固相萃取高效液相色谱法	HJ 478—2009	2009-09-27	2009-11-01
170	二溴甲烷	水质　挥发性有机物的测定　吹扫捕集/气相色谱-质谱法	HJ 639—2012	2014-01-13	2014-04-01
		水质　挥发性有机物的测定　顶空/气相色谱-质谱法	HJ 810—2016	2012-12-03	2013-03-01
		生活饮用水标准检验方法　有机物指标（附录 A 吹脱捕集/气相色谱-质谱法测定挥发性有机化合物）	GB/T 5750.8—2006（附录 A）	2006-12-29	2007-07-01
171	二溴一氯甲烷	水质　挥发性有机物的测定　吹扫捕集/气相色谱-质谱法	HJ 639—2012	2014-01-13	2014-04-01
		水质　挥发性有机物的测定　顶空/气相色谱-质谱法	HJ 810—2016	2012-12-03	2013-03-01
		水质　挥发性卤代烃的测定　顶空气相色谱法	HJ 620—2011	2011-09-01	2011-11-01
172	二溴一氯乙烷	生活饮用水标准检验方法　有机物指标（附录 A 吹脱捕集/气相色谱-质谱法测定挥发性有机化合物）	GB/T 5750.8—2006（附录 A）	2006-12-29	2007-07-01
173	二溴乙酸	水质　卤代乙酸类化合物的测定　气相色谱法	HJ 758—2015	2015-10-22	2015-12-01
174	二乙烯三胺	水质　二乙烯三胺的测定　水杨醛分光光度法	GB/T 14378—93	1993-05-22	1993-12-01
175	钒	水质　钒的测定　钽试剂（BPHA）萃取分光光度法	GB/T 15503—1995	1995-03-15	1995-08-01
		生活饮用水标准检验方法　金属指标（无火焰原子吸收分光光度法）	GB/T 5750.6—2006（18.1）	2006-12-29	2007-07-01
		水质　钒的测定　石墨炉原子吸收分光光度法	HJ 673—2013	2013-11-21	2014-02-01
		水质　65 种元素的测定　电感耦合等离子体质谱法	HJ 700—2014	2014-05-16	2014-07-01
		水质　32 种元素的测定　电感耦合等离子体发射光谱法	HJ 776—2015	2015-12-04	2016-01-01
176	反-1,2-二氯丙烯	生活饮用水标准检验方法　有机物指标（附录 A 吹脱捕集/气相色谱-质谱法测定挥发性有机化合物）	GB/T 5750.8—2006（附录 A）	2006-12-29	2007-07-01
177	反-1,3-二氯丙烯	水质　挥发性有机物的测定　吹扫捕集/气相色谱-质谱法	HJ 639—2012	2014-01-13	2014-04-01
		水质　挥发性有机物的测定　顶空/气相色谱-质谱法	HJ 810—2016	2012-12-03	2013-03-01
178	反-1,2-二氯乙烯	水质　挥发性有机物的测定　吹扫捕集/气相色谱-质谱法	HJ 686—2014	2014-01-13	2014-04-01
		水质　挥发性有机物的测定　吹扫捕集/气相色谱-质谱法	HJ 639—2012	2012-12-03	2013-03-01

序号	项目	标准名称	标准编号	发布时间	实施时间
178	反-1,2-二氯乙烯	水质　挥发性有机物的测定　顶空/气相色谱-质谱法	HJ 810—2016	2016-07-26	2016-10-01
		水质　挥发性卤代烃的测定　顶空气相色谱法	HJ 620—2011	2011-09-01	2011-11-01
		生活饮用水标准检验方法　有机物指标（吹脱捕集气相色谱法）	GB/T 5750.8—2006（6）	2006-12-29	2007-07-01
		生活饮用水标准检验方法　有机物指标（附录 A 吹脱捕集/气相色谱-质谱法测定挥发性有机化合物）	GB/T 5750.8—2006（附录 A）	2006-12-29	2007-07-01
179	菲	水质　多环芳烃的测定　液液萃取和固相萃取高效液相色谱法	HJ 478—2009	2009-09-27	2009-11-01
180	粪大肠菌群	水质　总大肠菌群和粪大肠菌群的测定　纸片快速法	HJ 755—2015	2015-10-22	2015-12-01
		水质　粪大肠菌群的测定　滤膜法	HJ 347.1—2018	2018-12-26	2019-06-01
		水质　粪大肠菌群的测定　多管发酵法	HJ 347.2—2018	2018-12-26	2019-06-01
		水质　总大肠菌群、粪大肠菌群和大肠埃希氏菌的测定　酶底物法	HJ 1001—2018	2018-12-26	2019-06-01
181	氟化物	水质　氟化物的测定　离子选择电极法	GB/T 7484—1987	1987-03-14	1987-08-01
		水质　氟化物的测定　茜素磺酸锆目视比色法	HJ 487—2009	2009-09-27	2009-11-01
		水质　氟化物的测定　氟试剂分光光度法	HJ 488—2009	2009-09-27	2009-11-01
		水质　氰化物等的测定　真空检测管-电子比色法	HJ 659—2013	2013-09-18	2013-09-20
		水质　无机阴离子（F^-、Cl^-、NO_2^-、Br^-、NO_3^-、PO_4^{3-}、SO_3^{2-}、SO_4^{2-}）的测定　离子色谱法	HJ 84—2016	2016-07-26	2016-10-01
182	钙	水质　钙的测定　EDTA 滴定法	GB/T 7476—1987	1987-03-14	1987-08-01
		水质　钙和镁的测定　原子吸收分光光度法	GB/T 11905—1989	1989-12-25	1990-07-01
		水质　65 种元素的测定　电感耦合等离子体质谱法	HJ 700—2014	2014-05-16	2014-07-01
		水质　32 种元素的测定　电感耦合等离子体发射光谱法	HJ 776—2015	2015-12-04	2016-01-01
		水质　可溶性阳离子（Li^+、Na^+、NH_4^+、K^+、Ca^{2+}、Mg^{2+}）的测定　离子色谱法	HJ 812—2016	2016-07-26	2016-10-01
183	高锰酸盐指数	水质　高锰酸盐指数的测定	GB/T 11892—1989	1989-12-25	1990-07-01
184	镉	水质　镉的测定　双硫腙分光光度法	GB/T 7471—1987	1987-03-14	1987-08-01
		水质　铜、锌、铅、镉的测定　原子吸收分光光度法	GB/T 7475—1987	1987-03-14	1987-08-01
		水质　65 种元素的测定　电感耦合等离子体质谱法	HJ 700—2014	2014-05-16	2014-07-01
		水质　32 种元素的测定　电感耦合等离子体发射光谱法	HJ 776—2015	2015-12-04	2016-01-01
185	铬（六价）	水质　六价铬的测定　二苯碳酰二肼分光光度法	GB/T 7467—1987	1987-03-14	1987-08-01
		水质　氰化物等的测定　真空检测管-电子比色法	HJ 659—2013	2013-09-18	2013-09-20
		水质　六价铬的测定　流动注射-二苯碳酰二肼分光光度法	HJ 908—2017	2017-12-29	2018-04-01
186	汞	水质　汞的测定　冷原子荧光法（试行）	HJ/T 341—2007	2007-03-10	2007-05-01
		水质　总汞的测定　冷原子吸收分光光度法	HJ 597—2011	2011-02-10	2011-06-01
		水质　汞、砷、硒、铋和锑的测定　原子荧光法	HJ 694—2014	2014-03-13	2014-07-01

序号	项目	标准名称	标准编号	发布时间	实施时间
187	钴	水质　钴的测定　5-氯-2-（吡啶偶氮）-1,3-二氨基苯分光光度法	HJ 550—2015	2015-04-03	2015-07-01
		生活饮用水标准检验方法　金属指标（无火焰原子吸收分光光度法）	GB/T 5750.6—2006（14.1）	2006-12-29	2007-07-01
		水质　65 种元素的测定　电感耦合等离子体质谱法	HJ 700—2014	2014-05-16	2014-07-01
		水质　32 种元素的测定　电感耦合等离子体发射光谱法	HJ 776—2015	2015-12-04	2016-01-01
		水质　钴的测定　火焰原子吸收分光光度法	HJ 957—2018	2018-07-29	2019-01-01
		水质　钴的测定　石墨炉原子吸收分光光度法	HJ 958—2018	2018-07-29	2019-01-01
188	化学需氧量	水质　化学需氧量的测定　重铬酸盐法	HJ 828—2017	2017-03-30	2017-05-01
		水质　化学需氧量的测定　快速消解分光光度法	HJ/T 399—2007	2007-12-07	2008-03-01
		水质　氰化物等的测定　真空检测管-电子比色法	HJ 659—2013	2013-09-18	2013-09-20
189	环氧氯丙烷	水质　挥发性有机物的测定　吹扫捕集/气相色谱法	HJ 686—2014	2014-01-13	2014-04-01
		水质　挥发性有机物的测定　吹扫捕集/气相色谱-质谱法	HJ 639—2012	2012-12-03	2013-03-01
		生活饮用水标准检验方法　有机物指标（气相色谱法）	GB/T 5750.8—2006（17.1）	2006-12-29	2007-07-01
190	环氧七氯	水质　有机氯农药和氯苯类化合物的测定　气相色谱-质谱法	HJ 699—2014	2014-03-31	2014-07-01
191	黄磷	水质　黄磷的测定　气相色谱法	HJ 701—2014	2014-09-02	2014-11-01
192	挥发酚	水质　挥发酚的测定　4-氨基安替比林分光光度法	HJ 503—2009	2009-10-20	2009-12-01
		水质　挥发酚的测定　流动注射-4-氨基安替比林分光光度法	HJ 825—2017	2017-03-30	2017-05-01
193	挥发性石油烃	水质　挥发性石油烃（C_6～C_9）的测定　吹扫捕集/气相色谱法	HJ 893—2017	2017-12-21	2018-02-01
		水质　可萃取性石油烃（C_{10}～C_{40}）的测定　气相色谱法	HJ 894—2017	2017-12-21	2018-02-01
194	蛔虫卵	水质　蛔虫卵的测定　沉淀集卵法	HJ 775—2015	2015-12-04	2016-01-01
195	混杀威	水质　氨基甲酸酯类农药的测定　超高效液相色谱-三重四极杆质谱法	HJ 827—2017	2017-03-30	2017-05-01
196	活性氯（游离氯）	生活饮用水标准检验方法　消毒剂指标[*N,N*-二乙基对苯二胺（DPD）分光光度法]	GB/T 5750.11—2006（1.1）	2006-12-29	2007-07-01
		生活饮用水标准检验方法　消毒剂指标（3,3′,5,5′-四甲基苯胺比色法）	GB/T 5750.11—2006（1.2）	2006-12-29	2007-07-01
		水质　游离氯和总氯的测定 *N,N*-二乙基-1,4-苯二胺分光光度法	HJ 586—2010	2010-09-20	2010-12-01
197	急性毒性	水质　物质对蚤类（大型蚤）急性毒性测定方法	GB/T 13266—91	1991-09-14	1992-08-01
		水质　物质对淡水鱼（斑马鱼）急性毒性测定方法	GB/T 13267—91	1991-09-14	1992-08-01
198	甲拌磷	水、土中有机磷农药测定的气相色谱法	GB/T 14552—2003	2003-11-10	2004-04-01
199	甲苯	水质　苯系物的测定　顶空/气相色谱法	HJ 1067—2019	2019-12-24	2020-03-24
		水质　挥发性有机物的测定　吹扫捕集/气相色谱法	HJ 686—2014	2014-01-13	2014-04-01
		水质　挥发性有机物的测定　吹扫捕集/气相色谱-质谱法	HJ 639—2012	2012-12-03	2013-03-01

序号	项目	标准名称	标准编号	发布时间	实施时间
199	甲苯	水质 挥发性有机物的测定 顶空/气相色谱-质谱法	HJ 810—2016	2016-07-26	2016-10-01
		生活饮用水标准检验方法 有机物指标（溶剂萃取-填充柱气相色谱法）	GB/T 5750.8—2006（18.1）	2006-12-29	2007-07-01
		生活饮用水标准检验方法 有机物指标（溶剂萃取-毛细管柱气相色谱法）	GB/T 5750.8—2006（18.2）	2006-12-29	2007-07-01
		生活饮用水标准检验方法 有机物指标（顶空-填充柱气相色谱法）	GB/T 5750.8—2006（18.3）	2006-12-29	2007-07-01
		生活饮用水标准检验方法 有机物指标（顶空-毛细管柱气相色谱法）	GB/T 5750.8—2006（18.4）	2006-12-29	2007-07-01
		生活饮用水标准检验方法 有机物指标（附录 A 吹脱捕集/气相色谱-质谱法测定挥发性有机化合物）	GB/T 5750.8—2006（附录 A）	2006-12-29	2007-07-01
200	甲醇	水质 甲醇和丙酮的测定 顶空/气相色谱法	HJ 895—2017	2017-12-21	2018-02-01
201	甲磺隆	水质 磺酰脲类农药的测定 高效液相色谱法	HJ 1018—2019	2019-04-13	2019-09-01
202	甲基对硫磷	水质 有机磷农药的测定 气相色谱法	GB 13192—1991	1991-08-31	1992-06-01
		生活饮用水标准检验方法 农药指标（毛细管柱气相色谱法）	GB/T 5750.9—2006（4.2）	2006-12-29	2007-07-01
		水、土中有机磷农药测定的气相色谱法	GB/T 14552—2003	2003-11-10	2004-04-01
203	甲基汞	环境甲基汞的测定 气相色谱法	GB/T 17132—1997	1997-12-08	1998-05-01
		水质 烷基汞的测定 气相色谱法	GB/T 14204—1993	1993-02-23	1993-12-01
		水质 烷基汞的测定 吹扫捕集/气相色谱法-冷原子荧光光谱法	HJ 977—2018	2018-11-13	2019-03-01
204	甲嘧磺隆	水质 磺酰脲类农药的测定 高效液相色谱法	HJ 1018—2019	2019-04-13	2019-09-01
205	甲萘威	水质 氨基甲酸酯类农药的测定 超高效液相色谱-三重四极杆质谱法	HJ 827—2017	2017-03-30	2017-05-01
		生活饮用水标准检验方法 农药指标（高压液相色谱法-紫外检测器）	GB/T 5750.9—2006（10.1）	2006-12-29	2007-07-01
		生活饮用水标准检验方法 农药指标（高压液相色谱法）	GB/T 5750.9—2006（15.1）	2006-12-29	2007-07-01
206	甲氰菊酯	水质 百菌清及拟除虫菊酯类农药的测定 气相色谱-质谱法	HJ 753—2015	2015-08-21	2015-10-01
207	甲醛	水质 甲醛的测定 乙酰丙酮分光光度法	HJ 601—2011	2011-02-10	2011-06-01
		生活饮用水标准检验方法 消毒剂指标（4-氨基-3-联氨-5-巯基-1,2,4-三氮杂茂（AHMT）分光光度法）	GB/T 5750.10—2006（6.1）	2006-12-29	2007-07-01
208	甲氧滴滴涕	水质 有机氯农药和氯苯类化合物的测定 气相色谱-质谱法	HJ 699—2014	2014-03-31	2014-07-01
209	钾	水质 钾和钠的测定 火焰原子吸收分光光度法	GB/T 11904—1989	1989-12-25	1990-07-01
		水质 65 种元素的测定 电感耦合等离子体质谱法	HJ 700—2014	2014-05-16	2014-07-01
		水质 32 种元素的测定 电感耦合等离子体发射光谱法	HJ 776—2015	2015-12-04	2016-01-01
		水质 可溶性阳离子（Li^+、Na^+、NH_4^+、K^+、Ca^{2+}、Mg^{2+}）的测定 离子色谱法	HJ 812—2016	2016-07-26	2016-10-01
210	间二甲苯	水质 苯系物的测定 顶空/气相色谱法	HJ 1067—2019	2019-12-24	2020-03-24
		水质 挥发性有机物的测定 吹扫捕集/气相色谱法	HJ 686—2014	2014-01-13	2014-04-01
		生活饮用水标准检验方法 有机物指标（溶剂萃取-毛细管柱气相色谱法）	GB/T 5750.8—2006（18.2）	2006-12-29	2007-07-01

序号	项目	标准名称	标准编号	发布时间	实施时间
210	间二甲苯	生活饮用水标准检验方法　有机物指标（附录 A 吹脱捕集/气相色谱-质谱法测定挥发性有机化合物）	GB/T 5750.8—2006（附录 A）	2006-12-29	2007-07-01
		水质　挥发性有机物的测定　吹扫捕集/气相色谱-质谱法	HJ 639—2012	2012-12-03	2013-03-01
		水质　挥发性有机物的测定　顶空/气相色谱-质谱法	HJ 810—2016	2016-07-26	2016-10-01
		生活饮用水标准检验方法　有机物指标（顶空-毛细管柱气相色谱法）	GB/T 5750.8—2006（18.4）	2006-12-29	2007-07-01
211	间-二硝基苯	水质　硝基苯类化合物的测定　气相色谱-质谱法	HJ 716—2014	2014-11-27	2015-01-01
		水质　硝基苯类化合物的测定　液液萃取/固相萃取-气相色谱法	HJ 648—2013	2013-06-03	2013-09-01
		生活饮用水标准检验方法　有机物指标（气相色谱法）	GB/T 5750.8—2006（31.1）	2006.12.29	2007.07.01
212	间-硝基甲苯	水质　硝基苯类化合物的测定　气相色谱-质谱法	HJ 716—2014	2014-11-27	2015-01-01
		水质　硝基苯类化合物的测定　液液萃取/固相萃取-气相色谱法	HJ 648—2013	2013-06-03	2013-09-01
213	间-硝基氯苯	水质　硝基苯类化合物的测定　气相色谱-质谱法	HJ 716—2014	2014-11-27	2015-01-01
		水质　硝基苯类化合物的测定　液液萃取/固相萃取-气相色谱法	HJ 648—2013	2013-06-03	2013-09-01
		生活饮用水标准检验方法　有机物指标（气相色谱法）	GB/T 5750.8—2006（31.1）	2006.12.29	2007.07.01
214	肼	水质　肼和甲基肼的测定　对二甲氨基苯甲醛分光光度法	HJ 674—2013	2013-11-21	2014-02-01
215	凯氏氮	水质　凯氏氮的测定	GB/T 11891—1989	1989-12-25	1990-07-01
		水质　凯氏氮的测定　气相分子吸收光谱法	HJ/T 196—2005	2005-11-09	2006-01-01
216	抗蚜威	水质　氨基甲酸酯类农药的测定　超高效液相色谱-三重四极杆质谱法	HJ 827—2017	2017-03-30	2017-05-01
217	可吸附有机卤素（AOX）	水质　可吸附有机卤素（AOX）的测定　微库仑法	GB/T 15959—1995	1995-12-21	1996-08-01
		水质　可吸附有机卤素（AOX）的测定　离子色谱法	HJ/T 83—2001	2001-12-19	2002-04-01
218	克百威	水质　氨基甲酸酯类农药的测定　超高效液相色谱-三重四极杆质谱法	HJ 827—2017	2017-03-30	2017-05-01
219	苦味酸	生活饮用水标准检验方法　有机物指标（气相色谱法）	GB/T 5750.8—2006（42.1）	2006-12-29	2007-07-01
220	乐果	水质　有机磷农药的测定　气相色谱法	GB/T 13192—1991	1991-08-31	1992-06-01
		生活饮用水标准检验方法　农药指标(填充柱气相色谱法)	GB/T 5750.9—2006（4.1）	2006-12-29	2007-07-01
		生活饮用水标准检验方法　农药指标（毛细管柱气相色谱法）	GB/T 5750.9—2006（4.2）	2006-12-29	2007-07-01
221	锂	水质　65 种元素的测定　电感耦合等离子体质谱法	HJ 700—2014	2014-05-16	2014-07-01
		水质　32 种元素的测定　电感耦合等离子体发射光谱法	HJ 776—2015	2015-12-04	2016-01-01
		水质　可溶性阳离子（Li^+、Na^+、NH_4^+、K^+、Ca^{2+}、Mg^{2+}）的测定　离子色谱法	HJ 812—2016	2016-07-26	2016-10-01
222	联苯胺	水质　联苯胺的测定　高效液相色谱法	HJ 1017—2019	2019-04-13	2019-09-01
223	联苯菊酯	水质　百菌清及拟除虫菊酯类农药的测定　气相色谱-质谱法	HJ 753—2015	2015-08-21	2015-10-01

序号	项目	标准名称	标准编号	发布时间	实施时间
224	邻苯二甲酸二（2-乙基己基）酯	生活饮用水标准检验方法　有机物指标（气相色谱法）	GB/T 5750.8—2006（12.1）	2006-12-29	2007-07-01
225	邻苯二甲酸二丁酯	水质　邻苯二甲酸二甲（二丁、二辛）酯的测定　液相色谱法	HJ/T 72—2001	2001-09-29	2002-01-01
226	邻苯二甲酸二甲酯	水质　邻苯二甲酸二甲（二丁、二辛）酯的测定　液相色谱法	HJ/T 72—2001	2001-09-29	2002-01-01
227	邻苯二甲酸二辛酯	水质　邻苯二甲酸二甲（二丁、二辛）酯的测定　液相色谱法	HJ/T 72—2001	2001-09-29	2002-01-01
228	邻二甲苯	水质　苯系物的测定　顶空/气相色谱法	HJ 1067—2019	2019-12-24	2020-03-24
		水质　挥发性有机物的测定　吹扫捕集/气相色谱法	HJ 686—2014	2014-01-13	2014-04-01
		水质　挥发性有机物的测定　吹扫捕集/气相色谱-质谱法	HJ 639—2012	2012-12-03	2013-03-01
		水质　挥发性有机物的测定　顶空/气相色谱-质谱法	HJ 810—2016	2016-07-26	2016-10-01
		生活饮用水标准检验方法　有机物指标（溶剂萃取-毛细管柱气相色谱法）	GB/T 5750.8—2006（18.2）	2006-12-29	2007-07-01
		生活饮用水标准检验方法　有机物指标（顶空-填充柱气相色谱法）	GB/T 5750.8—2006（18.3）	2006-12-29	2007-07-01
		生活饮用水标准检验方法　有机物指标（顶空-毛细管柱气相色谱法）	GB/T 5750.8—2006（18.4）	2006-12-29	2007-07-01
		生活饮用水标准检验方法　有机物指标（附录 A 吹脱捕集/气相色谱-质谱法测定挥发性有机化合物）	GB/T 5750.8—2006（附录 A）	2006-12-29	2007-07-01
229	邻-二硝基苯	水质　硝基苯类化合物的测定　气相色谱-质谱法	HJ 716—2014	2014-11-27	2015-01-01
		水质　硝基苯类化合物的测定　液液萃取/固相萃取-气相色谱法	HJ 648—2013	2013-06-03	2013-09-01
		生活饮用水标准检验方法　有机物指标（气相色谱法）	GB/T 5750.8—2006（31.1）	2006.12.29	2007.07.01
230	邻-硝基甲苯	水质　硝基苯类化合物的测定　气相色谱-质谱法	HJ 716—2014	2014-11-27	2015-01-01
		水质　硝基苯类化合物的测定　液液萃取/固相萃取-气相色谱法	HJ 648—2013	2013-06-03	2013-09-01
231	邻-硝基氯苯	水质　硝基苯类化合物的测定　气相色谱-质谱法	HJ 716—2014	2014-11-27	2015-01-01
		水质　硝基苯类化合物的测定　液液萃取/固相萃取-气相色谱法	HJ 648—2013	2013-06-03	2013-09-01
		生活饮用水标准检验方法　有机物指标（气相色谱法）	GB/T 5750.8—2006（31.1）	2006.12.29	2007.07.01
232	磷	水质　单质磷的测定　磷钼蓝分光光度法（暂行）	HJ 593—2010	2010-10-21	2011-01-01
		水质　65 种元素的测定　电感耦合等离子体质谱法	HJ 700—2014	2014-05-16	2014-07-01
		水质　32 种元素的测定　电感耦合等离子体发射光谱法	HJ 776—2015	2015-12-04	2016-01-01
233	磷酸盐	水质　磷酸盐的测定　离子色谱法	HJ 669—2013	2013-10-25	2014-01-01
		水质　磷酸盐和总磷的测定　连续流动-钼酸铵分光光度法	HJ 670—2013	2013-10-25	2014-01-01

序号	项目	标准名称	标准编号	发布时间	实施时间
233	磷酸盐	水质　氰化物等的测定　真空检测管-电子比色法	HJ 659—2013	2013-09-18	2013-09-20
		水质　无机阴离子（F^-、Cl^-、NO_2^-、Br^-、NO_3^-、PO_4^{3-}、SO_3^{2-}、SO_4^{2-}）的测定　离子色谱法	HJ 84—2016	2016-07-26	2016-10-01
234	硫丹 I	水质　有机氯农药和氯苯类化合物的测定　气相色谱-质谱法	HJ 699—2014	2014-03-31	2014-07-01
235	硫丹 II	水质　有机氯农药和氯苯类化合物的测定　气相色谱-质谱法	HJ 699—2014	2014-03-31	2014-07-01
236	硫丹硫酸酯	水质　有机氯农药和氯苯类化合物的测定　气相色谱-质谱法	HJ 699—2014	2014-03-31	2014-07-01
237	硫化物	水质　硫化物的测定　亚甲基蓝分光光度法	GB/T 16489—1996	1996-04-26	1997-01-01
		水质　硫化物的测定　直接显色分光光度法	GB/T 17133—1997	1997-12-08	1998-05-01
		水质　硫化物的测定　碘量法	HJ/T 60—2000	2000-12-07	2001-03-01
		水质　硫化物的测定　气相分子吸收光谱法	HJ/T 200—2005	2005-11-09	2006-01-01
		水质　氰化物等的测定　真空检测管-电子比色法	HJ 659—2013	2013-09-18	2013-09-20
		水质　硫化物的测定　流动注射-亚甲基蓝分光光度法	HJ 824—2017	2017-03-30	2017-05-01
238	硫酸盐	水质　硫酸盐的测定　重量法	GB/T 11899—1989	1989-12-25	1990-07-01
		水质　硫酸盐的测定　铬酸钡分光光度法（试行）	HJ/T 342—2007	2007-03-10	2007-05-01
		水质　无机阴离子（F^-、Cl^-、NO_2^-、Br^-、NO_3^-、PO_4^{3-}、SO_3^{2-}、SO_4^{2-}）的测定　离子色谱法	HJ 84—2016	2016-07-26	2016-10-01
239	六氯苯	水质　氯苯类化合物的测定　气相色谱法	HJ 621—2011	2011-09-01	2011-11-01
		水质　有机氯农药和氯苯类化合物的测定　气相色谱-质谱法	HJ 699—2014	2014-03-31	2014-07-01
		生活饮用水标准检验方法　有机物指标（气相色谱法）	GB/T 5750.8—2006（24.1）	2006-12-29	2007-07-01
240	六氯丁二烯	水质　挥发性有机物的测定　吹扫捕集/气相色谱法	HJ 686—2014	2014-01-13	2014-04-01
		水质　挥发性有机物的测定　吹扫捕集/气相色谱-质谱法	HJ 639—2012	2012-12-03	2013-03-01
		水质　挥发性有机物的测定　顶空/气相色谱-质谱法	HJ 810—2016	2016-07-26	2016-10-01
		水质　挥发性卤代烃的测定　顶空气相色谱法	HJ 620—2011	2011-09-01	2011-11-01
		生活饮用水标准检验方法　有机物指标（气相色谱法）	GB/T 5750.8—2006（44.1）	2006-12-29	2007-07-01
		生活饮用水标准检验方法　有机物指标（附录 A 吹脱捕集/气相色谱-质谱法测定挥发性有机化合物）	GB/T 5750.8—2006（附录 A）	2006-12-29	2007-07-01
241	氯苯	水质　挥发性有机物的测定　吹扫捕集/气相色谱-质谱法	HJ 639—2012	2014-01-13	2014-04-01
		水质　挥发性有机物的测定　顶空/气相色谱-质谱法	HJ 810—2016	2012-12-03	2013-03-01
		水质　氯苯类化合物的测定　气相色谱法	HJ 621—2011	2011-09-01	2011-11-01
		水质　氯苯的测定　气相色谱法	HJ/T 74—2001	2001-09-29	2002-01-01
		生活饮用水标准检验方法　有机物指标（附录 A 吹脱捕集/气相色谱-质谱法测定挥发性有机化合物）	GB/T 5750.8—2006（附录 A）	2006-12-29	2007-07-01
242	氯丁二烯	水质　挥发性有机物的测定　吹扫捕集/气相色谱法	HJ 686—2014	2014-01-13	2014-04-01
		水质　挥发性有机物的测定　吹扫捕集/气相色谱-质谱法	HJ 639—2012	2012-12-03	2013-03-01
		水质　挥发性卤代烃的测定　顶空气相色谱法	HJ 620—2011	2011-09-01	2011-11-01
		生活饮用水标准检验方法　有机物指标（顶空气相色谱法）	GB/T 5750.8—2006（34.1）	2006-12-29	2007-07-01

序号	项目	标准名称	标准编号	发布时间	实施时间
243	氯氟氰菊酯	水质　百菌清及拟除虫菊酯类农药的测定　气相色谱-质谱法	HJ 753—2015	2015-08-21	2015-10-01
244	氯化物	水质　氯化物的测定　硝酸银滴定法	GB/T 11896—1989	1989-12-25	1990-07-01
		水质　氯化物的测定　硝酸汞滴定法（试行）	HJ/T 343—2007	2007-03-10	2007-05-01
		水质　无机阴离子（F^-、Cl^-、NO_2^-、Br^-、NO_3^-、PO_4^{3-}、SO_3^{2-}、SO_4^{2-}）的测定　离子色谱法	HJ 84—2016	2016-07-26	2016-10-01
245	氯磺隆	水质　磺酰脲类农药的测定　高效液相色谱法	HJ 1018—2019	2019-04-13	2019-09-01
246	氯嘧磺隆	水质　磺酰脲类农药的测定　高效液相色谱法	HJ 1018—2019	2019-04-13	2019-09-01
247	氯灭杀威	水质　氨基甲酸酯类农药的测定　超高效液相色谱-三重四极杆质谱法	HJ 827—2017	2017-03-30	2017-05-01
248	氯氰菊酯	水质　百菌清及拟除虫菊酯类农药的测定　气相色谱-质谱法	HJ 753—2015	2015-08-21	2015-10-01
249	氯乙烷	生活饮用水标准检验方法　有机物指标（附录A吹脱捕集/气相色谱-质谱法测定挥发性有机化合物）	GB/T 5750.8—2006（附录A）	2006-12-29	2007-07-01
250	氯乙烯	水质　挥发性有机物的测定　吹扫捕集/气相色谱-质谱法	HJ 639—2012	2014-01-13	2014-04-01
		水质　挥发性有机物的测定　顶空/气相色谱-质谱法	HJ 810—2016	2012-12-03	2013-03-01
		生活饮用水标准检验方法　有机物指标（填充柱气相色谱法）	GB/T 5750.8—2006（4.1）	2006-12-29	2007-07-01
		生活饮用水标准检验方法　有机物指标（毛细管柱气相色谱法）	GB/T 5750.8—2006（4.2）	2006-12-29	2007-07-01
		生活饮用水标准检验方法　有机物指标（附录A吹脱捕集/气相色谱-质谱法测定挥发性有机化合物）	GB/T 5750.8—2006（附录A）	2006-12-29	2007-07-01
251	马拉硫磷	水质　有机磷农药的测定　气相色谱法	GB/T 13192—1991	1991-08-31	1992-06-01
		生活饮用水标准检验方法　农药指标（填充柱气相色谱法）	GB/T 5750.9—2006（4.1）	2006-12-29	2007-07-01
		生活饮用水标准检验方法　农药指标（毛细管柱气相色谱法）	GB/T 5750.9—2006（4.2）	2006-12-29	2007-07-01
252	镁	水质　钙和镁的测定　原子吸收分光光度法	GB/T 11905—1989	1989-12-25	1990-07-01
		水质　65种元素的测定　电感耦合等离子体质谱法	HJ 700—2014	2014-05-16	2014-07-01
		水质　32种元素的测定　电感耦合等离子体发射光谱法	HJ 776—2015	2015-12-04	2016-01-01
		水质　可溶性阳离子（Li^+、Na^+、NH_4^+、K^+、Ca^{2+}、Mg^{2+}）的测定　离子色谱法	HJ 812—2016	2016-07-26	2016-10-01
253	锰	水质　锰的测定　高碘酸钾分光光度法	GB/T 11906—1989	1989-12-25	1990-07-01
		水质　锰的测定　甲醛肟分光光度法（试行）	HJ/T 344—2007	2007-03-10	2007-05-01
		水质　65种元素的测定　电感耦合等离子体质谱法	HJ 700—2014	2014-05-16	2014-07-01
		水质　32种元素的测定　电感耦合等离子体发射光谱法	HJ 776—2015	2015-12-04	2016-01-01
		水质　氰化物等的测定　真空检测管-电子比色法	HJ 659—2013	2013-09-18	2013-09-20
		水质　铁、锰的测定　火焰原子吸收分光光度法	GB/T 11911—1989	1989-12-25	1990-07-01
254	锰杀威	水质　氨基甲酸酯类农药的测定　超高效液相色谱-三重四极杆质谱法	HJ 827—2017	2017-03-30	2017-05-01
255	醚苯磺隆	水质　磺酰脲类农药的测定　高效液相色谱法	HJ 1018—2019	2019-04-13	2019-09-01
256	灭虫威	水质　氨基甲酸酯类农药的测定　超高效液相色谱-三重四极杆质谱法	HJ 827—2017	2017-03-30	2017-05-01

序号	项目	标准名称	标准编号	发布时间	实施时间
257	灭多威	水质 氨基甲酸酯类农药的测定 超高效液相色谱-三重四极杆质谱法	HJ 827—2017	2017-03-30	2017-05-01
		水质 灭多威和灭多威肟的测定 液相色谱法	HJ 851—2017	2017-08-28	2017-11-01
258	灭多威肟	水质 氨基甲酸酯类农药的测定 超高效液相色谱-三重四极杆质谱法	HJ 827—2017	2017-03-30	2017-05-01
		水质 灭多威和灭多威肟的测定 液相色谱法	HJ 851—2017	2017-08-28	2017-11-01
259	钼	生活饮用水标准检验方法 金属指标（无火焰原子吸收分光光度法）	GB/T 5750.6—2006（13.1）	2006-12-29	2007-07-01
		水质 钼和钛的测定 石墨炉原子吸收分光光度法	HJ 807—2016	2016-06-24	2016-08-01
		水质 65 种元素的测定 电感耦合等离子体质谱法	HJ 700—2014	2014-05-16	2014-07-01
		水质 32 种元素的测定 电感耦合等离子体发射光谱法	HJ 776—2015	2015-12-04	2016-01-01
260	钠	水质 钾和钠的测定 火焰原子吸收分光光度法	GB/T 11904—1989	1989-12-25	1990-07-01
		水质 65 种元素的测定 电感耦合等离子体质谱法	HJ 700—2014	2014-05-16	2014-07-01
		水质 32 种元素的测定 电感耦合等离子体发射光谱法	HJ 776—2015	2015-12-04	2016-01-01
		水质 可溶性阳离子（Li^+、Na^+、NH_4^+、K^+、Ca^{2+}、Mg^{2+}）的测定 离子色谱法	HJ 812—2016	2016-07-26	2016-10-01
261	耐热大肠菌群	生活饮用水标准检验方法 微生物指标（多管发酵法）	GB/T 5750.12—2006（3.1）	2006-12-29	2007-07-01
		生活饮用水标准检验方法 微生物指标（滤膜法）	GB/T 5750.12—2006（3.2）	2006-12-29	2007-07-01
262	萘	水质 多环芳烃的测定 液液萃取和固相萃取高效液相色谱法	HJ 478—2009	2009-09-27	2009-11-01
		水质 挥发性有机物的测定 吹扫捕集/气相色谱-质谱法	HJ 639—2012	2012-12-03	2013-03-01
		水质 挥发性有机物的测定 顶空/气相色谱-质谱法	HJ 810—2016	2012-12-03	2013-03-01
		生活饮用水标准检验方法 有机物指标（附录 A 吹脱捕集/气相色谱-质谱法测定挥发性有机化合物）	GB/T 5750.8—2006（附录 A）	2006-12-29	2007-07-01
263	内吸磷	生活饮用水标准检验方法 农药指标（填充柱气相色谱法）	GB/T 5750.9—2006（4.1）	2006-12-29	2007-07-01
		生活饮用水标准检验方法 农药指标（毛细管柱气相色谱法）	GB/T 5750.9—2006（4.2）	2006-12-29	2007-07-01
264	镍	水质 镍的测定 丁二酮肟分光光度法	GB/T 11910—1989	1989-12-25	1990-07-01
		水质 镍的测定 火焰原子吸收分光光度法	GB/T 11912—1989	1989-12-25	1990-07-01
		生活饮用水标准检验方法 金属指标（无火焰原子吸收分光光度法）	GB/T 5750.6—2006（15.1）	2006-12-29	2007-07-01
		水质 氰化物等的测定 真空检测管-电子比色法	HJ 659—2013	2013-09-18	2013-09-20
		水质 65 种元素的测定 电感耦合等离子体质谱法	HJ 700—2014	2014-05-16	2014-07-01
		水质 32 种元素的测定 电感耦合等离子体发射光谱法	HJ 776—2015	2015-12-04	2016-01-01
265	硼	水质 硼的测定 姜黄素分光光度法	HJ/T 49—1999	1999-08-18	2000-01-01
		水质 65 种元素的测定 电感耦合等离子体质谱法	HJ 700—2014	2014-05-16	2014-07-01
		水质 32 种元素的测定 电感耦合等离子体发射光谱法	HJ 776—2015	2015-12-04	2016-01-01

序号	项目	标准名称	标准编号	发布时间	实施时间
266	芘	水质　多环芳烃的测定　液液萃取和固相萃取高效液相色谱法	HJ 478—2009	2009-09-27	2009-11-01
267	铍	生活饮用水标准检验方法　金属指标（桑色素荧光分光光度法）	GB/T 5750.6—2006（20.1）	2006-12-29	2007-07-01
		水质　铍的测定　铬菁 R 分光光度法	HJ/T 58—2000	2000-12-07	2001-03-01
		水质　铍的测定　石墨炉原子吸收分光光度法	HJ/T 59—2000	2000-12-07	2001-03-01
		水质　65 种元素的测定　电感耦合等离子体质谱法	HJ 700—2014	2014-05-16	2014-07-01
		水质　32 种元素的测定　电感耦合等离子体发射光谱法	HJ 776—2015	2015-12-04	2016-01-01
268	偏二甲基肼	水质　偏二甲基肼的测定　氨基亚铁氰化钠分光光度法	GB/T 14376—1993	1993-05-22	1993-12-01
269	七氯	水质　有机氯农药和氯苯类化合物的测定　气相色谱-质谱法	HJ 699—2014	2014-03-31	2014-07-01
		生活饮用水标准检验方法　农药指标（液液萃取气相色谱法）	GB/T 5750.9—2006（19.1）	2006-12-29	2007-07-01
270	铅	水质　铜、锌、铅、镉的测定　原子吸收分光光度法	GB/T 7475—1987	1987-03-14	1987-08-01
		水质　铅的测定　双硫腙分光光度法	GB/T 7470—1987	1987-03-14	1987-08-01
		水质　65 种元素的测定　电感耦合等离子体质谱法	HJ 700—2014	2014-05-16	2014-07-01
		水质　32 种元素的测定　电感耦合等离子体发射光谱法	HJ 776—2015	2015-12-04	2016-01-01
271	氰化物	水质　氰化物的测定　容量法和分光光度法	HJ 484—2009	2009-09-27	2009-11-01
		水质　氰化物等的测定　真空检测管-电子比色法	HJ 659—2013	2013-09-18	2013-09-20
		水质　氰化物的测定　流动注射-分光光度法	HJ 823—2017	2017-03-30	2017-05-01
272	氰戊菊酯	水质　百菌清及拟除虫菊酯类农药的测定　气相色谱-质谱法	HJ 753—2015	2015-08-21	2015-10-01
273	䓛	水质　多环芳烃的测定　液液萃取和固相萃取高效液相色谱法	HJ 478—2009	2009-09-27	2009-11-01
274	全盐量	水质　全盐量的测定　重量法	HJ/T 51—1999	1999-08-18	2000-01-01
275	溶解氧	水质　溶解氧的测定　碘量法	GB/T 7489—1987	1987-03-14	1987-08-01
		水质　溶解氧的测定　电化学探头法	HJ 506—2009	2009-10-20	2009-12-01
276	噻吩磺隆	水质　磺酰脲类农药的测定　高效液相色谱法	HJ 1018—2019	2019-04-13	2019-09-01
277	三氯苯	生活饮用水标准检验方法　有机物指标（气相色谱法）	GB/T 5750.8—2006（24.1）	2006-12-29	2007-07-01
278	三氯氟甲烷	生活饮用水标准检验方法　有机物指标（附录 A 吹脱捕集/气相色谱-质谱法测定挥发性有机化合物）	GB/T 5750.8—2006（附录 A）	2006-12-29	2007-07-01
279	三氯甲烷	水质　挥发性有机物的测定　吹扫捕集/气相色谱法	HJ 686—2014	2014-01-13	2014-04-01
		水质　挥发性有机物的测定　吹扫捕集/气相色谱-质谱法	HJ 639—2012	2012-12-03	2013-03-01
		水质　挥发性有机物的测定　顶空/气相色谱-质谱法	HJ 810—2016	2016-07-26	2016-10-01
		水质　挥发性卤代烃的测定　顶空气相色谱法	HJ 620—2011	2011-09-01	2011-11-01

序号	项目	标准名称	标准编号	发布时间	实施时间
279	三氯甲烷	生活饮用水标准检验方法　有机物指标（填充柱气相色谱法）	GB/T 5750.8—2006（1.1）	2006-12-29	2007-07-01
		生活饮用水标准检验方法　有机物指标（毛细管柱气相色谱法）	GB/T 5750.8—2006（1.2）	2006-12-29	2007-07-01
		生活饮用水标准检验方法　有机物指标（附录 A 吹脱捕集/气相色谱-质谱法测定挥发性有机化合物）	GB/T 5750.8—2006（附录 A）	2006-12-29	2007-07-01
280	三氯杀螨醇	水质　有机氯农药和氯苯类化合物的测定　气相色谱-质谱法	HJ 699—2014	2014-03-31	2014-07-01
281	三氯乙醛	水质　三氯乙醛的测定　吡啶啉酮分光光度法	HJ/T 50—1999	1999-08-18	2000-01-01
		生活饮用水标准检验方法　消毒副产物指标（气相色谱法）	GB/T 5750.10—2006（8.1）	2006-12-29	2007-07-01
282	三氯乙酸	水质　卤代乙酸类化合物的测定　气相色谱法	HJ 758—2015	2015-10-22	2015-12-01
283	三氯乙烯	水质　挥发性有机物的测定　吹扫捕集/气相色谱法	HJ 686—2014	2014-01-13	2014-04-01
		水质　挥发性有机物的测定　吹扫捕集/气相色谱-质谱法	HJ 639—2012	2012-12-03	2013-03-01
		水质　挥发性有机物的测定　顶空/气相色谱-质谱法	HJ 810—2016	2016-07-26	2016-10-01
		水质　挥发性卤代烃的测定　顶空气相色谱法	HJ 620—2011	2011-09-01	2011-11-01
		生活饮用水标准检验方法　有机物指标（填充柱气相色谱法）	GB/T 5750.8—2006（7）	2006-12-29	2007-07-01
		生活饮用水标准检验方法　有机物指标（附录 A 吹脱捕集/气相色谱-质谱法测定挥发性有机化合物）	GB/T 5750.8—2006（附录 A）	2006-12-29	2007-07-01
284	三硝基甲苯	生活饮用水标准检验方法　有机物指标（气相色谱法）	GB/T 5750.8—2006（30.1）	2006.12.29	2007.07.01
285	三溴甲烷	水质　挥发性有机物的测定　吹扫捕集/气相色谱法	HJ 686—2014	2014-01-13	2014-04-01
		水质　挥发性有机物的测定　吹扫捕集/气相色谱-质谱法	HJ 639—2012	2012-12-03	2013-03-01
		水质　挥发性有机物的测定　顶空/气相色谱-质谱法	HJ 810—2016	2016-07-26	2016-10-01
		水质　挥发性卤代烃的测定　顶空气相色谱法	HJ 620—2011	2011-09-01	2011-11-01
		生活饮用水标准检验方法　有机物指标（填充柱气相色谱法）	GB/T 5750.8—2006（1.1）	2006-12-29	2007-07-01
		生活饮用水标准检验方法　有机物指标（附录 A 吹脱捕集/气相色谱-质谱法测定挥发性有机化合物）	GB/T 5750.8—2006（附录 A）	2006-12-29	2007-07-01
286	三溴乙酸	水质　卤代乙酸类化合物的测定　气相色谱法	HJ 758—2015	2015-10-22	2015-12-01
287	三乙胺	水质　三乙胺的测定　溴酚蓝分光光度法	GB/T 14377—1993	1993-05-22	1993-12-01
288	色度	水质　色度的测定	GB/T 11903—1989	1989-12-25	1990-07-01
289	杀草快	水质　百草枯和杀草快的测定　固相萃取-高效液相色谱法	HJ 914—2017	2017-12-28	2018-04-01
290	杀螟硫磷	水、土中有机磷农药测定的气相色谱法	GB/T 14552—2003	2003-11-10	2004-04-01
291	杀扑磷	水、土中有机磷农药测定的气相色谱法	GB/T 14552—2003	2003-11-10	2004-04-01
292	砷	水质　总砷的测定　二乙基二硫代氨基甲酸银分光光度法	GB/T 7485—1987	1987-03-14	1987-08-01
		水质　痕量砷的测定　硼氢化钾-硝酸银分光光度法	GB/T 11900—1989	1989-12-25	1990-07-01
		水质　汞、砷、硒、铋和锑的测定　原子荧光法	HJ 694—2014	2014-03-13	2014-07-01
		水质　65 种元素的测定　电感耦合等离子体质谱法	HJ 700—2014	2014-05-16	2014-07-01
		水质　32 种元素的测定　电感耦合等离子体发射光谱法	HJ 776—2015	2015-12-04	2016-01-01

序号	项目	标准名称	标准编号	发布时间	实施时间
293	十溴二苯醚（BDE-209）	水质　多溴二苯醚的测定　气相色谱-质谱法	HJ 909—2017	2017-12-29	2018-04-01
294	石油类	水质　石油类的测定　紫外分光光度法（试行）	HJ 970—2018	2018-10-10	2019-01-01
295	叔丁基苯	水质　挥发性有机物的测定　吹扫捕集/气相色谱-质谱法	HJ 639—2012	2014-01-13	2014-04-01
		水质　挥发性有机物的测定　顶空/气相色谱-质谱法	HJ 810—2016	2012-12-03	2013-03-01
		生活饮用水标准检验方法　有机物指标（附录 A 吹脱捕集/气相色谱-质谱法测定挥发性有机化合物）	GB/T 5750.8—2006（附录 A）	2006-12-29	2007-07-01
296	水胺硫磷	水、土中有机磷农药测定的气相色谱法	GB/T 14552—2003	2003-11-10	2004-04-01
297	水合肼	生活饮用水标准检验方法　有机物指标（对二甲氨基苯甲醛分光光度法）	GB/T 5750.8—2006（39.1）	2006-12-29	2007-07-01
		水质　肼和甲基肼的测定　对二甲氨基苯甲醛分光光度法	HJ 674—2013	2013-11-21	2014-02-01
298	水温	水质　水温的测定　温度计或颠倒温度计测定法	GB/T 13195—1991	1991-08-31	1992-06-01
299	顺-1,2-二氯丙烯	生活饮用水标准检验方法　有机物指标（附录 A 吹脱捕集/气相色谱-质谱法测定挥发性有机化合物）	GB/T 5750.8—2006（附录 A）	2006-12-29	2007-07-01
300	顺-1,3-二氯丙烯	水质　挥发性有机物的测定　吹扫捕集/气相色谱-质谱法	HJ 639—2012	2014-01-13	2014-04-01
		水质　挥发性有机物的测定　顶空/气相色谱-质谱法	HJ 810—2016	2012-12-03	2013-03-01
301	顺式-1,2-二氯乙烯	水质　挥发性有机物的测定　吹扫捕集/气相色谱法	HJ 686—2014	2014-01-13	2014-04-01
		水质　挥发性有机物的测定　吹扫捕集/气相色谱-质谱法	HJ 639—2012	2012-12-03	2013-03-01
		水质　挥发性有机物的测定　顶空/气相色谱-质谱法	HJ 810—2016	2016-07-26	2016-10-01
		水质　挥发性卤代烃的测定　顶空气相色谱法	HJ 620—2011	2011-09-01	2011-11-01
		生活饮用水标准检验方法　有机物指标（吹脱捕集气相色谱法）	GB/T 5750.8—2006（6）	2006-12-29	2007-07-01
		生活饮用水标准检验方法　有机物指标（附录 A 吹脱捕集/气相色谱-质谱法测定挥发性有机化合物）	GB/T 5750.8—2006（附录 A）	2006-12-29	2007-07-01
302	四氯苯	生活饮用水标准检验方法　有机物指标（气相色谱法）	GB/T 5750.8—2006（24.1）	2006-12-29	2007-07-01
303	四氯化碳	水质　挥发性有机物的测定　吹扫捕集/气相色谱法	HJ 686—2014	2014-01-13	2014-04-01
		水质　挥发性有机物的测定　吹扫捕集/气相色谱-质谱法	HJ 639—2012	2012-12-03	2013-03-01
		水质　挥发性有机物的测定　顶空/气相色谱-质谱法	HJ 810—2016	2016-07-26	2016-10-01
		水质　挥发性卤代烃的测定　顶空气相色谱法	HJ 620—2011	2011-09-01	2011-11-01
		生活饮用水标准检验方法　有机物指标（填充柱气相色谱法）	GB/T 5750.8—2006（1.1）	2006-12-29	2007-07-01
		生活饮用水标准检验方法　有机物指标（毛细管柱气相色谱法）	GB/T 5750.8—2006（1.2）	2006-12-29	2007-07-01
		生活饮用水标准检验方法　有机物指标（附录 A 吹脱捕集/气相色谱-质谱法测定挥发性有机化合物）	GB/T 5750.8—2006（附录 A）	2006-12-29	2007-07-01

序号	项目	标准名称	标准编号	发布时间	实施时间
304	四氯乙烯	水质 挥发性有机物的测定 吹扫捕集/气相色谱法	HJ 686—2014	2014-01-13	2014-04-01
		水质 挥发性有机物的测定 吹扫捕集/气相色谱-质谱法	HJ 639—2012	2012-12-03	2013-03-01
		水质 挥发性有机物的测定 顶空/气相色谱-质谱法	HJ 810—2016	2016-07-26	2016-10-01
		水质 挥发性卤代烃的测定 顶空气相色谱法	HJ 620—2011	2011-09-01	2011-11-01
		生活饮用水标准检验方法 有机物指标（填充柱气相色谱法）	GB/T 5750.8—2006（8）	2006-12-29	2007-07-01
		生活饮用水标准检验方法 有机物指标（附录 A 吹脱捕集/气相色谱-质谱法测定挥发性有机化合物）	GB/T 5750.8—2006（附录 A）	2006-12-29	2007-07-01
305	四乙基铅	生活饮用水标准检验方法 金属指标（双硫腙比色法）	GB/T 5750.6—2006（24.1）	2006-12-29	2007-07-01
		水质 四乙基铅的测定 顶空/气相色谱-质谱法	HJ 959—2018	2018-07-29	2019-01-01
306	松节油	水质 松节油的测定 气相色谱法	HJ 696—2014	2014-03-31	2014-07-01
		水质 松节油的测定 吹扫捕集/气相色谱-质谱法	HJ 866—2017	2017-11-28	2018-01-01
		生活饮用水标准检验方法 有机物指标（气相色谱法）	GB/T 5750.8—2006（40.1）	2006-12-29	2007-07-01
307	速灭磷	水、土中有机磷农药测定的气相色谱法	GB/T 14552—2003	2003-11-10	2004-04-01
308	速灭威	水质 氨基甲酸酯类农药的测定 超高效液相色谱-三重四极杆质谱法	HJ 827—2017	2017-03-30	2017-05-01
309	铊	生活饮用水标准检验方法 金属指标（无火焰原子吸收分光光度法）	GB/T 5750.6—2006（21.1）	2006-12-29	2007-07-01
		水质 65 种元素的测定 电感耦合等离子体质谱法	HJ 700—2014	2014-05-16	2014-07-01
		水质 铊的测定 石墨炉原子吸收分光光度法	HJ 748—2015	2015-06-23	2015-08-01
310	钛	生活饮用水标准检验方法 金属指标（催化示波极谱法）	GB/T 5750.6—2006（17.1）	2006-12-29	2007-07-01
		生活饮用水标准检验方法 金属指标（水杨基荧光酮分光光度法）	GB/T 5750.6—2006（17.2）	2006-12-29	2007-07-01
		水质 65 种元素的测定 电感耦合等离子体质谱法	HJ 700—2014	2014-05-16	2014-07-01
		水质 32 种元素的测定 电感耦合等离子体发射光谱法	HJ 776—2015	2015-12-04	2016-01-01
		水质 钼和钛的测定 石墨炉原子吸收分光光度法	HJ 807—2016	2016-06-24	2016-08-01
311	锑	生活饮用水标准检验方法 金属指标（氢化物原子吸收分光光度法）	GB/T 5750.6—2006（19.2）	2006-12-29	2007-07-01
		水质 汞、砷、硒、铋和锑的测定 原子荧光法	HJ 694—2014	2014-03-13	2014-07-01
		水质 65 种元素的测定 电感耦合等离子体质谱法	HJ 700—2014	2014-05-16	2014-07-01
		水质 32 种元素的测定 电感耦合等离子体发射光谱法	HJ 776—2015	2015-12-04	2016-01-01
312	铁	水质 铁、锰的测定 火焰原子吸收分光光度法	GB/T 11911—1989	1989-12-25	1990-07-01
		水质 铁的测定 邻菲啰啉分光光度法（试行）	HJ/T 345—2007	2007-03-10	2007-05-01
		水质 65 种元素的测定 电感耦合等离子体质谱法	HJ 700—2014	2014-05-16	2014-07-01
		水质 32 种元素的测定 电感耦合等离子体发射光谱法	HJ 776—2015	2015-12-04	2016-01-01

序号	项目	标准名称	标准编号	发布时间	实施时间
313	铜	水质　铜、锌、铅、镉的测定　原子吸收分光光度法	GB/T 7475—1987	1987-03-14	1987-08-01
		水质　铜的测定　二乙基二硫代氨基甲酸钠分光光度法	HJ 485—2009	2009-09-27	2009-11-01
		水质　铜的测定　2,9-二甲基-1,10-菲啰啉分光光度法	HJ 486—2009	2009-09-27	2009-11-01
		水质　65 种元素的测定　电感耦合等离子体质谱法	HJ 700—2014	2014-05-16	2014-07-01
		水质　32 种元素的测定　电感耦合等离子体发射光谱法	HJ 776—2015	2015-12-04	2016-01-01
314	外环氧七氯	水质　有机氯农药和氯苯类化合物的测定　气相色谱-质谱法	HJ 699—2014	2014-03-31	2014-07-01
315	微囊藻毒素-LR	水质　微囊藻毒素的测定	GB/T 20466—2006	2006-08-24	2007-01-01
		生活饮用水标准检验方法　有机物指标（高压液相色谱法）	GB/T 5750.8—2006（13.1）	2006-12-29	2007-07-01
316	微型生物群落	水质　微型生物群落监测　PFU 法	GB/T 12990—1991	1991-08-19	1992-04-01
317	无机阴离子	水质　无机阴离子（F^-、Cl^-、NO_2^-、Br^-、NO_3^-、PO_4^{3-}、SO_3^{2-}、SO_4^{2-}）的测定　离子色谱法	HJ 84—2016	2016-07-26	2016-10-01
318	五氯苯	水质　氯苯类化合物的测定　气相色谱法	HJ 621—2011	2011-09-01	2011-11-01
		水质　有机氯农药和氯苯类化合物的测定　气相色谱-质谱法	HJ 699—2014	2014-03-31	2014-07-01
319	五氯酚	水质　酚类化合物的测定　液液萃取/气相色谱法	HJ 676—2013	2013-11-21	2014-02-01
		水质　酚类化合物的测定　气相色谱-质谱法	HJ 744—2015	2015-05-04	2015-07-01
		水质　五氯酚的测定　气相色谱法	HJ 591—2010	2010-10-21	2011-01-01
		生活饮用水标准检验方法　消毒副产物指标（衍生化气相色谱法）	GB/T 5750.10—2006（12.1）	2006.12.29	2007.07.01
		生活饮用水标准检验方法　消毒副产物指标（顶空固相微萃取气相色谱法）	GB/T 5750.10—2006（12.2）	2006.12.29	2007.07.01
320	五氯硝基苯	水质　有机氯农药和氯苯类化合物的测定　气相色谱-质谱法	HJ 699—2014	2014-03-31	2014-07-01
321	五日生化需氧量	水质　五日生化需氧量（BOD_5）的测定　稀释与接种法	HJ 505—2009	2009-10-20	2009-12-01
		水质　生化需氧量（BOD）的测定　微生物传感器快速测定法	HJ/T 86—2002	2002-01-29	2002-07-01
322	苭	水质　多环芳烃的测定　液液萃取和固相萃取高效液相色谱法	HJ 478—2009	2009-09-27	2009-11-01
323	硒	水质　硒的测定　2,3-二氨基萘荧光法	GB/T 11902—1989	1989-12-25	1990-07-01
		水质　硒的测定　石墨炉原子吸收分光光度法	GB/T 15505—1995	1995-03-15	1995-08-01
		水质　汞、砷、硒、铋和锑的测定　原子荧光法	HJ 694—2014	2014-03-13	2014-07-01
		水质　65 种元素的测定　电感耦合等离子体质谱法	HJ 700—2014	2014-05-16	2014-07-01
		水质　32 种元素的测定　电感耦合等离子体发射光谱法	HJ 776—2015	2015-12-04	2016-01-01
		水质　总硒的测定　3,3′-二氨基联苯胺分光光度法	HJ 811—2016	2016-07-26	2016-10-01

序号	项目	标准名称	标准编号	发布时间	实施时间
324	细菌总数	水质　细菌总数的测定　平皿计数法	HJ 1000—2018	2018-12-26	2019-06-01
		生活饮用水标准检验方法　微生物指标（平皿计数法）	GB/T 5750.12—2006（1.1）	2006-12-29	2007-07-01
325	硝磺草酮	水质　硝磺草酮的测定　液相色谱法	HJ 850—2017	2017-08-28	2017-11-01
326	硝基苯	水质　硝基苯类化合物的测定　气相色谱-质谱法	HJ 716—2014	2014-11-27	2015-01-01
		水质　硝基苯类化合物的测定　液液萃取/固相萃取-气相色谱法	HJ 648—2013	2013-06-03	2013-09-01
		生活饮用水标准检验方法　有机物指标（（气相色谱法））	GB/T 5750.8—2006（29.1）	2006.12.29	2007.07.01
327	硝酸盐（氮）	水质　硝酸盐氮的测定　酚二磺酸分光光度法	GB/T 7480—1987	1987-03-14	1987-08-01
		水质　硝酸盐氮的测定　气相分子吸收光谱法	HJ/T 198—2005	2005-11-09	2006-01-01
		水质　硝酸盐氮的测定　紫外分光光度法（试行）	HJ/T 346—2007	2007-03-10	2007-05-01
		水质　无机阴离子（F^-、Cl^-、NO_2^-、Br^-、NO_3^-、PO_4^{3-}、SO_3^{2-}、SO_4^{2-}）的测定　离子色谱法	HJ 84—2016	2016-07-26	2016-10-01
		水质　氰化物等的测定　真空检测管-电子比色法	HJ 659—2013	2013-09-18	2013-09-20
328	锌	水质　铜、锌、铅、镉的测定　原子吸收分光光度法	GB/T 7475—1987	1987-03-14	1987-08-01
		水质　锌的测定　双硫腙分光光度法	GB/T 7472—1987	1987-03-14	1987-08-01
		水质　65 种元素的测定　电感耦合等离子体质谱法	HJ 700—2014	2014-05-16	2014-07-01
		水质　32 种元素的测定　电感耦合等离子体发射光谱法	HJ 776—2015	2015-12-04	2016-01-01
329	溴苯	生活饮用水标准检验方法　有机物指标（附录 A 吹脱捕集/气相色谱-质谱法测定挥发性有机化合物）	GB/T 5750.8—2006（附录 A）	2006-12-29	2007-07-01
330	溴甲烷	生活饮用水标准检验方法　有机物指标（附录 A 吹脱捕集/气相色谱-质谱法测定挥发性有机化合物）	GB/T 5750.8—2006（附录 A）	2006-12-29	2007-07-01
331	溴硫磷	水、土中有机磷农药测定的气相色谱法	GB/T 14552—2003	2003-11-10	2004-04-01
332	溴氯甲烷	水质　挥发性有机物的测定　吹扫捕集/气相色谱-质谱法	HJ 639—2012	2014-01-13	2014-04-01
		水质　挥发性有机物的测定　顶空/气相色谱-质谱法	HJ 810—2016	2012-12-03	2013-03-01
		生活饮用水标准检验方法　有机物指标（附录 A 吹脱捕集/气相色谱-质谱法测定挥发性有机化合物）	GB/T 5750.8—2006（附录 A）	2006-12-29	2007-07-01
333	溴氰菊酯	水质　百菌清和溴氰菊酯的测定　气相色谱法	HJ 698—2014	2014-03-31	2014-07-01
		水质　百菌清及拟除虫菊酯类农药的测定　气相色谱-质谱法	HJ 753—2015	2015-08-21	2015-10-01
		生活饮用水标准检验方法　农药指标（气相色谱法）	GB/T 5750.9—2006（11.1）	2006-12-29	2007-07-01
		生活饮用水标准检验方法　农药指标（高效液相色谱法）	GB/T 5750.9—2006（11.2）	2006-12-29	2007-07-01
334	悬浮物	水质　悬浮物的测定　重量法	GB/T 11901—1989	1989-12-25	1990-07-01
335	亚硝酸盐氮	水质　亚硝酸盐氮的测定　分光光度法	GB/T 7493—1987	1987-03-14	1987-08-01
		水质　亚硝酸盐氮的测定　气相分子吸收光谱法	HJ/T 197—2005	2005-11-09	2006-01-01
		水质　无机阴离子（F^-、Cl^-、NO_2^-、Br^-、NO_3^-、PO_4^{3-}、SO_3^{2-}、SO_4^{2-}）的测定　离子色谱法	HJ 84—2016	2016-07-26	2016-10-01
		水质　氰化物等的测定　真空检测管-电子比色法	HJ 659—2013	2013-09-18	2013-09-20
336	烟嘧磺隆	水质　磺酰脲类农药的测定　高效液相色谱法	HJ 1018—2019	2019-04-13	2019-09-01
337	叶绿素 a	水质　叶绿素 a 的测定　分光光度法	HJ 897—2017	2017-12-21	2018-02-01
338	一甲基肼	水质　肼和甲基肼的测定　对二甲氨基苯甲醛分光光度法	HJ 674—2013	2013-11-21	2014-02-01

序号	项目	标准名称	标准编号	发布时间	实施时间
339	一氯二溴乙酸	水质　卤代乙酸类化合物的测定　气相色谱法	HJ 758—2015	2015-10-22	2015-12-01
340	一氯二溴乙烷	生活饮用水标准检验方法　有机物指标（附录 A 吹脱捕集/气相色谱-质谱法测定挥发性有机化合物）	GB/T 5750.8—2006（附录 A）	2006-12-29	2007-07-01
341	一氯甲烷	生活饮用水标准检验方法　有机物指标（附录 A 吹脱捕集/气相色谱-质谱法测定挥发性有机化合物）	GB/T 5750.8—2006（附录 A）	2006-12-29	2007-07-01
342	一氯乙酸	水质　卤代乙酸类化合物的测定　气相色谱法	HJ 758—2015	2015-10-22	2015-12-01
343	一溴二氯甲烷	水质　挥发性有机物的测定　吹扫捕集/气相色谱-质谱法	HJ 639—2012	2014-01-13	2014-04-01
343	一溴二氯甲烷	水质　挥发性有机物的测定　顶空/气相色谱-质谱法	HJ 810—2016	2012-12-03	2013-03-01
343	一溴二氯甲烷	水质　挥发性卤代烃的测定　顶空气相色谱法	HJ 620—2011	2011-09-01	2011-11-01
343	一溴二氯甲烷	生活饮用水标准检验方法　有机物指标（填充柱气相色谱法）	GB/T 5750.8—2006（1.1）	2006-12-29	2007-07-01
343	一溴二氯甲烷	生活饮用水标准检验方法　有机物指标（附录 A 吹脱捕集/气相色谱-质谱法测定挥发性有机化合物）	GB/T 5750.8—2006（附录 A）	2006-12-29	2007-07-01
344	一溴二氯乙酸	水质　卤代乙酸类化合物的测定　气相色谱法	HJ 758—2015	2015-10-22	2015-12-01
345	一溴一氯乙酸	水质　卤代乙酸类化合物的测定　气相色谱法	HJ 758—2015	2015-10-22	2015-12-01
346	一溴乙酸	水质　卤代乙酸类化合物的测定　气相色谱法	HJ 758—2015	2015-10-22	2015-12-01
347	乙苯	水质　苯系物的测定　顶空/气相色谱法	HJ 1067—2019	2019-12-24	2020-03-24
347	乙苯	水质　挥发性有机物的测定　吹扫捕集/气相色谱法	HJ 686—2014	2014-01-13	2014-04-01
347	乙苯	水质　挥发性有机物的测定　吹扫捕集/气相色谱-质谱法	HJ 639—2012	2012-12-03	2013-03-01
347	乙苯	水质　挥发性有机物的测定　顶空/气相色谱-质谱法	HJ 810—2016	2016-07-26	2016-10-01
347	乙苯	生活饮用水标准检验方法　有机物指标（溶剂萃取-填充柱气相色谱法）	GB/T 5750.8—2006（18.1）	2006-12-29	2007-07-01
347	乙苯	生活饮用水标准检验方法　有机物指标（溶剂萃取-毛细管柱气相色谱法）	GB/T 5750.8—2006（18.2）	2006-12-29	2007-07-01
347	乙苯	生活饮用水标准检验方法　有机物指标（顶空-填充柱气相色谱法）	GB/T 5750.8—2006（18.3）	2006-12-29	2007-07-01
347	乙苯	生活饮用水标准检验方法　有机物指标（顶空-毛细管柱气相色谱法）	GB/T 5750.8—2006（18.4）	2006-12-29	2007-07-01
347	乙苯	生活饮用水标准检验方法　有机物指标（附录 A 吹脱捕集/气相色谱-质谱法测定挥发性有机化合物）	GB/T 5750.8—2006（附录 A）	2006-12-29	2007-07-01
348	乙撑硫脲	水质　乙撑硫脲的测定　液相色谱法	HJ 849—2017	2017-08-28	2017-11-01
349	乙基汞	水质　烷基汞的测定　气相色谱法	GB/T 14204—93	1993-02-23	1993-12-01
349	乙基汞	水质　烷基汞的测定　吹扫捕集/气相色谱法-冷原子荧光光谱法	HJ 977—2018	2018-11-13	2019-03-01
350	乙腈	水质　乙腈的测定　吹扫捕集/气相色谱法	HJ 788—2016	2016-03-29	2016-05-01
350	乙腈	水质　乙腈的测定　直接进样/气相色谱法	HJ 789—2016	2016-03-29	2016-05-01
350	乙腈	生活饮用水标准检验方法　有机物指标（气相色谱法）	GB/T 5750.8—2006（14.1）	2006-12-29	2007-07-01
351	乙醛	生活饮用水标准检验方法　消毒副产物指标（气相色谱法）	GB/T 5750.10—2006（7.1）	2006-12-29	2007-07-01

序号	项目	标准名称	标准编号	发布时间	实施时间
352	异丙苯	水质　苯系物的测定　顶空/气相色谱法	HJ 1067—2019	2019-12-24	2020-03-24
		水质　挥发性有机物的测定　吹扫捕集/气相色谱法	HJ 686—2014	2014-01-13	2014-04-01
		水质　挥发性有机物的测定　吹扫捕集/气相色谱-质谱法	HJ 639—2012	2012-12-03	2013-03-01
		水质　挥发性有机物的测定　顶空/气相色谱-质谱法	HJ 810—2016	2016-07-26	2016-10-01
		生活饮用水标准检验方法　有机物指标（顶空-填充柱气相色谱法）	GB/T 5750.8—2006（18.3）	2006-12-29	2007-07-01
		生活饮用水标准检验方法　有机物指标（顶空-毛细管柱气相色谱法）	GB/T 5750.8—2006（18.4）	2006-12-29	2007-07-01
		生活饮用水标准检验方法　有机物指标（附录 A 吹脱捕集/气相色谱-质谱法测定挥发性有机化合物）	GB/T 5750.8—2006（附录 A）	2006-12-29	2007-07-01
353	异丙威	水质　氨基甲酸酯类农药的测定　超高效液相色谱-三重四极杆质谱法	HJ 827—2017	2017-03-30	2017-05-01
354	异稻瘟净	水、土中有机磷农药测定的气相色谱法	GB/T 14552—2003	2003-11-10	2004-04-01
355	异狄氏剂	水质　有机氯农药和氯苯类化合物的测定　气相色谱-质谱法	HJ 699—2014	2014-03-31	2014-07-01
356	异狄氏剂醛	水质　有机氯农药和氯苯类化合物的测定　气相色谱-质谱法	HJ 699—2014	2014-03-31	2014-07-01
357	异狄氏剂酮	水质　有机氯农药和氯苯类化合物的测定　气相色谱-质谱法	HJ 699—2014	2014-03-31	2014-07-01
358	阴离子表面活性剂	水质　阴离子表面活性剂的测定　亚甲基蓝分光光度法	GB/T 7494—1987	1987-03-14	1987-08-01
		水质　阴离子表面活性剂的测定　流动注射-亚甲基蓝分光光度法	HJ 826—2017	2017-03-30	2017-05-01
359	银	水质　银的测定　火焰原子吸收分光光度法	GB/T 11907—1989	1989-12-25	1990-07-01
		水质　银的测定　3,5-Br_2-PADAP 分光光度法	HJ 489—2009	2009-09-27	2009-11-01
		水质　银的测定　镉试剂 2B 分光光度法	HJ 490—2009	2009-09-27	2009-11-01
		水质　65 种元素的测定　电感耦合等离子体质谱法	HJ 700—2014	2014-05-16	2014-07-01
		水质　32 种元素的测定　电感耦合等离子体发射光谱法	HJ 776—2015	2015-12-04	2016-01-01
360	茚并[1,2,3-*cd*]芘	水质　多环芳烃的测定　液液萃取和固相萃取高效液相色谱法	HJ 478—2009	2009-09-27	2009-11-01
361	荧蒽	水质　多环芳烃的测定　液液萃取和固相萃取高效液相色谱法	HJ 478—2009	2009-09-27	2009-11-01
362	应急监测	水质　氰化物等的测定　真空检测管-电子比色法	HJ 659—2013	2013-09-18	2013-09-20
363	游离氯	水质　游离氯和总氯的测定　*N,N*-二乙基-1,4-苯二胺分光光度法	HJ 586—2010	2010-09-20	2010-12-01
364	正丙苯	水质　挥发性有机物的测定　吹扫捕集/气相色谱-质谱法	HJ 639—2012	2014-01-13	2014-04-01
		水质　挥发性有机物的测定　顶空/气相色谱-质谱法	HJ 810—2016	2012-12-03	2013-03-01
		生活饮用水标准检验方法　有机物指标（附录 A 吹脱捕集/气相色谱-质谱法测定挥发性有机化合物）	GB/T 5750.8—2006（附录 A）	2006-12-29	2007-07-01
365	正丁基苯	水质　挥发性有机物的测定　吹扫捕集/气相色谱-质谱法	HJ 639—2012	2014-01-13	2014-04-01
		水质　挥发性有机物的测定　顶空/气相色谱-质谱法	HJ 810—2016	2012-12-03	2013-03-01
		生活饮用水标准检验方法　有机物指标（附录 A 吹脱捕集/气相色谱-质谱法测定挥发性有机化合物）	GB/T 5750.8—2006（附录 A）	2006-12-29	2007-07-01

序号	项目	标准名称	标准编号	发布时间	实施时间
366	致突变性	水质　致突变性的鉴别蚕豆根尖微核试验法	HJ 1016—2019	2019-04-13	2019-09-01
367	仲丁基苯	水质　挥发性有机物的测定　吹扫捕集/气相色谱-质谱法	HJ 639—2012	2014-01-13	2014-04-01
		水质　挥发性有机物的测定　顶空/气相色谱-质谱法	HJ 810—2016	2012-12-03	2013-03-01
		生活饮用水标准检验方法　有机物指标（附录 A 吹脱捕集/气相色谱-质谱法测定挥发性有机化合物）	GB/T 5750.8—2006（附录 A）	2006-12-29	2007-07-01
368	仲丁威	水质　氨基甲酸酯类农药的测定　超高效液相色谱-三重四极杆质谱法	HJ 827—2017	2017-03-30	2017-05-01
369	重金属	水质　65 种元素的测定　电感耦合等离子体质谱法	HJ 700—2014	2014-05-16	2014-07-01
		水质　32 种元素的测定　电感耦合等离子体发射光谱法	HJ 776—2015	2015-12-04	2016-01-01
370	浊度	水质　浊度的测定	GB/T 13200—1991	1991-08-31	1992-06-01
371	总β放射性	水质　总β放射性的测定　厚源法	HJ 899—2017	2017-12-21	2018-02-01
372	总α放射性	水质　总α放射性的测定　厚源法	HJ 898—2017	2017-12-21	2018-02-01
373	总大肠菌群	水质　总大肠菌群和粪大肠菌群的测定　纸片快速法	HJ 755—2015	2015-10-22	2015-12-01
		水质　总大肠菌群、粪大肠菌群和大肠埃希氏菌的测定　酶底物法	HJ 1001—2018	2018-12-26	2019-06-01
		生活饮用水标准检验方法　微生物指标（酶底物法）	GB/T 5750.12—2006（2.3）	2006-12-29	2007-07-01
374	总氮	水质　总氮的测定　碱性过硫酸钾消解紫外分光光度法	HJ 636—2012	2012-02-29	2012-06-01
		水质　总氮的测定　气相分子吸收光谱法	HJ/T 199—2005	2005-11-09	2006-01-01
		水质　总氮的测定　连续流动-盐酸萘乙二胺分光光度法	HJ 667—2013	2013-10-25	2014-01-01
		水质　总氮的测定　流动注射-盐酸萘乙二胺分光光度法	HJ 668—2013	2013-10-25	2014-01-01
375	总铬	水质　总铬的测定	GB/T 7466—1987	1987-03-14	1987-08-01
		水质　65 种元素的测定　电感耦合等离子体质谱法	HJ 700—2014	2014-05-16	2014-07-01
		水质　铬的测定　火焰原子吸收分光光度法	HJ 757—2015	2015-10-22	2015-12-01
		水质　32 种元素的测定　电感耦合等离子体发射光谱法	HJ 776—2015	2015-12-04	2016-01-01
376	总磷	水质　总磷的测定　钼酸铵分光光度法	GB/T 11893—1989	1989-12-25	1990-07-01
		水质　磷酸盐和总磷的测定　连续流动-钼酸铵分光光度法	HJ 670—2013	2013-10-25	2014-01-01
		水质　总磷的测定　流动注射-钼酸铵分光光度法	HJ 671—2013	2013-10-25	2014-01-01
377	总氯	水质　游离氯和总氯的测定　*N,N*-二乙基-1,4-苯二胺分光光度法	HJ 586—2010	2010-09-20	2010-12-01
378	总硬度	水质　钙和镁总量的测定　EDTA 滴定法	GB/T 7477—1987	1987-03-14	1987-08-01
379	总有机碳	水质　总有机碳的测定　燃烧氧化-非分散红外吸收法	HJ 501—2009	2009-10-20	2009-12-01

二、样品采集、运输和保存要求

（一）无机项目

1. pH 值

水质　pH 值的测定　玻璃电极法（GB/T 6920—1986）

【适用范围】饮用水、地面水及工业废水。

【采样容器】—

【采样方法】—

【固定剂】—

【保存方法】—

【保存期】最好现场测定。否则应在采样后把样品保持在 0～4℃冷藏保存，并在采样后 6 h 内进行测定。

【采样量】—

【容器洗涤】—

【检出限】—

【质量保证和质量控制】—

【结果表示】—

2. 氨氮

水质　氨氮的测定　纳氏试剂分光光度法（HJ 535—2009）

【适用范围】地表水、地下水、生活污水和工业废水。

【采样容器】聚乙烯瓶或硬质玻璃瓶。

【采样方法】—

【固定剂】硫酸。

【保存方法】加硫酸酸化至 pH＜2，2～5℃冷藏保存 7 d。

【保存期】7 d。

【采样量】—

【容器洗涤】—

【检出限】0.025 mg/L。

【质量保证和质量控制】—

【结果表示】—

水质　氨氮的测定　水杨酸分光光度法（HJ 536—2009）

【适用范围】地下水、地表水、生活污水和工业废水。

【采样容器】聚乙烯瓶或硬质玻璃瓶。

【采样方法】—

【固定剂】硫酸。

【保存方法】加硫酸酸化至 pH＜2，2～5℃冷藏保存 7 d。

【保存期】7 d。

【采样量】—

【容器洗涤】—

【检出限】10 mm 比色皿：0.01 mg/L；30 mm 比色皿：0.004 mg/L。

【质量保证和质量控制】—

【结果表示】—

水质　氨氮的测定　气相分子吸收光谱法（HJ/T 195—2005）

【适用范围】地表水、地下水、海水、饮用水、生活污水及工业污水。

【采样容器】聚乙烯瓶或硬质玻璃瓶。

【采样方法】—

【固定剂】硫酸。

【保存方法】加硫酸酸化至 pH＜2，2～5℃冷藏保存，24 h 内测定。

【保存期】24 h。

【采样量】—

【容器洗涤】—

【检出限】0.020 mg/L。

【质量保证和质量控制】—

【结果表示】—

水质　氰化物等的测定　真空检测管-电子比色法（HJ 659—2013）

【适用范围】地下水、地表水、生活污水和工业废水。

【采样容器】聚乙烯瓶或硬质玻璃瓶。

【采样方法】—

【固定剂】无须添加固定剂。

【保存方法】—

【保存期】现场测定。

【采样量】250 mL。

【容器洗涤】洗涤剂洗 1 次，自来水洗 3 次，蒸馏水洗 1 次。

【检出限】0.2 mg/L。

【质量保证和质量控制】每批样品应同步做一个全程序空白，测定结果应低于方法检出限，否则应检查真空检测管。

【结果表示】有效位数保留到定量下限位数。

水质 氨氮的测定 连续流动-水杨酸分光光度法（HJ 665—2013）

【适用范围】地表水、地下水、生活污水和工业废水。

【采样容器】聚乙烯瓶或硬质玻璃瓶。

【采样方法】—

【固定剂】硫酸。

【保存方法】加硫酸酸化至 pH＜2，2～5℃冷藏保存。

【保存期】7 d。

【采样量】—

【容器洗涤】—

【检出限】直接比色模块：0.01 mg/L；在线蒸馏模块：0.04 mg/L。

【质量保证和质量控制】—

【结果表示】当结果＜1.00 mg/L 时，结果保留至小数点后两位；≥1.00 mg/L 时，结果保留三位有效数字。

水质 氨氮的测定 流动注射-水杨酸分光光度法（HJ 666—2013）

【适用范围】地表水、地下水、生活污水和工业废水。

【采样容器】聚乙烯瓶或硬质玻璃瓶。

【采样方法】—

【固定剂】硫酸。

【保存方法】加硫酸酸化至 pH＜2，5℃冷藏保存。

【保存期】7 d。

【采样量】—

【容器洗涤】—

【检出限】0.01 mg/L。

【质量保证和质量控制】—

【结果表示】当结果＜1.00 mg/L 时，结果保留至小数点后两位；≥1.00 mg/L 时，结果保留三位有效数字。

水质 可溶性阳离子（Li^+、Na^+、NH_4^+、K^+、Ca^{2+}、Mg^{2+}）的测定 离子色谱法（HJ 812—2016）

【适用范围】地表水、地下水、工业废水和生活污水。

【采样容器】聚乙烯瓶或硬质玻璃瓶。

【采样方法】—

【固定剂】—

【保存方法】4℃冷藏，避光保存。

【保存期】2 d。

【采样量】250 mL。

【容器洗涤】—

【检出限】0.02 mg/L。

【质量保证和质量控制】—

【结果表示】当样品含量<1 mg/L 时，结果保留至小数点后两位；≥1 mg/L 时，结果保留三位有效数字。

3. 钡

水质　钡的测定　石墨炉原子吸收分光光度法（HJ 602—2011）

【适用范围】地表水、地下水、工业废水和生活污水。

【采样容器】聚乙烯瓶或硬质玻璃瓶。

【采样方法】—

【固定剂】硝酸。

【保存方法】加硝酸酸化至 pH≤2，4℃冷藏保存。

【保存期】14 d。

【采样量】250 mL。

【容器洗涤】洗涤剂洗 1 次，自来水洗 2 次，（1+3）硝酸荡洗 1 次，自来水洗 3 次，去离子水洗 1 次。

【检出限】2.5 μg/L。

【质量保证和质量控制】—

【结果表示】当结果<100 μg/L 时，结果保留至小数点后一位；≥100 μg/L 时，结果保留三位有效数字。

生活饮用水标准检验方法　金属指标（16.1 无火焰原子吸收分光光度法）（GB/T 5750.6—2006）

【适用范围】生活饮用水及其水源水。

【采样容器】聚乙烯瓶。

【采样方法】—

【固定剂】硝酸。

【保存方法】加硝酸酸化至 pH≤2。

【保存期】14 d。

【采样量】0.5～1 L。

【容器洗涤】将容器用水和洗涤剂清洗，除去灰尘、油垢后用自来水冲洗干净，然后用质量分数 10%的硝酸（或盐酸）浸泡 8 h，取出沥干后用自来水冲洗 3 次，并用蒸馏水充分淋洗干净。

【检出限】10 μg/L。

【质量保证和质量控制】—

【结果表示】—

水质　65 种元素的测定　电感耦合等离子体质谱法（HJ 700—2014）

【适用范围】地表水、地下水、生活污水、低浓度工业废水。

【采样容器】—

【采样方法】样品采集后用 0.45 μm 滤膜过滤，弃去初始的滤液 50 mL，用少量的滤液清洗采样瓶，收集所需体积的滤液于采样瓶中。

【固定剂】（1+1）硝酸溶液。

【保存方法】加（1+1）硝酸酸化至 pH<2。

【保存期】—

【采样量】—

【容器洗涤】洗涤剂洗 1 次，自来水洗 2 次，（1+3）硝酸荡洗 1 次，自来水洗 3 次，蒸馏水洗 1 次。

【检出限】0.20 μg/L。

【质量保证和质量控制】每批样品应至少做一个全程序空白及实验室空白。空白值应符合下列的情况之一才能被认为是可接受的：（1）空白值低于方法检出限；（2）低于标准限值的 10%；（3）低于每一批样品最低值的 10%。否则须查找原因，重新分析直至合格之后才能分析样品。

【结果表示】小数位数与方法检出限保持一致，最多保留三位有效数字。

水质　32 种元素的测定　电感耦合等离子体发射光谱法（HJ 776—2015）

【适用范围】地表水、地下水、生活污水及工业废水。

【采样容器】—

【采样方法】可溶性元素，样品采集后立即通过水系微孔滤膜过滤，弃去初始的 50～100 mL 滤液，收集所需体积的滤液，加入适量硝酸，使硝酸含量达到 1%。元素总量，样品采集后立即加入适量硝酸，使硝酸含量达到 1%。

【固定剂】硝酸。

【保存方法】加硝酸，使硝酸含量达到 1%。

【保存期】—

【采样量】—

【容器洗涤】用洗涤剂和水依次洗净聚乙烯瓶，置于（1+1）硝酸溶液浸泡 24 h，用实验水彻底洗净。

【检出限】水平检出限：0.01 mg/L；垂直检出限：0.002 mg/L。

【质量保证和质量控制】每批样品至少做一个全程序空白，空白值应低于方法测定下限。否则应查明原因，重新分析直至合格之后才能测定样品。

【结果表示】小数位数与方法检出限保持一致，最多保留三位有效数字。

4. 铋

水质　汞、砷、硒、铋和锑的测定　原子荧光法（HJ 694—2014）

【适用范围】地表水、地下水、生活污水和工业废水。

【采样容器】—

【采样方法】—

【固定剂】—

【保存方法】—

【保存期】—

【采样量】—

【容器洗涤】洗涤剂洗 1 次，自来水洗 2 次，（1+3）硝酸荡洗 1 次，自来水洗 3 次，去离子水洗 1 次。
【检出限】0.2 mg/L。
【质量保证和质量控制】全程空白的测试结果应小于方法检出限。
【结果表示】当结果＜10 μg/L 时，结果保留至小数点后一位；大于 10 μg/L 时，保留三位有效数字。

水质　65 种元素的测定　电感耦合等离子体质谱法（HJ 700—2014）

【适用范围】地表水、地下水、生活污水、低浓度工业废水。
【采样容器】—
【采样方法】样品采集后用 0.45 μm 滤膜过滤，弃去初始的滤液 50 mL，用少量的滤液清洗采样瓶，收集所需体积的滤液于采样瓶中。
【固定剂】（1+1）硝酸溶液。
【保存方法】加（1+1）硝酸酸化至 pH＜2。
【保存期】—
【采样量】—
【容器洗涤】洗涤剂洗 1 次，自来水洗 2 次，（1+3）硝酸荡洗 1 次，自来水洗 3 次，蒸馏水洗 1 次。
【检出限】0.03 μg/L。
【质量保证和质量控制】每批样品应至少做一个全程序空白及实验室空白。空白值应符合下列的情况之一才能被认为是可接受的：（1）空白值低于方法检出限；（2）低于标准限值的 10%；（3）低于每一批样品最低值的 10%。否则须查找原因，重新分析直至合格之后才能分析样品。
【结果表示】小数位数与方法检出限保持一致，最多保留三位有效数字。

水质　32 种元素的测定　电感耦合等离子体发射光谱法（HJ 776—2015）

【适用范围】地表水、地下水、生活污水及工业废水。
【采样容器】—
【采样方法】可溶性元素，样品采集后立即通过水系微孔滤膜过滤，弃去初始的 50～100 mL 滤液，收集所需体积的滤液，加入适量硝酸，使硝酸含量达到 1%。元素总量，样品采集后立即加入适量硝酸，使硝酸含量达到 1%。
【固定剂】硝酸。
【保存方法】加硝酸，使硝酸含量达到 1%。
【保存期】—
【采样量】—
【容器洗涤】用洗涤剂和水依次洗净聚乙烯瓶，置于（1+1）硝酸溶液浸泡 24 h，用实验水彻底洗净。
【检出限】水平检出限：0.04 mg/L；垂直检出限：0.08 mg/L。
【质量保证和质量控制】每批样品至少做一个全程序空白，空白值应低于方法测定下限。否则应查明原因，重新分析直至合格之后才能测定样品。
【结果表示】小数位数与方法检出限保持一致，最多保留三位有效数字。

5. 大肠埃希氏菌

水质　总大肠菌群、粪大肠菌群和大肠埃希氏菌的测定　酶底物法（HJ 1001—2018）

【适用范围】地表水、地下水、生活污水和工业废水。

【采样容器】灭菌采样瓶。

【采样方法】—

【固定剂】—

【保存方法】2 h 内检测，否则需 10℃冷藏并不得超过 6 h。

【保存期】6 h。

【采样量】采样瓶容量的 80%左右。

【容器洗涤】不得用水样洗涤。

【检出限】10 MPN/L。

【质量保证和质量控制】—

【结果表示】结果保留两位有效数字，当结果≥100 MPN/L 时，以科学计数法表示。

生活饮用水标准检验方法　微生物指标（4.1 多管发酵法）（GB/T 5750.12—2006）

【适用范围】生活饮用水及其水源水。

【采样容器】—

【采样方法】—

【固定剂】—

【保存方法】—

【保存期】—

【采样量】—

【容器洗涤】—

【检出限】—

【质量保证和质量控制】—

【结果表示】以 MPN/100 mL 表示。

生活饮用水标准检验方法　微生物指标（4.2 滤膜法）（GB/T 5750.12—2006）

【适用范围】生活饮用水及其水源水。

【采样容器】—

【采样方法】—

【固定剂】—

【保存方法】—

【保存期】—

【采样量】—

【容器洗涤】—

【检出限】—

【质量保证和质量控制】—

【结果表示】以 MPN/100 mL 表示。

生活饮用水标准检验方法　微生物指标（4.3 酶底物法）（GB/T 5750.12—2006）

【适用范围】生活饮用水及其水源水。

【采样容器】—

【采样方法】—

【固定剂】—

【保存方法】—

【保存期】—

【采样量】—

【容器洗涤】—

【检出限】—

【质量保证和质量控制】—

【结果表示】以 MPN/100 mL 表示。

6. 碘化物

水质　碘化物的测定　离子色谱法（HJ 778—2015）

【适用范围】地表水和地下水。

【采样容器】聚乙烯瓶或棕色玻璃瓶。

【采样方法】—

【固定剂】氢氧化钠。

【保存方法】加氢氧化钠调节至 pH 值约为 12，0～4℃冷藏保存。

【保存期】24 h。

【采样量】250 mL。

【容器洗涤】洗涤剂洗 1 次，自来水洗 3 次，蒸馏水洗 1 次。

【检出限】0.002 mg/L。

【质量保证和质量控制】每分析一批（≤ 20 个）样品至少测定一个全程序空白，空白值试验结果应低于方法检出限，否则应查明原因，重新分析直至合格后才能测定样品。

【结果表示】当结果＜1 mg/L 时，结果保留至小数点后三位；≥1 mg/L 时，保留三位有效数字。

7. 二乙烯三胺

水质　二乙烯三胺的测定　水杨醛分光光度法（GB/T 14378—1993）

【适用范围】地面水、航天工业废水。

【采样容器】—

【采样方法】—

【固定剂】—

【保存方法】—

【保存期】—

【采样量】—

【容器洗涤】—

【检出限】0.4 mg/L。

【质量保证和质量控制】—

【结果表示】—

8. 钒

水质　钒的测定　钽试剂（BPHA）萃取分光光度法（GB/T 15503—1995）

【适用范围】水和废水。

【采样容器】聚乙烯瓶。

【采样方法】—

【固定剂】硝酸。

【保存方法】加硝酸酸化至 pH<2，2～5℃冷藏保存。

【保存期】6 个月。

【采样量】—

【容器洗涤】—

【检出限】0.018 mg/L。

【质量保证和质量控制】—

【结果表示】—

生活饮用水标准检验方法　金属指标（18.1 无火焰原子吸收分光光度法）（GB/T 5750.6—2006）

【适用范围】生活饮用水及其水源水。

【采样容器】聚乙烯瓶。

【采样方法】—

【固定剂】硝酸。

【保存方法】加硝酸酸化至 pH≤2。

【保存期】14 d。

【采样量】0.5～1 L。

【容器洗涤】将容器用水和洗涤剂清洗，除去灰尘、油垢后用自来水冲洗干净，然后用质量分数 10%的硝酸（或盐酸）浸泡 8 h，取出沥干后用自来水冲洗 3 次，并用蒸馏水充分淋洗干净。

【检出限】10 μg/L。

【质量保证和质量控制】—

【结果表示】—

水质　钒的测定　石墨炉原子吸收分光光度法（HJ 673—2013）

【适用范围】地表水、地下水、生活污水和工业废水。

【采样容器】聚乙烯瓶。

【采样方法】—

【固定剂】（1+1）硝酸溶液。

【保存方法】加（1+1）硝酸酸化至 pH<2，常温保存。

【保存期】3 个月。

【采样量】—

【容器洗涤】采样时先将聚乙烯瓶润洗 3 次。

【检出限】0.003 mg/L。

【质量保证和质量控制】—

【结果表示】当结果<1 mg/L 时，结果保留至小数点后三位；>1 mg/L 时，结果保留三位有效数字。

水质　65 种元素的测定　电感耦合等离子体质谱法（HJ 700—2014）

【适用范围】地表水、地下水、生活污水、低浓度工业废水。

【采样容器】聚乙烯瓶或硼硅酸盐玻璃瓶。

【采样方法】样品采集后用 0.45 μm 滤膜过滤，弃去初始的滤液 50 mL，用少量的滤液清洗采样瓶，收集所需体积的滤液于采样瓶中。

【固定剂】（1+1）硝酸溶液。

【保存方法】加（1+1）硝酸酸化至 pH<2。

【保存期】1 个月。

【采样量】100 mL。

【容器洗涤】—

【检出限】0.08 μg/L。

【质量保证和质量控制】每批样品应至少做一个全程序空白及实验室空白。空白值应符合下列的情况之一才能被认为是可接受的：（1）空白值低于方法检出限；（2）低于标准限值的 10%；（3）低于每一批样品最低值的 10%。否则须查找原因，重新分析直至合格之后才能分析样品。

【结果表示】小数位数与方法检出限保持一致，最多保留三位有效数字。

水质　32 种元素的测定　电感耦合等离子体发射光谱法（HJ 776—2015）

【适用范围】地表水、地下水、生活污水及工业废水。

【采样容器】聚乙烯瓶或硼硅酸盐玻璃瓶。

【采样方法】可溶性元素，样品采集后立即通过水系微孔滤膜过滤，弃去初始的 50～100 mL 滤液，收集所需体积的滤液，加入适量硝酸，使硝酸含量达到 1%。元素总量，样品采集后立即加入适量硝酸，使硝酸含量达到 1%。

【固定剂】硝酸。

【保存方法】加硝酸，使硝酸含量达到 1%。

【保存期】1 个月。

【采样量】100 mL。

【容器洗涤】用洗涤剂和水依次洗净聚乙烯瓶，置于（1+1）硝酸溶液浸泡 24 h，用实验水彻底洗净。

【检出限】水平检出限：0.01 mg/L；垂直检出限：0.01 mg/L。

【质量保证和质量控制】每批样品至少做一个全程序空白，空白值应低于方法测定下限。否则应查明原因，重新分析直至合格之后才能测定样品。

【结果表示】小数位数与方法检出限保持一致，最多保留三位有效数字。

9. 粪大肠菌群

水质　总大肠菌群和粪大肠菌群的测定　纸片快速法（HJ 755—2015）

【适用范围】地表水、废水。

【采样容器】灭菌采样瓶。

【采样方法】—

【固定剂】—

【保存方法】2 h 内检测，否则需 10℃冷藏并不得超过 6 h。

【保存期】6 h。

【采样量】200 mL。

【容器洗涤】不得用水样洗涤。

【检出限】20 MPN/L。

【质量保证和质量控制】用无菌水做全程序空白，培养后的纸片不得有任何颜色反应，否则该次样品测定结果无效，应查明原因后重新测定，并使用有证标准菌株进行阳性、阴性对照试验。

【结果表示】保留两位有效数字，≥100 时以科学计数法表示，单位为 MPN/L。

水质　粪大肠菌群的测定　滤膜法（HJ 347.1—2018）

【适用范围】地表水、地下水、生活污水和工业废水。

【采样容器】灭菌采样瓶。

【采样方法】—

【固定剂】—

【保存方法】2 h 内检测，否则需 10℃冷藏并不得超过 6 h。

【保存期】6 h。

【采样量】不少于 250 mL。

【容器洗涤】不得用水样洗涤。

【检出限】10 CFU/L（接种量为 100 mL）；2 CFU/L（接种量为 500 mL）。

【质量保证和质量控制】—

【结果表示】结果保留至整数位，最多保留两位有效数字，当结果≥100 CFU/L 时，以科学计数法表示。

水质　粪大肠菌群的测定　多管发酵法（HJ 347.2—2018）

【适用范围】地表水、地下水、生活污水和工业废水。

【采样容器】灭菌采样瓶。

【采样方法】—

【固定剂】—

【保存方法】2 h 内检测，否则需 10℃冷藏并不得超过 6 h。

【保存期】6 h。

【采样量】清洁水样不低于 400 mL，其余水样采样量不低于 100 mL。

【容器洗涤】不得用水样洗涤。

【检出限】3 MPN/L（12 管法）；20 MPN/L（15 管法）。

【质量保证和质量控制】—

【结果表示】结果保留至整数位，最多保留两位有效数字，当结果≥100 MPN/L 时，以科学计数法表示；当结果低于检出限时，12 管法以“未检出”或“＜3 MPN/L”表示；15 管法以“未检出”或“＜20 MPN/L”表示。

水质　总大肠菌群、粪大肠菌群和大肠埃希氏菌的测定　酶底物法（HJ 1001—2018）

【适用范围】地表水、地下水、生活污水和工业废水。

【采样容器】灭菌采样瓶。

【采样方法】—

【固定剂】—

【保存方法】2 h 内检测，否则需 10℃冷藏并不得超过 6 h。

【保存期】6 h。

【采样量】采样瓶容量的 80%左右。

【容器洗涤】不得用水样洗涤。

【检出限】10 MPN/L。

【质量保证和质量控制】—

【结果表示】结果保留两位有效数字，当结果≥100 MPN/L 时，以科学计数法表示。

10. 氟化物

水质　氟化物的测定　离子选择电极法（GB 7484—1987）

【适用范围】地面水、地下水和工业废水。

【采样容器】聚乙烯瓶。如果氟含量不高，pH＞7，可用硬质玻璃瓶。

【采样方法】—

【固定剂】—

【保存方法】聚乙烯瓶贮存。

【保存期】—

【采样量】—

【容器洗涤】采样时先用水样冲洗取样瓶 3～4 次。

【检出限】—

【质量保证和质量控制】—

【结果表示】—

水质　氟化物的测定　茜素磺酸锆目视比色法（HJ 487—2009）

【适用范围】饮用水、地表水、地下水和工业废水。

【采样容器】聚乙烯瓶。

【采样方法】—

【固定剂】—

【保存方法】聚乙烯瓶贮存。

【保存期】24 h。

【采样量】—

【容器洗涤】—

【检出限】0.1 mg/L。

【质量保证和质量控制】—

【结果表示】—

水质　氟化物的测定　氟试剂分光光度法（HJ 488—2009）

【适用范围】地表水、地下水和工业废水。

【采样容器】聚乙烯瓶。

【采样方法】—

【固定剂】—

【保存方法】聚乙烯瓶贮存。

【保存期】—

【采样量】—

【容器洗涤】—

【检出限】0.02 mg/L。

【质量保证和质量控制】—

【结果表示】小数点后两位。

水质　氰化物等的测定　真空检测管-电子比色法（HJ 659—2013）

【适用范围】地下水、地表水、生活污水和工业废水。

【采样容器】聚乙烯瓶。

【采样方法】—

【固定剂】无须添加固定剂。

【保存方法】—

【保存期】现场测定。

【采样量】250 mL。

【容器洗涤】洗涤剂洗 1 次，自来水洗 3 次，蒸馏水洗 1 次。

【检出限】0.5 mg/L。

【质量保证和质量控制】每批样品应同步做一个全程序空白，测定结果应低于方法检出限，否则应检查真空检测管。

【结果表示】有效位数保留到定量下限位数。

水质 无机阴离子（F^-、Cl^-、NO_2^-、Br^-、NO_3^-、PO_4^{3-}、SO_3^{2-}、SO_4^{2-}）的测定 离子色谱法（HJ 84—2016）

【适用范围】地表水、地下水、工业废水和生活污水。
【采样容器】聚乙烯瓶。
【采样方法】—
【固定剂】—
【保存方法】4℃冷藏，避光保存。
【保存期】14 d。
【采样量】250 mL。
【容器洗涤】洗涤剂洗 1 次，自来水洗 3 次，蒸馏水洗 1 次。
【检出限】0.006 mg/L。
【质量保证和质量控制】—
【结果表示】当结果＜1 mg/L 时，结果保留至小数点后三位；≥1 mg/L 时，结果保留三位有效数字。

11．钙

水质 钙的测定 EDTA 滴定法（GB/T 7476—1987）

【适用范围】地下水和地面水，本方法不适用于海水及含盐量高的水。
【采样容器】聚乙烯瓶或硬质玻璃瓶。
【采样方法】—
【固定剂】硝酸。
【保存方法】加硝酸酸化 pH 值至 1.5。
【保存期】—
【采样量】—
【容器洗涤】采样时用水冲洗 3 次。
【检出限】2 mg/L。
【质量保证和质量控制】—
【结果表示】—

水质 钙和镁的测定 原子吸收分光光度法（GB/T 11905—1989）

【适用范围】地下水和地面水。
【采样容器】聚乙烯瓶。
【采样方法】—
【固定剂】硝酸。
【保存方法】加硝酸酸化至 pH 值为 1～2。
【保存期】—
【采样量】—

【容器洗涤】采样瓶先用洗涤剂洗净，再用（1+1）硝酸浸泡至少 24 h，然后用去离子水冲洗干净。

【检出限】0.1 mg/L。

【质量保证和质量控制】—

【结果表示】—

水质　65 种元素的测定　电感耦合等离子体质谱法（HJ 700—2014）

【适用范围】地表水、地下水、生活污水、低浓度工业废水。

【采样容器】聚乙烯瓶（桶）或玻璃瓶。

【采样方法】样品采集后用 0.45 μm 滤膜过滤，弃去初始的滤液 50 mL，用少量的滤液清洗采样瓶，收集所需体积的滤液于采样瓶中。

【固定剂】（1+1）硝酸溶液。

【保存方法】加（1+1）硝酸酸化至 pH＜2。

【保存期】14 d。

【采样量】250 mL。

【容器洗涤】洗涤剂洗 1 次，自来水洗 2 次，（1+3）硝酸荡洗 1 次，自来水洗 3 次，去离子水洗 1 次。

【检出限】6.61 μg/L。

【质量保证和质量控制】每批样品应至少做一个全程序空白及实验室空白。空白值应符合下列的情况之一才能被认为是可接受的：（1）空白值低于方法检出限；（2）低于标准限值的 10%；（3）低于每一批样品最低值的 10%。否则须查找原因，重新分析直至合格之后才能分析样品。

【结果表示】小数位数与方法检出限保持一致，最多保留三位有效数字。

水质　32 种元素的测定　电感耦合等离子体发射光谱法（HJ 776—2015）

【适用范围】地表水、地下水、生活污水及工业废水。

【采样容器】聚乙烯瓶（桶）或玻璃瓶。

【采样方法】可溶性元素，样品采集后立即通过水系微孔滤膜过滤，弃去初始的 50～100 mL 滤液，收集所需体积的滤液，加入适量硝酸，使硝酸含量达到 1%。元素总量，样品采集后立即加入适量硝酸，使硝酸含量达到 1%。

【固定剂】硝酸。

【保存方法】加硝酸，使硝酸含量达到 1%。

【保存期】14 d。

【采样量】250 mL。

【容器洗涤】用洗涤剂和水依次洗净聚乙烯瓶，置于（1+1）硝酸溶液浸泡 24 h，用实验水彻底洗净。

【检出限】水平检出限：0.02 mg/L；垂直检出限：0.02 mg/L。

【质量保证和质量控制】每批样品至少做一个全程序空白，空白值应低于方法测定下限。否则应查明原因，重新分析直至合格之后才能测定样品。

【结果表示】小数位数与方法检出限保持一致，最多保留三位有效数字。

水质　可溶性阳离子（Li^+、Na^+、NH_4^+、K^+、Ca^{2+}、Mg^{2+}）的测定　离子色谱法（HJ 812—2016）

【适用范围】地表水、地下水、工业废水和生活污水。

【采样容器】聚乙烯瓶或硬质玻璃瓶。

【采样方法】—

【固定剂】—

【保存方法】4℃冷藏，避光保存。

【保存期】7 d。

【采样量】250 mL。

【容器洗涤】—

【检出限】0.03 mg/L。

【质量保证和质量控制】—

【结果表示】当样品含量＜1 mg/L 时，结果保留至小数点后两位；≥1 mg/L 时，结果保留三位有效数字。

12. 高锰酸盐指数

水质　高锰酸盐指数的测定（GB/T 11892—1989）

【适用范围】饮用水、水源水和地面水。

【采样容器】—

【采样方法】—

【固定剂】硫酸溶液：1+3。

【保存方法】—

【保存期】加入（1+3）硫酸，使样品 pH 值在 1～2 并尽快分析。如保存时间超过 6 h，则需置于暗处，0～5℃冷藏保存，不得超过 2 d。

【采样量】—

【容器洗涤】—

【检出限】0.5 mg/L。

【质量保证和质量控制】—

【结果表示】—

13. 镉

水质　镉的测定　双硫腙分光光度法（GB/T 7471—1987）

【适用范围】天然水和废水中微量镉。

【采样容器】聚乙烯瓶。

【采样方法】—

【固定剂】2%硝酸。

【保存方法】加 2%硝酸酸化至 pH 约为 1.5。

【保存期】—

【采样量】—

【容器洗涤】用 2%硝酸溶液浸泡 24 h，然后用去离子水冲洗干净。
【检出限】1 μg/L。
【质量保证和质量控制】—
【结果表示】保留两位有效数字。

水质　铜、锌、铅、镉的测定　原子吸收分光光度法（GB/T 7475—1987）

【适用范围】第一部分为直接法，适用于地下水、地面水和中低浓度的铜、锌、铅、镉；第二部分为螯合萃取法，适用于测定地下水和清洁地面水中低浓度的铜、铅、镉。
【采样容器】聚乙烯瓶。
【采样方法】—
【固定剂】硝酸。
【保存方法】加硝酸酸化至 pH 值为 1～2。
【保存期】—
【采样量】—
【容器洗涤】—
【检出限】直接法：0.05 mg/L；螯合萃取法：1 mg/L。
【质量保证和质量控制】—
【结果表示】—

水质　65 种元素的测定　电感耦合等离子体质谱法（HJ 700—2014）

【适用范围】地表水、地下水、生活污水、低浓度工业废水。
【采样容器】聚乙烯瓶（桶）或玻璃瓶。
【采样方法】样品采集后用 0.45 μm 滤膜过滤，弃去初始的滤液 50 mL，用少量的滤液清洗采样瓶，收集所需体积的滤液于采样瓶中。
【固定剂】（1+1）硝酸溶液。
【保存方法】加（1+1）硝酸酸化至 pH＜2。
【保存期】14 d。
【采样量】250 mL。
【容器洗涤】洗涤剂洗 1 次，自来水洗 2 次，（1+3）硝酸荡洗 1 次，自来水洗 3 次，蒸馏水洗 1 次。
【检出限】0.05 μg/L。
【质量保证和质量控制】每批样品应至少做一个全程序空白及实验室空白。空白值应符合下列的情况之一才能被认为是可接受的：（1）空白值低于方法检出限；（2）低于标准限值的 10%；（3）低于每一批样品最低值的 10%。否则须查找原因，重新分析直至合格之后才能分析样品。
【结果表示】小数位数与方法检出限保持一致，最多保留三位有效数字。

水质　32 种元素的测定　电感耦合等离子体发射光谱法（HJ 776—2015）

【适用范围】地表水、地下水、生活污水及工业废水。

【采样容器】聚乙烯瓶（桶）或玻璃瓶。

【采样方法】可溶性元素，样品采集后立即通过水系微孔滤膜过滤，弃去初始的 50～100ml 滤液，收集所需体积的滤液，加入适量硝酸，使硝酸含量达到 1%。元素总量，样品采集后立即加入适量硝酸，使硝酸含量达到 1%。

【固定剂】硝酸。

【保存方法】加硝酸，使硝酸含量达到 1%。

【保存期】14 d。

【采样量】250 mL。

【容器洗涤】用洗涤剂和水依次洗净聚乙烯瓶，置于（1+1）硝酸溶液浸泡 24 h，用实验水彻底洗净。

【检出限】水平检出限：0.05 mg/L；垂直检出限：0.005 mg/L。

【质量保证和质量控制】每批样品至少做一个全程序空白，空白值应低于方法测定下限。否则应查明原因，重新分析直至合格之后才能测定样品。

【结果表示】小数位数与方法检出限保持一致，最多保留三位有效数字。

14．铬（六价）

水质　六价铬的测定　二苯碳酰二肼分光光度法（GB/T 7467—1987）

【适用范围】地面水和工业废水。

【采样容器】玻璃瓶。

【采样方法】—

【固定剂】氢氧化钠。

【保存方法】加氢氧化钠至 pH 为 8，并在采集后尽快测定，如放置，不要超过 24 h。

【保存期】24 h。

【采样量】—

【容器洗涤】—

【检出限】0.004 mg/L。

【质量保证和质量控制】—

【结果表示】当结果＜0.1 mg/L 时，结果保留三位小数；≥0.1 mg/L 时，结果保留三位有效数字。

水质　氰化物等的测定　真空检测管-电子比色法（HJ 659—2013）

【适用范围】地下水、地表水、生活污水和工业废水。

【采样容器】聚乙烯瓶或硬质玻璃瓶。

【采样方法】—

【固定剂】无须添加固定剂。

【保存方法】—

【保存期】现场测定。

【采样量】250 mL。

【容器洗涤】洗涤剂洗 1 次，自来水洗 2 次，（1+3）硝酸荡洗 1 次，自来水洗 3 次，蒸馏水洗 1 次。

【检出限】0.1 mg/L。

【质量保证和质量控制】每批样品应同步做一个全程序空白，测定结果应低于方法检出限，否则应检查真空检测管。

【结果表示】有效位数保留到定量下限位数。

水质　六价铬的测定　流动注射-二苯碳酰二肼分光光度法（HJ 908—2017）

【适用范围】地表水、地下水和生活污水。

【采样容器】—

【采样方法】—

【固定剂】氢氧化钠。

【保存方法】加氢氧化钠调节样品 pH 为 8～9。

【保存期】24 h。

【采样量】250 mL。

【容器洗涤】—

【检出限】0.001 mg/L。

【质量保证和质量控制】—

【结果表示】当结果<1.00 mg/L 时，结果保留至小数点后三位；≥1.00 mg/L 时，结果保留三位有效数字。

15. 汞

水质　汞的测定　冷原子荧光法（试行）（HJ/T 341—2007）

【适用范围】地表水、地下水及氯离子含量较低的水样。

【采样容器】—

【采样方法】—

【固定剂】—

【保存方法】—

【保存期】—

【采样量】—

【容器洗涤】—

【检出限】0.001 5 μg/L。

【质量保证和质量控制】—

【结果表示】—

水质　总汞的测定　冷原子吸收分光光度法（HJ 597—201）

【适用范围】地表水、地下水、工业废水和生活污水。

【采样容器】—

【采样方法】尽量充满样品瓶。

【固定剂】盐酸。

【保存方法】加盐酸酸化至 pH<1，室温阴凉处保存。

【保存期】1 个月。

【采样量】工业废水和生活污水采样量不少于 500 mL，地表水和地下水采样量不少于 1 000 mL。

【容器洗涤】—

【检出限】0.01 μg/L。

【质量保证和质量控制】—

【结果表示】当结果<10 μg/L 时，结果保留至小数点后两位；≥10 μg/L 时，结果保留三位有效数字。

水质　汞、砷、硒、铋和锑的测定　原子荧光法（HJ 694—2014）

【适用范围】地表水、地下水、生活污水和工业废水。

【采样容器】聚乙烯瓶或硬质玻璃瓶。

【采样方法】—

【固定剂】浓盐酸。

【保存方法】1 L 水样中加浓盐酸 10 mL。

【保存期】14 d。

【采样量】250 mL。

【容器洗涤】洗涤剂洗 1 次，自来水洗 2 次，（1+3）硝酸荡洗 1 次，自来水洗 3 次，去离子水洗 1 次。

【检出限】0.04 mg/L。

【质量保证和质量控制】全程空白的测试结果应小于方法检出限。

【结果表示】当结果<1 μg/L 时，结果保留小数点后两位；>1 μg/L 时，结果保留三位有效数字。

16. 钴

水质　钴的测定　5-氯-2-（吡啶偶氮）-1,3-二氨基苯分光光度法（HJ 550—2015）

【适用范围】地表水、工业废水和生活污水。

【采样容器】—

【采样方法】—

【固定剂】硫酸或硝酸。

【保存方法】加硫酸或硝酸酸化至 pH<2，0～4℃冷藏保存。

【保存期】14 d。

【采样量】—

【容器洗涤】洗涤剂洗 1 次，自来水洗 2 次，（1+3）硝酸荡洗 1 次，自来水洗 3 次，去离子水洗 1 次。

【检出限】0.009 mg/L。

【质量保证和质量控制】每批样品至少做一个全程序空白试验和实验室空白试验，其测定结果应低于方法检出限。

【结果表示】当结果<1 mg/L 时，结果保留至小数点后三位；≥1 mg/L 时，结果保留三位有效数字。

生活饮用水标准检验方法　金属指标（14.1 无火焰原子吸收分光光度法）（GB/T 5750.6—2006）

【适用范围】生活饮用水及其水源水。

【采样容器】聚乙烯瓶。

【采样方法】—

【固定剂】硝酸。

【保存方法】加硝酸酸化至 pH≤2。

【保存期】14 d。

【采样量】0.5～1 L。

【容器洗涤】将容器用水和洗涤剂清洗，除去灰尘、油垢后用自来水冲洗干净，然后用质量分数 10% 的硝酸（或盐酸）浸泡 8 h，取出沥干后用自来水冲洗 3 次，并用蒸馏水充分淋洗干净。

【检出限】5 μg/L。

【质量保证和质量控制】—

【结果表示】—

水质　65 种元素的测定　电感耦合等离子体质谱法（HJ 700—2014）

【适用范围】地表水、地下水、生活污水、低浓度工业废水。

【采样容器】聚乙烯瓶（桶）或玻璃瓶。

【采样方法】样品采集后用 0.45 μm 滤膜过滤，弃去初始的滤液 50 mL，用少量的滤液清洗采样瓶，收集所需体积的滤液于采样瓶中。

【固定剂】（1+1）硝酸溶液。

【保存方法】加（1+1）硝酸酸化至 pH＜2。

【保存期】1 个月。

【采样量】100 mL。

【容器洗涤】酸洗。

【检出限】0.03 μg/L。

【质量保证和质量控制】每批样品应至少做一个全程序空白及实验室空白。空白值应符合下列的情况之一才能被认为是可接受的：（1）空白值低于方法检出限；（2）低于标准限值的 10%；（3）低于每一批样品最低值的 10%。否则须查找原因，重新分析直至合格之后才能分析样品。

【结果表示】小数位数与方法检出限保持一致，最多保留三位有效数字。

水质　32 种元素的测定　电感耦合等离子体发射光谱法（HJ 776—2015）

【适用范围】地表水、地下水、生活污水及工业废水。

【采样容器】聚乙烯瓶（桶）或玻璃瓶。

【采样方法】可溶性元素，样品采集后立即通过水系微孔滤膜过滤，弃去初始的 50～100 mL 滤液，收集所需体积的滤液，加入适量硝酸，使硝酸含量达到 1%。元素总量，样品采集后立即加入适量硝酸，使硝酸含量达到 1%。

【固定剂】硝酸。

【保存方法】加硝酸，使硝酸含量达到 1%。

【保存期】1 个月。

【采样量】100 mL。

【容器洗涤】用洗涤剂和水依次洗净聚乙烯瓶，置于（1+1）硝酸溶液浸泡 24 h，用实验水彻底洗净。
【检出限】水平检出限：0.02 mg/L；垂直检出限：0.01 mg/L。
【质量保证和质量控制】每批样品至少做一个全程序空白，空白值应低于方法测定下限。否则应查明原因，重新分析直至合格之后才能测定样品。
【结果表示】小数位数与方法检出限保持一致，最多保留三位有效数字。

水质　钴的测定　火焰原子吸收分光光度法（HJ 957—2018）

【适用范围】地表水、地下水和废水。
【采样容器】聚乙烯瓶。
【采样方法】—
【固定剂】硝酸。
【保存方法】加硝酸酸化至 pH≤2。
【保存期】14 d。
【采样量】250 mL。
【容器洗涤】洗涤剂洗 1 次，自来水洗 2 次，（1+3）硝酸荡洗 1 次，自来水洗 3 次，去离子水洗 1 次。
【检出限】0.05 mg/L。
【质量保证和质量控制】—
【结果表示】当结果＜1 mg/L 时，结果保留至小数点后两位；≥1 mg/L 时，结果保留三位有效数字。

水质　钴的测定　石墨炉原子吸收分光光度法（HJ 958—2018）

【适用范围】地表水、地下水和废水。
【采样容器】聚乙烯瓶。
【采样方法】—
【固定剂】硝酸。
【保存方法】加硝酸酸化至 pH≤2。
【保存期】14 d。
【采样量】250 mL。
【容器洗涤】洗涤剂洗 1 次，自来水洗 2 次，（1+3）硝酸荡洗 1 次，自来水洗 3 次，去离子水洗 1 次。
【检出限】2 μg/L。
【质量保证和质量控制】—
【结果表示】当结果＜100 μg/L 时，结果保留至整数位；≥100 μg/L 时，结果保留三位有效数字。

17. 化学需氧量

水质　化学需氧量的测定　重铬酸盐法（HJ 828—2017）

【适用范围】地表水、生活污水和工业废水。
【采样容器】玻璃瓶。
【采样方法】—
【固定剂】硫酸。

【保存方法】加入硫酸至 pH＜2，4℃冷藏保存。
【保存期】5 d。
【采样量】不少于 100 mL。
【容器洗涤】—
【检出限】4 mg/L。
【质量保证和质量控制】—
【结果表示】当结果＜100 mg/L 时，结果保留至整数位；≥100 mg/L 时，结果保留三位有效数字。

水质　化学需氧量的测定　快速消解分光光度法（HJ/T 399—2007）
【适用范围】地表水、地下水、生活污水和工业废水。
【采样容器】玻璃瓶。
【采样方法】—
【固定剂】硫酸。
【保存方法】pH≤2，0～4℃冷藏保存。
【保存期】24 h 内测定，否则加入硫酸调节至 pH≤2，在 0～4℃下可保存 7 d。
【采样量】不少于 100 mL。
【容器洗涤】—
【检出限】15 mg/L。
【质量保证和质量控制】—
【结果表示】保留三位有效数字。

水质　氰化物等的测定　真空检测管-电子比色法（HJ 659—2013）
【适用范围】地下水、地表水、生活污水和工业废水。
【采样容器】玻璃瓶。
【采样方法】—
【固定剂】无须添加固定剂。
【保存方法】—
【保存期】现场测定。
【采样量】500 mL。
【容器洗涤】洗涤剂洗 1 次，自来水洗 3 次，蒸馏水洗 1 次。
【检出限】10 mg/L。
【质量保证和质量控制】每批样品应同步做一个全程序空白，测定结果应低于方法检出限，否则应检查真空检测管。
【结果表示】取整数位。

18. 蛔虫卵

水质　蛔虫卵的测定　沉淀集卵法（HJ 775—2015）
【适用范围】地表水和废水。

【采样容器】塑料桶。
【采样方法】—
【固定剂】—
【保存方法】常温保存。
【保存期】—
【采样量】≥10 L。
【容器洗涤】用样品荡洗塑料桶。
【检出限】—
【质量保证和质量控制】每批次样品至少做一个全程序空白试验，并取10%的样品进行平行样测定。全程序空白试验不得检出蛔虫卵，平行样间的相对偏差不得超过30%。
【结果表示】整数。

19. 活性氯（游离氯）

生活饮用水标准检验方法　消毒剂指标［1.1 *N*,*N*-二乙基对苯二胺（DPD）分光光度法］（GB/T 5750.11—2006）

【适用范围】经氯化消毒后的生活饮用水及其水源水。
【采样容器】—
【采样方法】—
【固定剂】—
【保存方法】—
【保存期】—
【采样量】3～5 L。
【容器洗涤】将容器用水和洗涤剂清洗，除去灰尘、油垢后用自来水冲洗干净，然后用质量分数10%的硝酸（或盐酸）浸泡8 h，取出沥干后用自来水冲洗3次，并用蒸馏水充分淋洗干净。
【检出限】0.01 mg/L。
【质量保证和质量控制】—
【结果表示】—

生活饮用水标准检验方法　消毒剂指标（1.2　3,3′,5,5′-四甲基苯胺比色法）（GB/T 5750.11—2006）

【适用范围】经氯化消毒后的生活饮用水及其水源水。
【采样容器】—
【采样方法】—
【固定剂】—
【保存方法】—
【保存期】—
【采样量】3～5 L。
【容器洗涤】将容器用水和洗涤剂清洗，除去灰尘、油垢后用自来水冲洗干净，然后用质量分数10%的硝酸（或盐酸）浸泡8 h，取出沥干后用自来水冲洗3次，并用蒸馏水充分淋洗干净。

【检出限】0.005 mg/L。
【质量保证和质量控制】—
【结果表示】—

水质　游离氯和总氯的测定　*N*,*N*-二乙基-1,4-苯二胺分光光度法（HJ 586—2010）
【适用范围】地表水、工业废水、医疗废水、生活污水、中水和污水再生的景观用水。
【采样容器】棕色玻璃瓶。
【采样方法】—
【固定剂】2.0 mol/L 1%氢氧化钠。
【保存方法】加 2.0 mol/L 1%氢氧化钠，4℃冷藏保存。
【保存期】5 d。
【采样量】—
【容器洗涤】—
【检出限】0.03 mg/L。
【质量保证和质量控制】—
【结果表示】当结果＜0.01 mg/L 时，结果保留至小数点后三位；≥0.01 mg/L 且＜10 mg/L 时，结果保留至小数点后二位；≥10 mg/L 时，结果保留三位有效数字。

20. 急性毒性

水质　物质对蚤类（大型蚤）急性毒性测定方法（GB/T 13266—1991）
【适用范围】在试验条件下可溶的化学物质（包括工业原料和产品、食品添加剂、农药、医药等）、工业废水、生活污水、地表水、地下水。
【采样容器】—
【采样方法】—
【固定剂】—
【保存方法】冷冻保存，0～4℃冷藏保存（废水）。
【保存期】—
【采样量】—
【容器洗涤】—
【检出限】—
【质量保证和质量控制】—
【结果表示】—

水质　物质对淡水鱼（斑马鱼）急性毒性测定方法（GB/T 13267—1991）
【适用范围】水中单一化学物质。
【采样容器】—
【采样方法】—
【固定剂】—

【保存方法】—
【保存期】—
【采样量】—
【容器洗涤】—
【检出限】—
【质量保证和质量控制】—
【结果表示】—

21. 钾

水质　钾和钠的测定　火焰原子吸收分光光度法（GB/T 11904—1989）

【适用范围】地面水和饮用水。
【采样容器】聚乙烯瓶。
【采样方法】—
【固定剂】（1+1）硝酸溶液。
【保存方法】加（1+1）硝酸调至 pH 值为 1～2。
【保存期】—
【采样量】—
【容器洗涤】—
【检出限】0.05 mg/L。
【质量保证和质量控制】—
【结果表示】—

水质　65 种元素的测定　电感耦合等离子体质谱法（HJ 700—2014）

【适用范围】地表水、地下水、生活污水、低浓度工业废水。
【采样容器】聚乙烯瓶（桶）。
【采样方法】样品采集后用 0.45 μm 滤膜过滤，弃去初始的滤液 50 mL，用少量的滤液清洗采样瓶，收集所需体积的滤液于采样瓶中。
【固定剂】（1+1）硝酸溶液。
【保存方法】加（1+1）硝酸酸化至 pH＜2。
【保存期】14 d。
【采样量】250 mL。
【容器洗涤】洗涤剂洗 1 次，自来水洗 2 次，（1+3）硝酸荡洗 1 次，自来水洗 3 次，去离子水洗 1 次。
【检出限】4.50 μg/L。
【质量保证和质量控制】每批样品应至少做一个全程序空白及实验室空白。空白值应符合下列的情况之一才能被认为是可接受的：（1）空白值低于方法检出限；（2）低于标准限值的 10%；（3）低于每一批样品最低值的 10%。否则须查找原因，重新分析直至合格之后才能分析样品。
【结果表示】小数位数与方法检出限保持一致，最多保留三位有效数字。

水质　32 种元素的测定　电感耦合等离子体发射光谱法（HJ 776—2015）

【适用范围】地表水、地下水、生活污水及工业废水。

【采样容器】聚乙烯瓶（桶）。

【采样方法】可溶性元素，样品采集后立即通过水系微孔滤膜过滤，弃去初始的 50～100 mL 滤液，收集所需体积的滤液，加入适量硝酸，使硝酸含量达到 1%。元素总量，样品采集后立即加入适量硝酸，使硝酸含量达到 1%。

【固定剂】硝酸。

【保存方法】加硝酸，使硝酸含量达到 1%。

【保存期】14 d。

【采样量】250 mL。

【容器洗涤】用洗涤剂和水依次洗净聚乙烯瓶，置于（1+1）硝酸溶液浸泡 24 h，用实验水彻底洗净。

【检出限】水平检出限：0.07 mg/L；垂直检出限：0.05 mg/L。

【质量保证和质量控制】每批样品至少做一个全程序空白，空白值应低于方法测定下限。否则应查明原因，重新分析直至合格之后才能测定样品。

【结果表示】小数位数与方法检出限保持一致，最多保留三位有效数字。

水质　可溶性阳离子（Li^+、Na^+、NH_4^+、K^+、Ca^{2+}、Mg^{2+}）的测定　离子色谱法（HJ 812—2016）

【适用范围】地表水、地下水、工业废水和生活污水。

【采样容器】聚乙烯瓶。

【采样方法】—

【固定剂】—

【保存方法】4℃冷藏，避光保存。

【保存期】7 d。

【采样量】250 mL。

【容器洗涤】洗涤剂洗 1 次，自来水洗 2 次，（1+3）硝酸荡洗 1 次，自来水洗 3 次，去离子水洗 1 次。

【检出限】0.02 mg/L。

【质量保证和质量控制】—

【结果表示】当样品含量＜1 mg/L 时，结果保留至小数点后两位；≥1 mg/L 时，结果保留三位有效数字。

22. 肼

水质　肼和甲基肼的测定　对二甲氨基苯甲醛分光光度法（HJ 674—2013）

【适用范围】水和工业废水。

【采样容器】玻璃瓶。

【采样方法】—

【固定剂】酸或碱。

【保存方法】加酸或碱至中性。

【保存期】24 h。

【采样量】—

【容器洗涤】—

【检出限】肼：0.003 mg/L；甲基肼：0.015 mg/L。

【质量保证和质量控制】每分析一批（≤20 个）样品必须有一个全程空白。

【结果表示】当结果<0.100 mg/L 时，结果保留至小数点后三位；≥0.100 mg/L 时，结果保留三位有效数字。

23. 凯氏氮

水质　凯氏氮的测定（GB/T 11891—1989）

【适用范围】工业废水、湖泊、水库和其他受污染水体。

【采样容器】聚乙烯瓶或硬质玻璃瓶。

【采样方法】—

【固定剂】硫酸。

【保存方法】加硫酸酸化至 pH<2，4℃冷藏保存。

【保存期】—

【采样量】—

【容器洗涤】—

【检出限】0.2 mg/L。

【质量保证和质量控制】—

【结果表示】—

水质　凯氏氮的测定　气相分子吸收光谱法（HJ/T 196—2005）

【适用范围】地表水、水库、湖泊、江河水。

【采样容器】聚乙烯瓶或硬质玻璃瓶。

【采样方法】—

【固定剂】硫酸。

【保存方法】加硫酸酸化至 pH<2，2～5℃冷藏保存。

【保存期】—

【采样量】—

【容器洗涤】—

【检出限】0.020 mg/L。

【质量保证和质量控制】—

【结果表示】—

24. 可吸附有机卤素

水质　可吸附有机卤素（AOX）的测定　微库仑法（GB/T 15959—1995）

【适用范围】饮用水、地下水、地面水、污水。

【采样容器】硬质玻璃瓶。

【采样方法】充满采样瓶。

【固定剂】酸化。

【保存方法】加酸酸化，4℃冷藏保存。

【保存期】3 d。

【采样量】—

【容器洗涤】—

【检出限】10 μg/L。

【质量保证和质量控制】—

【结果表示】—

水质　可吸附有机卤素（AOX）的测定　离子色谱法（HJ/T 83—2001）

【适用范围】水和污水。

【采样容器】硬质玻璃瓶。

【采样方法】充满采样瓶。

【固定剂】硝酸。

【保存方法】加硝酸酸化至 pH 值为 1.5～2，冷藏保存。

【保存期】7 d。

【采样量】—

【容器洗涤】—

【检出限】可吸附有机氯：15 μg/L；可吸附有机氟：5 μg/L；可吸附有机溴：9 μg/L。

【质量保证和质量控制】—

【结果表示】—

25. 锂

水质　65 种元素的测定　电感耦合等离子体质谱法（HJ 700—2014）

【适用范围】地表水、地下水、生活污水、低浓度工业废水。

【采样容器】聚乙烯瓶（桶）。

【采样方法】样品采集后用 0.45 μm 滤膜过滤，弃去初始的滤液 50 mL，用少量的滤液清洗采样瓶，收集所需体积的滤液于采样瓶中。

【固定剂】（1+1）硝酸溶液。

【保存方法】加（1+1）硝酸酸化至 pH＜2。

【保存期】1 个月。

【采样量】100 mL。

【容器洗涤】—

【检出限】0.33 μg/L。

【质量保证和质量控制】每批样品应至少做一个全程序空白及实验室空白。空白值应符合下列的情况之一才能被认为是可接受的：（1）空白值低于方法检出限；（2）低于标准限值的 10%；（3）低于每一批样品最低值的 10%。否则须查找原因，重新分析直至合格之后才能分析样品。

【结果表示】小数位数与方法检出限保持一致，最多保留三位有效数字。

水质　32 种元素的测定　电感耦合等离子体发射光谱法（HJ 776—2015）

【适用范围】地表水、地下水、生活污水及工业废水。

【采样容器】聚乙烯瓶（桶）。

【采样方法】可溶性元素，样品采集后立即通过水系微孔滤膜过滤，弃去初始的 50～100 mL 滤液，收集所需体积的滤液，加入适量硝酸，使硝酸含量达到 1%。元素总量，样品采集后立即加入适量硝酸，使硝酸含量达到 1%。

【固定剂】硝酸。

【保存方法】加硝酸，使硝酸含量达到 1%。

【保存期】1 个月。

【采样量】100 mL。

【容器洗涤】用洗涤剂和水依次洗净聚乙烯瓶，置于（1+1）硝酸溶液浸泡 24 h，用实验水彻底洗净。

【检出限】水平检出限：0.02 mg/L；垂直检出限：0.009 mg/L。

【质量保证和质量控制】每批样品至少做一个全程序空白，空白值应低于方法测定下限。否则应查明原因，重新分析直至合格之后才能测定样品。

【结果表示】小数位数与方法检出限保持一致，最多保留三位有效数字。

水质　可溶性阳离子（Li^+、Na^+、NH_4^+、K^+、Ca^{2+}、Mg^{2+}）的测定　离子色谱法（HJ 812—2016）

【适用范围】地表水、地下水、工业废水和生活污水。

【采样容器】聚乙烯瓶。

【采样方法】—

【固定剂】—

【保存方法】4℃冷藏，避光保存。

【保存期】7 d。

【采样量】250 mL。

【容器洗涤】—

【检出限】0.01 mg/L。

【质量保证和质量控制】—

【结果表示】当样品含量＜1 mg/L 时，结果保留至小数点后两位；≥1 mg/L 时，结果保留三位有效数字。

26. 磷

水质　单质磷的测定　磷钼蓝分光光度法（暂行）（HJ 593—2010）

【适用范围】地表水、地下水、工业废水和生活污水。

【采样容器】聚乙烯瓶或硬质玻璃瓶。

【采样方法】—

【固定剂】—

【保存方法】调节 pH 值为 6～7。

【保存期】48 h。

【采样量】—

【容器洗涤】—

【检出限】0.003 mg/L。

【质量保证和质量控制】—

【结果表示】—

水质　65 种元素的测定　电感耦合等离子体质谱法（HJ 700—2014）

【适用范围】地表水、地下水、生活污水、低浓度工业废水。

【采样容器】—

【采样方法】样品采集后用 0.45 μm 滤膜过滤，弃去初始的滤液 50 mL，用少量的滤液清洗采样瓶，收集所需体积的滤液于采样瓶中。

【固定剂】（1+1）硝酸溶液。

【保存方法】加（1+1）硝酸酸化至 pH＜2。

【保存期】—

【采样量】—

【容器洗涤】洗涤剂洗 1 次，自来水洗 2 次，（1+3）硝酸荡洗 1 次，自来水洗 3 次，蒸馏水洗 1 次。

【检出限】19.6 μg/L。

【质量保证和质量控制】每批样品应至少做一个全程序空白及实验室空白。空白值应符合下列的情况之一才能被认为是可接受的：（1）空白值低于方法检出限；（2）低于标准限值的 10%；（3）低于每一批样品最低值的 10%。否则须查找原因，重新分析直至合格之后才能分析样品。

【结果表示】小数位数与方法检出限保持一致，最多保留三位有效数字。

水质　32 种元素的测定　电感耦合等离子体发射光谱法（HJ 776—2015）

【适用范围】地表水、地下水、生活污水及工业废水。

【采样容器】—

【采样方法】可溶性元素，样品采集后立即通过水系微孔滤膜过滤，弃去初始的 50～100 mL 滤液，收集所需体积的滤液，加入适量硝酸，使硝酸含量达到 1%。元素总量，样品采集后立即加入适量硝酸，使硝酸含量达到 1%。

【固定剂】硝酸。

【保存方法】加硝酸，使硝酸含量达到 1%。

【保存期】—

【采样量】—

【容器洗涤】用洗涤剂和水依次洗净聚乙烯瓶，置于（1+1）硝酸溶液浸泡 24 h，用实验水彻底洗净。

【检出限】水平检出限：0.04 mg/L；垂直检出限：0.06 mg/L。

【质量保证和质量控制】每批样品至少做一个全程序空白，空白值应低于方法测定下限。否则应查明原因，重新分析直至合格之后才能测定样品。

【结果表示】小数位数与方法检出限保持一致，最多保留三位有效数字。

27. 磷酸盐

水质　磷酸盐的测定　离子色谱法（HJ 669—2013）

【适用范围】地表水、地下水和降水。

【采样容器】聚乙烯瓶或硬质玻璃瓶。

【采样方法】—

【固定剂】—

【保存方法】0～4℃冷藏保存。

【保存期】48 h。

【采样量】250 mL。

【容器洗涤】铬酸洗液洗 1 次，自来水洗 3 次，蒸馏水洗 1 次。

【检出限】0.007 mg/L。

【质量保证和质量控制】每批样品至少做两个全程序空白，空白值不得超过方法检出限。否则应查明原因，重新分析直至合格后才能测定样品。

【结果表示】当结果＜1 mg/L 时，结果保留至小数点后三位；≥1 mg/L 时，结果保留三位有效数字。

水质　磷酸盐和总磷的测定　连续流动-钼酸铵分光光度法（HJ 670—2013）

【适用范围】地表水、地下水、生活污水和工业废水。

【采样容器】聚乙烯瓶或硬质玻璃瓶。

【采样方法】—

【固定剂】硫酸。

【保存方法】磷酸盐水样 0～4℃冷藏保存；总磷的水样加硫酸至 pH≤2。

【保存期】磷酸盐水样 0～4℃冷藏保存，可稳定 24 h。总磷的水样加硫酸至 pH≤2，常温可保存 24 h；于−20℃冷冻可保存 1 个月。

【采样量】—

【容器洗涤】—

【检出限】0.01 mg/L。

【质量保证和质量控制】—

【结果表示】当结果＜1.00 mg/L 时，结果保留至小数点后两位；≥1.00 mg/L 时，结果保留三位有效数字。

水质　氰化物等的测定　真空检测管-电子比色法（HJ 659—2013）

【适用范围】地下水、地表水、生活污水和工业废水。

【采样容器】聚乙烯瓶或硬质玻璃瓶。

【采样方法】—

【固定剂】无须添加固定剂。

【保存方法】—

【保存期】现场测定。

【采样量】250 mL。

【容器洗涤】铬酸洗液洗 1 次，自来水洗 3 次，蒸馏水洗 1 次。

【检出限】0.05 mg/L。

【质量保证和质量控制】每批样品应同步做一个全程序空白，测定结果应低于方法检出限，否则应检查真空检测管。

【结果表示】有效位数保留到定量下限位数。

水质 无机阴离子（F^-、Cl^-、NO_2^-、Br^-、NO_3^-、PO_4^{3-}、SO_3^{2-}、SO_4^{2-}）的测定 离子色谱法（HJ 84—2016）

【适用范围】地表水、地下水、工业废水和生活污水。

【采样容器】聚乙烯瓶或硬质玻璃瓶。

【采样方法】—

【固定剂】—

【保存方法】4℃冷藏，避光保存。

【保存期】2 d。

【采样量】250 mL。

【容器洗涤】铬酸洗液洗 1 次，自来水洗 3 次，蒸馏水洗 1 次。

【检出限】0.051 mg/L。

【质量保证和质量控制】—

【结果表示】当结果＜1 mg/L 时，结果保留至小数点后三位；≥1 mg/L 时，结果保留三位有效数字。

28. 硫化物

水质 硫化物的测定 亚甲基蓝分光光度法（GB/T 16489—1996）

【适用范围】地面水、地下水、生活污水和工业废水。

【采样容器】棕色瓶。

【采样方法】水样应充满瓶，瓶塞下不留空气。

【固定剂】氢氧化钠、乙酸锌-乙酸钠至沉淀完全。

【保存方法】贮存在棕色瓶内。

【保存期】1 周。

【采样量】—

【容器洗涤】—

【检出限】0.005 mg/L。

【质量保证和质量控制】—

【结果表示】—

水质 硫化物的测定 直接显色分光光度法（GB/T 17133—1997）

【适用范围】地面水、地下水及生活污水、造纸废水、石油化工废水、炼焦废水与印染废水等。

【采样容器】聚乙烯瓶或硬质玻璃瓶。

【采样方法】水样注满瓶。

【固定剂】1 mL 1 mol/L 乙酸锌。

【保存方法】避免阳光直射。

【保存期】24 h。

【采样量】500 mL。

【容器洗涤】—

【检出限】0.008 mg/L。

【质量保证和质量控制】—

【结果表示】—

水质 硫化物的测定 碘量法（HJ/T 60—2000）

【适用范围】水和废水。

【采样容器】—

【采样方法】水样充满后立即密封保存，不留气泡，然后倒转，充分混匀。

【固定剂】0.3 mL 1 mol/L 乙酸锌，0.6 mL 1 mol/L 氢氧化钠。

【保存方法】加 0.3 mL 1 mol/L 乙酸锌，0.6 mL 1 mol/L 氢氧化钠调至 pH 值为 10～12。4℃冷藏，避光保存。

【保存期】—

【采样量】—

【容器洗涤】—

【检出限】0.40 mg/L。

【质量保证和质量控制】—

【结果表示】当结果＜1.00 mg/L 时，结果保留至小数点后两位；≥1.00 mg/L 时，结果保留三位有效数字。

水质 硫化物的测定 气相分子吸收光谱法（HJ/T 200—2005）

【适用范围】地表水、地下水、海水、饮用水、生活污水及工业污水。

【采样容器】棕色玻璃瓶。

【采样方法】防止曝气，水样充满瓶，瓶内无气泡，立即密塞，避免阳光直射。

【固定剂】乙酸锌+氢氧化钠。

【保存方法】3～5 mL 乙酸锌+氢氧化钠，调至弱碱性，4℃冷藏保存。

【保存期】24 h。

【采样量】—

【容器洗涤】—

【检出限】0.005 mg/L。

【质量保证和质量控制】—

【结果表示】—

水质　氰化物等的测定　真空检测管-电子比色法（HJ 659—2013）

【适用范围】地下水、地表水、生活污水和工业废水。

【采样容器】聚乙烯瓶或硬质玻璃瓶。

【采样方法】—

【固定剂】无须添加固定剂。

【保存方法】—

【保存期】现场测定。

【采样量】250 mL。

【容器洗涤】洗涤剂洗 1 次，自来水洗 3 次，蒸馏水洗 1 次。

【检出限】0.1 mg/L。

【质量保证和质量控制】每批样品应同步做一个全程序空白，测定结果应低于方法检出限，否则应检查真空检测管。

【结果表示】有效位数保留到定量下限位数。

水质　硫化物的测定　流动注射-亚甲基蓝分光光度法（HJ 824—2017）

【适用范围】地表水、地下水、生活污水和工业废水。

【采样容器】聚乙烯瓶或硬质玻璃瓶。

【采样方法】—

【固定剂】氢氧化钠、抗坏血酸。

【保存方法】每升水样加 5 mL 15 mol/L 氢氧化钠和 4 g 抗坏血酸，使样品 pH≥11，常温避光保存。

【保存期】24 h。

【采样量】250 mL。

【容器洗涤】—

【检出限】0.004 mg/L。

【质量保证和质量控制】每批样品至少测定一个全程序空白，空白值不得超过方法测定下限。否则应查明原因，重新分析直至合格后才能测定样品。

【结果表示】当结果<1.00 mg/L 时，结果保留至小数点后三位；≥1.00 mg/L 时，结果保留三位有效数字。

29. 硫酸盐

水质　硫酸盐的测定　重量法（GB/T 11899—1989）

【适用范围】地面水、地下水、含盐水、生活污水及工业废水。

【采样容器】聚乙烯瓶或硬质玻璃瓶。

【采样方法】水样完全充满。

【固定剂】—

【保存方法】冷藏。
【保存期】—
【采样量】—
【容器洗涤】—
【检出限】10 mg/L。
【质量保证和质量控制】—
【结果表示】—

水质　硫酸盐的测定　铬酸钡分光光度法（试行）（HJ/T 342—2007）

【适用范围】地表水、地下水中含量较低硫酸盐的测定。
【采样容器】—
【采样方法】—
【固定剂】—
【保存方法】—
【保存期】—
【采样量】—
【容器洗涤】—
【检出限】8 mg/L。
【质量保证和质量控制】—
【结果表示】—

水质　无机阴离子（F^-、Cl^-、NO_2^-、Br^-、NO_3^-、PO_4^{3-}、SO_3^{2-}、SO_4^{2-}）的测定　离子色谱法（HJ 84—2016）

【适用范围】地表水、地下水、工业废水和生活污水。
【采样容器】聚乙烯瓶或硬质玻璃瓶。
【采样方法】—
【固定剂】—
【保存方法】4℃冷藏，避光保存。
【保存期】30 d。
【采样量】250 mL。
【容器洗涤】洗涤剂洗 1 次，自来水洗 3 次，蒸馏水洗 1 次。
【检出限】0.018 mg/L。
【质量保证和质量控制】—
【结果表示】当结果＜1 mg/L 时，结果保留至小数点后三位；≥1 mg/L 时，结果保留三位有效数字。

30. 氯化物

水质　氯化物的测定　硝酸银滴定法（GB/T 11896—1989）

【适用范围】天然水、咸水、海水以及经过预处理除去干扰物的生活污水或工业废水。

【采样容器】聚乙烯瓶或硬质玻璃瓶。

【采样方法】—

【固定剂】—

【保存方法】—

【保存期】—

【采样量】—

【容器洗涤】—

【检出限】10 mg/L。

【质量保证和质量控制】—

【结果表示】—

水质 氯化物的测定 硝酸汞滴定法（试行）（HJ/T 343—2007）

【适用范围】地表水、地下水。

【采样容器】—

【采样方法】—

【固定剂】—

【保存方法】—

【保存期】—

【采样量】—

【容器洗涤】—

【检出限】2.5 mg/L。

【质量保证和质量控制】—

【结果表示】—

水质 无机阴离子（F^-、Cl^-、NO_2^-、Br^-、NO_3^-、PO_4^{3-}、SO_3^{2-}、SO_4^{2-}）的测定 离子色谱法（HJ 84—2016）

【适用范围】地表水、地下水、工业废水和生活污水。

【采样容器】聚乙烯瓶或硬质玻璃瓶。

【采样方法】—

【固定剂】—

【保存方法】4℃冷藏，避光保存。

【保存期】30 d。

【采样量】250 mL。

【容器洗涤】洗涤剂洗 1 次，自来水洗 3 次，蒸馏水洗 1 次。

【检出限】0.007 mg/L。

【质量保证和质量控制】—

【结果表示】当结果＜1 mg/L 时，结果保留至小数点后三位；≥1 mg/L 时，结果保留三位有效数字。

31. 镁

水质 钙和镁的测定 原子吸收分光光度法（GB/T 11905—1989）

【适用范围】地下水和地面水。

【采样容器】聚乙烯瓶。

【采样方法】—

【固定剂】硝酸。

【保存方法】加硝酸酸化至 pH 为 1～2。

【保存期】—

【采样量】—

【容器洗涤】采样瓶先用洗涤剂洗净，再用（1+1）硝酸浸泡至少 24 h，然后用去离子水冲洗干净。

【检出限】0.01 mg/L。

【质量保证和质量控制】—

【结果表示】—

水质 65 种元素的测定 电感耦合等离子体质谱法（HJ 700—2014）

【适用范围】地表水、地下水、生活污水、低浓度工业废水。

【采样容器】聚乙烯瓶（桶）或玻璃瓶。

【采样方法】样品采集后用 0.45 μm 滤膜过滤，弃去初始的滤液 50 mL，用少量的滤液清洗采样瓶，收集所需体积的滤液于采样瓶中。

【固定剂】（1+1）硝酸溶液。

【保存方法】加（1+1）硝酸酸化至 pH＜2。

【保存期】14 d。

【采样量】250 mL。

【容器洗涤】洗涤剂洗 1 次，自来水洗 2 次，（1+3）硝酸荡洗 1 次，自来水洗 3 次，去离子水洗 1 次。

【检出限】1.94 μg/L。

【质量保证和质量控制】每批样品应至少做一个全程序空白及实验室空白。空白值应符合下列的情况之一才能被认为是可接受的：（1）空白值低于方法检出限；（2）低于标准限值的 10%；（3）低于每一批样品最低值的 10%。否则须查找原因，重新分析直至合格之后才能分析样品。

【结果表示】小数位数与方法检出限保持一致，最多保留三位有效数字。

水质 32 种元素的测定 电感耦合等离子体发射光谱法（HJ 776—2015）

【适用范围】地表水、地下水、生活污水及工业废水。

【采样容器】聚乙烯瓶（桶）或玻璃瓶。

【采样方法】可溶性元素，样品采集后立即通过水系微孔滤膜过滤，弃去初始的 50～100 mL 滤液，收集所需体积的滤液，加入适量硝酸，使硝酸含量达到 1%。元素总量，样品采集后立即加入适量硝酸，使硝酸含量达到 1%。

【固定剂】硝酸。

【保存方法】加硝酸，使硝酸含量达到 1%。

【保存期】14 d。

【采样量】250 mL。

【容器洗涤】用洗涤剂和水依次洗净聚乙烯瓶，置于（1+1）硝酸溶液浸泡 24 h，用实验水彻底洗净。

【检出限】水平检出限：0.02 mg/L；垂直检出限：0.003 mg/L。

【质量保证和质量控制】每批样品至少做一个全程序空白，空白值应低于方法测定下限。否则应查明原因，重新分析直至合格之后才能测定样品。

【结果表示】小数位数与方法检出限保持一致，最多保留三位有效数字。

水质　可溶性阳离子（Li^+、Na^+、NH_4^+、K^+、Ca^{2+}、Mg^{2+}）的测定　离子色谱法（HJ 812—2016）

【适用范围】地表水、地下水、工业废水和生活污水。

【采样容器】聚乙烯瓶或硬质玻璃瓶。

【采样方法】—

【固定剂】—

【保存方法】4℃冷藏，避光保存。

【保存期】7 d。

【采样量】250 mL。

【容器洗涤】—

【检出限】0.02 mg/L。

【质量保证和质量控制】—

【结果表示】当样品含量＜1 mg/L 时，结果保留至小数点后两位；≥1 mg/L 时，结果保留三位有效数字。

32. 锰

水质　锰的测定　高碘酸钾分光光度法（GB/T 11906—1989）

【适用范围】饮用水、地面水、地下水及工业废水。

【采样容器】聚乙烯瓶或硬质玻璃瓶。

【采样方法】—

【固定剂】硝酸。

【保存方法】加硝酸调节 pH 值为 1～2。

【保存期】—

【采样量】—

【容器洗涤】—

【检出限】0.02 mg/L。

【质量保证和质量控制】—

【结果表示】—

水质 锰的测定 甲醛肟分光光度法（试行）（HJ/T 344—2007）

【适用范围】饮用水及未受严重污染的地表水。

【采样容器】—

【采样方法】—

【固定剂】—

【保存方法】加酸酸化至 pH 值为 1。

【保存期】—

【采样量】—

【容器洗涤】—

【检出限】0.01 mg/L。

【质量保证和质量控制】—

【结果表示】—

水质 65 种元素的测定 电感耦合等离子体质谱法（HJ 700—2014）

【适用范围】地表水、地下水、生活污水、低浓度工业废水。

【采样容器】聚乙烯瓶（桶）或玻璃瓶。

【采样方法】样品采集后用 0.45 μm 滤膜过滤，弃去初始的滤液 50 mL，用少量的滤液清洗采样瓶，收集所需体积的滤液于采样瓶中。

【固定剂】（1+1）硝酸溶液。

【保存方法】加（1+1）硝酸酸化至 pH＜2。

【保存期】14 d。

【采样量】250 mL。

【容器洗涤】洗涤剂洗 1 次，自来水洗 2 次，（1+3）硝酸荡洗 1 次，自来水洗 3 次，蒸馏水洗 1 次。

【检出限】0.12 μg/L。

【质量保证和质量控制】每批样品应至少做一个全程序空白及实验室空白。空白值应符合下列的情况之一才能被认为是可接受的：（1）空白值低于方法检出限；（2）低于标准限值的 10%；（3）低于每一批样品最低值的 10%。否则须查找原因，重新分析直至合格之后才能分析样品。

【结果表示】小数位数与方法检出限保持一致，最多保留三位有效数字。

水质 32 种元素的测定 电感耦合等离子体发射光谱法（HJ 776—2015）

【适用范围】地表水、地下水、生活污水及工业废水。

【采样容器】聚乙烯瓶（桶）或玻璃瓶。

【采样方法】可溶性元素，样品采集后立即通过水系微孔滤膜过滤，弃去初始的 50~100 mL 滤液，收集所需体积的滤液，加入适量硝酸，使硝酸含量达到 1%。元素总量，样品采集后立即加入适量硝酸，使硝酸含量达到 1%。

【固定剂】硝酸。

【保存方法】加硝酸，使硝酸含量达到 1%。

【保存期】14 d。
【采样量】250 mL。
【容器洗涤】用洗涤剂和水依次洗净聚乙烯瓶，置于（1+1）硝酸溶液浸泡 24 h，用实验水彻底洗净。
【检出限】水平检出限：0.01 mg/L；垂直检出限：0.004 mg/L。
【质量保证和质量控制】每批样品至少做一个全程序空白，空白值应低于方法测定下限。否则应查明原因，重新分析直至合格之后才能测定样品。
【结果表示】小数位数与方法检出限保持一致，最多保留三位有效数字。

水质　氰化物等的测定　真空检测管-电子比色法（HJ 659—2013）

【适用范围】地下水、地表水、生活污水和工业废水。
【采样容器】聚乙烯瓶或硬质玻璃瓶。
【采样方法】—
【固定剂】无须添加固定剂。
【保存方法】—
【保存期】现场测定。
【采样量】250 mL。
【容器洗涤】洗涤剂洗 1 次，自来水洗 2 次，（1+3）硝酸荡洗 1 次，自来水洗 3 次，蒸馏水洗 1 次。
【检出限】0.5 mg/L。
【质量保证和质量控制】每批样品应同步做一个全程序空白，测定结果应低于方法检出限，否则应检查真空检测管。
【结果表示】有效位数保留到定量下限位数。

水质　铁、锰的测定　火焰原子吸收分光光度法（GB/T 11911—1989）

【适用范围】地面水、地下水及工业废水。
【采样容器】聚乙烯瓶。
【采样方法】—
【固定剂】硝酸。
【保存方法】加硫酸酸化至 pH 值为 1～2。
【保存期】—
【采样量】—
【容器洗涤】洗涤剂洗净，再用（1+1）硝酸浸泡 24 h，然后用水冲洗干净。
【检出限】0.01 mg/L。
【质量保证和质量控制】—
【结果表示】—

33. 钼

生活饮用水标准检验方法　金属指标（13.1 无火焰原子吸收分光光度法）（GB/T 5750.6—2006）

【适用范围】生活饮用水及其水源水。

【采样容器】聚乙烯瓶。

【采样方法】—

【固定剂】硝酸。

【保存方法】加硝酸酸化至 pH≤2。

【保存期】14 d。

【采样量】0.5～1 L。

【容器洗涤】将容器用水和洗涤剂清洗，除去灰尘、油垢后用自来水冲洗干净，然后用质量分数 10%的硝酸（或盐酸）浸泡 8 h，取出沥干后用自来水冲洗 3 次，并用蒸馏水充分淋洗干净。

【检出限】5 μg/L。

【质量保证和质量控制】—

【结果表示】—

水质 钼和钛的测定 石墨炉原子吸收分光光度法（HJ 807—2016）

【适用范围】地表水、地下水、生活污水和工业废水。

【采样容器】聚乙烯瓶。

【采样方法】—

【固定剂】硝酸。

【保存方法】加硝酸酸化至 pH 值为 1～2。

【保存期】14 d。

【采样量】250 mL。

【容器洗涤】洗涤剂洗 1 次，自来水洗 2 次，（1+3）硝酸荡洗 1 次，自来水洗 3 次，去离子水洗 1 次。

【检出限】0.6 μg/L。

【质量保证和质量控制】—

【结果表示】当结果＜10 μg/L 时，结果保留至小数点后一位；≥10 μg/L 时，结果保留三位有效数字。

水质 65 种元素的测定 电感耦合等离子体质谱法（HJ 700—2014）

【适用范围】地表水、地下水、生活污水、低浓度工业废水。

【采样容器】—

【采样方法】样品采集后用 0.45 μm 滤膜过滤，弃去初始的滤液 50 mL，用少量的滤液清洗采样瓶，收集所需体积的滤液于采样瓶中。

【固定剂】（1+1）硝酸溶液。

【保存方法】加（1+1）硝酸酸化至 pH＜2。

【保存期】—

【采样量】—

【容器洗涤】洗涤剂洗 1 次，自来水洗 2 次，（1+3）硝酸荡洗 1 次，自来水洗 3 次，蒸馏水洗 1 次。

【检出限】0.06 μg/L。

【质量保证和质量控制】每批样品应至少做一个全程序空白及实验室空白。空白值应符合下列的情况之一才能被认为是可接受的：（1）空白值低于方法检出限；（2）低于标准限值的 10%；（3）低于每一批样品最低值的 10%。否则须查找原因，重新分析直至合格之后才能分析样品。

【结果表示】小数位数与方法检出限保持一致，最多保留三位有效数字。

水质　32 种元素的测定　电感耦合等离子体发射光谱法（HJ 776—2015）

【适用范围】地表水、地下水、生活污水及工业废水。

【采样容器】—

【采样方法】可溶性元素，样品采集后立即通过水系微孔滤膜过滤，弃去初始的 50～100 mL 滤液，收集所需体积的滤液，加入适量硝酸，使硝酸含量达到 1%。元素总量，样品采集后立即加入适量硝酸，使硝酸含量达到 1%。

【固定剂】硝酸。

【保存方法】加硝酸，使硝酸含量达到 1%。

【保存期】—

【采样量】—

【容器洗涤】用洗涤剂和水依次洗净聚乙烯瓶，置于（1+1）硝酸溶液浸泡 24 h，用实验水彻底洗净。

【检出限】水平检出限：0.05 mg/L；垂直检出限：0.02 mg/L。

【质量保证和质量控制】每批样品至少做一个全程序空白，空白值应低于方法测定下限。否则应查明原因，重新分析直至合格之后才能测定样品。

【结果表示】小数位数与方法检出限保持一致，最多保留三位有效数字。

34. 钠

水质　钾和钠的测定　火焰原子吸收分光光度法（GB 11904—1989）

【适用范围】地面水和饮用水。

【采样容器】聚乙烯瓶。

【采样方法】—

【固定剂】（1+1）硝酸溶液。

【保存方法】加（1+1）硝酸调至 pH 值为 1～2。

【保存期】—

【采样量】—

【容器洗涤】—

【检出限】0.01 mg/L。

【质量保证和质量控制】—

【结果表示】—

水质　65 种元素的测定　电感耦合等离子体质谱法（HJ 700—2014）

【适用范围】地表水、地下水、生活污水、低浓度工业废水。

【采样容器】聚乙烯瓶（桶）。

【采样方法】样品采集后用 0.45 μm 滤膜过滤，弃去初始的滤液 50 mL，用少量的滤液清洗采样瓶，收集所需体积的滤液于采样瓶中。

【固定剂】（1+1）硝酸溶液。

【保存方法】加（1+1）硝酸酸化至 pH＜2。

【保存期】14 d。

【采样量】250 mL。

【容器洗涤】洗涤剂洗 1 次，自来水洗 2 次，（1+3）硝酸荡洗 1 次，自来水洗 3 次，去离子水洗 1 次。

【检出限】6.36 μg/L。

【质量保证和质量控制】每批样品应至少做一个全程序空白及实验室空白。空白值应符合下列的情况之一才能被认为是可接受的：（1）空白值低于方法检出限；（2）低于标准限值的 10%；（3）低于每一批样品最低值的 10%。否则须查找原因，重新分析直至合格之后才能分析样品。

【结果表示】小数位数与方法检出限保持一致，最多保留三位有效数字。

水质　32 种元素的测定　电感耦合等离子体发射光谱法（HJ 776—2015）

【适用范围】地表水、地下水、生活污水及工业废水。

【采样容器】聚乙烯瓶（桶）或玻璃瓶。

【采样方法】可溶性元素，样品采集后立即通过水系微孔滤膜过滤，弃去初始的 50～100 mL 滤液，收集所需体积的滤液，加入适量硝酸，使硝酸含量达到 1%。元素总量，样品采集后立即加入适量硝酸，使硝酸含量达到 1%。

【固定剂】硝酸。

【保存方法】加硝酸，使硝酸含量达到 1%。

【保存期】14 d。

【采样量】250 mL。

【容器洗涤】用洗涤剂和水依次洗净聚乙烯瓶，置于（1+1）硝酸溶液浸泡 24 h，用实验水彻底洗净。

【检出限】水平检出限：0.03 mg/L；垂直检出限：0.12 mg/L。

【质量保证和质量控制】每批样品至少做一个全程序空白，空白值应低于方法测定下限。否则应查明原因，重新分析直至合格之后才能测定样品。

【结果表示】小数位数与方法检出限保持一致，最多保留三位有效数字。

水质　可溶性阳离子（Li^+、Na^+、NH_4^+、K^+、Ca^{2+}、Mg^{2+}）的测定　离子色谱法（HJ 812—2016）

【适用范围】地表水、地下水、工业废水和生活污水。

【采样容器】聚乙烯瓶。

【采样方法】—

【固定剂】—

【保存方法】4℃冷藏，避光保存。

【保存期】7 d。

【采样量】250 mL。

【容器洗涤】洗涤剂洗 1 次，自来水洗 2 次，（1+3）硝酸荡洗 1 次，自来水洗 3 次，去离子水洗 1 次。

【检出限】0.02 mg/L

【质量保证和质量控制】—

【结果表示】当样品含量<1 mg/L 时，结果保留至小数点后两位；≥1 mg/L 时，结果保留三位有效数字。

35. 耐热大肠菌群

生活饮用水标准检验方法　微生物指标（3.1 多管发酵法）（GB/T 5750.12—2006）

【适用范围】生活饮用水及其水源水。

【采样容器】—

【采样方法】—

【固定剂】—

【保存方法】—

【保存期】—

【采样量】—

【容器洗涤】—

【检出限】—

【质量保证和质量控制】—

【结果表示】以 MPN/100 mL 表示。

生活饮用水标准检验方法　微生物指标（3.2 滤膜法）（GB/T 5750.12—2006）

【适用范围】生活饮用水及低浊度水源水。

【采样容器】—

【采样方法】—

【固定剂】—

【保存方法】—

【保存期】—

【采样量】—

【容器洗涤】—

【检出限】—

【质量保证和质量控制】—

【结果表示】以 CFU/100 mL 表示。

36. 镍

水质　镍的测定　丁二酮肟分光光度法（GB/T 11910—1989）

【适用范围】工业废水及受到镍污染的环境水。

【采样容器】—

【采样方法】—

【固定剂】硝酸。

【保存方法】加硝酸调节 pH 值为 1～2。
【保存期】—
【采样量】—
【容器洗涤】—
【检出限】0.25 mg/L。
【质量保证和质量控制】—
【结果表示】—

水质　镍的测定　火焰原子吸收分光光度法（GB/T 11912—1989）

【适用范围】工业废水及受到污染的环境水样。
【采样容器】聚乙烯瓶。
【采样方法】—
【固定剂】硝酸。
【保存方法】加硝酸调节 pH 值为 1～2。
【保存期】—
【采样量】—
【容器洗涤】采样瓶用洗涤剂洗净，再用硝酸（1+1）硝酸浸泡 24 h 以上，然后用水冲洗干净。
【检出限】0.05 mg/L。
【质量保证和质量控制】—
【结果表示】—

生活饮用水标准检验方法　金属指标（15.1 无火焰原子吸收分光光度法）（GB/T 5750.6—2006）

【适用范围】生活饮用水及其水源水。
【采样容器】聚乙烯瓶。
【采样方法】—
【固定剂】硝酸。
【保存方法】加硝酸酸化至 pH≤2。
【保存期】14 d。
【采样量】0.5～1 L。
【容器洗涤】将容器用水和洗涤剂清洗，除去灰尘、油垢后用自来水冲洗干净，然后用质量分数 10%的硝酸（或盐酸）浸泡 8 h，取出沥干后用自来水冲洗 3 次，并用蒸馏水充分淋洗干净。
【检出限】5 μg/L。
【质量保证和质量控制】—
【结果表示】—

水质　氰化物等的测定　真空检测管-电子比色法（HJ 659—2013）

【适用范围】地下水、地表水、生活污水和工业废水。
【采样容器】聚乙烯瓶或硬质玻璃瓶。

【采样方法】—

【固定剂】无须添加固定剂。

【保存方法】—

【保存期】现场测定。

【采样量】250 mL。

【容器洗涤】洗涤剂洗 1 次，自来水洗 2 次，（1+3）硝酸荡洗 1 次，自来水洗 3 次，蒸馏水洗 1 次。

【检出限】0.2 mg/L。

【质量保证和质量控制】每批样品应同步做一个全程序空白，测定结果应低于方法检出限，否则应检查真空检测管。

【结果表示】有效位数保留到定量下限位数。

水质　65 种元素的测定　电感耦合等离子体质谱法（HJ 700—2014）

【适用范围】地表水、地下水、生活污水、低浓度工业废水。

【采样容器】聚乙烯瓶（桶）或玻璃瓶。

【采样方法】样品采集后用 0.45 μm 滤膜过滤，弃去初始的滤液 50 mL，用少量的滤液清洗采样瓶，收集所需体积的滤液于采样瓶中。

【固定剂】（1+1）硝酸溶液。

【保存方法】加（1+1）硝酸酸化至 pH＜2。

【保存期】14 d。

【采样量】250 mL。

【容器洗涤】洗涤剂洗 1 次，自来水洗 2 次，（1+3）硝酸荡洗 1 次，自来水洗 3 次，蒸馏水洗 1 次。

【检出限】0.06 μg/L。

【质量保证和质量控制】每批样品应至少做一个全程序空白及实验室空白。空白值应符合下列的情况之一才能被认为是可接受的：（1）空白值低于方法检出限；（2）低于标准限值的 10%；（3）低于每一批样品最低值的 10%。否则须查找原因，重新分析直至合格之后才能分析样品。

【结果表示】小数位数与方法检出限保持一致，最多保留三位有效数字。

水质　32 种元素的测定　电感耦合等离子体发射光谱法（HJ 776—2015）

【适用范围】地表水、地下水、生活污水及工业废水。

【采样容器】聚乙烯瓶（桶）或玻璃瓶。

【采样方法】可溶性元素，样品采集后立即通过水系微孔滤膜过滤，弃去初始的 50～100 mL 滤液，收集所需体积的滤液，加入适量硝酸，使硝酸含量达到 1%。元素总量，样品采集后立即加入适量硝酸，使硝酸含量达到 1%。

【固定剂】硝酸。

【保存方法】加硝酸，使硝酸含量达到 1%。

【保存期】14 d。

【采样量】250 mL。

【容器洗涤】用洗涤剂和水依次洗净聚乙烯瓶，置于（1+1）硝酸溶液浸泡 24 h，用实验水彻底洗净。

【检出限】水平检出限：0.007 mg/L；垂直检出限：0.02 mg/L

【质量保证和质量控制】每批样品至少做一个全程序空白，空白值应低于方法测定下限。否则应查明原因，重新分析直至合格之后才能测定样品。

【结果表示】小数位数与方法检出限保持一致，最多保留三位有效数字。

37. 硼

水质　硼的测定　姜黄素分光光度法（HJ/T 49—1999）

【适用范围】农田灌溉水、地下水和城市污水。

【采样容器】聚乙烯瓶。

【采样方法】—

【固定剂】—

【保存方法】密封冷藏。

【保存期】1 个月。

【采样量】—

【容器洗涤】—

【检出限】0.02 mg/L。

【质量保证和质量控制】—

【结果表示】—

水质　65 种元素的测定　电感耦合等离子体质谱法（HJ 700—2014）

【适用范围】地表水、地下水、生活污水、低浓度工业废水。

【采样容器】聚乙烯瓶（桶）。

【采样方法】样品采集后用 0.45 μm 滤膜过滤，弃去初始的滤液 50 mL，用少量的滤液清洗采样瓶，收集所需体积的滤液于采样瓶中。

【固定剂】（1+1）硝酸溶液。

【保存方法】加（1+1）硝酸酸化至 pH＜2。

【保存期】14 d。

【采样量】250 mL。

【容器洗涤】洗涤剂洗 1 次，自来水洗 2 次，（1+3）硝酸荡洗 1 次，自来水洗 3 次，蒸馏水洗 1 次。

【检出限】1.25 μg/L。

【质量保证和质量控制】每批样品应至少做一个全程序空白及实验室空白。空白值应符合下列的情况之一才能被认为是可接受的：（1）空白值低于方法检出限；（2）低于标准限值的 10%；（3）低于每一批样品最低值的 10%。否则须查找原因，重新分析直至合格之后才能分析样品。

【结果表示】小数位数与方法检出限保持一致，最多保留三位有效数字。

水质　32 种元素的测定　电感耦合等离子体发射光谱法（HJ 776—2015）

【适用范围】地表水、地下水、生活污水及工业废水。

【采样容器】聚乙烯瓶（桶）。

【采样方法】可溶性元素，样品采集后立即通过水系微孔滤膜过滤，弃去初始的 50～100 mL 滤液，收集所需体积的滤液，加入适量硝酸，使硝酸含量达到 1%。元素总量，样品采集后立即加入适量硝酸，使硝酸含量达到 1%。

【固定剂】硝酸。

【保存方法】加硝酸，使硝酸含量达到 1%。

【保存期】14 d。

【采样量】250 mL。

【容器洗涤】用洗涤剂和水依次洗净聚乙烯瓶，置于（1+1）硝酸溶液浸泡 24 h，用实验水彻底洗净。

【检出限】水平检出限：0.01 mg/L；垂直检出限：0.4 mg/L。

【质量保证和质量控制】每批样品至少做一个全程序空白，空白值应低于方法测定下限。否则应查明原因，重新分析直至合格之后才能测定样品。

【结果表示】小数位数与方法检出限保持一致，最多保留三位有效数字。

38. 铍

生活饮用水标准检验方法　金属指标（20.1 桑色素荧光分光光度法）（GB/T 5750.6—2006）

【适用范围】生活饮用水及其水源水。

【采样容器】聚乙烯瓶。

【采样方法】—

【固定剂】硝酸。

【保存方法】加硝酸酸化至 pH≤2。

【保存期】14 d。

【采样量】0.5～1 L。

【容器洗涤】将容器用水和洗涤剂清洗，除去灰尘、油垢后用自来水冲洗干净，然后用质量分数 10%的硝酸（或盐酸）浸泡 8 h，取出沥干后用自来水冲洗 3 次，并用蒸馏水充分淋洗干净。

【检出限】5 μg/L。

【质量保证和质量控制】—

【结果表示】—

水质　铍的测定　铬菁 R 分光光度法（HJ/T 58—2000）

【适用范围】地表水和污水。

【采样容器】聚乙烯瓶。

【采样方法】—

【固定剂】盐酸。

【保存方法】加盐酸酸化至 pH 值为 1～2。

【保存期】—

【采样量】—

【容器洗涤】聚乙烯瓶先用洗涤剂洗净，再用（1+8）盐酸溶液浸泡 24 h，然后用水清洗干净。

【检出限】0.2 μg/L。

【质量保证和质量控制】—

【结果表示】—

水质 铍的测定 石墨炉原子吸收分光光度法（HJ/T 59—2000）

【适用范围】地表水和污水。

【采样容器】聚乙烯瓶。

【采样方法】—

【固定剂】硫酸。

【保存方法】加硫酸酸化至 pH 值为 1～2。

【保存期】—

【采样量】—

【容器洗涤】聚乙烯瓶先用洗涤剂洗净，再用 10%（1+9）硝酸荡洗，最后用水清洗干净。

【检出限】0.02 μg/L。

【质量保证和质量控制】—

【结果表示】—

水质 65 种元素的测定 电感耦合等离子体质谱法（HJ 700—2014）

【适用范围】地表水、地下水、生活污水、低浓度工业废水。

【采样容器】聚乙烯瓶（桶）或玻璃瓶。

【采样方法】样品采集后用 0.45 μm 滤膜过滤，弃去初始的滤液 50 mL，用少量的滤液清洗采样瓶，收集所需体积的滤液于采样瓶中。

【固定剂】（1+1）硝酸溶液。

【保存方法】加（1+1）硝酸酸化至 pH＜2。

【保存期】14 d。

【采样量】250 mL。

【容器洗涤】洗涤剂洗 1 次，自来水洗 2 次，（1+3）硝酸荡洗 1 次，自来水洗 3 次，蒸馏水洗 1 次。

【检出限】0.04 μg/L。

【质量保证和质量控制】每批样品应至少做一个全程序空白及实验室空白。空白值应符合下列的情况之一才能被认为是可接受的：（1）空白值低于方法检出限；（2）低于标准限值的 10%；（3）低于每一批样品最低值的 10%。否则须查找原因，重新分析直至合格之后才能分析样品。

【结果表示】小数位数与方法检出限保持一致，最多保留三位有效数字。

水质 32 种元素的测定 电感耦合等离子体发射光谱法（HJ 776—2015）

【适用范围】地表水、地下水、生活污水及工业废水。

【采样容器】聚乙烯瓶（桶）或玻璃瓶。

【采样方法】可溶性元素，样品采集后立即通过水系微孔滤膜过滤，弃去初始的 50～100 mL 滤液，收集所需体积的滤液，加入适量硝酸，使硝酸含量达到 1%。元素总量，样品采集后立即加入适量硝酸，使硝酸含量达到 1%。

【固定剂】硝酸。

【保存方法】加硝酸，使硝酸含量达到 1%。

【保存期】14 d。

【采样量】250 mL。

【容器洗涤】用洗涤剂和水依次洗净聚乙烯瓶，置于（1+1）硝酸溶液浸泡 24 h，用实验水彻底洗净。

【检出限】水平检出限：0.008 mg/L；垂直检出限：0.010 mg/L。

【质量保证和质量控制】每批样品至少做一个全程序空白，空白值应低于方法测定下限。否则应查明原因，重新分析直至合格之后才能测定样品。

【结果表示】小数位数与方法检出限保持一致，最多保留三位有效数字。

39. 偏二甲基肼

水质　偏二甲基肼的测定　氨基亚铁氰化钠分光光度法（GB/T 14376—1993）

【适用范围】地面水、航天工业废水。

【采样容器】—

【采样方法】—

【固定剂】硫酸。

【保存方法】每 100 mL 加入 1 mL 硫酸。

【保存期】1 d。

【采样量】—

【容器洗涤】—

【检出限】0.001 mg/L。

【质量保证和质量控制】—

【结果表示】—

40. 铅

水质　铜、锌、铅、镉的测定　原子吸收分光光度法（GB/T 7475—1987）

【适用范围】第一部分为直接法，适用于地下水、地面水和中低浓度的铜、锌、铅、镉；第二部分为螯合萃取法，适用于测定地下水和清洁地面水中低浓度的铜、铅、镉。

【采样容器】聚乙烯瓶。

【采样方法】—

【固定剂】硝酸。

【保存方法】加硝酸酸化至 pH 值为 1～2。

【保存期】—

【采样量】—

【容器洗涤】—

【检出限】直接法：0.2 mg/L；螯合萃取法：10 mg/L。

【质量保证和质量控制】—

【结果表示】—

水质　铅的测定　双硫腙分光光度法（GB/T 7470—1987）

【适用范围】天然水和废水中微量铅。

【采样容器】—

【采样方法】—

【固定剂】2%硝酸、碘溶液。

【保存方法】加硝酸酸化至 pH 值约为 1.5，加入 5 mL 碘溶液。

【保存期】—

【采样量】—

【容器洗涤】—

【检出限】0.010 mg/L。

【质量保证和质量控制】—

【结果表示】最多保留两位有效数字。

水质　65 种元素的测定　电感耦合等离子体质谱法（HJ 700—2014）

【适用范围】地表水、地下水、生活污水、低浓度工业废水。

【采样容器】聚乙烯瓶（桶）或玻璃瓶。

【采样方法】样品采集后用 0.45 μm 滤膜过滤，弃去初始的滤液 50 mL，用少量的滤液清洗采样瓶，收集所需体积的滤液于采样瓶中。

【固定剂】（1+1）硝酸溶液。

【保存方法】加（1+1）硝酸酸化至 pH＜2。

【保存期】14 d。

【采样量】250 mL。

【容器洗涤】洗涤剂洗 1 次，自来水洗 2 次，（1+3）硝酸荡洗 1 次，自来水洗 3 次，蒸馏水洗 1 次。

【检出限】0.09 μg/L。

【质量保证和质量控制】每批样品应至少做一个全程序空白及实验室空白。空白值应符合下列的情况之一才能被认为是可接受的：（1）空白值低于方法检出限；（2）低于标准限值的 10%；（3）低于每一批样品最低值的 10%。否则须查找原因，重新分析直至合格之后才能分析样品。

【结果表示】小数位数与方法检出限保持一致，最多保留三位有效数字。

水质　32 种元素的测定　电感耦合等离子体发射光谱法（HJ 776—2015）

【适用范围】地表水、地下水、生活污水及工业废水。

【采样容器】聚乙烯瓶（桶）或玻璃瓶。

【采样方法】可溶性元素，样品采集后立即通过水系微孔滤膜过滤，弃去初始的 50～100ml 滤液，收集所需体积的滤液，加入适量硝酸，使硝酸含量达到 1%。元素总量，样品采集后立即加入适量硝酸，使硝酸含量达到 1%。

【固定剂】硝酸。

【保存方法】加硝酸，使硝酸含量达到 1%。

【保存期】14 d。

【采样量】250 mL。

【容器洗涤】用洗涤剂和水依次洗净聚乙烯瓶，置于（1+1）硝酸溶液浸泡 24 h，用实验水彻底洗净。

【检出限】水平检出限：0.1 mg/L；垂直检出限：0.07 mg/L。

【质量保证和质量控制】每批样品至少做一个全程序空白，空白值应低于方法测定下限。否则应查明原因，重新分析直至合格之后才能测定样品。

【结果表示】小数位数与方法检出限保持一致，最多保留三位有效数字。

41. 氰化物

水质　氰化物的测定　容量法和分光光度法（HJ 484—2009）

【适用范围】地表水、生活污水和工业废水。

【采样容器】聚乙烯瓶或硬质玻璃瓶。

【采样方法】—

【固定剂】氢氧化钠。

【保存方法】加氢氧化钠调 pH＞12，4℃冷藏保存。

【保存期】24 h。

【采样量】500 mL。

【容器洗涤】用所采水样淋洗 3 次。

【检出限】硝酸银滴定法：0.25 mg/L；异烟酸-吡唑啉酮分光光度法：0.004 mg/L；异烟酸-巴比妥酸分光光度法：0.001 mg/L；吡啶-巴比妥酸分光光度法：0.002 mg/L。

【质量保证和质量控制】—

【结果表示】—

水质　氰化物等的测定　真空检测管-电子比色法（HJ 659—2013）

【适用范围】地下水、地表水、生活污水和工业废水。

【采样容器】聚乙烯瓶或硬质玻璃瓶。

【采样方法】—

【固定剂】无须添加固定剂。

【保存方法】—

【保存期】现场测定。

【采样量】250 mL。

【容器洗涤】洗涤剂洗 1 次，自来水洗 3 次，蒸馏水洗 1 次。

【检出限】0.009 mg/L。

【质量保证和质量控制】每批样品应同步做一个全程序空白，测定结果应低于方法检出限，否则应检查真空检测管。

【结果表示】有效位数保留到定量下限位数。

水质　氰化物的测定　流动注射-分光光度法（HJ 823—2017）

【适用范围】地表水、地下水、生活污水和工业废水。

【采样容器】聚乙烯瓶。

【采样方法】—

【固定剂】氢氧化钠。

【保存方法】加氢氧化钠调至 pH 为 12～12.5，4℃冷藏保存。

【保存期】24 h。

【采样量】—

【容器洗涤】—

【检出限】异烟酸-巴比妥酸法：0.001 mg/L；吡啶-巴比妥酸法：0.002 mg/L。

【质量保证和质量控制】每批样品至少测定一个全程序空白，空白值不得超过方法测定下限。否则应查明原因，重新分析直至合格后才能测定样品。

【结果表示】当结果<1 mg/L 时，结果保留至小数点后三位；≥1 mg/L 时，结果保留三位有效数字。

42. 全盐量

水质　全盐量的测定　重量法（HJ/T 51—1999）

【适用范围】农田灌溉水质、地下水和城市污水。

【采样容器】聚乙烯瓶或硬质玻璃瓶。

【采样方法】—

【固定剂】—

【保存方法】—

【保存期】—

【采样量】500 mL。

【容器洗涤】—

【检出限】10 mg/L。

【质量保证和质量控制】—

【结果表示】—

43. 溶解氧

水质　溶解氧的测定　碘量法（GB/T 7489—1987）

【适用范围】溶解氧浓度大于 0.2 mg/L 和小于氧的饱和浓度两倍（约 20 mg/L）的水样。

【采样容器】细口玻璃瓶。

【采样方法】试样充满全部细口瓶。

【固定剂】1 mL 二价硫酸锰、2 mL 碱性碘化物-叠氮化物。

【保存方法】避光保存。

【保存期】24 h。

【采样量】250～300 mL。

【容器洗涤】—

【检出限】—

【质量保证和质量控制】—

【结果表示】保留一位小数。

水质　溶解氧的测定　电化学探头法（HJ 506—2009）

【适用范围】地表水、地下水、生活污水、工业废水和盐水。

【采样容器】溶解氧瓶。

【采样方法】—

【固定剂】—

【保存方法】—

【保存期】—

【采样量】—

【容器洗涤】—

【检出限】—

【质量保证和质量控制】—

【结果表示】—

44. 三乙胺

水质　三乙胺的测定　溴酚蓝分光光度法（GB/T 14377—1993）

【适用范围】地面水、航天工业废水。

【采样容器】玻璃瓶。

【采样方法】—

【固定剂】硫酸。

【保存方法】加硫酸将样品调至 pH＜2。

【保存期】—

【采样量】—

【容器洗涤】—

【检出限】0.5 mg/L。

【质量保证和质量控制】—

【结果表示】—

45. 色度

水质　色度的测定（GB/T 11903—1989）

【适用范围】铂钴比色法适用于清洁水、轻度污染并略带黄色调的水、比较清洁的地面水、地下水和饮用水等。稀释倍数法适用于污染较严重的地面水和工业废水。
【采样容器】玻璃瓶。
【采样方法】—
【固定剂】—
【保存方法】贮存于暗处，避免与空气接触，同时要避免温度的变化。
【保存期】—
【采样量】1 L。
【容器洗涤】盐酸或表面活性剂溶液清洗，然后用蒸馏水或去离子水清洗、沥干。
【检出限】—
【质量保证和质量控制】—
【结果表示】0～40 度（不包括 40 度）准确到 5 度，40～70 度范围准确到 10 度。

46. 砷

水质 总砷的测定 二乙基二硫代氨基甲酸银分光光度法（GB/T 7485—1987）
【适用范围】水和废水。
【采样容器】—
【固定剂】—
【保存方法】—
【保存期】—
【采样量】—
【容器洗涤】—
【检出限】0.007 mg/L。
【质量保证和质量控制】—
【结果表示】保留两位或三位有效数字。

水质 痕量砷的测定 硼氢化钾-硝酸银分光光度法（GB/T 11900—1989）
【适用范围】地面水、地下水和饮用水中痕量砷。
【采样容器】聚乙烯瓶或硬质玻璃瓶。
【采样方法】—
【固定剂】硫酸。
【保存方法】加硫酸调至 pH＜2，低温保存。
【保存期】—
【采样量】—
【容器洗涤】—
【检出限】0.4 μg/L。
【质量保证和质量控制】—
【结果表示】—

水质　汞、砷、硒、铋和锑的测定　原子荧光法（HJ 694—2014）

【适用范围】地表水、地下水、生活污水和工业废水。

【采样容器】聚乙烯瓶或硬质玻璃瓶。

【采样方法】—

【固定剂】浓硝酸。

【保存方法】1 L 水样中加浓硝酸 10 mL。

【保存期】14 d。

【采样量】250 mL。

【容器洗涤】洗涤剂洗 1 次，自来水洗 2 次，（1+3）硝酸荡洗 1 次，自来水洗 3 次，去离子水洗 1 次。

【检出限】0.3 mg/L。

【质量保证和质量控制】全程空白的测试结果应小于方法检出限。

【结果表示】当结果＜10 μg/L 时，结果保留至小数点后一位；＞10 μg/L 时，结果保留三位有效数字。

水质　65 种元素的测定　电感耦合等离子体质谱法（HJ 700—2014）

【适用范围】地表水、地下水、生活污水、低浓度工业废水。

【采样容器】聚乙烯瓶（桶）或玻璃瓶。

【采样方法】样品采集后用 0.45 μm 滤膜过滤，弃去初始的滤液 50 mL，用少量的滤液清洗采样瓶，收集所需体积的滤液于采样瓶中。

【固定剂】（1+1）硝酸溶液。

【保存方法】加（1+1）硝酸酸化至 pH＜2。

【保存期】14 d。

【采样量】250 mL。

【容器洗涤】洗涤剂洗 1 次，自来水洗 2 次，（1+3）硝酸荡洗 1 次，自来水洗 3 次，蒸馏水洗 1 次。

【检出限】0.12 μg/L。

【质量保证和质量控制】每批样品应至少做一个全程序空白及实验室空白。空白值应符合下列的情况之一才能被认为是可接受的：（1）空白值低于方法检出限；（2）低于标准限值的 10%；（3）低于每一批样品最低值的 10%。否则须查找原因，重新分析直至合格之后才能分析样品。

【结果表示】小数位数与方法检出限保持一致，最多保留三位有效数字。

水质　32 种元素的测定　电感耦合等离子体发射光谱法（HJ 776—2015）

【适用范围】地表水、地下水、生活污水及工业废水。

【采样容器】聚乙烯瓶（桶）或玻璃瓶。

【采样方法】可溶性元素，样品采集后立即通过水系微孔滤膜过滤，弃去初始的 50～100 mL 滤液，收集所需体积的滤液，加入适量硝酸，使硝酸含量达到 1%。元素总量，样品采集后立即加入适量硝酸，使硝酸含量达到 1%。

【固定剂】硝酸。

【保存方法】加硝酸，使硝酸含量达到 1%。

【保存期】14 d。

【采样量】250 mL。

【容器洗涤】用洗涤剂和水依次洗净聚乙烯瓶，置于（1+1）硝酸溶液浸泡 24 h，用实验水彻底洗净。

【检出限】水平检出限：0.2 mg/L；垂直检出限：0.2 mg/L。

【质量保证和质量控制】每批样品至少做一个全程序空白，空白值应低于方法测定下限。否则应查明原因，重新分析直至合格之后才能测定样品。

【结果表示】小数位数与方法检出限保持一致，最多保留三位有效数字。

47. 水合肼

生活饮用水标准检验方法 有机物指标（39.1 对二甲氨基苯甲醛分光光度法）（GB/T 5750.8—2006）

【适用范围】生活饮用水及其水源水。

【采样容器】玻璃瓶。

【采样方法】—

【固定剂】盐酸。

【保存方法】加盐酸使酸度为 1 mol/L，冷藏保存。

【保存期】10 d。

【采样量】0.2 L。

【容器洗涤】用重铬酸钾洗液浸泡 24 h，然后用自来水冲洗干净，用蒸馏水淋洗后置烘箱内 180℃烘 4 h，冷却后再用纯化过的己烷、石油醚冲洗数次。

【检出限】0.005 mg/L。

【质量保证和质量控制】—

【结果表示】—

水质 肼和甲基肼的测定 对二甲氨基苯甲醛分光光度法（HJ 674—2013）

【适用范围】水和工业废水。

【采样容器】玻璃瓶。

【采样方法】—

【固定剂】酸或碱。

【保存方法】加酸或碱至中性。

【保存期】24 h。

【采样量】—

【容器洗涤】—

【检出限】肼：0.003 mg/L；甲基肼：0.015 mg/L。

【质量保证和质量控制】每分析一批（≤20 个）样品必须有一个全程空白。

【结果表示】当结果<0.100 mg/L 时，结果保留至小数点后三位；≥0.100 mg/L 时，结果保留三位有效数字。

48. 水温

水质 水温的测定 温度计或颠倒温度计测定法（GB/T 13195—1991）

【适用范围】井水、江河水、湖泊和水库水，以及海水。

【采样容器】—

【固定剂】—

【保存方法】—

【保存期】现场测定。

【采样量】—

【容器洗涤】—

【检出限】—

【质量保证和质量控制】—

【结果表示】—

49. 铊

生活饮用水标准检验 金属指标（21.1 无火焰原子吸收分光光度法）（GB/T 5750.6—2006）

【适用范围】生活饮用水及其水源水。

【采样容器】聚乙烯瓶。

【采样方法】—

【固定剂】硝酸。

【保存方法】加硝酸酸化至 pH≤2。

【保存期】14 d。

【采样量】0.5～1 L。

【容器洗涤】将容器用水和洗涤剂清洗，除去灰尘、油垢后用自来水冲洗干净，然后用质量分数 10%的硝酸（或盐酸）浸泡 8 h，取出沥干后用自来水冲洗 3 次，并用蒸馏水充分淋洗干净。

【检出限】0.01 μg/L。

【质量保证和质量控制】—

【结果表示】—

水质 65 种元素的测定 电感耦合等离子体质谱法（HJ 700—2014）

【适用范围】地表水、地下水、生活污水、低浓度工业废水。

【采样容器】—

【采样方法】样品采集后用 0.45 μm 滤膜过滤，弃去初始的滤液 50 mL，用少量的滤液清洗采样瓶，收集所需体积的滤液于采样瓶中。

【固定剂】（1+1）硝酸溶液。

【保存方法】加（1+1）硝酸酸化至 pH<2。

【保存期】—

【采样量】—

【容器洗涤】—

【检出限】0.02 μg/L。

【质量保证和质量控制】每批样品应至少做一个全程序空白及实验室空白。空白值应符合下列的情况之一才能被认为是可接受的：（1）空白值低于方法检出限；（2）低于标准限值的 10%；（3）低于每一批样品最低值的 10%。否则须查找原因，重新分析直至合格之后才能分析样品。

【结果表示】小数位数与方法检出限保持一致，最多保留三位有效数字。

水质　铊的测定　石墨炉原子吸收分光光度法（HJ 748—2015）

【适用范围】地表水、地下水、生活污水和工业废水。

【采样容器】聚乙烯瓶或硬质玻璃瓶。

【采样方法】—

【固定剂】硝酸。

【保存方法】10 mL 硝酸酸化。

【保存期】14 d。

【采样量】1 L。

【容器洗涤】—

【检出限】0.83 μg/L。

【质量保证和质量控制】—

【结果表示】沉淀富集法测定结果保留小数点后两位；直接法测定结果保留三位有效数字。

50. 钛

生活饮用水标准检验方法　金属指标（17.1 催化示波极谱法）（GB/T 5750.6—2006）

【适用范围】生活饮用水及其水源水。

【采样容器】聚乙烯瓶。

【采样方法】—

【固定剂】硝酸。

【保存方法】加硝酸酸化至 pH≤2。

【保存期】14 d。

【采样量】0.5～1 L。

【容器洗涤】将容器用水和洗涤剂清洗，除去灰尘、油垢后用自来水冲洗干净，然后用质量分数 10% 的硝酸（或盐酸）浸泡 8 h，取出沥干后用自来水冲洗 3 次，并用蒸馏水充分淋洗干净。

【检出限】0.4 μg/L。

【质量保证和质量控制】—

【结果表示】—

生活饮用水标准检验方法　金属指标（17.2 水杨基荧光酮分光光度法）（GB/T 5750.6—2006）

【适用范围】生活饮用水及其水源水。

【采样容器】聚乙烯瓶。

【采样方法】—
【固定剂】硝酸。
【保存方法】加硝酸酸化至 pH≤2。
【保存期】14 d。
【采样量】0.5～1 L。
【容器洗涤】将容器用水和洗涤剂清洗，除去灰尘、油垢后用自来水冲洗干净，然后用质量分数 10% 的硝酸（或盐酸）浸泡 8 h，取出沥干后用自来水冲洗 3 次，并用蒸馏水充分淋洗干净。
【检出限】0.020 mg/L。
【质量保证和质量控制】—
【结果表示】—

水质 65 种元素的测定 电感耦合等离子体质谱法（HJ 700—2014）

【适用范围】地表水、地下水、生活污水、低浓度工业废水。
【采样容器】—
【采样方法】样品采集后用 0.45 μm 滤膜过滤，弃去初始的滤液 50 mL，用少量的滤液清洗采样瓶，收集所需体积的滤液于采样瓶中。
【固定剂】（1+1）硝酸溶液。
【保存方法】加（1+1）硝酸酸化至 pH＜2。
【保存期】—
【采样量】—
【容器洗涤】洗涤剂洗 1 次，自来水洗 2 次，（1+3）硝酸荡洗 1 次，自来水洗 3 次，蒸馏水洗 1 次。
【检出限】0.46 μg/L。
【质量保证和质量控制】每批样品应至少做一个全程序空白及实验室空白。空白值应符合下列的情况之一才能被认为是可接受的：（1）空白值低于方法检出限；（2）低于标准限值的 10%；（3）低于每一批样品最低值的 10%。否则须查找原因，重新分析直至合格之后才能分析样品。
【结果表示】小数位数与方法检出限保持一致，最多保留三位有效数字。

水质 32 种元素的测定 电感耦合等离子体发射光谱法（HJ 776—2015）

【适用范围】地表水、地下水、生活污水及工业废水。
【采样容器】—
【采样方法】可溶性元素，样品采集后立即通过水系微孔滤膜过滤，弃去初始的 50～100 mL 滤液，收集所需体积的滤液，加入适量硝酸，使硝酸含量达到 1%。元素总量，样品采集后立即加入适量硝酸，使硝酸含量达到 1%。
【固定剂】硝酸。
【保存方法】加硝酸，使硝酸含量达到 1%。
【保存期】—
【采样量】—

【容器洗涤】用洗涤剂和水依次洗净聚乙烯瓶，置于（1+1）硝酸溶液浸泡 24 h，用实验水彻底洗净。

【检出限】水平检出限：0.02 mg/L；垂直检出限：0.02 mg/L。

【质量保证和质量控制】每批样品至少做一个全程序空白，空白值应低于方法测定下限。否则应查明原因，重新分析直至合格之后才能测定样品。

【结果表示】小数位数与方法检出限保持一致，最多保留三位有效数字。

水质　钼和钛的测定　石墨炉原子吸收分光光度法（HJ 807—2016）

【适用范围】地表水、地下水、生活污水和工业废水。

【采样容器】聚乙烯瓶。

【采样方法】—

【固定剂】硝酸。

【保存方法】加硝酸酸化至 pH 值为 1～2。

【保存期】14 d。

【采样量】250 mL。

【容器洗涤】—

【检出限】7 μg/L。

【质量保证和质量控制】—

【结果表示】当结果＜100 μg/L 时，结果保留至整数位；≥100 μg/L 时，结果保留三位有效数字。

51. 锑

生活饮用水标准检验方法　金属指标（19.2 氢化物原子吸收分光光度法）（GB/T 5750.6—2006）

【适用范围】生活饮用水及其水源水。

【采样容器】聚乙烯瓶。

【采样方法】—

【固定剂】硝酸。

【保存方法】加硝酸酸化至 pH≤2。

【保存期】14 d。

【采样量】0.5～1 L。

【容器洗涤】将容器用水和洗涤剂清洗，除去灰尘、油垢后用自来水冲洗干净，然后用质量分数 10%的硝酸（或盐酸）浸泡 8 h，取出沥干后用自来水冲洗 3 次，并用蒸馏水充分淋洗干净。

【检出限】1.0 μg/L。

【质量保证和质量控制】—

【结果表示】—

水质　汞、砷、硒、铋和锑的测定　原子荧光法（HJ 694—2014）

【适用范围】地表水、地下水、生活污水和工业废水。

【采样容器】聚乙烯瓶或硬质玻璃瓶。

【采样方法】—

【固定剂】浓盐酸。

【保存方法】1 L 水样中加浓盐酸 2 mL。

【保存期】14 d。

【采样量】250 mL。

【容器洗涤】洗涤剂洗 1 次，自来水洗 2 次，（1+3）硝酸荡洗 1 次，自来水洗 3 次，去离子水洗 1 次。

【检出限】0.2 mg/L。

【质量保证和质量控制】全程空白的测试结果应小于方法检出限。

【结果表示】当结果＜10 μg/L 时，结果保留至小数点后一位；＞10 μg/L 时，结果保留三位有效数字。

水质　65 种元素的测定　电感耦合等离子体质谱法（HJ 700—2014）

【适用范围】地表水、地下水、生活污水、低浓度工业废水。

【采样容器】聚乙烯瓶（桶）或玻璃瓶。

【采样方法】样品采集后用 0.45 μm 滤膜过滤，弃去初始的滤液 50 mL，用少量的滤液清洗采样瓶，收集所需体积的滤液于采样瓶中。

【固定剂】（1+1）硝酸溶液。

【保存方法】加（1+1）硝酸酸化至 pH＜2。

【保存期】14 d。

【采样量】250 mL。

【容器洗涤】洗涤剂洗 1 次，自来水洗 2 次，（1+3）硝酸荡洗 1 次，自来水洗 3 次，蒸馏水洗 1 次。

【检出限】0.15 μg/L。

【质量保证和质量控制】每批样品应至少做一个全程序空白及实验室空白。空白值应符合下列的情况之一才能被认为是可接受的：（1）空白值低于方法检出限；（2）低于标准限值的 10%；（3）低于每一批样品最低值的 10%。否则须查找原因，重新分析直至合格之后才能分析样品。

【结果表示】小数位数与方法检出限保持一致，最多保留三位有效数字。

水质　32 种元素的测定　电感耦合等离子体发射光谱法（HJ 776—2015）

【适用范围】地表水、地下水、生活污水及工业废水。

【采样容器】聚乙烯瓶（桶）或玻璃瓶。

【采样方法】可溶性元素，样品采集后立即通过水系微孔滤膜过滤，弃去初始的 50～100 mL 滤液，收集所需体积的滤液，加入适量硝酸，使硝酸含量达到 1%。元素总量，样品采集后立即加入适量硝酸，使硝酸含量达到 1%。

【固定剂】硝酸。

【保存方法】加硝酸，使硝酸含量达到 1%。

【保存期】14 d。

【采样量】250 mL。

【容器洗涤】用洗涤剂和水依次洗净聚乙烯瓶，置于（1+1）硝酸溶液浸泡 24 h，用实验水彻底洗净。

【检出限】水平检出限：0.2 mg/L；垂直检出限：0.06 mg/L。

【质量保证和质量控制】每批样品至少做一个全程序空白，空白值应低于方法测定下限。否则应查明原因，重新分析直至合格之后才能测定样品。

【结果表示】小数位数与方法检出限保持一致，最多保留三位有效数字。

52. 铁

水质 铁、锰的测定 火焰原子吸收分光光度法（GB/T 11911—1989）

【适用范围】地面水、地下水及工业废水。

【采样容器】聚乙烯瓶。

【采样方法】—

【固定剂】硝酸。

【保存方法】加硫酸酸化至 pH 值为 1～2。

【保存期】—

【采样量】—

【容器洗涤】洗涤剂洗净，再用（1+1）硝酸浸泡 24 h，然后用水冲洗干净。

【检出限】0.03 mg/L。

【质量保证和质量控制】—

【结果表示】—

水质 铁的测定 邻菲啰啉分光光度法（试行）（HJ/T 345—2007）

【适用范围】地表水、地下水及废水。

【采样容器】—

【采样方法】—

【固定剂】盐酸。

【保存方法】加盐酸酸化至 pH＜1。

【保存期】—

【采样量】—

【容器洗涤】—

【检出限】0.03 mg/L。

【质量保证和质量控制】—

【结果表示】—

水质 65 种元素的测定 电感耦合等离子体质谱法（HJ 700—2014）

【适用范围】地表水、地下水、生活污水、低浓度工业废水。

【采样容器】聚乙烯瓶（桶）或硅硼酸盐玻璃瓶。

【采样方法】样品采集后用 0.45 μm 滤膜过滤，弃去初始的滤液 50 mL，用少量的滤液清洗采样瓶，收集所需体积的滤液于采样瓶中。

【固定剂】（1+1）硝酸溶液。

【保存方法】加（1+1）硝酸酸化至 pH＜2。

【保存期】1 个月。

【采样量】100 mL。

【容器洗涤】洗涤剂洗 1 次，自来水洗 2 次，（1+3）硝酸荡洗 1 次，自来水洗 3 次，蒸馏水洗 1 次。

【检出限】0.82 μg/L。

【质量保证和质量控制】每批样品应至少做一个全程序空白及实验室空白。空白值应符合下列的情况之一才能被认为是可接受的：（1）空白值低于方法检出限；（2）低于标准限值的 10%；（3）低于每一批样品最低值的 10%。否则须查找原因，重新分析直至合格之后才能分析样品。

【结果表示】小数位数与方法检出限保持一致，最多保留三位有效数字。

水质　32 种元素的测定　电感耦合等离子体发射光谱法（HJ 776—2015）

【适用范围】地表水、地下水、生活污水及工业废水。

【采样容器】聚乙烯瓶（桶）或硅硼酸盐玻璃瓶。

【采样方法】可溶性元素，样品采集后立即通过水系微孔滤膜过滤，弃去初始的 50～100 mL 滤液，收集所需体积的滤液，加入适量硝酸，使硝酸含量达到 1%。元素总量，样品采集后立即加入适量硝酸，使硝酸含量达到 1%。

【固定剂】硝酸。

【保存方法】加硝酸，使硝酸含量达到 1%。

【保存期】1 个月。

【采样量】100 mL。

【容器洗涤】用洗涤剂和水依次洗净聚乙烯瓶，置于（1+1）硝酸溶液浸泡 24 h，用实验水彻底洗净。

【检出限】水平检出限：0.01 mg/L；垂直检出限：0.02 mg/L。

【质量保证和质量控制】每批样品至少做一个全程序空白，空白值应低于方法测定下限。否则应查明原因，重新分析直至合格之后才能测定样品。

【结果表示】小数位数与方法检出限保持一致，最多保留三位有效数字。

53. 铜

水质　铜、锌、铅、镉的测定　原子吸收分光光度法（GB/T 7475—1987）

【适用范围】第一部分为直接法，适用于地下水、地面水和中低浓度的铜、锌、铅、镉；第二部分为螯合萃取法，适用于测定地下水和清洁地面水中低浓度的铜、铅、镉。

【采样容器】聚乙烯瓶。

【采样方法】—

【固定剂】硝酸。

【保存方法】加硝酸酸化至 pH 值为 1～2。

【保存期】—

【采样量】—

【容器洗涤】—

【检出限】直接法：0.05 mg/L；螯合萃取法：1 mg/L。

【质量保证和质量控制】—

【结果表示】—

水质　铜的测定　二乙基二硫代氨基甲酸钠分光光度法（HJ 485—2009）

【适用范围】地表水、地下水、生活污水和工业废水。

【采样容器】—

【采样方法】—

【固定剂】盐酸。

【保存方法】加盐酸酸化至 pH 值为 1.5（仅适合测定水中的总铜）。

【保存期】尽快分析。

【采样量】—

【容器洗涤】—

【检出限】0.010 mg/L。

【质量保证和质量控制】—

【结果表示】两位小数。

水质　铜的测定　2,9-二甲基-1,10-菲啰啉分光光度法（HJ 486—2009）

【适用范围】直接光度法适用于较清洁的地表水和地下水中可溶性铜和总铜的测定；萃取光度法适用于地表水、地下水、生活污水和工业废水中可溶性铜和总铜的测定。

【采样容器】聚乙烯瓶。

【采样方法】—

【固定剂】盐酸。

【保存方法】加盐酸酸化至 pH 值为 1.5（仅适合测定水中的总铜）。

【保存期】尽快分析。

【采样量】—

【容器洗涤】—

【检出限】直接光度法：0.03 mg/L；萃取光度法：0.02 mg/L。

【质量保证和质量控制】—

【结果表示】两位小数。

水质　65 种元素的测定　电感耦合等离子体质谱法（HJ 700—2014）

【适用范围】地表水、地下水、生活污水、低浓度工业废水。

【采样容器】聚乙烯瓶（桶）。

【采样方法】样品采集后用 0.45 μm 滤膜过滤，弃去初始的滤液 50 mL，用少量的滤液清洗采样瓶，收集所需体积的滤液于采样瓶中。

【固定剂】（1+1）硝酸溶液。

【保存方法】加（1+1）硝酸酸化至 pH＜2。

【保存期】14 d。

【采样量】250 mL。

【容器洗涤】洗涤剂洗 1 次，自来水洗 2 次，（1+3）硝酸荡洗 1 次，自来水洗 3 次，蒸馏水洗 1 次。

【检出限】0.08 μg/L。

【质量保证和质量控制】每批样品应至少做一个全程序空白及实验室空白。空白值应符合下列的情况之一才能被认为是可接受的：（1）空白值低于方法检出限；（2）低于标准限值的 10%；（3）低于每一批样品最低值的 10%。否则须查找原因，重新分析直至合格之后才能分析样品。

【结果表示】小数位数与方法检出限保持一致，最多保留三位有效数字。

水质 32 种元素的测定 电感耦合等离子体发射光谱法（HJ 776—2015）

【适用范围】地表水、地下水、生活污水及工业废水。

【采样容器】聚乙烯瓶（桶）。

【采样方法】可溶性元素，样品采集后立即通过水系微孔滤膜过滤，弃去初始的 50～100 mL 滤液，收集所需体积的滤液，加入适量硝酸，使硝酸含量达到 1%。元素总量，样品采集后立即加入适量硝酸，使硝酸含量达到 1%。

【固定剂】硝酸。

【保存方法】加硝酸，使硝酸含量达到 1%。

【保存期】14 d。

【采样量】250 mL。

【容器洗涤】用洗涤剂和水依次洗净聚乙烯瓶，置于（1+1）硝酸溶液浸泡 24 h，用实验水彻底洗净。

【检出限】水平检出限：0.04 mg/L；垂直检出限：0.006 mg/L。

【质量保证和质量控制】每批样品至少做一个全程序空白，空白值应低于方法测定下限。否则应查明原因，重新分析直至合格之后才能测定样品。

【结果表示】小数位数与方法检出限保持一致，最多保留三位有效数字。

54. 微型生物群落

水质 微型生物群落监测 PFU 法（GB/T 12990—1991）

【适用范围】野外监测适用于淡水水体，包括湖泊、水库、池塘、大江、河流、溪流；室内毒性试验适用于工厂排放的废水、城镇生活污水、各类有害化学物质。

【采样容器】—

【采样方法】—

【固定剂】—

【保存方法】—

【保存期】1 d。

【采样量】—

【容器洗涤】—

【检出限】—

【质量保证和质量控制】—

【结果表示】—

55. 无机阴离子

水质 无机阴离子（F^-、Cl^-、NO_2^-、Br^-、NO_3^-、PO_4^{3-}、SO_3^{2-}、SO_4^{2-}）的测定 离子色谱法（HJ 84—2016）

【适用范围】地表水、地下水、工业废水和生活污水。

【采样容器】见表 1。

【采样方法】—

【固定剂】—

【保存方法】及【保存期】见表 1。

【采样量】—

【容器洗涤】—

【检出限】见表 2。

【质量保证和质量控制】—

【结果表示】当结果<1 mg/L 时，结果保留至小数点后三位；≥1 mg/L 时，结果保留三位有效数字。

表 1 水样的保存方法及保存期

离子名称	盛放容器的材质	保存时间/d
F^-	聚乙烯瓶	14
Cl^-	聚乙烯瓶或硬质玻璃瓶	30
NO_2^-	聚乙烯瓶或硬质玻璃瓶	2
Br^-	聚乙烯瓶或硬质玻璃瓶	2
NO_3^-	聚乙烯瓶或硬质玻璃瓶	7
PO_4^{3-}	聚乙烯瓶或硬质玻璃瓶	2
SO_3^{2-}	聚乙烯瓶或硬质玻璃瓶	7
SO_4^{2-}	聚乙烯瓶或硬质玻璃瓶	30

表 2 方法检出限 单位：mg/L

离子名称	F^-	Cl^-	NO_2^-	Br^-	NO_3^-	PO_4^{3-}	SO_3^{2-}	SO_4^{2-}
方法检出限	0.006	0.007	0.016	0.016	0.016	0.051	0.046	0.018

56. 五日生化需氧量

水质 五日生化需氧量（BOD_5）的测定 稀释与接种法（HJ 505—2009）

【适用范围】地表水、工业废水和生活污水。

【采样容器】棕色玻璃瓶。

【采样方法】充满并密封于棕色玻璃瓶中。

【固定剂】—

【保存方法】及【保存期】在 0～4℃的暗处运输和保存，并在 24 h 内尽快分析。24 h 不能分析的，可冷冻保存（冷冻保存时避免样品瓶破裂），冷冻样品分析前需解冻、均质化和接种。

【采样量】≥1 000 mL。

【容器洗涤】—

【检出限】0.5 mg/L。

【质量保证和质量控制】—

【结果表示】当结果<100 mg/L 时，结果保留一位小数；100～1 000 mg/L，取整数位；>1 000 mg/L 以科学计数法。

水质　生化需氧量（BOD）的测定　微生物传感器快速测定法（HJ/T 86—2002）

【适用范围】地表水、生活污水和不含对微生物有明显毒害作用的工业废水。

【采样容器】—

【采样方法】—

【固定剂】—

【保存方法】0～4℃冷藏保存。

【保存期】样品不能在 2 h 内分析时，在 0～4℃冷藏保存，6 h 内分析，不能超过 24 h。

【采样量】—

【容器洗涤】—

【检出限】—

【质量保证和质量控制】—

【结果表示】—

57. 硒

水质　硒的测定　2,3-二氨基萘荧光法（GB/T 11902—1989）

【适用范围】各种清洁水、生活污水及某些工业废水。

【采样容器】聚乙烯瓶或硬质玻璃瓶。

【采样方法】—

【固定剂】—

【保存方法】天然水及饮用水可与室内阴凉处保存，工业废水最好及时分析或贮于冰箱内。

【保存期】—

【采样量】—

【容器洗涤】经（1+1）硝酸浸泡 4 h 以上，用大量自来水和蒸馏水冲洗干净。

【检出限】0.25 mg/L。

【质量保证和质量控制】—

【结果表示】两位小数。

水质　硒的测定　石墨炉原子吸收分光光度法（GB/T 15505—1995）

【适用范围】水与废水。

【采样容器】聚乙烯瓶。

【采样方法】—

【固定剂】硝酸。

【保存方法】加硝酸酸化至 pH 值为 1～2，常温保存。

【保存期】半年。

【采样量】—

【容器洗涤】—

【检出限】0.003 mg/L。

【质量保证和质量控制】—

【结果表示】—

水质　汞、砷、硒、铋和锑的测定　原子荧光法（HJ 694—2014）

【适用范围】地表水、地下水、生活污水和工业废水。

【采样容器】聚乙烯瓶或硬质玻璃瓶。

【采样方法】—

【固定剂】浓盐酸。

【保存方法】1 L 水样中加浓盐酸 2 mL。

【保存期】14 d。

【采样量】250 mL。

【容器洗涤】洗涤剂洗 1 次，自来水洗 2 次，（1+3）硝酸荡洗 1 次，自来水洗 3 次，去离子水洗 1 次。

【检出限】0.4 mg/L。

【质量保证和质量控制】全程空白的测试结果应小于方法检出限。

【结果表示】当结果＜10 μg/L 时，结果保留至小数点后一位；＞10 μg/L 时，结果保留三位有效数字。

水质　65 种元素的测定　电感耦合等离子体质谱法（HJ 700—2014）

【适用范围】地表水、地下水、生活污水、低浓度工业废水。

【采样容器】聚乙烯瓶（桶）或玻璃瓶。

【采样方法】样品采集后用 0.45 μm 滤膜过滤，弃去初始的滤液 50 mL，用少量的滤液清洗采样瓶，收集所需体积的滤液于采样瓶中。

【固定剂】（1+1）硝酸溶液。

【保存方法】加（1+1）硝酸酸化至 pH＜2。

【保存期】14 d。

【采样量】250 mL。

【容器洗涤】洗涤剂洗 1 次，自来水洗 2 次，（1+3）硝酸荡洗 1 次，自来水洗 3 次，蒸馏水洗 1 次。

【检出限】0.41 μg/L。

【质量保证和质量控制】每批样品应至少做一个全程序空白及实验室空白。空白值应符合下列的情况之一才能被认为是可接受的：（1）空白值低于方法检出限；（2）低于标准限值的 10%；（3）低于每一批样品最低值的 10%。否则须查找原因，重新分析直至合格之后才能分析样品。

【结果表示】小数位数与方法检出限保持一致，最多保留三位有效数字。

水质　32 种元素的测定　电感耦合等离子体发射光谱法（HJ 776—2015）

【适用范围】地表水、地下水、生活污水及工业废水。

【采样容器】聚乙烯瓶（桶）或玻璃瓶。

【采样方法】可溶性元素，样品采集后立即通过水系微孔滤膜过滤，弃去初始的 50～100 mL 滤液，收集所需体积的滤液，加入适量硝酸，使硝酸含量达到 1%。元素总量，样品采集后立即加入适量硝酸，使硝酸含量达到 1%。

【固定剂】硝酸。

【保存方法】加硝酸，使硝酸含量达到 1%。

【保存期】14 d。

【采样量】250 mL。

【容器洗涤】用洗涤剂和水依次洗净聚乙烯瓶，置于（1+1）硝酸溶液浸泡 24 h，用实验水彻底洗净。

【检出限】水平检出限：0.03 mg/L；垂直检出限：0.1 mg/L。

【质量保证和质量控制】每批样品至少做一个全程序空白，空白值应低于方法测定下限。否则应查明原因，重新分析直至合格之后才能测定样品。

水质　总硒的测定　3,3′-二氨基联苯胺分光光度法（HJ 811—2016）

【适用范围】地表水、地下水、生活污水和工业废水。

【采样容器】聚乙烯瓶或硬质玻璃瓶。

【采样方法】—

【固定剂】硝酸。

【保存方法】1 000 mL 样品加 10 mL 硝酸，于 4℃冷藏保存。

【保存期】14 d。

【采样量】—

【容器洗涤】（1+1）硝酸荡洗，并依次用自来水和实验用水冲洗干净。

【检出限】2.0 mg/L。

【质量保证和质量控制】—

【结果表示】当结果＜10 μg/L 时，结果保留至小数点后一位；≥10 μg/L 时，结果保留三位有效数字。

58. 细菌总数

水质　细菌总数的测定　平皿计数法（HJ 1000—2018）

【适用范围】地表水、地下水、生活污水和工业废水。

【采样容器】玻璃瓶。

【采样方法】采样前灭菌，采样时不得用样品洗涤。

【固定剂】—

【保存方法】10℃冷藏保存。每 125 mL 容积加入 0.1 mL 的硫代硫酸钠溶液去除活性氯，每 125 mL 容积加入 0.3 mL 的 EDTA 去除重金属。

【保存期】10℃冷藏不超过 6 h。
【采样量】不少于 250 mL。
【容器洗涤】—
【检出限】10 MPN/L。
【质量保证和质量控制】—
【结果表示】以 CFU/mL 表示。

生活饮用水标准检验方法　微生物指标（1.1 平皿计数法）（GB/T 5750.12—2006）

【适用范围】生活饮用水及其水源水。
【采样容器】—
【采样方法】—
【固定剂】—
【保存方法】—
【保存期】—
【采样量】—
【容器洗涤】—
【检出限】—
【质量保证和质量控制】—
【结果表示】以 CFU/mL 表示。

59. 硝酸盐（氮）

水质　硝酸盐氮的测定　酚二磺酸分光光度法（GB/T 7480—1987）

【适用范围】饮用水、地下水和清洁地面水。
【采样容器】聚乙烯瓶或硬质玻璃瓶。
【采样方法】—
【固定剂】—
【保存方法】4℃冷藏保存，不得超过 24 h。
【保存期】24 h。
【采样量】—
【容器洗涤】—
【检出限】0.02 mg/L。
【质量保证和质量控制】—
【结果表示】—

水质　硝酸盐氮的测定　气相分子吸收光谱法（HJ/T 198—2005）

【适用范围】地表水、地下水、海水、饮用水、生活污水及工业污水。
【采样容器】聚乙烯瓶或硬质玻璃瓶。
【采样方法】—

【固定剂】硫酸。
【保存方法】加硫酸酸化至 pH<2，24 h 内测定。
【保存期】24 h。
【采样量】—
【容器洗涤】—
【检出限】0.006 mg/L。
【质量保证和质量控制】—
【结果表示】—

水质　硝酸盐氮的测定　紫外分光光度法（试行）（HJ/T 346—2007）

【适用范围】地表水、地下水。
【采样容器】—
【采样方法】—
【固定剂】—
【保存方法】—
【保存期】—
【采样量】—
【容器洗涤】—
【检出限】0.08 mg/L。
【质量保证和质量控制】—
【结果表示】—

水质　无机阴离子（F^-、Cl^-、NO_2^-、Br^-、NO_3^-、PO_4^{3-}、SO_3^{2-}、SO_4^{2-}）的测定　离子色谱法（HJ 84—2016）

【适用范围】地表水、地下水、工业废水和生活污水。
【采样容器】聚乙烯瓶或硬质玻璃瓶。
【采样方法】—
【固定剂】—
【保存方法】4℃冷藏，避光保存。
【保存期】7 d。
【采样量】250 mL。
【容器洗涤】洗涤剂洗 1 次，自来水洗 3 次，蒸馏水洗 1 次。
【检出限】0.016 mg/L。
【质量保证和质量控制】—
【结果表示】当结果<1 mg/L 时，结果保留至小数点后三位；≥1 mg/L 时，结果保留三位有效数字。

水质　氰化物等的测定　真空检测管-电子比色法（HJ 659—2013）

【适用范围】地下水、地表水、生活污水和工业废水。

【采样容器】聚乙烯瓶或硬质玻璃瓶。
【采样方法】—
【固定剂】无须添加固定剂。
【保存方法】—
【保存期】现场测定。
【采样量】250 mL。
【容器洗涤】洗涤剂洗 1 次，自来水洗 3 次，蒸馏水洗 1 次。
【检出限】0.7 mg/L。
【质量保证和质量控制】每批样品应同步做一个全程序空白，测定结果应低于方法检出限，否则应检查真空检测管。
【结果表示】有效位数保留到定量下限位数。

60. 锌

水质　铜、锌、铅、镉的测定　原子吸收分光光度法（GB/T 7475—1987）

【适用范围】第一部分为直接法，适用于地下水、地面水和中低浓度的铜、锌、铅、镉；第二部分为螯合萃取法，适用于测定地下水和清洁地面水中低浓度的铜、铅、镉。
【采样容器】聚乙烯瓶。
【采样方法】—
【固定剂】硝酸。
【保存方法】加硝酸酸化至 pH 值为 1～2。
【保存期】—
【采样量】—
【容器洗涤】—
【检出限】直接法：0.05 mg/L。
【质量保证和质量控制】—
【结果表示】—

水质　锌的测定　双硫腙分光光度法（GB/T 7472—1987）

【适用范围】天然水和某些废水中微量锌。
【采样容器】聚乙烯瓶。
【采样方法】—
【固定剂】硝酸。
【保存方法】加硝酸酸化至 pH 约为 1.5。
【保存期】—
【采样量】—
【容器洗涤】硝酸溶液浸泡 24 h，然后用无锌水冲洗干净。
【检出限】5 μg/L。
【质量保证和质量控制】—

【结果表示】两位有效数字。

水质　65 种元素的测定　电感耦合等离子体质谱法（HJ 700—2014）

【适用范围】地表水、地下水、生活污水、低浓度工业废水。

【采样容器】聚乙烯瓶（桶）。

【采样方法】样品采集后用 0.45 μm 滤膜过滤，弃去初始的滤液 50 mL，用少量的滤液清洗采样瓶，收集所需体积的滤液于采样瓶中。

【固定剂】（1+1）硝酸溶液。

【保存方法】加（1+1）硝酸酸化至 pH＜2。

【保存期】14 d。

【采样量】250 mL。

【容器洗涤】洗涤剂洗 1 次，自来水洗 2 次，（1+3）硝酸荡洗 1 次，自来水洗 3 次，蒸馏水洗 1 次。

【检出限】0.67 μg/L。

【质量保证和质量控制】每批样品应至少做一个全程序空白及实验室空白。空白值应符合下列的情况之一才能被认为是可接受的：（1）空白值低于方法检出限；（2）低于标准限值的 10%；（3）低于每一批样品最低值的 10%。否则须查找原因，重新分析直至合格之后才能分析样品。

【结果表示】小数位数与方法检出限保持一致，最多保留三位有效数字。

水质　32 种元素的测定　电感耦合等离子体发射光谱法（HJ 776—2015）

【适用范围】地表水、地下水、生活污水及工业废水。

【采样容器】聚乙烯瓶（桶）。

【采样方法】可溶性元素，样品采集后立即通过水系微孔滤膜过滤，弃去初始的 50～100 mL 滤液，收集所需体积的滤液，加入适量硝酸，使硝酸含量达到 1%。元素总量，样品采集后立即加入适量硝酸，使硝酸含量达到 1%。

【固定剂】硝酸。

【保存方法】加硝酸，使硝酸含量达到 1%。

【保存期】14 d。

【采样量】250 mL。

【容器洗涤】用洗涤剂和水依次洗净聚乙烯瓶，置于（1+1）硝酸溶液浸泡 24 h，用实验水彻底洗净。

【检出限】水平检出限：0.009 mg/L；垂直检出限：0.004 mg/L。

【质量保证和质量控制】每批样品至少做一个全程序空白，空白值应低于方法测定下限。否则应查明原因，重新分析直至合格之后才能测定样品。

【结果表示】小数位数与方法检出限保持一致，最多保留三位有效数字。

61. 悬浮物

水质　悬浮物的测定　重量法（GB/T 11901—1989）

【适用范围】地面水、地下水，也适用于生活污水和工业废水。

【采样容器】聚乙烯瓶或硬质玻璃瓶。

【采样方法】—

【固定剂】—

【保存方法】4℃冷藏保存。

【保存期】7 d。

【采样量】500～1 000 mL。

【容器洗涤】采样瓶用洗涤剂洗净，再依次用自来水和蒸馏水冲洗干净，在采样之前，再用即将采集的水样清洗 3 次。

【检出限】—

【质量保证和质量控制】—

【结果表示】—

62. 亚硝酸盐氮

水质　亚硝酸盐氮的测定　分光光度法（GB 7493—1987）

【适用范围】饮用水、地下水、地面水及废水。

【采样容器】聚乙烯瓶或硬质玻璃瓶。

【采样方法】—

【固定剂】氯化汞。

【保存方法】每升样品加入 40 mg 氯化汞，2～5℃冷藏保存。

【保存期】1～2 d。

【采样量】—

【容器洗涤】—

【检出限】0.003 mg/L。

【质量保证和质量控制】—

【结果表示】三位小数。

水质　亚硝酸盐氮的测定　气相分子吸收光谱法（HJ/T 197—2005）

【适用范围】地表水、地下水、海水、饮用水、生活污水及工业污水。

【采样容器】聚乙烯瓶或硬质玻璃瓶。

【采样方法】水样充满瓶。

【固定剂】—

【保存方法】4℃冷藏保存。

【保存期】—

【采样量】—

【容器洗涤】—

【检出限】0.003 mg/L。

【质量保证和质量控制】—

【结果表示】—

水质 无机阴离子（F^-、Cl^-、NO_2^-、Br^-、NO_3^-、PO_4^{3-}、SO_3^{2-}、SO_4^{2-}）的测定 离子色谱法（HJ 84—2016）

【适用范围】地表水、地下水、工业废水和生活污水。
【采样容器】聚乙烯瓶或硬质玻璃瓶。
【采样方法】—
【固定剂】—
【保存方法】4℃冷藏，避光保存。
【保存期】2 d。
【采样量】250 mL。
【容器洗涤】洗涤剂洗 1 次，自来水洗 3 次，蒸馏水洗 1 次。
【检出限】0.016 mg/L。
【质量保证和质量控制】—
【结果表示】当结果＜1 mg/L 时，结果保留至小数点后三位；≥1 mg/L 时，结果保留三位有效数字。

水质 氰化物等的测定 真空检测管-电子比色法（HJ 659—2013）

【适用范围】地下水、地表水、生活污水和工业废水。
【采样容器】聚乙烯瓶或硬质玻璃瓶。
【采样方法】—
【固定剂】无须添加固定剂。
【保存方法】—
【保存期】现场测定。
【采样量】250 mL。
【容器洗涤】洗涤剂洗 1 次，自来水洗 3 次，蒸馏水洗 1 次。
【检出限】0.03 mg/L。
【质量保证和质量控制】每批样品应同步做一个全程序空白，测定结果应低于方法检出限，否则应检查真空检测管。
【结果表示】有效位数保留到定量下限位数。

63. 叶绿素 a

水质 叶绿素 a 的测定 分光光度法（HJ 897—2017）

【适用范围】地表水。
【采样容器】棕色玻璃瓶。
【采样方法】—
【固定剂】碳酸镁悬浊液。
【保存方法】0～4℃冷藏，避光保存，24 h 内测定，如 24 h 内不能测定，现场过滤，滤膜避光冷冻运输，样品滤膜于−20℃冷冻，避光保存。
【保存期】冷冻滤膜 14 d 内分析完毕。
【采样量】1 L 或 500 mL。

【容器洗涤】—

【检出限】丙酮提取液中叶绿素 a 的检出限为 0.04 mg/L。当取样体积为 200 mL，丙酮提取液体积为 10 mL 时，本方法的检出限为 2 μg/L。

【质量保证和质量控制】—

【结果表示】当结果＜100 μg/L 时，结果保留至整数位；≥100 μg/L 时，结果保留三位有效数字。

64. 一甲基肼

水质　肼和甲基肼的测定　对二甲氨基苯甲醛分光光度法（HJ 674—2013）

【适用范围】水和工业废水。

【采样容器】玻璃瓶。

【采样方法】—

【固定剂】酸或碱。

【保存方法】加酸或碱至中性。

【保存期】24 h。

【采样量】—

【容器洗涤】—

【检出限】肼：0.003 mg/L；甲基肼：0.015 mg/L。

【质量保证和质量控制】每分析一批（≤20 个）样品必须有一个全程空白。

【结果表示】当结果＜0.100 mg/L 时，结果保留至小数点后三位；≥0.100 mg/L 时，结果保留三位有效数字。

65. 阴离子表面活性剂

水质　阴离子表面活性剂的测定　亚甲基蓝分光光度法（GB/T 7494—1987）

【适用范围】饮用水、地面水、生活污水及工业废水。

【采样容器】玻璃瓶。

【采样方法】—

【固定剂】1%的 40%甲醛溶液。

【保存方法】短期保存 4℃冷藏保存，超过 24 h，甲醛保存。

【保存期】加甲醛溶液可保存 4 d，氯仿饱和水样可保存 8 d。

【采样量】—

【容器洗涤】甲醇。

【检出限】0.05 mg/L。

【质量保证和质量控制】—

【结果表示】三位小数。

水质　阴离子表面活性剂的测定　流动注射-亚甲基蓝分光光度法（HJ 826—2017）

【适用范围】地表水、地下水、生活污水和工业废水。

【采样容器】玻璃瓶。

【采样方法】—
【固定剂】甲醛。
【保存方法】加甲醛使甲醛体积浓度为 1%，4℃冷藏保存。
【保存期】1 周。
【采样量】—
【容器洗涤】—
【检出限】0.04 mg/L。
【质量保证和质量控制】每批样品至少测定一个全程序空白，空白值不得超过方法测定下限。否则应查明原因，重新分析直至合格后才能测定样品。
【结果表示】当结果＜1 mg/L 时，结果保留至小数点后两位；≥1 mg/L 时，结果保留三位有效数字。

66. 银

水质　银的测定　火焰原子吸收分光光度法（GB 11907—1989）

【适用范围】废水。
【采样容器】聚乙烯瓶。
【采样方法】—
【固定剂】硝酸。
【保存方法】加硝酸酸化到 pH 值为 1～2。
【保存期】—
【采样量】—
【容器洗涤】—
【检出限】0.03 mg/L。
【质量保证和质量控制】—
【结果表示】—

水质　银的测定　3,5-Br_2-PADAP 分光光度法（HJ 489—2009）

【适用范围】受银污染的地表水及感光材料生产、胶片洗印、镀银、冶炼等行业的工业废水。
【采样容器】聚乙烯瓶。
【采样方法】—
【固定剂】硝酸。
【保存方法】加硝酸酸化到 pH 值为 1～2，避光保存。
【保存期】—
【采样量】—
【容器洗涤】—
【检出限】0.02 mg/L。
【质量保证和质量控制】—
【结果表示】—

水质 银的测定 镉试剂 2B 分光光度法（HJ 490—2009）

【适用范围】受银污染的地表水及感光材料生产、胶片洗印、镀银、冶炼等行业的工业废水。

【采样容器】聚乙烯瓶。

【采样方法】—

【固定剂】硝酸（感光材料生产和胶片洗印、镀银等行业废水不加酸）。

【保存方法】加硝酸酸化到 pH 值为 1～2（感光材料生产和胶片洗印、镀银等行业废水立即分析），避光保存。

【保存期】—

【采样量】—

【容器洗涤】—

【检出限】0.01 mg/L。

【质量保证和质量控制】—

【结果表示】—

水质 65 种元素的测定 电感耦合等离子体质谱法（HJ 700—2014）

【适用范围】地表水、地下水、生活污水、低浓度工业废水。

【采样容器】聚乙烯瓶（桶）或玻璃瓶。

【采样方法】样品采集后用 0.45 μm 滤膜过滤，弃去初始的滤液 50 mL，用少量的滤液清洗采样瓶，收集所需体积的滤液于采样瓶中。

【固定剂】（1+1）硝酸溶液。

【保存方法】加（1+1）硝酸酸化至 pH＜2。

【保存期】14 d。

【采样量】250 mL。

【容器洗涤】洗涤剂洗 1 次，自来水洗 2 次，（1+3）硝酸荡洗 1 次，自来水洗 3 次，蒸馏水洗 1 次。

【检出限】0.04 μg/L。

【质量保证和质量控制】每批样品应至少做一个全程序空白及实验室空白。空白值应符合下列的情况之一才能被认为是可接受的：（1）空白值低于方法检出限；（2）低于标准限值的 10%；（3）低于每一批样品最低值的 10%。否则须查找原因，重新分析直至合格之后才能分析样品。

【结果表示】小数位数与方法检出限保持一致，最多保留三位有效数字。

水质 32 种元素的测定 电感耦合等离子体发射光谱法（HJ 776—2015）

【适用范围】地表水、地下水、生活污水及工业废水。

【采样容器】聚乙烯瓶（桶）或玻璃瓶。

【采样方法】可溶性元素，样品采集后立即通过水系微孔滤膜过滤，弃去初始的 50～100 mL 滤液，收集所需体积的滤液，加入适量硝酸，使硝酸含量达到 1%。元素总量，样品采集后立即加入适量硝酸，使硝酸含量达到 1%。

【固定剂】硝酸。

【保存方法】加硝酸，使硝酸含量达到 1%。

【保存期】14 d。

【采样量】250 mL。

【容器洗涤】用洗涤剂和水依次洗净聚乙烯瓶，置于（1+1）硝酸溶液浸泡 24 h，用实验水彻底洗净。

【检出限】水平检出限：0.03 mg/L；垂直检出限：0.02 mg/L。

【质量保证和质量控制】每批样品至少做一个全程序空白，空白值应低于方法测定下限。否则应查明原因，重新分析直至合格之后才能测定样品。

【结果表示】小数位数与方法检出限保持一致，最多保留三位有效数字。

67. 应急监测

水质　氰化物等的测定　真空检测管-电子比色法（HJ 659—2013）

【适用范围】地下水、地表水、生活污水和工业废水。

【采样容器】—

【采样方法】—

【固定剂】无须添加固定剂。

【保存方法】—

【保存期】现场测定。

【采样量】—

【容器洗涤】—

【检出限】见表 1。

表 1　本方法检出限

序号	化合物名称	检出限/（mg/L）	序号	化合物名称	检出限/（mg/L）
1	氰化物	0.009	7	亚硝酸盐（N）	0.03
2	氟化物	0.5	8	二价锰	0.5
3	硫化物	0.1	9	六价铬	0.1
4	氨氮	0.2	10	镍	0.2
5	磷酸盐	0.05	11	苯胺	0.1
6	硝酸盐（N）	0.7	12	COD_{Cr}	10

【质量保证和质量控制】每批样品应同步做一个全程序空白，测定结果应低于方法检出限，否则应检查真空检测管。

【结果表示】有效位数保留到定量下限位数，化学需氧量取整数位。

68. 游离氯

水质　游离氯和总氯的测定　*N,N*-二乙基-1,4-苯二胺分光光度法（HJ 586—2010）

【适用范围】地表水、工业废水、医疗废水、生活污水、中水和污水再生的景观用水。

【采样容器】棕色玻璃瓶。

【采样方法】—

【固定剂】1% 2.0 mol/L 氢氧化钠。

【保存方法】加 1% 2.0 mol/L 氢氧化钠，4℃冷藏保存。

【保存期】5 d。

【采样量】—

【容器洗涤】—

【检出限】0.03 mg/L。

【质量保证和质量控制】—

【结果表示】当结果＜0.01 mg/L 时，结果保留至小数点后三位；≥0.01 mg/L 且＜10 mg/L 时，结果保留至小数点后二位；≥10 mg/L 时，结果保留三位有效数字。

69. 致突变性

水质　致突变性的鉴别蚕豆根尖微核试验法（HJ 1016—2019）

【适用范围】地表水、地下水、生活污水和工业废水。

【采样容器】1 000 mL 以上棕色玻璃瓶或聚丙烯、聚四氟乙烯、聚乙烯材质的容器。

【采样方法】采样应注意将样品沿瓶壁缓慢倒入采样瓶，样品与瓶塞不留空隙。

【固定剂】—

【保存方法】及【保存期】8℃冷藏，避光保存，在 48 h 进行试验。样品若需长期保存，须充分混匀分装并留有适当空隙，于−18℃以下冷冻保存，保存期不超过 2 个月。

【采样量】1 000 mL。

【容器洗涤】—

【检出限】—

【质量保证和质量控制】—

【结果表示】—

70. 重金属

水质　65 种元素的测定　电感耦合等离子体质谱法（HJ 700—2014）

【适用范围】地表水、地下水、生活污水、低浓度工业废水。

【采样容器】—

【采样方法】样品采集后用 0.45 μm 滤膜过滤，弃去初始的滤液 50 mL，用少量的滤液清洗采样瓶，收集所需体积的滤液于采样瓶中。

【固定剂】硝酸。

【保存方法】加硝酸酸化至 pH＜2。

【保存期】—

【采样量】—

【容器洗涤】—

【检出限】见表 1。

表 1　65 种元素检出限

单位：μg/L

元素	检出限	元素	检出限	元素	检出限	元素	检出限
银	0.04	铒	0.02	钼	0.06	硒	0.41
铝	1.15	铕	0.04	钠	6.36	钐	0.04
砷	0.12	铁	0.82	铌	0.02	锡	0.08
金	0.02	镓	0.02	钕	0.04	锶	0.29
硼	1.25	钆	0.03	镍	0.06	铽	0.05
钡	0.20	锗	0.02	磷	19.6	碲	0.05
铍	0.04	铪	0.03	铅	0.09	钍	0.05
铋	0.03	钬	0.03	钯	0.02	钛	0.46
钙	6.61	铟	0.03	镨	0.04	铊	0.02
镉	0.05	铱	0.04	铂	0.03	铥	0.04
铈	0.03	钾	4.50	铷	0.04	铀	0.04
钴	0.03	镧	0.02	铼	0.04	钒	0.08
铬	0.11	锂	0.33	铑	0.03	钨	0.43
铯	0.03	镥	0.04	钌	0.05	钇	0.04
铜	0.08	镁	1.94	锑	0.15	镱	0.05
镝	0.03	锰	0.12	钪	0.20	锌	0.67
锆	0.04						

【质量保证和质量控制】每批样品应至少做一个全程序空白及实验室空白。空白值应符合下列的情况之一才能被认为是可接受的：（1）空白值低于方法检出限；（2）低于标准限值的 10%；（3）低于每一批样品最低值的 10%。否则须查找原因，重新分析直至合格之后才能分析样品。

【结果表示】小数位数与方法检出限保持一致，最多保留三位有效数字。

水质　32 种元素的测定　电感耦合等离子体发射光谱法（HJ 776—2015）

【适用范围】地表水、地下水、生活污水及工业废水。

【采样容器】聚乙烯瓶。

【采样方法】可溶性元素，样品采集后立即通过水系微孔滤膜过滤，弃去初始的 50～100 mL 滤液，收集所需体积的滤液，加入适量硝酸，使硝酸含量达到 1%。元素总量，样品采集后立即加入适量硝酸，使硝酸含量达到 1%。

【固定剂】硝酸。

【保存方法】加硝酸，使硝酸含量达到 1%。

【保存期】—

【采样量】—

【容器洗涤】用洗涤剂和水依次洗净聚乙烯瓶，置于（1+1）硝酸溶液浸泡 24 h，用实验水彻底洗净。

【检出限】见表 1。

表 1　32 种元素检出限

单位：mg/L

元素	水平检出限	垂直检出限	元素	水平检出限	垂直检出限
银	0.03	0.02	锰	0.01	0.004
铝	0.009	0.07	钼	0.05	0.02
砷	0.2	0.2	钠	0.03	0.12
硼	0.01	0.4	镍	0.007	0.02
钡	0.01	0.002	磷	0.04	0.06
铍	0.008	0.010	铅	0.1	0.07
铋	0.04	0.08	硫	1.0	0.52
钙	0.02	0.02	锑	0.2	0.06
镉	0.05	0.005	硒	0.03	0.1
钴	0.02	0.01	硅	0.02	0.1
铬	0.03	0.03	锡	0.04	0.2
铜	0.04	0.006	锶	0.01	0.01
铁	0.01	0.02	钛	0.02	0.02
钾	0.07	0.05	钒	0.01	0.01
锂	0.02	0.009	锌	0.009	0.004
镁	0.02	0.003	锆	0.01	0.09

【质量保证和质量控制】每批样品至少做一个全程序空白，空白值应低于方法测定下限。否则应查明原因，重新分析直至合格之后才能测定样品。

【结果表示】小数位数与方法检出限保持一致，最多保留三位有效数字。

71. 浊度

水质　浊度的测定（GB/T 13200—1991）

【适用范围】第一篇分光光度法，适用于饮用水、天然水及高浊度水；第二篇目视比浊法，适用于饮用水和水源水等低浊度的水。

【采样容器】玻璃瓶。

【采样方法】—

【固定剂】—

【保存方法】冷暗处保存。

【保存期】24 h。

【采样量】—

【容器洗涤】—

【检出限】分光光度法：3 度；目视比浊法：1 度。

【质量保证和质量控制】—

【结果表示】—

72. 总 α 放射性

水质　总 α 放射性的测定　厚源法（HJ 898—2017）

【适用范围】地表水、地下水、工业废水和生活污水。

【采样容器】聚乙烯桶。
【采样方法】—
【固定剂】（1+1）硝酸溶液。
【保存方法】每升样品加（1+1）硝酸 20 mL，2～5℃冷藏保存。
【保存期】2 个月。
【采样量】6 L。
【容器洗涤】将采样设备冲洗干净，并用原水冲洗 3 遍。
【检出限】1.5×10^{-2} Bq/L。
【质量保证和质量控制】—
【结果表示】当结果＜0.1 Bq/L 时，结果保留至小数点后三位；≥0.1 Bq/L 时，结果保留三位有效数字。

73. 总β放射性

水质　总β放射性的测定　厚源法（HJ 899—2017）

【适用范围】地表水、地下水、工业废水和生活污水。
【采样容器】聚乙烯桶。
【采样方法】—
【固定剂】（1+1）硝酸溶液。
【保存方法】每升样品加（1+1）硝酸 20 mL，2～5℃冷藏保存。
【保存期】2 个月。
【采样量】6 L。
【容器洗涤】将采样设备冲洗干净，并用原水冲洗 3 遍。
【检出限】1.5×10^{-2} Bq/L。
【质量保证和质量控制】—
【结果表示】当结果＜0.1 Bq/L 时，结果保留至小数点后三位；≥0.1 Bq/L 时，结果保留三位有效数字。

74. 总大肠菌群

水质　总大肠菌群和粪大肠菌群的测定　纸片快速法（HJ 755—2015）

【适用范围】地表水、废水。
【采样容器】灭菌采样瓶。
【采样方法】—
【固定剂】—
【保存方法】2 h 内检测，否则需 10℃冷藏并不得超过 6 h。
【保存期】6 h。
【采样量】200 mL。
【容器洗涤】不得用水样洗涤。
【检出限】20 MPN/L。
【质量保证和质量控制】用无菌水做全程序空白，培养后的纸片不得有任何颜色反应。否则，该次样品测定结果无效，应查明原因后重新测定，并使用有证标准菌株进行阳性、阴性对照试验。

【结果表示】结果保留两位有效数字，≥100 时以科学计数法表示，单位为 MPN/L。

水质　总大肠菌群、粪大肠菌群和大肠埃希氏菌的测定　酶底物法（HJ 1001—2018）

【适用范围】地表水、地下水、生活污水和工业废水。

【采样容器】灭菌采样瓶。

【采样方法】—

【固定剂】—

【保存方法】2 h 内检测，否则需 10℃冷藏并不得超过 6 h。

【保存期】6 h。

【采样量】采样瓶容量的 80%左右。

【容器洗涤】不得用水样洗涤。

【检出限】10 MPN/L。

【质量保证和质量控制】—

【结果表示】结果保留两位有效数字，当结果≥100 MPN/L 时，以科学计数法表示。

生活饮用水标准检验方法　微生物指标（2.3 酶底物法）（GB/T 5750.12—2006）

【适用范围】测定生活饮用水及其水源水。

【采样容器】—

【采样方法】—

【固定剂】—

【保存方法】—

【保存期】—

【采样量】—

【容器洗涤】—

【检出限】—

【质量保证和质量控制】—

【结果表示】以 MPN/100 mL 表示。

75. 总氮

水质　总氮的测定　碱性过硫酸钾消解紫外分光光度法（HJ 636—2012）

【适用范围】地表水、地下水、工业废水和生活污水。

【采样容器】聚乙烯瓶或硬质玻璃瓶。

【采样方法】—

【固定剂】硫酸。

【保存方法】加硫酸调节 pH 值至 1～2，常温下可保存 7 d。贮存在聚乙烯瓶中，−20℃冷冻，可保存 1 个月。

【保存期】常温 7 d。

【采样量】—

【容器洗涤】—

【检出限】0.05 mg/L。

【质量保证和质量控制】—

【结果表示】当结果<1.00 mg/L 时，结果保留到小数点后两位；≥1.00 mg/L 时，结果保留三位有效数字。

水质　总氮的测定　气相分子吸收光谱法（HJ/T 199—2005）

【适用范围】地表水、水库、湖泊、江河水。

【采样容器】聚乙烯瓶。

【采样方法】—

【固定剂】硫酸。

【保存方法】加硫酸酸化至 pH<2，24 h 内测定。

【保存期】24 h。

【采样量】—

【容器洗涤】—

【检出限】0.050 mg/L。

【质量保证和质量控制】—

【结果表示】—

水质　总氮的测定　连续流动-盐酸萘乙二胺分光光度法（HJ 667—2013）

【适用范围】地表水、地下水、生活污水和工业废水。

【采样容器】聚乙烯瓶或硬质玻璃瓶。

【采样方法】—

【固定剂】硫酸。

【保存方法】及【保存期】加硫酸酸化至 pH≤2，常温下可保存 7 d。贮存在聚乙烯瓶中，−20℃冷冻，可保存 1 个月。

【采样量】—

【容器洗涤】—

【检出限】0.04 mg/L。

【质量保证和质量控制】—

【结果表示】当结果<1.00 mg/L 时，结果保留至小数点后两位；≥1.00 mg/L 时，结果保留三位有效数字。

水质　总氮的测定　流动注射-盐酸萘乙二胺分光光度法（HJ 668—2013）

【适用范围】地表水、地下水、生活污水和工业废水。

【采样容器】聚乙烯瓶或硬质玻璃瓶。

【采样方法】—

【固定剂】硫酸。

【保存方法】加硫酸酸化至 pH≤2，常温下可保存。贮存在聚乙烯瓶中，−20℃冷冻保存。

【保存期】加硫酸酸化至 pH≤2，常温下可保存 7 d。贮存在聚乙烯瓶中，−20℃冷冻，可保存 1 个月。

【采样量】—

【容器洗涤】—

【检出限】0.03 mg/L。

【质量保证和质量控制】—

【结果表示】当结果＜1.00 mg/L 时，结果保留至小数点后两位；≥1.00 mg/L 时，结果保留三位有效数字。

76. 总铬

水质　总铬的测定（GB/T 7466—1987）

【适用范围】地面水和工业废水。

【采样容器】玻璃瓶。

【采样方法】—

【固定剂】硝酸。

【保存方法】加硝酸酸化至 pH＜2。

【保存期】24 h。

【采样量】—

【容器洗涤】—

【检出限】0.004 mg/L。

【质量保证和质量控制】—

【结果表示】—

水质　65 种元素的测定　电感耦合等离子体质谱法（HJ 700—2014）

【适用范围】地表水、地下水、生活污水、低浓度工业废水。

【采样容器】聚乙烯瓶（桶）或玻璃瓶。

【采样方法】样品采集后用 0.45 μm 滤膜过滤，弃去初始的滤液 50 mL，用少量的滤液清洗采样瓶，收集所需体积的滤液于采样瓶中。

【固定剂】（1+1）硝酸溶液。

【保存方法】加（1+1）硝酸酸化至 pH＜2。

【保存期】1 个月。

【采样量】100 mL。

【容器洗涤】酸洗。

【检出限】0.11 μg/L。

【质量保证和质量控制】每批样品应至少做一个全程序空白及实验室空白。空白值应符合下列的情况之一才能被认为是可接受的：（1）空白值低于方法检出限；（2）低于标准限值的 10%；（3）低于每一批样品最低值的 10%。否则须查找原因，重新分析直至合格之后才能分析样品。

【结果表示】小数位数与方法检出限保持一致，最多保留三位有效数字。

水质　铬的测定　火焰原子吸收分光光度法（HJ 757—2015）

【适用范围】水和废水中高浓度可溶性铬和总铬。

【采样容器】—

【采样方法】—

【固定剂】硝酸。

【保存方法】加硝酸酸化至 pH≤2。

【保存期】14 d。

【采样量】—

【容器洗涤】—

【检出限】0.03 mg/L。

【质量保证和质量控制】—

【结果表示】当结果＜1 mg/L 时，结果保留至小数点后两位；≥1 mg/L 时，结果保留三位有效数字。

水质　32 种元素的测定　电感耦合等离子体发射光谱法（HJ 776—2015）

【适用范围】地表水、地下水、生活污水及工业废水。

【采样容器】聚乙烯瓶（桶）或玻璃瓶。

【采样方法】可溶性元素，样品采集后立即通过水系微孔滤膜过滤，弃去初始的 50～100 mL 滤液，收集所需体积的滤液，加入适量硝酸，使硝酸含量达到 1%。元素总量，样品采集后立即加入适量硝酸，使硝酸含量达到 1%。

【固定剂】硝酸。

【保存方法】加硝酸，使硝酸含量达到 1%。

【保存期】1 个月。

【采样量】100 mL。

【容器洗涤】用洗涤剂和水依次洗净聚乙烯瓶，置于（1+1）硝酸溶液浸泡 24 h，用实验水彻底洗净。

【检出限】水平检出限：0.03 mg/L；垂直检出限：0.03 mg/L。

【质量保证和质量控制】每批样品至少做一个全程序空白，空白值应低于方法测定下限。否则应查明原因，重新分析直至合格之后才能测定样品。

【结果表示】小数位数与方法检出限保持一致，最多保留三位有效数字。

77．总磷

水质　总磷的测定　钼酸铵分光光度法（GB/T 11893—1989）

【适用范围】地面水、生活污水和工业废水。

【采样容器】—

【采样方法】—

【固定剂】硫酸。

【保存方法】加 1 mL 硫酸调至 pH≤1，或不加任何试剂于冷处保存。

【保存期】—

【采样量】500 mL。

【容器洗涤】—

【检出限】0.01 mg/L。

【质量保证和质量控制】—

【结果表示】—

水质　磷酸盐和总磷的测定　连续流动-钼酸铵分光光度法（HJ 670—2013）

【适用范围】地表水、地下水、生活污水和工业废水。

【采样容器】聚乙烯瓶或硬质玻璃瓶。

【采样方法】—

【固定剂】硫酸。

【保存方法】磷酸盐水样 0～4℃冷藏保存；总磷的水样加硫酸至 pH≤2。

【保存期】磷酸盐水样 0～4℃冷藏保存，可稳定 24 h；总磷的水样加硫酸至 pH≤2，常温可保存 24 h；−20℃冷冻可保存 1 个月。

【采样量】—

【容器洗涤】—

【检出限】0.01 mg/L。

【质量保证和质量控制】—

【结果表示】当结果＜1.00 mg/L 时，结果保留至小数点后两位；≥1.00 mg/L 时，结果保留三位有效数字。

水质　总磷的测定　流动注射-钼酸铵分光光度法（HJ 671—2013）

【适用范围】地表水、地下水、生活污水和工业废水。

【采样容器】聚乙烯瓶或硬质玻璃瓶。

【采样方法】—

【固定剂】硫酸。

【保存方法】磷酸盐水样 0～4℃冷藏保存；总磷的水样加硫酸至 pH≤2。

【保存期】磷酸盐水样 0～4℃冷藏保存，可稳定 24 h。总磷的水样加硫酸至 pH≤2，常温可保存 24 h；于−20℃冷冻可保存 1 个月。

【采样量】—

【容器洗涤】—

【检出限】0.005 mg/L。

【质量保证和质量控制】—

【结果表示】当结果＜1.00 mg/L 时，结果保留至小数点后三位；≥1.00 mg/L 时，结果保留三位有效数字。

78. 总氯

水质 游离氯和总氯的测定 *N,N*-二乙基-1,4-苯二胺分光光度法（HJ 586—2010）

【适用范围】地表水、工业废水、医疗废水、生活污水、中水和污水再生的景观用水。

【采样容器】棕色玻璃瓶。

【采样方法】—

【固定剂】2.0 mol/L 1%氢氧化钠。

【保存方法】加 2.0 mol/L 1%氢氧化钠，4℃冷藏保存。

【保存期】5 d。

【采样量】—

【容器洗涤】—

【检出限】0.03 mg/L。

【质量保证和质量控制】—

【结果表示】当结果＜0.01 mg/L 时，结果保留至小数点后三位；≥0.01 mg/L 且＜10 mg/L 时，结果保留至小数点后两位；≥10 mg/L 时，结果保留三位有效数字。

79. 总硬度

水质 钙和镁总量的测定 EDTA 滴定法（GB/T 7477—1987）

【适用范围】地下水和地面水。

【采样容器】聚乙烯瓶或硬质玻璃瓶。

【采样方法】—

【固定剂】硝酸。

【保存方法】加硝酸酸化至 pH 值为 1.5。

【保存期】—

【采样量】—

【容器洗涤】先将瓶洗净，采样时用水冲洗 3 次。

【检出限】0.05 mol/L。

【质量保证和质量控制】—

【结果表示】—

80. 总有机碳

水质 总有机碳的测定 燃烧氧化-非分散红外吸收法（HJ 501—2009）

【适用范围】地表水、地下水、生活污水和工业废水。

【采样容器】棕色玻璃瓶。

【采样方法】充满采样瓶。

【固定剂】硫酸。

【保存方法】加硫酸酸化至 pH＜2，4℃冷藏保存。

【保存期】7 d。

【采样量】—

【容器洗涤】—

【检出限】0.1 mg/L。

【质量保证和质量控制】—

【结果表示】当结果<100 mg/L 时，结果保留至小数点后一位；≥100 mg/L 时，结果保留三位有效数字。

（二）有机项目

1. 1,1,1,2-四氯乙烷

水质　挥发性有机物的测定　吹扫捕集/气相色谱-质谱法（HJ 639—2012）

【适用范围】海水、地下水、地表水、生活污水和工业废水。

【采样容器】40 mL 棕色玻璃瓶，具硅橡胶-聚四氟乙烯衬垫螺旋盖。

【采样方法】采样时不需用样品进行荡洗，水样在样品瓶中溢流而不留空间。取样时应尽量避免或减少样品在空气中暴露。

【固定剂】（1）抗坏血酸+盐酸；（2）—。

【保存方法】（1）每 40 mL 样品需加入 25 mg 的抗坏血酸；若样品中总余氯的量超过 5 mg/L，总余氯每超过 5 mg/L，需要多加 25 mg 的抗坏血酸。采样时，水样呈中性时向每个样品瓶中加入 0.5 mL 盐酸溶液，拧紧瓶盖；水样呈碱性时应加入适量盐酸溶液使样品 pH≤2。4℃保存。（2）当水样加盐酸溶液后产生大量气泡时，应弃去该样品，重新采集样品。重新采集的样品不应加盐酸溶液，样品标签上应注明未酸化。4℃保存。

【保存期】（1）14 d；（2）24 h。

【采样量】40 mL。

【容器洗涤】样品瓶应在采样前用甲醇清洗。

【检出限】全扫描模式：1.5 μg/L；离子选择扫描模式：0.3 μg/L。

【质量保证和质量控制】所有样品均采集平行双样。每批样品至少应采集一个运输空白和全程序空白样品。空白中目标化合物浓度应小于下列条件的最大值：（1）方法检出限；（2）相关环保标准限值的 5%；（3）样品分析结果的 5%。若空白试验未满足以上要求，则应采取措施排除污染并重新分析同批样品。

水质　挥发性有机物的测定　顶空/气相色谱-质谱法（HJ 810—2016）

【适用范围】地表水、地下水、生活污水、工业废水和海水。

【采样容器】40 mL 棕色玻璃瓶，具硅橡胶-聚四氟乙烯衬垫螺旋盖。

【采样方法】采集样品时，不宜用水样进行荡洗，应使水样在样品瓶中溢流且不留空间。

【固定剂】（1）抗坏血酸+盐酸；（2）—。

【保存方法】（1）若水样中含有余氯，采样前，应向 40 mL 棕色采样瓶中加入 25 mg 的抗坏血酸。若水样中余氯含量超过 5 mg/L，应按比例增加抗坏血酸的加入量，余氯含量每增加 5 mg/L，则应多加入 25 mg 的抗坏血酸。样品采集后，应立即加入适量盐酸溶液，使样品 pH≤2，拧紧瓶盖，4℃以下冷藏，避光和密封保存。（2）当水样加盐酸溶液后有气泡产生，须重新采样，重新采集的样品不加盐酸溶液保存，样品标签上应注明未酸化。

【保存期】（1）14 d；（2）24 h。

【采样量】40 mL。

【容器洗涤】—

【检出限】全扫描模式：6 μg/L；离子选择扫描模式：0.6 μg/L。

【质量保证和质量控制】所有样品均采集平行双样。每批样品应至少做一个全程序空白：按照分析步骤，在实验室将一份实验用水放入样品瓶中密封，将其带到采样现场，与采样的样品瓶同时开盖和密封，之后随样品运回实验室。

生活饮用水标准检验方法　有机物指标（附录 A 吹脱捕集/气相色谱-质谱法测定挥发性有机化合物）（GB/T 5750.8—2006）

【适用范围】测定生活饮用水及其水源水。

【采样容器】40 mL 棕色玻璃瓶附螺旋盖及聚四氟乙烯垫片。

【采样方法】采样时，使水样在瓶中溢流出而不留气泡；若从开放的水体中采样，先用 1 L 的广口瓶或烧杯从有代表性的区域中采样，再小心把水样从广口瓶或烧杯中倒入样品瓶中。

【固定剂】（1）无余氯样品：盐酸溶液；（2）有余氯样品：抗坏血酸+盐酸。

【保存方法】（1）不含余氯的样品和现场空白，每 40 mL 水样中加 4 滴 4 mol/L 的盐酸做固定剂。4℃保存。（2）含余氯的样品和现场空白，在样品瓶中先加入抗坏血酸（每 40 mL 水样中加 25 mg），待样品瓶中充满水样并溢流后，每 20 mL 样品中加入 1 滴 4 mol/L 盐酸调节样品 pH＜2。4℃保存。

【保存期】14 d。

【采样量】40 mL。

【容器洗涤】—

【检出限】0.05 μg/L。

【质量保证和质量控制】所有样品均采集平行样，每批样品要带一个现场空白。

地表水和污水监测技术规范（HJ/T 91—2002）

【适用范围】对江河、湖泊、水库和渠道的水质监测，包括控制断面以及污染源排放污水的监测。

【采样容器】硬质玻璃瓶。

【采样方法】—

【固定剂】盐酸+抗坏血酸。

【保存方法】用（1+10）盐酸调至 pH=2，加入 0.01～0.02 g 抗坏血酸除去残余氯，0～4℃冷藏避光保存。

【保存期】12 h。

【采样量】1 000 mL。

【容器洗涤】洗涤剂洗 1 次，自来水洗 3 次，蒸馏水洗 1 次。

【检出限】—

【质量保证和质量控制】—

水质　样品的保存和管理技术规定（HJ 493—2009）

【适用范围】天然水、生活污水及工业废水。

【采样容器】硬质玻璃瓶。

【采样方法】—

【固定剂】盐酸+抗坏血酸。

【保存方法】用（1+10）盐酸调至 pH≤2，加入 0.01～0.02 g 抗坏血酸除去残余氯，1～5℃避光保存。

【保存期】12 h。

【采样量】1 000 mL。

【容器洗涤】—

【检出限】—

【质量保证和质量控制】—

2. 1,1,1-三氯乙烷

水质　挥发性有机物的测定　吹扫捕集/气相色谱-质谱法（HJ 639—2012）

【适用范围】海水、地下水、地表水、生活污水和工业废水。

【采样容器】40 mL 棕色玻璃瓶，具硅橡胶-聚四氟乙烯衬垫螺旋盖。

【采样方法】采样时不需用样品进行荡洗，水样在样品瓶中溢流而不留空间。取样时应尽量避免或减少样品在空气中暴露。

【固定剂】（1）抗坏血酸+盐酸；（2）—。

【保存方法】（1）每 40 mL 样品需加入 25 mg 的抗坏血酸；若样品中总余氯的量超过 5 mg/L，总余氯每超过 5 mg/L，需要多加 25 mg 的抗坏血酸。采样时，水样呈中性时向每个样品瓶中加入 0.5 mL 盐酸溶液，拧紧瓶盖；水样呈碱性时应加入适量盐酸溶液使样品 pH≤2。4℃保存。（2）当水样加盐酸溶液后产生大量气泡时，应弃去该样品，重新采集样品。重新采集的样品不应加盐酸溶液，样品标签上应注明未酸化。4℃保存。

【保存期】（1）14 d；（2）24 h。

【采样量】40 mL。

【容器洗涤】样品瓶应在采样前用甲醇清洗。

【检出限】全扫描模式：1.4 μg/L；离子选择扫描模式：0.4 μg/L。

【质量保证和质量控制】所有样品均采集平行双样。每批样品至少应采集一个运输空白和全程序空白样品。空白中目标化合物浓度应小于下列条件的最大值：（1）方法检出限；（2）相关环保标准限值的 5%；（3）样品分析结果的 5%。若空白试验未满足以上要求，则应采取措施排除污染并重新分析同批样品。

水质　挥发性有机物的测定　顶空/气相色谱-质谱法（HJ 810—2016）

【适用范围】地表水、地下水、生活污水、工业废水和海水。

【采样容器】40 mL 棕色玻璃瓶，具硅橡胶-聚四氟乙烯衬垫螺旋盖。

【采样方法】采集样品时，不宜用水样进行荡洗，应使水样在样品瓶中溢流且不留空间。

【固定剂】（1）抗坏血酸+盐酸；（2）—。

【保存方法】(1)若水样中含有余氯，采样前，应向 40 mL 棕色采样瓶中加入 25 mg 的抗坏血酸。若水样中余氯含量超过 5 mg/L，应按比例增加抗坏血酸的加入量，余氯含量每增加 5 mg/L，则应多加入 25 mg 的抗坏血酸。样品采集后，应立即加入适量盐酸溶液，使样品 pH≤2，拧紧瓶盖，4℃以下冷藏，避光和密封保存。(2)当水样加盐酸溶液后有气泡产生，须重新采样，重新采集的样品不加盐酸溶液保存，样品标签上应注明未酸化。

【保存期】(1)14 d；(2)24 h。

【采样量】40 mL。

【容器洗涤】—

【检出限】全扫描模式：3 μg/L；离子选择扫描模式：0.8 μg/L。

【质量保证和质量控制】所有样品均采集平行双样。每批样品应至少做一个全程序空白：按照分析步骤，在实验室将一份实验用水放入样品瓶中密封，将其带到采样现场，与采样的样品瓶同时开盖和密封，之后随样品运回实验室。

生活饮用水标准检验方法 有机物指标（附录 A 吹脱捕集/气相色谱-质谱法测定挥发性有机化合物）（GB/T 5750.8—2006）

【适用范围】测定生活饮用水及其水源水。

【采样容器】40 mL 棕色玻璃瓶附螺旋盖及聚四氟乙烯垫片。

【采样方法】采样时，使水样在瓶中溢流出而不留气泡；若从开放的水体中采样，先用 1 L 的广口瓶或烧杯从有代表性的区域中采样，再小心把水样从广口瓶或烧杯中倒入样品瓶中。

【固定剂】(1)无余氯样品：盐酸溶液；(2)有余氯样品：抗坏血酸+盐酸。

【保存方法】(1)不含余氯的样品和现场空白，每 40 mL 水样中加 4 滴 4 mol/L 的盐酸做固定剂。4℃保存。(2)含余氯的样品和现场空白，在样品瓶中先加入抗坏血酸（每 40 mL 水样中加 25 mg），待样品瓶中充满水样并溢流后，每 20 mL 样品中加入 1 滴 4 mol/L 盐酸调节样品 pH＜2。4℃保存。

【保存期】14 d。

【采样量】40 mL。

【容器洗涤】—

【检出限】0.08 μg/L。

【质量保证和质量控制】所有样品均采集平行样，每批样品要带一个现场空白。

地表水和污水监测技术规范（HJ/T 91—2002）

【适用范围】对江河、湖泊、水库和渠道的水质监测，包括控制断面以及污染源排放污水的监测。

【采样容器】硬质玻璃瓶。

【采样方法】—

【固定剂】盐酸+抗坏血酸。

【保存方法】用（1+10）盐酸调至 pH=2，加入 0.01～0.02 g 抗坏血酸除去残余氯，0～4℃冷藏避光保存。

【保存期】12 h。

【采样量】1 000 mL。

【容器洗涤】洗涤剂洗 1 次，自来水洗 3 次，蒸馏水洗 1 次。

【检出限】—

【质量保证和质量控制】—

水质　样品的保存和管理技术规定（HJ 493—2009）

【适用范围】天然水、生活污水及工业废水。

【采样容器】硬质玻璃瓶。

【采样方法】—

【固定剂】盐酸+抗坏血酸。

【保存方法】用（1+10）盐酸调至 pH≤2，加入 0.01～0.02 g 抗坏血酸除去残余氯，1～5℃避光保存。

【保存期】12 h。

【采样量】1 000 mL。

【容器洗涤】—

【检出限】—

【质量保证和质量控制】—

3. 1,1,2,2-四氯乙烷

水质　挥发性有机物的测定　吹扫捕集/气相色谱-质谱法（HJ 639—2012）

【适用范围】海水、地下水、地表水、生活污水和工业废水。

【采样容器】40 mL 棕色玻璃瓶，具硅橡胶-聚四氟乙烯衬垫螺旋盖。

【采样方法】采样时不需用样品进行荡洗，水样在样品瓶中溢流而不留空间。取样时应尽量避免或减少样品在空气中暴露。

【固定剂】（1）抗坏血酸+盐酸；（2）—。

【保存方法】（1）每 40 mL 样品需加入 25 mg 的抗坏血酸；若样品中总余氯的量超过 5 mg/L，总余氯每超过 5 mg/L，需要多加 25 mg 的抗坏血酸。采样时，水样呈中性时向每个样品瓶中加入 0.5 mL 盐酸溶液，拧紧瓶盖；水样呈碱性时应加入适量盐酸溶液使样品 pH≤2。4℃保存。（2）当水样加盐酸溶液后产生大量气泡时，应弃去该样品，重新采集样品。重新采集的样品不应加盐酸溶液，样品标签上应注明未酸化。4℃保存。

【保存期】（1）14 d；（2）24 h。

【采样量】40 mL。

【容器洗涤】样品瓶应在采样前用甲醇清洗。

【检出限】全扫描模式：1.1 μg/L；离子选择扫描模式：0.4 μg/L。

【质量保证和质量控制】所有样品均采集平行双样。每批样品至少应采集一个运输空白和全程序空白样品。空白中目标化合物浓度应小于下列条件的最大值：（1）方法检出限；（2）相关环保标准限值的 5%；（3）样品分析结果的 5%。若空白试验未满足以上要求，则应采取措施排除污染并重新分析同批样品。

水质　挥发性有机物的测定　顶空/气相色谱-质谱法（HJ 810—2016）

【适用范围】地表水、地下水、生活污水、工业废水和海水。

【采样容器】40 mL 棕色玻璃瓶，具硅橡胶-聚四氟乙烯衬垫螺旋盖。

【采样方法】采集样品时，不宜用水样进行荡洗，应使水样在样品瓶中溢流且不留空间。

【固定剂】（1）抗坏血酸+盐酸；（2）—。

【保存方法】（1）若水样中含有余氯，采样前，应向 40 mL 棕色采样瓶中加入 25 mg 的抗坏血酸。若水样中余氯含量超过 5 mg/L，应按比例增加抗坏血酸的加入量，余氯含量每增加 5 mg/L，则应多加入 25 mg 的抗坏血酸。样品采集后，应立即加入适量盐酸溶液，使样品 pH≤2，拧紧瓶盖，4℃以下冷藏，避光和密封保存。（2）当水样加盐酸溶液后有气泡产生，须重新采样，重新采集的样品不加盐酸溶液保存，样品标签上应注明未酸化。

【保存期】（1）14 d；（2）24 h。

【采样量】40 mL。

【容器洗涤】—

【检出限】全扫描模式：7 μg/L；离子选择扫描模式：0.9 μg/L。

【质量保证和质量控制】所有样品均采集平行双样。每批样品应至少做一个全程序空白：按照分析步骤，在实验室将一份实验用水放入样品瓶中密封，将其带到采样现场，与采样的样品瓶同时开盖和密封，之后随样品运回实验室。

生活饮用水标准检验方法　有机物指标（附录 A 吹脱捕集/气相色谱-质谱法测定挥发性有机化合物）（GB/T 5750.8—2006）

【适用范围】测定生活饮用水及其水源水。

【采样容器】40 mL 棕色玻璃瓶附螺旋盖及聚四氟乙烯垫片。

【采样方法】采样时，使水样在瓶中溢流出而不留气泡；若从开放的水体中采样，先用 1 L 的广口瓶或烧杯从有代表性的区域中采样，再小心把水样从广口瓶或烧杯中倒入样品瓶中。

【固定剂】（1）无余氯样品：盐酸溶液；（2）有余氯样品：抗坏血酸+盐酸。

【保存方法】（1）不含余氯的样品和现场空白，每 40 mL 水样中加 4 滴 4 mol/L 的盐酸做固定剂。4℃保存。（2）含余氯的样品和现场空白，在样品瓶中先加入抗坏血酸（每 40 mL 水样中加 25 mg），待样品瓶中充满水样并溢流后，每 20 mL 样品中加入 1 滴 4 mol/L 盐酸调节样品 pH＜2。4℃保存。

【保存期】14 d。

【采样量】40 mL。

【容器洗涤】—

【检出限】0.04 μg/L。

【质量保证和质量控制】所有样品均采集平行样，每批样品要带一个现场空白。

地表水和污水监测技术规范（HJ/T 91—2002）

【适用范围】对江河、湖泊、水库和渠道的水质监测，包括控制断面以及污染源排放污水的监测。

【采样容器】硬质玻璃瓶。

【采样方法】—

【固定剂】盐酸+抗坏血酸。

【保存方法】用（1+10）盐酸调至 pH=2，加入 0.01～0.02g 抗坏血酸除去残余氯，0～4℃冷藏避光保存。

【保存期】12 h。

【采样量】1 000 mL。

【容器洗涤】洗涤剂洗 1 次，自来水洗 3 次，蒸馏水洗 1 次。

【检出限】—

【质量保证和质量控制】—

水质　样品的保存和管理技术规定（HJ 493—2009）

【适用范围】天然水、生活污水及工业废水。

【采样容器】硬质玻璃瓶。

【采样方法】—

【固定剂】盐酸+抗坏血酸。

【保存方法】用（1+10）盐酸调至 pH≤2，加入 0.01～0.02 g 抗坏血酸除去残余氯，1～5℃避光保存。

【保存期】12 h。

【采样量】1 000 mL。

【容器洗涤】—

【检出限】—

【质量保证和质量控制】—

4. 1,1,2-三氯乙烷

水质　挥发性有机物的测定　吹扫捕集/气相色谱-质谱法（HJ 639—2012）

【适用范围】海水、地下水、地表水、生活污水和工业废水。

【采样容器】40 mL 棕色玻璃瓶，具硅橡胶-聚四氟乙烯衬垫螺旋盖。

【采样方法】采样时不需用样品进行荡洗，水样在样品瓶中溢流而不留空间。取样时应尽量避免或减少样品在空气中暴露。

【固定剂】（1）抗坏血酸+盐酸；（2）—。

【保存方法】（1）每 40 mL 样品需加入 25 mg 的抗坏血酸；若样品中总余氯的量超过 5 mg/L，总余氯每超过 5 mg/L，需要多加 25 mg 的抗坏血酸。采样时，水样呈中性时向每个样品瓶中加入 0.5 mL 盐酸溶液，拧紧瓶盖；水样呈碱性时应加入适量盐酸溶液使样品 pH≤2。4℃保存。（2）当水样加盐酸溶液后产生大量气泡时，应弃去该样品，重新采集样品。重新采集的样品不应加盐酸溶液，样品标签上应注明未酸化。4℃保存。

【保存期】（1）14 d；（2）24 h。

【采样量】40 mL。

【容器洗涤】样品瓶应在采样前用甲醇清洗。

【检出限】全扫描模式：1.5 μg/L；离子选择扫描模式：0.4 μg/L。

【质量保证和质量控制】所有样品均采集平行双样。每批样品至少应采集一个运输空白和全程序空白样品。空白中目标化合物浓度应小于下列条件的最大值：（1）方法检出限；（2）相关环保标准限值的 5%；（3）样品分析结果的 5%。若空白试验未满足以上要求，则应采取措施排除污染并重新分析同批样品。

水质　挥发性有机物的测定　顶空/气相色谱-质谱法（HJ 810—2016）

【适用范围】地表水、地下水、生活污水、工业废水和海水。

【采样容器】40 mL 棕色玻璃瓶，具硅橡胶-聚四氟乙烯衬垫螺旋盖。

【采样方法】采集样品时，不宜用水样进行荡洗，应使水样在样品瓶中溢流且不留空间。

【固定剂】（1）抗坏血酸+盐酸；（2）—。

【保存方法】（1）若水样中含有余氯，采样前，应向 40 mL 棕色采样瓶中加入 25 mg 的抗坏血酸。若水样中余氯含量超过 5 mg/L，应按比例增加抗坏血酸的加入量，余氯含量每增加 5 mg/L，则应多加入 25 mg 的抗坏血酸。样品采集后，应立即加入适量盐酸溶液，使样品 pH≤2，拧紧瓶盖，4℃以下冷藏，避光和密封保存。（2）当水样加盐酸溶液后有气泡产生，须重新采样，重新采集的样品不加盐酸溶液保存，样品标签上应注明未酸化。

【保存期】（1）14 d；（2）24 h。

【采样量】40 mL。

【容器洗涤】—

【检出限】全扫描模式：5 μg/L；离子选择扫描模式：0.9 μg/L。

【质量保证和质量控制】所有样品均采集平行双样。每批样品应至少做一个全程序空白：按照分析步骤，在实验室将一份实验用水放入样品瓶中密封，将其带到采样现场，与采样的样品瓶同时开盖和密封，之后随样品运回实验室。

生活饮用水标准检验方法　有机物指标（附录 A 吹脱捕集/气相色谱-质谱法测定挥发性有机化合物）（GB/T 5750.8—2006）

【适用范围】测定生活饮用水及其水源水。

【采样容器】40 mL 棕色玻璃瓶附螺旋盖及聚四氟乙烯垫片。

【采样方法】采样时，使水样在瓶中溢流出而不留气泡；若从开放的水体中采样，先用 1 L 的广口瓶或烧杯从有代表性的区域中采样，再小心把水样从广口瓶或烧杯中倒入样品瓶中。

【固定剂】（1）无余氯样品：盐酸溶液；（2）有余氯样品：抗坏血酸+盐酸。

【保存方法】（1）不含余氯的样品和现场空白，每 40 mL 水样中加 4 滴 4 mol/L 的盐酸做固定剂。4℃保存。（2）含余氯的样品和现场空白，在样品瓶中先加入抗坏血酸（每 40 mL 水样中加 25 mg），待样品瓶中充满水样并溢流后，每 20 mL 样品中加入 1 滴 4 mol/L 盐酸调节样品 pH＜2。4℃保存。

【保存期】14 d。

【采样量】40 mL。

【容器洗涤】—

【检出限】0.10 μg/L。

【质量保证和质量控制】所有样品均采集平行样，每批样品要带一个现场空白。

地表水和污水监测技术规范（HJ/T 91—2002）

【适用范围】对江河、湖泊、水库和渠道的水质监测，包括控制断面以及污染源排放污水的监测。

【采样容器】硬质玻璃瓶。

【采样方法】—

【固定剂】盐酸+抗坏血酸。

【保存方法】用（1+10）盐酸调至 pH=2，加入 0.01～0.02 g 抗坏血酸除去残余氯，0～4℃冷藏避光保存。

【保存期】12 h。

【采样量】1 000 mL。

【容器洗涤】洗涤剂洗 1 次，自来水洗 3 次，蒸馏水洗 1 次。

【检出限】—

【质量保证和质量控制】—

水质　样品的保存和管理技术规定（HJ 493—2009）

【适用范围】天然水、生活污水及工业废水。

【采样容器】硬质玻璃瓶。

【采样方法】—

【固定剂】盐酸+抗坏血酸。

【保存方法】用（1+10）盐酸调至 pH≤2，加入 0.01～0.02 g 抗坏血酸除去残余氯，1～5℃避光保存。

【保存期】12 h。

【采样量】1 000 mL。

【容器洗涤】—

【检出限】—

【质量保证和质量控制】—

5. 1,1-二氯丙烯

水质　挥发性有机物的测定　吹扫捕集/气相色谱-质谱法（HJ 639—2012）

【适用范围】海水、地下水、地表水、生活污水和工业废水。

【采样容器】40 mL 棕色玻璃瓶，具硅橡胶-聚四氟乙烯衬垫螺旋盖。

【采样方法】采样时不需用样品进行荡洗，水样在样品瓶中溢流而不留空间。取样时应尽量避免或减少样品在空气中暴露。

【固定剂】（1）抗坏血酸+盐酸；（2）—。

【保存方法】（1）每 40 mL 样品需加入 25 mg 的抗坏血酸；若样品中总余氯的量超过 5 mg/L，总余氯每超过 5 mg/L，需要多加 25 mg 的抗坏血酸。采样时，水样呈中性时向每个样品瓶中加入 0.5 mL 盐酸溶液，拧紧瓶盖；水样呈碱性时应加入适量盐酸溶液使样品 pH≤2。4℃保存。（2）当水样加盐酸溶液后产生大量气泡时，应弃去该样品，重新采集样品。重新采集的样品不应加盐酸溶液，样品标签上应注明未酸化。4℃保存。

【保存期】（1）14 d；（2）24 h。

【采样量】40 mL。

【容器洗涤】样品瓶应在采样前用甲醇清洗。

【检出限】全扫描模式：1.2 μg/L；离子选择扫描模式：0.3 μg/L。

【质量保证和质量控制】所有样品均采集平行双样。每批样品至少应采集一个运输空白和全程序空白样品。空白中目标化合物浓度应小于下列条件的最大值：（1）方法检出限；（2）相关环保标准限值的 5%；（3）样品分析结果的 5%。若空白试验未满足以上要求，则应采取措施排除污染并重新分析同批样品。

水质　挥发性有机物的测定　顶空/气相色谱-质谱法（HJ 810—2016）

【适用范围】地表水、地下水、生活污水、工业废水和海水。

【采样容器】40 mL 棕色玻璃瓶，具硅橡胶-聚四氟乙烯衬垫螺旋盖。

【采样方法】采集样品时，不宜用水样进行荡洗，应使水样在样品瓶中溢流且不留空间。

【固定剂】（1）抗坏血酸+盐酸；（2）—。

【保存方法】（1）若水样中含有余氯，采样前，应向 40 mL 棕色采样瓶中加入 25 mg 的抗坏血酸。若水样中余氯含量超过 5 mg/L，应按比例增加抗坏血酸的加入量，余氯含量每增加 5 mg/L，则应多加入 25 mg 的抗坏血酸。样品采集后，应立即加入适量盐酸溶液，使样品 pH≤2，拧紧瓶盖，4℃以下冷藏，避光和密封保存。（2）当水样加盐酸溶液后有气泡产生，须重新采样，重新采集的样品不加盐酸溶液保存，样品标签上应注明未酸化。

【保存期】（1）14 d；（2）24 h。

【采样量】40 mL。

【容器洗涤】—

【检出限】全扫描模式：4 μg/L；离子选择扫描模式：1.0 μg/L。

【质量保证和质量控制】所有样品均采集平行双样。每批样品应至少做一个全程序空白：按照分析步骤，在实验室将一份实验用水放入样品瓶中密封，将其带到采样现场，与采样的样品瓶同时开盖和密封，之后随样品运回实验室。

生活饮用水标准检验方法　有机物指标（附录 A 吹脱捕集/气相色谱-质谱法测定挥发性有机化合物）（GB/T 5750.8—2006）

【适用范围】测定生活饮用水及其水源水。

【采样容器】40 mL 棕色玻璃瓶附螺旋盖及聚四氟乙烯垫片。

【采样方法】采样时，使水样在瓶中溢流出而不留气泡；若从开放的水体中采样，先用 1 L 的广口瓶或烧杯从有代表性的区域中采样，再小心把水样从广口瓶或烧杯中倒入样品瓶中。

【固定剂】（1）无余氯样品：盐酸溶液；（2）有余氯样品：抗坏血酸+盐酸。

【保存方法】（1）不含余氯的样品和现场空白，每 40 mL 水样中加 4 滴 4 mol/L 的盐酸做固定剂。4℃保存。（2）含余氯的样品和现场空白，在样品瓶中先加入抗坏血酸（每 40 mL 水样中加 25 mg），待样品瓶中充满水样并溢流后，每 20 mL 样品中加入 1 滴 4 mol/L 盐酸调节样品 pH＜2。4℃保存。

【保存期】14 d。

【采样量】40 mL。

【容器洗涤】—

【检出限】0.10 μg/L。

【质量保证和质量控制】所有样品均采集平行样，每批样品要带一个现场空白。

地表水和污水监测技术规范（HJ/T 91—2002）

【适用范围】对江河、湖泊、水库和渠道的水质监测，包括控制断面以及污染源排放污水的监测。

【采样容器】硬质玻璃瓶。

【采样方法】—

【固定剂】盐酸+抗坏血酸。

【保存方法】用（1+10）盐酸调至 pH=2，加入 0.01～0.02 g 抗坏血酸除去残余氯，0～4℃冷藏避光保存。

【保存期】12 h。

【采样量】1 000 mL。

【容器洗涤】洗涤剂洗 1 次，自来水洗 3 次，蒸馏水洗 1 次。

【检出限】—

【质量保证和质量控制】—

水质　样品的保存和管理技术规定（HJ 493—2009）

【适用范围】天然水、生活污水及工业废水。

【采样容器】硬质玻璃瓶。

【采样方法】—

【固定剂】盐酸+抗坏血酸。

【保存方法】用（1+10）盐酸调至 pH≤2，加入 0.01～0.02 g 抗坏血酸除去残余氯，1～5℃避光保存。

【保存期】12 h。

【采样量】1 000 mL。

【容器洗涤】—

【检出限】—

【质量保证和质量控制】—

6. 1,1-二氯乙烷

生活饮用水标准检验方法　有机物指标（附录 A 吹脱捕集/气相色谱-质谱法测定挥发性有机化合物）（GB/T 5750.8—2006）

【适用范围】测定生活饮用水及其水源水。

【采样容器】40 mL 棕色玻璃瓶附螺旋盖及聚四氟乙烯垫片。

【采样方法】采样时，使水样在瓶中溢流出而不留气泡；若从开放的水体中采样，先用 1 L 的广口瓶或烧杯从有代表性的区域中采样，再小心把水样从广口瓶或烧杯中倒入样品瓶中。

【固定剂】（1）无余氯样品：盐酸溶液；（2）有余氯样品：抗坏血酸+盐酸。

【保存方法】（1）不含余氯的样品和现场空白，每 40 mL 水样中加 4 滴 4 mol/L 的盐酸做固定剂。4℃保存。（2）含余氯的样品和现场空白，在样品瓶中先加入抗坏血酸（每 40 mL 水样中加 25 mg），待样品瓶中充满水样并溢流后，每 20 mL 样品中加入 1 滴 4 mol/L 盐酸调节样品 pH＜2。4℃保存。

【保存期】14 d。

【采样量】40 mL。

【容器洗涤】—

【检出限】0.04 μg/L。

【质量保证和质量控制】所有样品均采集平行样，每批样品要带一个现场空白。

生活饮用水标准检验方法　消毒副产物指标（5.1 顶空气相色谱法）（GB/T 5750.10—2006）

【适用范围】测定生活饮用水及其水源水。

【采样容器】细口瓶。

【采样方法】水样之满瓶（不应有气泡），立即用垫有聚四氟乙烯薄膜（或铝箔）的翻好胶塞盖好。

【固定剂】—

【保存方法】4℃冷藏保存。

【保存期】4 h。

【采样量】2 500 mL。

【容器洗涤】—

【检出限】8 μg/L。

【质量保证和质量控制】—

7. 1,1-二氯乙烯

水质　挥发性有机物的测定　吹扫捕集/气相色谱法（HJ 686—2014）

【适用范围】地表水、地下水、生活污水和工业废水中挥发性有机物的测定。

【采样容器】40 mL 棕色玻璃瓶，螺旋盖（带聚四氟乙烯涂层密封垫）。

【采样方法】样品采集时不需用水样荡洗。

【固定剂】（1）无余氯样品：盐酸溶液；（2）有余氯样品：抗坏血酸+盐酸。

【保存方法】无余氯样品：0.5 mL 盐酸溶液，4℃保存；有余氯样品：加入约 25 mg 抗坏血酸，再加 0.5 mL 盐酸溶液，4℃保存。

【保存期】14 d。

【采样量】40 mL。

【容器洗涤】采样瓶应在采样前充分清洗。

【检出限】0.1 μg/L。

【质量保证和质量控制】所有样品均采集平行双样，每批样品带一个全程序空白和一个运输空白。（1）空白分析。①运输空白。采样前在实验室将一份空白试剂水放入样品瓶中密封，将其带到现场。采样时瓶盖一直处于密封状态，随样品运回实验室，按与样品相同的分析步骤进行处理和测定，用于检查样品运输过程中是否受到污染。②全程序空白。采样前在实验室将一份空白试剂水放入样品瓶中密封，将其带到现场。与采样的样品瓶同时开盖和密封，随样品运回实验室，按与样品相同的分析步骤进行处理和测定，用于检查样品采集到分析全过程是否受到污染。如全程序空白中目标化合物高于检出限时，不能从样品结果中扣除空白值。应检查所有可能对全程序空白产生影响的环节，仔细查找干扰源。如果确实发现采样、运输或保存过程存在影响分析结果的干扰，需对出现问题批次的样品进行重新采样分析。（2）平行样品的测定。虽然每个样品均采集平行双样，一般每 10 个样品或每批次（少于 10 个样品/批）分析一个平行样，平行样品测定结果的相对偏差<20%。

水质　挥发性有机物的测定　吹扫捕集/气相色谱-质谱法（HJ 639—2012）

【适用范围】海水、地下水、地表水、生活污水和工业废水。

【采样容器】40 mL 棕色玻璃瓶，具硅橡胶-聚四氟乙烯衬垫螺旋盖。

【采样方法】采样时不需用样品进行荡洗，水样在样品瓶中溢流而不留空间。取样时应尽量避免或减少样品在空气中暴露。

【固定剂】（1）抗坏血酸+盐酸；（2）—。

【保存方法】（1）每 40 mL 样品需加入 25 mg 的抗坏血酸；若样品中总余氯的量超过 5 mg/L，总余氯每超过 5 mg/L，需要多加 25 mg 的抗坏血酸。采样时，水样呈中性时向每个样品瓶中加入 0.5 mL 盐酸溶液，拧紧瓶盖；水样呈碱性时应加入适量盐酸溶液使样品 pH≤2。4℃保存。（2）当水样加盐酸溶液后产生大量气泡时，应弃去该样品，重新采集样品。重新采集的样品不应加盐酸溶液，样品标签上应注明未酸化。4℃保存。

【保存期】（1）14 d；（2）24 h。

【采样量】40 mL。

【容器洗涤】样品瓶应在采样前用甲醇清洗。

【检出限】全扫描模式：1.2 μg/L；离子选择扫描模式：0.4 μg/L。

【质量保证和质量控制】所有样品均采集平行双样。每批样品至少应采集一个运输空白和全程序空白样品。空白中目标化合物浓度应小于下列条件的最大值：（1）方法检出限；（2）相关环保标准限值的 5%；（3）样品分析结果的 5%。若空白试验未满足以上要求，则应采取措施排除污染并重新分析同批样品。

水质　挥发性有机物的测定　顶空/气相色谱-质谱法（HJ 810—2016）

【适用范围】地表水、地下水、生活污水、工业废水和海水。

【采样容器】40 mL 棕色玻璃瓶，具硅橡胶-聚四氟乙烯衬垫螺旋盖。

【采样方法】采集样品时，不宜用水样进行荡洗，应使水样在样品瓶中溢流且不留空间。

【固定剂】（1）抗坏血酸+盐酸；（2）—。

【保存方法】（1）若水样中含有余氯，采样前，应向 40 mL 棕色采样瓶中加入 25 mg 的抗坏血酸。若水样中余氯含量超过 5 mg/L，应按比例增加抗坏血酸的加入量，余氯含量每增加 5 mg/L，则应多加入 25 mg 的抗坏血酸。样品采集后，应立即加入适量盐酸溶液，使样品 pH≤2，拧紧瓶盖，4℃以下冷藏，避光和密封保存。（2）当水样加盐酸溶液后有气泡产生，须重新采样，重新采集的样品不加盐酸溶液保存，样品标签上应注明未酸化。

【保存期】（1）14 d；（2）24 h。

【采样量】40 mL。

【容器洗涤】—

【检出限】全扫描模式：6 μg/L；离子选择扫描模式：1.3 μg/L。

【质量保证和质量控制】所有样品均采集平行双样。每批样品应至少做一个全程序空白：按照分析步骤，在实验室将一份实验用水放入样品瓶中密封，将其带到采样现场，与采样的样品瓶同时开盖和密封，之后随样品运回实验室。

水质　挥发性卤代烃的测定　顶空气相色谱法（HJ 620—2011）

【适用范围】地表水、地下水、饮用水、海水、工业废水和生活污水。

【采样容器】具聚四氟乙烯衬垫和实心螺旋盖。

【采样方法】采样时样品沿瓶壁注入，防止气泡产生，水样充满后不留液上空间。

【固定剂】抗坏血酸或硫代硫酸钠。

【保存方法】如果水样含有余氯，向采样瓶中加入 0.3～0.5 g 抗坏血酸或硫代硫酸钠。水样采集后立即放入 4℃左右冷藏保存。

【保存期】7 d。

【采样量】40 mL。

【容器洗涤】—

【检出限】2.38 μg/L。

【质量保证和质量控制】所有样品均采集平行样。平行样品每分析一批（20 个）样品至少做 10%的平行样品测定，平行样品相对偏差在 30%以内。

生活饮用水标准检验方法　有机物指标（5.1 吹扫捕集气相色谱法）（GB/T 5750.8—2006）

【适用范围】测定生活饮用水及其水源水。

【采样容器】玻璃瓶，具有用聚四氟乙烯薄膜包硅橡胶垫的螺旋盖。

【采样方法】水样至满瓶，密封。

【固定剂】（1+1）盐酸；含有余氯样品：抗坏血酸。

【保存方法】水样中不含余氯可加 4 滴（1+1）盐酸；若含有余氯，采样时先加 40 mg 抗坏血酸，样品保存在 4℃冷藏。

【保存期】—

【采样量】40 mL。

【容器洗涤】—

【检出限】0.02 μg/L。

【质量保证和质量控制】—

生活饮用水标准检验方法　有机物指标（附录 A 吹脱捕集/气相色谱-质谱法测定挥发性有机化合物）（GB/T 5750.8—2006）

【适用范围】测定生活饮用水及其水源水。

【采样容器】40 mL 棕色玻璃瓶附螺旋盖及聚四氟乙烯垫片。

【采样方法】采样时，使水样在瓶中溢流出而不留气泡；若从开放的水体中采样，先用 1 L 的广口瓶或烧杯从有代表性的区域中采样，再小心把水样从广口瓶或烧杯中倒入样品瓶中。

【固定剂】（1）无余氯样品：盐酸溶液；（2）有余氯样品：抗坏血酸+盐酸。

【保存方法】（1）不含余氯的样品和现场空白，每 40 mL 水样中加 4 滴 4 mol/L 的盐酸做固定剂。4℃保存。（2）含余氯的样品和现场空白，在样品瓶中先加入抗坏血酸（每 40 mL 水样中加 25 mg），待样品瓶中充满水样并溢流后，每 20 mL 样品中加入 1 滴 4 mol/L 盐酸调节样品 pH＜2。4℃保存。

【保存期】14 d。

【采样量】40 mL。

【容器洗涤】—

【检出限】0.12 μg/L。

【质量保证和质量控制】所有样品均采集平行样，每批样品要带一个现场空白。

地表水和污水监测技术规范（HJ/T 91—2002）

【适用范围】对江河、湖泊、水库和渠道的水质监测，包括控制断面以及污染源排放污水的监测。

【采样容器】硬质玻璃瓶。

【采样方法】—

【固定剂】盐酸+抗坏血酸。

【保存方法】用（1+10）盐酸调至 pH=2，加入 0.01～0.02 g 抗坏血酸除去残余氯，0～4℃冷藏避光保存。

【保存期】12 h。

【采样量】1 000 mL。

【容器洗涤】洗涤剂洗 1 次，自来水洗 3 次，蒸馏水洗 1 次。

【检出限】—

【质量保证和质量控制】—

水质　样品的保存和管理技术规定（HJ 493—2009）

【适用范围】天然水、生活污水及工业废水。

【采样容器】硬质玻璃瓶。

【采样方法】—

【固定剂】盐酸+抗坏血酸。

【保存方法】用（1+10）盐酸调至 pH≤2，加入 0.01～0.02 g 抗坏血酸除去残余氯，1～5℃避光保存。

【保存期】12 h。

【采样量】1 000 mL。

【容器洗涤】—

【检出限】—

【质量保证和质量控制】—

8. 1,2,3,4-四氯苯

水质　氯苯类化合物的测定　气相色谱法（HJ 621—2011）

【适用范围】地表水、地下水、饮用水、海水、工业废水和生活污水。

【采样容器】棕色玻璃瓶。

【采样方法】样品充满采样瓶。用内衬聚四氟乙烯硅胶垫（或铝箔垫）的瓶盖密封。

【固定剂】浓硫酸。

【保存方法】采样时每升水样中加入 1.0 mL 浓硫酸，于 2～5℃下保存。

【保存期】7 d。

【采样量】1 000 mL。

【容器洗涤】—

【检出限】0.02 μg/L。

【质量保证和质量控制】空白样品：每批样品应至少分析一个全程序空白样，全程序空白测定值应低于检出限。

水质　有机氯农药和氯苯类化合物的测定　气相色谱-质谱法（HJ 699—2014）

【适用范围】地表水、地下水、生活污水、工业废水和海水。

【采样容器】玻璃塞的棕色磨口瓶或具有聚四氟乙烯衬垫的棕色螺口玻璃瓶。

【采样方法】—

【固定剂】（1+1）盐酸。

【保存方法】样品采集后立即用（1+1）盐酸溶液调节 pH＜2，4℃下保存。

【保存期】7 d 内完成萃取，萃取液在 40 d 内完成分析。

【采样量】—

【容器洗涤】—

【检出限】液液萃取：0.038 μg/L；固相萃取：0.025 μg/L。

【质量保证和质量控制】空白试验：每批样品至少做一个空白试验，即全程序空白试验。如果目标化合物有检出，应查明原因。

9. 1,2,3,5-四氯苯

水质　氯苯类化合物的测定　气相色谱法（HJ 621—2011）

【适用范围】地表水、地下水、饮用水、海水、工业废水和生活污水。

【采样容器】棕色玻璃瓶。

【采样方法】样品充满采样瓶。用内衬聚四氟乙烯硅胶垫（或铝箔垫）的瓶盖密封。

【固定剂】浓硫酸。

【保存方法】采样时每升水样中加入 1.0 mL 浓硫酸，于 2～5℃下保存。

【保存期】7 d。

【采样量】1 000 mL。

【容器洗涤】—

【检出限】0.02 μg/L。

【质量保证和质量控制】空白样品：每批样品应至少分析一个全程序空白样，全程序空白测定值应低于检出限。

水质　有机氯农药和氯苯类化合物的测定　气相色谱-质谱法（HJ 699—2014）

【适用范围】地表水、地下水、生活污水、工业废水和海水。

【采样容器】玻璃塞的棕色磨口瓶或具有聚四氟乙烯衬垫的棕色螺口玻璃瓶。

【采样方法】—

【固定剂】（1+1）盐酸。

【保存方法】样品采集后立即用（1+1）盐酸溶液调节 pH＜2，4℃下保存。

【保存期】7 d 内完成萃取，萃取液在 40 d 内完成分析。

【采样量】—

【容器洗涤】—

【检出限】液液萃取：0.038 μg/L；固相萃取：0.024 μg/L。

【质量保证和质量控制】空白试验：每批样品至少做一个空白试验，即全程序空白试验。如果目标化合物有检出，应查明原因。

10. 1,2,3-三氯苯

水质　挥发性有机物的测定　吹扫捕集/气相色谱-质谱法（HJ 639—2012）

【适用范围】海水、地下水、地表水、生活污水和工业废水。

【采样容器】40 mL 棕色玻璃瓶，具硅橡胶-聚四氟乙烯衬垫螺旋盖。

【采样方法】采样时不需用样品进行荡洗，水样在样品瓶中溢流而不留空间。取样时应尽量避免或减少样品在空气中暴露。

【固定剂】（1）抗坏血酸+盐酸；（2）—。

【保存方法】（1）每 40 mL 样品需加入 25 mg 的抗坏血酸；若样品中总余氯的量超过 5 mg/L，总余氯每超过 5 mg/L，需要多加 25 mg 的抗坏血酸。采样时，水样呈中性时向每个样品瓶中加入 0.5 mL 盐酸溶液，拧紧瓶盖；水样呈碱性时应加入适量盐酸溶液使样品 pH≤2。4℃保存。（2）当水样加盐酸溶液后产生大量气泡时，应弃去该样品，重新采集样品。重新采集的样品不应加盐酸溶液，样品标签上应注明未酸化。4℃保存。

【保存期】（1）14 d；（2）24 h。

【采样量】40 mL。

【容器洗涤】样品瓶应在采样前用甲醇清洗。

【检出限】全扫描模式：1.0 μg/L；离子选择扫描模式：0.5 μg/L。

【质量保证和质量控制】所有样品均采集平行双样。每批样品至少应采集一个运输空白和全程序空白样品。空白中目标化合物浓度应小于下列条件的最大值：（1）方法检出限；（2）相关环保标准限值的 5%；（3）样品分析结果的 5%。若空白试验未满足以上要求，则应采取措施排除污染并重新分析同批样品。

水质　挥发性有机物的测定　顶空/气相色谱-质谱法（HJ 810—2016）

【适用范围】地表水、地下水、生活污水、工业废水和海水。

【采样容器】40 mL 棕色玻璃瓶，具硅橡胶-聚四氟乙烯衬垫螺旋盖。

【采样方法】采集样品时，不宜用水样进行荡洗，应使水样在样品瓶中溢流且不留空间。

【固定剂】（1）抗坏血酸+盐酸；（2）—。

【保存方法】（1）若水样中含有余氯，采样前，应向 40 mL 棕色采样瓶中加入 25 mg 的抗坏血酸。若水样中余氯含量超过 5 mg/L，应按比例增加抗坏血酸的加入量，余氯含量每增加 5 mg/L，则应多加入 25 mg 的抗坏血酸。样品采集后，应立即加入适量盐酸溶液，使样品 pH≤2，拧紧瓶盖，4℃以下冷藏，避光和密封保存。（2）当水样加盐酸溶液后有气泡产生，须重新采样，重新采集的样品不加盐酸溶液保存，样品标签上应注明未酸化。

【保存期】（1）14 d；（2）24 h。

【采样量】40 mL。

【容器洗涤】—

【检出限】全扫描模式：8 μg/L；离子选择扫描模式：0.5 μg/L。

【质量保证和质量控制】所有样品均采集平行双样。每批样品应至少做一个全程序空白：按照分析步骤，在实验室将一份实验用水放入样品瓶中密封，将其带到采样现场，与采样的样品瓶同时开盖和密封，之后随样品运回实验室。

水质　氯苯类化合物的测定　气相色谱法（HJ 621—2011）

【适用范围】地表水、地下水、饮用水、海水、工业废水和生活污水。

【采样容器】棕色玻璃瓶。

【采样方法】样品充满采样瓶。用内衬聚四氟乙烯硅胶垫（或铝箔垫）的瓶盖密封。

【固定剂】浓硫酸。

【保存方法】采样时每升水样中加入 1.0 mL 浓硫酸，于 2～5℃下保存。

【保存期】7 d。

【采样量】1 000 mL。

【容器洗涤】—

【检出限】0.08 μg/L。

【质量保证和质量控制】空白样品：每批样品应至少分析一个全程序空白样，全程序空白测定值应低于检出限。

水质　有机氯农药和氯苯类化合物的测定　气相色谱-质谱法（HJ 699—2014）

【适用范围】地表水、地下水、生活污水、工业废水和海水。

【采样容器】玻璃塞的棕色磨口瓶或具有聚四氟乙烯衬垫的棕色螺口玻璃瓶。

【采样方法】—

【固定剂】（1+1）盐酸。

【保存方法】样品采集后立即用（1+1）盐酸溶液调节 pH＜2，4℃下保存。

【保存期】7 d 内完成萃取，萃取液在 40 d 内完成分析。

【采样量】—

【容器洗涤】—

【检出限】液液萃取：0.046 μg/L；固相萃取：0.028 μg/L。

【质量保证和质量控制】空白试验：每批样品至少做一个空白试验，即全程序空白试验。如果目标化合物有检出，应查明原因。

生活饮用水标准检验方法　有机物指标（附录 A 吹脱捕集/气相色谱-质谱法测定挥发性有机化合物）（GB/T 5750.8—2006）

【适用范围】测定生活饮用水及其水源水。

【采样容器】40 mL 棕色玻璃瓶附螺旋盖及聚四氟乙烯垫片。

【采样方法】采样时，使水样在瓶中溢流出而不留气泡；若从开放的水体中采样，先用 1 L 的广口瓶或烧杯从有代表性的区域中采样，再小心把水样从广口瓶或烧杯中倒入样品瓶中。

【固定剂】（1）无余氯样品：盐酸溶液；（2）有余氯样品：抗坏血酸+盐酸。

【保存方法】（1）不含余氯的样品和现场空白，每 40 mL 水样中加 4 滴 4 mol/L 的盐酸做固定剂。4℃保存。（2）含余氯的样品和现场空白，在样品瓶中先加入抗坏血酸（每 40 mL 水样中加 25 mg），待样品瓶中充满水样并溢流后，每 20 mL 样品中加入 1 滴 4 mol/L 盐酸调节样品 pH＜2。4℃保存。

【保存期】14 d。

【采样量】40 mL。

【容器洗涤】—

【检出限】0.03 μg/L。

【质量保证和质量控制】所有样品均采集平行样，每批样品要带一个现场空白。

地表水和污水监测技术规范（HJ/T 91—2002）

【适用范围】对江河、湖泊、水库和渠道的水质监测，包括控制断面以及污染源排放污水的监测。

【采样容器】硬质玻璃瓶。

【采样方法】—

【固定剂】盐酸+抗坏血酸。

【保存方法】用（1+10）盐酸调至 pH=2，加入 0.01～0.02 g 抗坏血酸除去残余氯，0～4℃冷藏避光保存。

【保存期】12 h。

【采样量】1 000 mL。

【容器洗涤】洗涤剂洗 1 次，自来水洗 3 次，蒸馏水洗 1 次。

【检出限】—

【质量保证和质量控制】—

水质　样品的保存和管理技术规定（HJ 493—2009）

【适用范围】天然水、生活污水及工业废水。

【采样容器】硬质玻璃瓶。

【采样方法】—

【固定剂】盐酸+抗坏血酸。

【保存方法】用（1+10）盐酸调至 pH≤2，加入 0.01～0.02 g 抗坏血酸除去残余氯，1～5℃避光保存。

【保存期】12 h。

【采样量】1 000 mL。

【容器洗涤】—

【检出限】—

【质量保证和质量控制】—

11. 1,2,3-三氯丙烷

水质　挥发性有机物的测定　吹扫捕集/气相色谱-质谱法（HJ 639—2012）

【适用范围】海水、地下水、地表水、生活污水和工业废水。

【采样容器】40 mL 棕色玻璃瓶，具硅橡胶-聚四氟乙烯衬垫螺旋盖。

【采样方法】采样时不需用样品进行荡洗，水样在样品瓶中溢流而不留空间。取样时应尽量避免或减少样品在空气中暴露。

【固定剂】（1）抗坏血酸+盐酸；（2）—。

【保存方法】（1）每 40 mL 样品需加入 25 mg 的抗坏血酸；若样品中总余氯的量超过 5 mg/L，总余氯每超过 5 mg/L，需要多加 25 mg 的抗坏血酸。采样时，水样呈中性时向每个样品瓶中加入 0.5 mL 盐酸溶液，拧紧瓶盖；水样呈碱性时应加入适量盐酸溶液使样品 pH≤2。4℃保存。（2）当水样加盐酸溶液后产生大量气泡时，应弃去该样品，重新采集样品。重新采集的样品不应加盐酸溶液，样品标签上应注明未酸化。4℃保存。

【保存期】（1）14 d；（2）24 h。

【采样量】40 mL。

【容器洗涤】样品瓶应在采样前用甲醇清洗。

【检出限】全扫描模式：1.2 μg/L；离子选择扫描模式：0.2 μg/L。

【质量保证和质量控制】所有样品均采集平行双样。每批样品至少应采集一个运输空白和全程序空白样品。空白中目标化合物浓度应小于下列条件的最大值：（1）方法检出限；（2）相关环保标准限值的 5%；（3）样品分析结果的 5%。若空白试验未满足以上要求，则应采取措施排除污染并重新分析同批样品。

水质　挥发性有机物的测定　顶空/气相色谱-质谱法（HJ 810—2016）

【适用范围】地表水、地下水、生活污水、工业废水和海水。

【采样容器】40 mL 棕色玻璃瓶，具硅橡胶-聚四氟乙烯衬垫螺旋盖。

【采样方法】采集样品时，不宜用水样进行荡洗，应使水样在样品瓶中溢流且不留空间。

【固定剂】（1）抗坏血酸+盐酸；（2）—。

【保存方法】（1）若水样中含有余氯，采样前，应向 40 mL 棕色采样瓶中加入 25 mg 的抗坏血酸。若水样中余氯含量超过 5 mg/L，应按比例增加抗坏血酸的加入量，余氯含量每增加 5 mg/L，则应多加入 25 mg 的抗坏血酸。样品采集后，应立即加入适量盐酸溶液，使样品 pH≤2，拧紧瓶盖，4℃以下冷藏，避光和密封保存。（2）当水样加盐酸溶液后有气泡产生，须重新采样，重新采集的样品不加盐酸溶液保存，样品标签上应注明未酸化。

【保存期】（1）14 d；（2）24 h。

【采样量】40 mL。

【容器洗涤】—

【检出限】全扫描模式：8 μg/L；离子选择扫描模式：0.6 μg/L。

【质量保证和质量控制】所有样品均采集平行双样。每批样品应至少做一个全程序空白：按照分析步骤，在实验室将一份实验用水放入样品瓶中密封，将其带到采样现场，与采样的样品瓶同时开盖和密封，之后随样品运回实验室。

生活饮用水标准检验方法　有机物指标（附录 A 吹脱捕集/气相色谱-质谱法测定挥发性有机化合物）（GB/T 5750.8—2006）

【适用范围】测定生活饮用水及其水源水。

【采样容器】40 mL 棕色玻璃瓶附螺旋盖及聚四氟乙烯垫片。

【采样方法】采样时，使水样在瓶中溢流出而不留气泡；若从开放的水体中采样，先用 1 L 的广口瓶或烧杯从有代表性的区域中采样，再小心把水样从广口瓶或烧杯中倒入样品瓶中。

【固定剂】（1）无余氯样品：盐酸溶液；（2）有余氯样品：抗坏血酸+盐酸。

【保存方法】（1）不含余氯的样品和现场空白，每 40 mL 水样中加 4 滴 4 mol/L 的盐酸做固定剂。4℃保存。（2）含余氯的样品和现场空白，在样品瓶中先加入抗坏血酸（每 40 mL 水样中加 25 mg），待样品瓶中充满水样并溢流后，每 20 mL 样品中加入 1 滴 4 mol/L 盐酸调节样品 pH＜2。4℃保存。

【保存期】14 d。

【采样量】40 mL。

【容器洗涤】—

【检出限】0.32 μg/L。

【质量保证和质量控制】所有样品均采集平行样，每批样品要带一个现场空白。

地表水和污水监测技术规范（HJ/T 91—2002）

【适用范围】对江河、湖泊、水库和渠道的水质监测，包括控制断面以及污染源排放污水的监测。

【采样容器】硬质玻璃瓶。

【采样方法】—

【固定剂】盐酸+抗坏血酸。

【保存方法】用（1+10）盐酸调至 pH=2，加入 0.01～0.02 g 抗坏血酸除去残余氯，0～4℃冷藏避光保存。

【保存期】12 h。

【采样量】1 000 mL。

【容器洗涤】洗涤剂洗 1 次，自来水洗 3 次，蒸馏水洗 1 次。

【检出限】—

【质量保证和质量控制】—

水质　样品的保存和管理技术规定（HJ 493—2009）

【适用范围】天然水、生活污水及工业废水。

【采样容器】硬质玻璃瓶。

【采样方法】—

【固定剂】盐酸+抗坏血酸。

【保存方法】用（1+10）盐酸调至 pH≤2，加入 0.01～0.02 g 抗坏血酸除去残余氯，1～5℃避光保存。

【保存期】12 h。

【采样量】1 000 mL。

【容器洗涤】—

【检出限】—

【质量保证和质量控制】—

12. 1,2,4,5-四氯苯

水质　氯苯类化合物的测定　气相色谱法（HJ 621—2011）

【适用范围】地表水、地下水、饮用水、海水、工业废水和生活污水。

【采样容器】棕色玻璃瓶。

【采样方法】样品充满采样瓶。用内衬聚四氟乙烯硅胶垫（或铝箔垫）的瓶盖密封。

【固定剂】浓硫酸。

【保存方法】采样时每升水样中加入 1.0 mL 浓硫酸，于 2～5℃下保存。

【保存期】7 d。

【采样量】1 000 mL。

【容器洗涤】—

【检出限】0.01 μg/L。

【质量保证和质量控制】空白样品：每批样品应至少分析一个全程序空白样，全程序空白测定值应低于检出限。

水质　有机氯农药和氯苯类化合物的测定　气相色谱-质谱法（HJ 699—2014）

【适用范围】地表水、地下水、生活污水、工业废水和海水。

【采样容器】玻璃塞的棕色磨口瓶或具有聚四氟乙烯衬垫的棕色螺口玻璃瓶。

【采样方法】—

【固定剂】（1+1）盐酸。

【保存方法】样品采集后立即用（1+1）盐酸溶液调至 pH<2，4℃下保存。

【保存期】7 d 内完成萃取，萃取液在 40 d 内完成分析。

【采样量】—

【容器洗涤】—

【检出限】液液萃取：0.038 μg/L；固相萃取：0.021 μg/L。

【质量保证和质量控制】空白试验：每批样品至少做一个空白试验，即全程序空白试验。如果目标化合物有检出，应查明原因。

13. 1,2,4-三甲基苯

水质　挥发性有机物的测定　吹扫捕集/气相色谱-质谱法（HJ 639—2012）

【适用范围】海水、地下水、地表水、生活污水和工业废水。

【采样容器】40 mL 棕色玻璃瓶，具硅橡胶-聚四氟乙烯衬垫螺旋盖。

【采样方法】采样时不需用样品进行荡洗，水样在样品瓶中溢流而不留空间。取样时应尽量避免或减少样品在空气中暴露。

【固定剂】（1）抗坏血酸+盐酸；（2）—。

【保存方法】（1）每 40 mL 样品需加入 25 mg 的抗坏血酸；若样品中总余氯的量超过 5 mg/L，总余氯每超过 5 mg/L，需要多加 25 mg 的抗坏血酸。采样时，水样呈中性时向每个样品瓶中加入 0.5 mL 盐酸溶液，拧紧瓶盖；水样呈碱性时应加入适量盐酸溶液使样品 pH≤2。4℃保存。（2）当水样加盐酸溶液后产生大量气泡时，应弃去该样品，重新采集样品。重新采集的样品不应加盐酸溶液，样品标签上应注明未酸化。4℃保存。

【保存期】（1）14 d；（2）24 h。

【采样量】40 mL。

【容器洗涤】样品瓶应在采样前用甲醇清洗。

【检出限】全扫描模式：0.8 μg/L；离子选择扫描模式：0.3 μg/L。

【质量保证和质量控制】所有样品均采集平行双样。每批样品至少应采集一个运输空白和全程序空白样品。空白中目标化合物浓度应小于下列条件的最大值：（1）方法检出限；（2）相关环保标准限值的 5%；（3）样品分析结果的 5%。若空白试验未满足以上要求，则应采取措施排除污染并重新分析同批样品。

水质　挥发性有机物的测定　顶空/气相色谱-质谱法（HJ 810—2016）

【适用范围】地表水、地下水、生活污水、工业废水和海水。

【采样容器】40 mL 棕色玻璃瓶，具硅橡胶-聚四氟乙烯衬垫螺旋盖。

【采样方法】采集样品时，不宜用水样进行荡洗，应使水样在样品瓶中溢流且不留空间。

【固定剂】（1）抗坏血酸+盐酸；（2）—。

【保存方法】（1）若水样中含有余氯，采样前，应向 40 mL 棕色采样瓶中加入 25 mg 的抗坏血酸。若水样中余氯含量超过 5 mg/L，应按比例增加抗坏血酸的加入量，余氯含量每增加 5 mg/L，则应多加入 25 mg 的抗坏血酸。样品采集后，应立即加入适量盐酸溶液，使样品 pH≤2，拧紧瓶盖，4℃以下冷藏，避光和密封保存。（2）当水样加盐酸溶液后有气泡产生，须重新采样，重新采集的样品不加盐酸溶液保存，样品标签上应注明未酸化。

【保存期】（1）14 d；（2）24 h。

【采样量】40 mL。

【容器洗涤】—

【检出限】全扫描模式：3 μg/L；离子选择扫描模式：0.5 μg/L。

【质量保证和质量控制】所有样品均采集平行双样。每批样品应至少做一个全程序空白：按照分析步骤，在实验室将一份实验用水放入样品瓶中密封，将其带到采样现场，与采样的样品瓶同时开盖和密封，之后随样品运回实验室。

生活饮用水标准检验方法　有机物指标（附录 A 吹脱捕集/气相色谱-质谱法测定挥发性有机化合物）（GB/T 5750.8—2006）

【适用范围】测定生活饮用水及其水源水。

【采样容器】40 mL 棕色玻璃瓶附螺旋盖及聚四氟乙烯垫片。

【采样方法】采样时，使水样在瓶中溢流出而不留气泡；若从开放的水体中采样，先用 1 L 的广口瓶或烧杯从有代表性的区域中采样，再小心把水样从广口瓶或烧杯中倒入样品瓶中。

【固定剂】（1）无余氯样品：盐酸溶液；（2）有余氯样品：抗坏血酸+盐酸。

【保存方法】（1）不含余氯的样品和现场空白，每 40 mL 水样中加 4 滴 4 mol/L 的盐酸做固定剂。4℃保存。（2）含余氯的样品和现场空白，在样品瓶中先加入抗坏血酸（每 40 mL 水样中加 25 mg），待样品瓶中充满水样并溢流后，每 20 mL 样品中加入 1 滴 4 mol/L 盐酸调节样品 pH＜2。4℃保存。

【保存期】14 d。

【采样量】40 mL。

【容器洗涤】—

【检出限】0.13 μg/L。

【质量保证和质量控制】所有样品均采集平行样，每批样品要带一个现场空白。

地表水和污水监测技术规范（HJ/T 91—2002）

【适用范围】对江河、湖泊、水库和渠道的水质监测，包括控制断面以及污染源排放污水的监测。

【采样容器】硬质玻璃瓶。

【采样方法】—

【固定剂】盐酸+抗坏血酸。

【保存方法】用（1+10）盐酸调至 pH=2，加入 0.01～0.02 g 抗坏血酸除去残余氯，0～4℃冷藏避光保存。

【保存期】12 h。

【采样量】1 000 mL。

【容器洗涤】洗涤剂洗 1 次，自来水洗 3 次，蒸馏水洗 1 次。

【检出限】—

【质量保证和质量控制】—

水质　样品的保存和管理技术规定（HJ 493—2009）

【适用范围】天然水、生活污水及工业废水。

【采样容器】硬质玻璃瓶。

【采样方法】—

【固定剂】盐酸+抗坏血酸。

【保存方法】用（1+10）盐酸调至 pH≤2，加入 0.01～0.02 g 抗坏血酸除去残余氯，1～5℃避光保存。

【保存期】12 h。

【采样量】1 000 mL。

【容器洗涤】—

【检出限】—

【质量保证和质量控制】—

14. 1,2,4-三氯苯

水质　挥发性有机物的测定　吹扫捕集/气相色谱-质谱法（HJ 639—2012）

【适用范围】海水、地下水、地表水、生活污水和工业废水。

【采样容器】40 mL 棕色玻璃瓶，具硅橡胶-聚四氟乙烯衬垫螺旋盖。

【采样方法】采样时不需用样品进行荡洗，水样在样品瓶中溢流而不留空间。取样时应尽量避免或减少样品在空气中暴露。

【固定剂】（1）抗坏血酸+盐酸；（2）—。

【保存方法】（1）每 40 mL 样品需加入 25 mg 的抗坏血酸；若样品中总余氯的量超过 5 mg/L，总余氯每超过 5 mg/L，需要多加 25 mg 的抗坏血酸。采样时，水样呈中性时向每个样品瓶中加入 0.5 mL 盐酸溶液，拧紧瓶盖；水样呈碱性时应加入适量盐酸溶液使样品 pH≤2。4℃保存。（2）当水样加盐酸溶液后产生大量气泡时，应弃去该样品，重新采集样品。重新采集的样品不应加盐酸溶液，样品标签上应注明未酸化。4℃保存。

【保存期】（1）14 d；（2）24 h。

【采样量】40 mL。

【容器洗涤】样品瓶应在采样前用甲醇清洗。

【检出限】全扫描模式：1.1 μg/L；离子选择扫描模式：0.3 μg/L。

【质量保证和质量控制】所有样品均采集平行双样。每批样品至少应采集一个运输空白和全程序空白样品。空白中目标化合物浓度应小于下列条件的最大值：（1）方法检出限；（2）相关环保标准限值的 5%；（3）样品分析结果的 5%。若空白试验未满足以上要求，则应采取措施排除污染并重新分析同批样品。

水质　挥发性有机物的测定　顶空/气相色谱-质谱法（HJ 810—2016）

【适用范围】地表水、地下水、生活污水、工业废水和海水。

【采样容器】40 mL 棕色玻璃瓶，具硅橡胶-聚四氟乙烯衬垫螺旋盖。

【采样方法】采集样品时，不宜用水样进行荡洗，应使水样在样品瓶中溢流且不留空间。

【固定剂】（1）抗坏血酸+盐酸；（2）—。

【保存方法】（1）若水样中含有余氯，采样前，应向 40 mL 棕色采样瓶中加入 25 mg 的抗坏血酸。若水样中余氯含量超过 5 mg/L，应按比例增加抗坏血酸的加入量，余氯含量每增加 5 mg/L，则应多加入 25 mg 的抗坏血酸。样品采集后，应立即加入适量盐酸溶液，使样品 pH≤2，拧紧瓶盖，4℃以下冷藏，避光和密封保存。（2）当水样加盐酸溶液后有气泡产生，须重新采样，重新采集的样品不加盐酸溶液保存，样品标签上应注明未酸化。

【保存期】（1）14 d；（2）24 h。

【采样量】40 mL。

【容器洗涤】—

【检出限】全扫描模式：6 μg/L；离子选择扫描模式：0.7 μg/L。

【质量保证和质量控制】所有样品均采集平行双样。每批样品应至少做一个全程序空白：按照分析步骤，在实验室将一份实验用水放入样品瓶中密封，将其带到采样现场，与采样的样品瓶同时开盖和密封，之后随样品运回实验室。

水质　氯苯类化合物的测定　气相色谱法（HJ 621—2011）

【适用范围】地表水、地下水、饮用水、海水、工业废水和生活污水。

【采样容器】棕色玻璃瓶。

【采样方法】样品充满采样瓶。用内衬聚四氟乙烯硅胶垫（或铝箔垫）的瓶盖密封。

【固定剂】浓硫酸。

【保存方法】采样时每升水样中加入 1.0 mL 浓硫酸，于 2～5℃下保存。

【保存期】7 d。

【采样量】1 000 mL。

【容器洗涤】—

【检出限】0.08 μg/L。

【质量保证和质量控制】空白样品：每批样品应至少分析一个全程序空白样，全程序空白测定值应低于检出限。

水质　有机氯农药和氯苯类化合物的测定　气相色谱-质谱法（HJ 699—2014）

【适用范围】地表水、地下水、生活污水、工业废水和海水。

【采样容器】玻璃塞的棕色磨口瓶或具有聚四氟乙烯衬垫的棕色螺口玻璃瓶。

【采样方法】—

【固定剂】（1+1）盐酸。

【保存方法】样品采集后立即用（1+1）盐酸溶液调节 pH<2，4℃下保存。

【保存期】7 d 内完成萃取，萃取液在 40 d 内完成分析。

【采样量】—

【容器洗涤】—

【检出限】液液萃取：0.038 μg/L；固相萃取：0.027 μg/L。

【质量保证和质量控制】空白试验：每批样品至少做一个空白试验，即全程序空白试验。如果目标化合物有检出，应查明原因。

生活饮用水标准检验方法　有机物指标（附录 A 吹脱捕集/气相色谱-质谱法测定挥发性有机化合物）（GB/T 5750.8—2006）

【适用范围】测定生活饮用水及其水源水。

【采样容器】40 mL 棕色玻璃瓶附螺旋盖及聚四氟乙烯垫片。

【采样方法】采样时，使水样在瓶中溢流出而不留气泡；若从开放的水体中采样，先用 1 L 的广口瓶或烧杯从有代表性的区域中采样，再小心把水样从广口瓶或烧杯中倒入样品瓶中。

【固定剂】（1）无余氯样品：盐酸溶液；（2）有余氯样品：抗坏血酸+盐酸。

【保存方法】（1）不含余氯的样品和现场空白，每 40 mL 水样中加 4 滴 4 mol/L 的盐酸做固定剂。

4℃保存。（2）含余氯的样品和现场空白，在样品瓶中先加入抗坏血酸（每 40 mL 水样中加 25 mg），待样品瓶中充满水样并溢流后，每 20 mL 样品中加入 1 滴 4 mol/L 盐酸调节样品 pH<2。4℃保存。

【保存期】14 d。

【采样量】40 mL。

【容器洗涤】—

【检出限】0.04 μg/L。

【质量保证和质量控制】所有样品均采集平行样，每批样品要带一个现场空白。

地表水和污水监测技术规范（HJ/T 91—2002）

【适用范围】对江河、湖泊、水库和渠道的水质监测，包括控制断面以及污染源排放污水的监测。

【采样容器】硬质玻璃瓶。

【采样方法】—

【固定剂】盐酸+抗坏血酸。

【保存方法】用（1+10）盐酸调至 pH=2，加入 0.01～0.02 g 抗坏血酸除去残余氯，0～4℃冷藏避光保存。

【保存期】12 h。

【采样量】1 000 mL。

【容器洗涤】洗涤剂洗 1 次，自来水洗 3 次，蒸馏水洗 1 次。

【检出限】—

【质量保证和质量控制】—

水质　样品的保存和管理技术规定（HJ 493—2009）

【适用范围】天然水、生活污水及工业废水。

【采样容器】硬质玻璃瓶。

【采样方法】—

【固定剂】盐酸+抗坏血酸。

【保存方法】用（1+10）盐酸调至 pH≤2，加入 0.01～0.02 g 抗坏血酸除去残余氯，1～5℃避光保存。

【保存期】12 h。

【采样量】1 000 mL。

【容器洗涤】—

【检出限】—

【质量保证和质量控制】—

15. 1,2-二氯苯

水质　挥发性有机物的测定　吹扫捕集/气相色谱-质谱法（HJ 639—2012）

【适用范围】海水、地下水、地表水、生活污水和工业废水。

【采样容器】40 mL 棕色玻璃瓶，具硅橡胶-聚四氟乙烯衬垫螺旋盖。

【采样方法】采样时不需用样品进行荡洗，水样在样品瓶中溢流而不留空间。取样时应尽量避免或减

少样品在空气中暴露。

【固定剂】（1）抗坏血酸+盐酸；（2）—。

【保存方法】（1）每 40 mL 样品需加入 25 mg 的抗坏血酸；若样品中总余氯的量超过 5 mg/L，总余氯每超过 5 mg/L，需要多加 25 mg 的抗坏血酸。采样时，水样呈中性时向每个样品瓶中加入 0.5 mL 盐酸溶液，拧紧瓶盖；水样呈碱性时应加入适量盐酸溶液使样品 pH≤2。4℃保存。（2）当水样加盐酸溶液后产生大量气泡时，应弃去该样品，重新采集样品。重新采集的样品不应加盐酸溶液，样品标签上应注明未酸化。4℃保存。

【保存期】（1）14 d；（2）24 h。

【采样量】40 mL。

【容器洗涤】样品瓶应在采样前用甲醇清洗。

【检出限】全扫描模式：0.8 μg/L；离子选择扫描模式：0.4 μg/L。

【质量保证和质量控制】所有样品均采集平行双样。每批样品至少应采集一个运输空白和全程序空白样品。空白中目标化合物浓度应小于下列条件的最大值：（1）方法检出限；（2）相关环保标准限值的 5%；（3）样品分析结果的 5%。若空白试验未满足以上要求，则应采取措施排除污染并重新分析同批样品。

水质　挥发性有机物的测定　顶空/气相色谱-质谱法（HJ 810—2016）

【适用范围】地表水、地下水、生活污水、工业废水和海水。

【采样容器】40 mL 棕色玻璃瓶，具硅橡胶-聚四氟乙烯衬垫螺旋盖。

【采样方法】采集样品时，不宜用水样进行荡洗，应使水样在样品瓶中溢流且不留空间。

【固定剂】（1）抗坏血酸+盐酸；（2）—。

【保存方法】（1）若水样中含有余氯，采样前，应向 40 mL 棕色采样瓶中加入 25 mg 的抗坏血酸。若水样中余氯含量超过 5 mg/L，应按比例增加抗坏血酸的加入量，余氯含量每增加 5 mg/L，则应多加入 25 mg 的抗坏血酸。样品采集后，应立即加入适量盐酸溶液，使样品 pH≤2，拧紧瓶盖，4℃以下冷藏，避光和密封保存。（2）当水样加盐酸溶液后有气泡产生，须重新采样，重新采集的样品不加盐酸溶液保存，样品标签上应注明未酸化。

【保存期】（1）14 d；（2）24 h。

【采样量】40 mL。

【容器洗涤】—

【检出限】全扫描模式：3 μg/L；离子选择扫描模式：0.9 μg/L。

【质量保证和质量控制】所有样品均采集平行双样。每批样品应至少做一个全程序空白：按照分析步骤，在实验室将一份实验用水放入样品瓶中密封，将其带到采样现场，与采样的样品瓶同时开盖和密封，之后随样品运回实验室。

水质　氯苯类化合物的测定　气相色谱法（HJ 621—2011）

【适用范围】地表水、地下水、饮用水、海水、工业废水和生活污水。

【采样容器】棕色玻璃瓶。

【采样方法】样品充满采样瓶。用内衬聚四氟乙烯硅胶垫（或铝箔垫）的瓶盖密封。

【固定剂】浓硫酸。

【保存方法】采样时每升水样中加入 1.0 mL 浓硫酸，于 2～5℃下保存。

【保存期】7 d。

【采样量】1 000 mL。

【容器洗涤】—

【检出限】0.29 μg/L。

【质量保证和质量控制】空白样品：每批样品应至少分析一个全程序空白样，全程序空白测定值应低于检出限。

生活饮用水标准检验方法　有机物指标（附录 A 吹脱捕集/气相色谱-质谱法测定挥发性有机化合物）（GB/T 5750.8—2006）

【适用范围】测定生活饮用水及其水源水。

【采样容器】40 mL 棕色玻璃瓶附螺旋盖及聚四氟乙烯垫片。

【采样方法】采样时，使水样在瓶中溢流出而不留气泡；若从开放的水体中采样，先用 1 L 的广口瓶或烧杯从有代表性的区域中采样，再小心把水样从广口瓶或烧杯中倒入样品瓶中。

【固定剂】（1）无余氯样品：盐酸溶液；（2）有余氯样品：抗坏血酸+盐酸。

【保存方法】（1）不含余氯的样品和现场空白，每 40 mL 水样中加 4 滴 4 mol/L 的盐酸做固定剂。4℃保存。（2）含余氯的样品和现场空白，在样品瓶中先加入抗坏血酸（每 40 mL 水样中加 25 mg），待样品瓶中充满水样并溢流后，每 20 mL 样品中加入 1 滴 4 mol/L 盐酸调节样品 pH＜2。4℃保存。

【保存期】14 d。

【采样量】40 mL。

【容器洗涤】—

【检出限】0.03 μg/L。

【质量保证和质量控制】所有样品均采集平行样，每批样品要带一个现场空白。

地表水和污水监测技术规范（HJ/T 91—2002）

【适用范围】对江河、湖泊、水库和渠道的水质监测，包括控制断面以及污染源排放污水的监测。

【采样容器】硬质玻璃瓶。

【采样方法】—

【固定剂】盐酸+抗坏血酸。

【保存方法】用（1+10）盐酸调至 pH=2，加入 0.01～0.02 g 抗坏血酸除去残余氯，0～4℃冷藏避光保存。

【保存期】12 h。

【采样量】1 000 mL。

【容器洗涤】洗涤剂洗 1 次，自来水洗 3 次，蒸馏水洗 1 次。

【检出限】—

【质量保证和质量控制】—

水质　样品的保存和管理技术规定（HJ 493—2009）

【适用范围】天然水、生活污水及工业废水。

【采样容器】硬质玻璃瓶。

【采样方法】—

【固定剂】盐酸+抗坏血酸。

【保存方法】用（1+10）盐酸调至 pH≤2，加入 0.01～0.02 g 抗坏血酸除去残余氯，1～5℃避光保存。

【保存期】12 h。

【采样量】1 000 mL。

【容器洗涤】—

【检出限】—

【质量保证和质量控制】—

16. 1,2-二氯丙烷

水质　挥发性有机物的测定　吹扫捕集/气相色谱-质谱法（HJ 639—2012）

【适用范围】海水、地下水、地表水、生活污水和工业废水。

【采样容器】40 mL 棕色玻璃瓶，具硅橡胶-聚四氟乙烯衬垫螺旋盖。

【采样方法】采样时不需用样品进行荡洗，水样在样品瓶中溢流而不留空间。取样时应尽量避免或减少样品在空气中暴露。

【固定剂】（1）抗坏血酸+盐酸；（2）—。

【保存方法】（1）每 40 mL 样品需加入 25 mg 的抗坏血酸；若样品中总余氯的量超过 5 mg/L，总余氯每超过 5 mg/L，需要多加 25 mg 的抗坏血酸。采样时，水样呈中性时向每个样品瓶中加入 0.5 mL 盐酸溶液，拧紧瓶盖；水样呈碱性时应加入适量盐酸溶液使样品 pH≤2。4℃保存。（2）当水样加盐酸溶液后产生大量气泡时，应弃去该样品，重新采集样品。重新采集的样品不应加盐酸溶液，样品标签上应注明未酸化。4℃保存。

【保存期】（1）14 d；（2）24 h。

【采样量】40 mL。

【容器洗涤】样品瓶应在采样前用甲醇清洗。

【检出限】全扫描模式：1.2 μg/L；离子选择扫描模式：0.4 μg/L。

【质量保证和质量控制】所有样品均采集平行双样。每批样品至少应采集一个运输空白和全程序空白样品。空白中目标化合物浓度应小于下列条件的最大值：（1）方法检出限；（2）相关环保标准限值的 5%；（3）样品分析结果的 5%。若空白试验未满足以上要求，则应采取措施排除污染并重新分析同批样品。

水质　挥发性有机物的测定　顶空/气相色谱-质谱法（HJ 810—2016）

【适用范围】地表水、地下水、生活污水、工业废水和海水。

【采样容器】40 mL 棕色玻璃瓶，具硅橡胶-聚四氟乙烯衬垫螺旋盖。

【采样方法】采集样品时，不宜用水样进行荡洗，应使水样在样品瓶中溢流且不留空间。

【固定剂】（1）抗坏血酸+盐酸；（2）—。

【保存方法】(1) 若水样中含有余氯，采样前，应向 40 mL 棕色采样瓶中加入 25 mg 的抗坏血酸。若水样中余氯含量超过 5 mg/L，应按比例增加抗坏血酸的加入量，余氯含量每增加 5 mg/L，则应多加入 25 mg 的抗坏血酸。样品采集后，应立即加入适量盐酸溶液，使样品 pH≤2，拧紧瓶盖，4℃以下冷藏，避光和密封保存。(2) 当水样加盐酸溶液后有气泡产生，须重新采样，重新采集的样品不加盐酸溶液保存，样品标签上应注明未酸化。

【保存期】(1) 14 d；(2) 24 h。

【采样量】40 mL。

【容器洗涤】—

【检出限】全扫描模式：5 μg/L；离子选择扫描模式：0.8 μg/L。

【质量保证和质量控制】所有样品均采集平行双样。每批样品应至少做一个全程序空白：按照分析步骤，在实验室将一份实验用水放入样品瓶中密封，将其带到采样现场，与采样的样品瓶同时开盖和密封，之后随样品运回实验室。

生活饮用水标准检验方法　有机物指标（附录 A 吹脱捕集/气相色谱-质谱法测定挥发性有机化合物）（GB/T 5750.8—2006）

【适用范围】测定生活饮用水及其水源水。

【采样容器】40 mL 棕色玻璃瓶附螺旋盖及聚四氟乙烯垫片。

【采样方法】采样时，使水样在瓶中溢流出而不留气泡；若从开放的水体中采样，先用 1 L 的广口瓶或烧杯从有代表性的区域中采样，再小心把水样从广口瓶或烧杯中倒入样品瓶中。

【固定剂】(1) 无余氯样品：盐酸溶液；(2) 有余氯样品：抗坏血酸+盐酸。

【保存方法】(1) 不含余氯的样品和现场空白，每 40 mL 水样中加 4 滴 4 mol/L 的盐酸做固定剂。4℃保存。(2) 含余氯的样品和现场空白，在样品瓶中先加入抗坏血酸（每 40 mL 水样中加 25 mg），待样品瓶中充满水样并溢流后，每 20 mL 样品中加入 1 滴 4 mol/L 盐酸调节样品 pH＜2。4℃保存。

【保存期】14 d。

【采样量】40 mL。

【容器洗涤】—

【检出限】0.04 μg/L。

【质量保证和质量控制】所有样品均采集平行样，每批样品要带一个现场空白。

地表水和污水监测技术规范（HJ/T 91—2002）

【适用范围】对江河、湖泊、水库和渠道的水质监测，包括控制断面以及污染源排放污水的监测。

【采样容器】硬质玻璃瓶。

【采样方法】—

【固定剂】盐酸+抗坏血酸。

【保存方法】用 (1+10) 盐酸调至 pH=2，加入 0.01～0.02 g 抗坏血酸除去残余氯，0～4℃冷藏避光保存。

【保存期】12 h。

【采样量】1 000 mL。

【容器洗涤】洗涤剂洗 1 次，自来水洗 3 次，蒸馏水洗 1 次。
【检出限】—
【质量保证和质量控制】—

水质　样品的保存和管理技术规定（HJ 493—2009）
【适用范围】天然水、生活污水及工业废水。
【采样容器】硬质玻璃瓶。
【采样方法】—
【固定剂】盐酸+抗坏血酸。
【保存方法】用（1+10）盐酸调至 pH≤2，加入 0.01～0.02 g 抗坏血酸除去残余氯，1～5℃避光保存。
【保存期】12 h。
【采样量】1 000 mL。
【容器洗涤】—
【检出限】—
【质量保证和质量控制】—

17. 1,2-二氯乙烷

水质　挥发性有机物的测定　吹扫捕集/气相色谱法（HJ 686—2014）
【适用范围】地表水、地下水、生活污水和工业废水中挥发性有机物的测定。
【采样容器】40 mL 棕色玻璃瓶，螺旋盖（带聚四氟乙烯涂层密封垫）。
【采样方法】样品采集时不需用水样荡洗。
【固定剂】（1）无余氯样品：盐酸溶液；（2）有余氯样品：抗坏血酸+盐酸。
【保存方法】无余氯样品：0.5 mL 盐酸溶液，4℃保存；有余氯样品：加入约 25 mg 抗坏血酸，再加 0.5 mL 盐酸溶液，4℃保存。
【保存期】14 d。
【采样量】40 mL。
【容器洗涤】采样瓶应在采样前充分清洗。
【检出限】0.1 μg/L。
【质量保证和质量控制】所有样品均采集平行双样，每批样品带一个全程序空白和一个运输空白。（1）空白分析。①运输空白。采样前在实验室将一份空白试剂水放入样品瓶中密封，将其带到现场。采样时使其瓶盖一直处于密封状态，随样品运回实验室，按与样品相同的分析步骤进行处理和测定，用于检查样品运输过程中是否受到污染。②全程序空白。采样前在实验室将一份空白试剂水放入样品瓶中密封，将其带到现场。与采样的样品瓶同时开盖和密封，随样品运回实验室，按与样品相同的分析步骤进行处理和测定，用于检查样品采集到分析全过程是否受到污染。如全程序空白中目标化合物高于检出限时，不能从样品结果中扣除空白值。应检查所有可能对全程序空白产生影响的环节，仔细查找干扰源。如果确实发现采样、运输或保存过程存在影响分析结果的干扰，需对出现问题批次的样品进行重新采样分析。（2）平行样品的测定。虽然每个样品均采集平行双样，一般每 10 个样品或每批次（少于 10 个样品/批）分析一个平行样，平行样品测定结果的相对偏差＜20%。

水质　挥发性有机物的测定　吹扫捕集/气相色谱-质谱法（HJ 639—2012）

【适用范围】海水、地下水、地表水、生活污水和工业废水。

【采样容器】40 mL 棕色玻璃瓶，具硅橡胶-聚四氟乙烯衬垫螺旋盖。

【采样方法】采样时不需用样品进行荡洗，水样在样品瓶中溢流而不留空间。取样时应尽量避免或减少样品在空气中暴露。

【固定剂】（1）抗坏血酸+盐酸；（2）—。

【保存方法】（1）每 40 mL 样品需加入 25 mg 的抗坏血酸；若样品中总余氯的量超过 5 mg/L，总余氯每超过 5 mg/L，需要多加 25 mg 的抗坏血酸。采样时，水样呈中性时向每个样品瓶中加入 0.5 mL 盐酸溶液，拧紧瓶盖；水样呈碱性时应加入适量盐酸溶液使样品 pH≤2。4℃保存。（2）当水样加盐酸溶液后产生大量气泡时，应弃去该样品，重新采集样品。重新采集的样品不应加盐酸溶液，样品标签上应注明未酸化。4℃保存。

【保存期】（1）14 d；（2）24 h。

【采样量】40 mL。

【容器洗涤】样品瓶应在采样前用甲醇清洗。

【检出限】全扫描模式：1.4 μg/L；离子选择扫描模式：0.4 μg/L。

【质量保证和质量控制】所有样品均采集平行双样。每批样品至少应采集一个运输空白和全程序空白样品。空白中目标化合物浓度应小于下列条件的最大值：（1）方法检出限；（2）相关环保标准限值的 5%；（3）样品分析结果的 5%。若空白试验未满足以上要求，则应采取措施排除污染并重新分析同批样品。

水质　挥发性有机物的测定　顶空/气相色谱-质谱法（HJ 810—2016）

【适用范围】地表水、地下水、生活污水、工业废水和海水。

【采样容器】40 mL 棕色玻璃瓶，具硅橡胶-聚四氟乙烯衬垫螺旋盖。

【采样方法】采集样品时，不宜用水样进行荡洗，应使水样在样品瓶中溢流且不留空间。

【固定剂】（1）抗坏血酸+盐酸；（2）—。

【保存方法】（1）若水样中含有余氯，采样前，应向 40 mL 棕色采样瓶中加入 25 mg 的抗坏血酸。若水样中余氯含量超过 5 mg/L，应按比例增加抗坏血酸的加入量，余氯含量每增加 5 mg/L，则应多加入 25 mg 的抗坏血酸。样品采集后，应立即加入适量盐酸溶液，使样品 pH≤2，拧紧瓶盖，4℃以下冷藏，避光和密封保存。（2）当水样加盐酸溶液后有气泡产生，须重新采样，重新采集的样品不加盐酸溶液保存，样品标签上应注明未酸化。

【保存期】（1）14 d；（2）24 h。

【采样量】40 mL。

【容器洗涤】—

【检出限】全扫描模式：4 μg/L；离子选择扫描模式：0.8 μg/L。

【质量保证和质量控制】所有样品均采集平行双样。每批样品应至少做一个全程序空白：按照分析步骤，在实验室将一份实验用水放入样品瓶中密封，将其带到采样现场，与采样的样品瓶同时开盖和密封，之后随样品运回实验室。

水质　挥发性卤代烃的测定　顶空气相色谱法（HJ 620—2011）

【适用范围】地表水、地下水、饮用水、海水、工业废水和生活污水。

【采样容器】具聚四氟乙烯衬垫和实心螺旋盖。

【采样方法】采样时样品沿瓶壁注入，防止气泡产生，水样充满后不留液上空间。

【固定剂】抗坏血酸或硫代硫酸钠。

【保存方法】如果水样含有余氯，向采样瓶中加入 0.3～0.5 g 抗坏血酸或硫代硫酸钠。水样采集后立即放入 4℃左右冷藏保存。

【保存期】7 d。

【采样量】40 mL。

【容器洗涤】—

【检出限】2.35 μg/L。

【质量保证和质量控制】所有样品均采集平行样。平行样品，每分析一批（20 个）样品至少做 10%的平行样品测定，平行样品相对偏差在 30%以内。

生活饮用水标准检验方法　有机物指标（5.1 顶空气相色谱法）（GB/T 5750.10—2006）

【适用范围】生活饮用水及其水源水。

【采样容器】细口瓶。

【采样方法】水样之满瓶（不应有气泡），立即用垫有聚四氟乙烯薄膜（或铝箔）的翻好胶塞盖好。

【固定剂】—

【保存方法】冷藏保存。

【保存期】4 h。

【采样量】250 mL。

【容器洗涤】—

【检出限】13 μg/L。

【质量保证和质量控制】—

生活饮用水标准检验方法　有机物指标（附录 A 吹脱捕集/气相色谱-质谱法测定挥发性有机化合物）（GB/T 5750.8—2006）

【适用范围】生活饮用水及其水源水。

【采样容器】40 mL 棕色玻璃瓶附螺旋盖及聚四氟乙烯垫片。

【采样方法】采样时，使水样在瓶中溢流出而不留气泡；若从开放的水体中采样，先用 1 L 的广口瓶或烧杯从有代表性的区域中采样，再小心把水样从广口瓶或烧杯中倒入样品瓶中。

【固定剂】（1）无余氯样品：盐酸溶液；（2）有余氯样品：抗坏血酸+盐酸。

【保存方法】（1）不含余氯的样品和现场空白，每 40 mL 水样中加 4 滴 4 mol/L 的盐酸做固定剂。

4℃保存。（2）含余氯的样品和现场空白，在样品瓶中先加入抗坏血酸（每 40 mL 水样中加 25 mg），待样品瓶中充满水样并溢流后，每 20 mL 样品中加入 1 滴 4 mol/L 盐酸调节样品 pH＜2。4℃保存。

【保存期】14 d。

【采样量】40 mL。

【容器洗涤】—

【检出限】0.06 μg/L。

【质量保证和质量控制】所有样品均采集平行样，每批样品要带一个现场空白。

地表水和污水监测技术规范（HJ/T 91—2002）

【适用范围】对江河、湖泊、水库和渠道的水质监测，包括控制断面以及污染源排放污水的监测。

【采样容器】硬质玻璃瓶。

【采样方法】—

【固定剂】盐酸+抗坏血酸。

【保存方法】用（1+10）盐酸调至 pH=2，加入 0.01～0.02 g 抗坏血酸除去残余氯，0～4℃冷藏避光保存。

【保存期】12 h。

【采样量】1 000 mL。

【容器洗涤】洗涤剂洗 1 次，自来水洗 3 次，蒸馏水洗 1 次。

【检出限】—

【质量保证和质量控制】—

水质 样品的保存和管理技术规定（HJ 493—2009）

【适用范围】天然水、生活污水及工业废水。

【采样容器】硬质玻璃瓶。

【采样方法】—

【固定剂】盐酸+抗坏血酸。

【保存方法】用（1+10）盐酸调至 pH≤2，加入 0.01～0.02 g 抗坏血酸除去残余氯，1～5℃避光保存。

【保存期】12 h。

【采样量】1 000 mL。

【容器洗涤】—

【检出限】—

【质量保证和质量控制】—

18. 1,2-二溴-3-氯丙烷

水质 挥发性有机物的测定 吹扫捕集/气相色谱-质谱法（HJ 639—2012）

【适用范围】海水、地下水、地表水、生活污水和工业废水。

【采样容器】40 mL 棕色玻璃瓶，具硅橡胶-聚四氟乙烯衬垫螺旋盖。

【采样方法】采样时不需用样品进行荡洗，水样在样品瓶中溢流而不留空间。取样时应尽量避免或减

少样品在空气中暴露。

【固定剂】（1）抗坏血酸+盐酸；（2）—。

【保存方法】（1）每 40 mL 样品需加入 25 mg 的抗坏血酸；若样品中总余氯的量超过 5 mg/L，总余氯每超过 5 mg/L，需要多加 25 mg 的抗坏血酸。采样时，水样呈中性时向每个样品瓶中加入 0.5 mL 盐酸溶液，拧紧瓶盖；水样呈碱性时应加入适量盐酸溶液使样品 pH≤2。4℃保存。（2）当水样加盐酸溶液后产生大量气泡时，应弃去该样品，重新采集样品。重新采集的样品不应加盐酸溶液，样品标签上应注明未酸化。4℃保存。

【保存期】（1）14 d；（2）24 h。

【采样量】40 mL。

【容器洗涤】样品瓶应在采样前用甲醇清洗。

【检出限】全扫描模式：1.0 μg/L；离子选择扫描模式：0.3 μg/L。

【质量保证和质量控制】所有样品均采集平行双样。每批样品至少应采集一个运输空白和全程序空白样品。空白中目标化合物浓度应小于下列条件的最大值：（1）方法检出限；（2）相关环保标准限值的 5%；（3）样品分析结果的 5%。若空白试验未满足以上要求，则应采取措施排除污染并重新分析同批样品。

水质　挥发性有机物的测定　顶空/气相色谱-质谱法（HJ 810—2016）

【适用范围】地表水、地下水、生活污水、工业废水和海水。

【采样容器】40 mL 棕色玻璃瓶，具硅橡胶-聚四氟乙烯衬垫螺旋盖。

【采样方法】采集样品时，不宜用水样进行荡洗，应使水样在样品瓶中溢流且不留空间。

【固定剂】（1）抗坏血酸+盐酸；（2）—。

【保存方法】（1）若水样中含有余氯，采样前，应向 40 mL 棕色采样瓶中加入 25 mg 的抗坏血酸。若水样中余氯含量超过 5 mg/L，应按比例增加抗坏血酸的加入量，余氯含量每增加 5 mg/L，则应多加入 25 mg 的抗坏血酸。样品采集后，应立即加入适量盐酸溶液，使样品 pH≤2，拧紧瓶盖，4℃以下冷藏，避光和密封保存。（2）当水样加盐酸溶液后有气泡产生，须重新采样，重新采集的样品不加盐酸溶液保存，样品标签上应注明未酸化。

【保存期】（1）14 d；（2）24 h。

【采样量】40 mL。

【容器洗涤】—

【检出限】全扫描模式：10 μg/L；离子选择扫描模式：0.8 μg/L。

【质量保证和质量控制】所有样品均采集平行双样。每批样品应至少做一个全程序空白：按照分析步骤，在实验室将一份实验用水放入样品瓶中密封，将其带到采样现场，与采样的样品瓶同时开盖和密封，之后随样品运回实验室。

生活饮用水标准检验方法　有机物指标（附录 A 吹脱捕集/气相色谱-质谱法测定挥发性有机化合物）（GB/T 5750.8—2006）

【适用范围】测定生活饮用水及其水源水。

【采样容器】40 mL 棕色玻璃瓶附螺旋盖及聚四氟乙烯垫片。

【采样方法】采样时，使水样在瓶中溢流出而不留气泡；若从开放的水体中采样，先用 1 L 的广口瓶或烧杯从有代表性的区域中采样，再小心把水样从广口瓶或烧杯中倒入样品瓶中。

【固定剂】（1）无余氯样品：盐酸溶液；（2）有余氯样品：抗坏血酸+盐酸。

【保存方法】（1）不含余氯的样品和现场空白，每 40 mL 水样中加 4 滴 4 mol/L 的盐酸做固定剂。4℃保存。（2）含余氯的样品和现场空白，在样品瓶中先加入抗坏血酸（每 40 mL 水样中加 25 mg），待样品瓶中充满水样并溢流后，每 20 mL 样品中加入 1 滴 4 mol/L 盐酸调节样品 pH＜2。4℃保存。

【保存期】14 d。

【采样量】40 mL。

【容器洗涤】—

【检出限】0.26 μg/L。

【质量保证和质量控制】所有样品均采集平行样，每批样品要带一个现场空白。

地表水和污水监测技术规范（HJ/T 91—2002）

【适用范围】对江河、湖泊、水库和渠道的水质监测，包括控制断面以及污染源排放污水的监测。

【采样容器】硬质玻璃瓶。

【采样方法】—

【固定剂】盐酸+抗坏血酸。

【保存方法】用（1+10）盐酸调至 pH=2，加入 0.01～0.02 g 抗坏血酸除去残余氯，0～4℃冷藏避光保存。

【保存期】12 h。

【采样量】1 000 mL。

【容器洗涤】洗涤剂洗 1 次，自来水洗 3 次，蒸馏水洗 1 次。

【检出限】—

【质量保证和质量控制】—

水质　样品的保存和管理技术规定（HJ 493—2009）

【适用范围】天然水、生活污水及工业废水。

【采样容器】硬质玻璃瓶。

【采样方法】—

【固定剂】盐酸+抗坏血酸。

【保存方法】用（1+10）盐酸调至 pH≤2，加入 0.01～0.02 g 抗坏血酸除去残余氯，1～5℃避光保存。

【保存期】12 h。

【采样量】1 000 mL。

【容器洗涤】—

【检出限】—

【质量保证和质量控制】—

19. 1,2-二溴乙烷

水质　挥发性有机物的测定　吹扫捕集/气相色谱-质谱法（HJ 639—2012）

【适用范围】海水、地下水、地表水、生活污水和工业废水。

【采样容器】40 mL 棕色玻璃瓶，具硅橡胶-聚四氟乙烯衬垫螺旋盖。

【采样方法】采样时不需用样品进行荡洗，水样在样品瓶中溢流而不留空间。取样时应尽量避免或减少样品在空气中暴露。

【固定剂】（1）抗坏血酸+盐酸；（2）—。

【保存方法】（1）每 40 mL 样品需加入 25 mg 的抗坏血酸；若样品中总余氯的量超过 5 mg/L，总余氯每超过 5 mg/L，需要多加 25 mg 的抗坏血酸。采样时，水样呈中性时向每个样品瓶中加入 0.5 mL 盐酸溶液，拧紧瓶盖；水样呈碱性时应加入适量盐酸溶液使样品 pH≤2。4℃保存。（2）当水样加盐酸溶液后产生大量气泡时，应弃去该样品，重新采集样品。重新采集的样品不应加盐酸溶液，样品标签上应注明未酸化。4℃保存。

【保存期】（1）14 d；（2）24 h。

【采样量】40 mL。

【容器洗涤】样品瓶应在采样前用甲醇清洗。

【检出限】全扫描模式：1.2 μg/L；离子选择扫描模式：0.4 μg/L。

【质量保证和质量控制】所有样品均采集平行双样。每批样品至少应采集一个运输空白和全程序空白样品。空白中目标化合物浓度应小于下列条件的最大值：（1）方法检出限；（2）相关环保标准限值的 5%；（3）样品分析结果的 5%。若空白试验未满足以上要求，则应采取措施排除污染并重新分析同批样品。

水质　挥发性有机物的测定　顶空/气相色谱-质谱法（HJ 810—2016）

【适用范围】地表水、地下水、生活污水、工业废水和海水。

【采样容器】40 mL 棕色玻璃瓶，具硅橡胶-聚四氟乙烯衬垫螺旋盖。

【采样方法】采集样品时，不宜用水样进行荡洗，应使水样在样品瓶中溢流且不留空间。

【固定剂】（1）抗坏血酸+盐酸；（2）—。

【保存方法】（1）若水样中含有余氯，采样前，应向 40 mL 棕色采样瓶中加入 25 mg 的抗坏血酸。若水样中余氯含量超过 5 mg/L，应按比例增加抗坏血酸的加入量，余氯含量每增加 5 mg/L，则应多加入 25 mg 的抗坏血酸。样品采集后，应立即加入适量盐酸溶液，使样品 pH≤2，拧紧瓶盖，4℃以下冷藏，避光和密封保存。（2）当水样加盐酸溶液后有气泡产生，须重新采样，重新采集的样品不加盐酸溶液保存，样品标签上应注明未酸化。

【保存期】（1）14 d；（2）24 h。

【采样量】40 mL。

【容器洗涤】—

【检出限】全扫描模式：5 μg/L；离子选择扫描模式：0.6 μg/L。

【质量保证和质量控制】所有样品均采集平行双样。每批样品应至少做一个全程序空白：按照分析步骤，在实验室将一份实验用水放入样品瓶中密封，将其带到采样现场，与采样的样品瓶同时开盖和密封，之后随样品运回实验室。

生活饮用水标准检验方法　有机物指标（附录 A 吹脱捕集/气相色谱-质谱法测定挥发性有机化合物）（GB/T 5750.8—2006）

【适用范围】测定生活饮用水及其水源水。

【采样容器】40 mL 棕色玻璃瓶附螺旋盖及聚四氟乙烯垫片。

【采样方法】采样时，使水样在瓶中溢流出而不留气泡；若从开放的水体中采样，先用 1 L 的广口瓶或烧杯从有代表性的区域中采样，再小心把水样从广口瓶或烧杯中倒入样品瓶中。

【固定剂】（1）无余氯样品：盐酸溶液；（2）有余氯样品：抗坏血酸+盐酸。

【保存方法】（1）不含余氯的样品和现场空白，每 40 mL 水样中加 4 滴 4 mol/L 的盐酸做固定剂。4℃保存。（2）含余氯的样品和现场空白，在样品瓶中先加入抗坏血酸（每 40 mL 水样中加 25 mg），待样品瓶中充满水样并溢流后，每 20 mL 样品中加入 1 滴 4 mol/L 盐酸调节样品 pH＜2。4℃保存。

【保存期】14 d。

【采样量】40 mL。

【容器洗涤】—

【检出限】0.06 μg/L。

【质量保证和质量控制】所有样品均采集平行样，每批样品要带一个现场空白。

地表水和污水监测技术规范（HJ/T 91—2002）

【适用范围】对江河、湖泊、水库和渠道的水质监测，包括控制断面以及污染源排放污水的监测。

【采样容器】硬质玻璃瓶。

【采样方法】—

【固定剂】盐酸+抗坏血酸。

【保存方法】用（1+10）盐酸调至 pH=2，加入 0.01～0.02 g 抗坏血酸除去残余氯，0～4℃冷藏避光保存。

【保存期】12 h。

【采样量】1 000 mL。

【容器洗涤】洗涤剂洗 1 次，自来水洗 3 次，蒸馏水洗 1 次。

【检出限】—

【质量保证和质量控制】—

水质　样品的保存和管理技术规定（HJ 493—2009）

【适用范围】天然水、生活污水及工业废水。

【采样容器】硬质玻璃瓶。

【采样方法】—

【固定剂】盐酸+抗坏血酸。

【保存方法】用（1+10）盐酸调至 pH≤2，加入 0.01～0.02 g 抗坏血酸除去残余氯，1～5℃避光保存。

【保存期】12 h。

【采样量】1 000 mL。

【容器洗涤】—

【检出限】—

【质量保证和质量控制】—

20. 1,3,5-三甲基烷

水质　挥发性有机物的测定　吹扫捕集/气相色谱-质谱法（HJ 639—2012）

【适用范围】海水、地下水、地表水、生活污水和工业废水。

【采样容器】40 mL 棕色玻璃瓶，具硅橡胶-聚四氟乙烯衬垫螺旋盖。

【采样方法】采样时不需用样品进行荡洗，水样在样品瓶中溢流而不留空间。取样时应尽量避免或减少样品在空气中暴露。

【固定剂】（1）抗坏血酸+盐酸；（2）—。

【保存方法】（1）每 40 mL 样品需加入 25 mg 的抗坏血酸；若样品中总余氯的量超过 5 mg/L，总余氯每超过 5 mg/L，需要多加 25 mg 的抗坏血酸。采样时，水样呈中性时向每个样品瓶中加入 0.5 mL 盐酸溶液，拧紧瓶盖；水样呈碱性时应加入适量盐酸溶液使样品 pH≤2。4℃保存。（2）当水样加盐酸溶液后产生大量气泡时，应弃去该样品，重新采集样品。重新采集的样品不应加盐酸溶液，样品标签上应注明未酸化。4℃保存。

【保存期】（1）14 d；（2）24 h。

【采样量】40 mL。

【容器洗涤】样品瓶应在采样前用甲醇清洗。

【检出限】全扫描模式：0.7 μg/L；离子选择扫描模式：0.3 μg/L。

【质量保证和质量控制】所有样品均采集平行双样。每批样品至少应采集一个运输空白和全程序空白样品。空白中目标化合物浓度应小于下列条件的最大值：（1）方法检出限；（2）相关环保标准限值的 5%；（3）样品分析结果的 5%。若空白试验未满足以上要求，则应采取措施排除污染并重新分析同批样品。

水质　挥发性有机物的测定　顶空/气相色谱-质谱法（HJ 810—2016）

【适用范围】地表水、地下水、生活污水、工业废水和海水。

【采样容器】40 mL 棕色玻璃瓶，具硅橡胶-聚四氟乙烯衬垫螺旋盖。

【采样方法】采集样品时，不宜用水样进行荡洗，应使水样在样品瓶中溢流且不留空间。

【固定剂】（1）抗坏血酸+盐酸；（2）—。

【保存方法】（1）若水样中含有余氯，采样前，应向 40 mL 棕色采样瓶中加入 25 mg 的抗坏血酸。若水样中余氯含量超过 5 mg/L，应按比例增加抗坏血酸的加入量，余氯含量每增加 5 mg/L，则应多加入 25 mg 的抗坏血酸。样品采集后，应立即加入适量盐酸溶液，使样品 pH≤2，拧紧瓶盖，4℃以下冷藏，避光和密封保存。（2）当水样加盐酸溶液后有气泡产生，须重新采样，重新采集的样品不加盐酸溶液保存，样品标签上应注明未酸化。

【保存期】（1）14 d；（2）24 h。

【采样量】40 mL。

【容器洗涤】—

【检出限】全扫描模式：4 μg/L；离子选择扫描模式：0.5 μg/L。

【质量保证和质量控制】所有样品均采集平行双样。每批样品应至少做一个全程序空白：按照分析步骤，在实验室将一份实验用水放入样品瓶中密封，将其带到采样现场，与采样的样品瓶同时开盖和密封，之后随样品运回实验室。

地表水和污水监测技术规范（HJ/T 91—2002）

【适用范围】对江河、湖泊、水库和渠道的水质监测，包括控制断面以及污染源排放污水的监测。

【采样容器】硬质玻璃瓶。

【采样方法】—

【固定剂】盐酸+抗坏血酸。

【保存方法】用（1+10）盐酸调至 pH=2，加入 0.01～0.02 g 抗坏血酸除去残余氯，0～4℃冷藏避光保存。

【保存期】12 h。

【采样量】1 000 mL。

【容器洗涤】洗涤剂洗 1 次，自来水洗 3 次，蒸馏水洗 1 次。

【检出限】—

【质量保证和质量控制】—

水质　样品的保存和管理技术规定（HJ 493—2009）

【适用范围】天然水、生活污水及工业废水。

【采样容器】硬质玻璃瓶。

【采样方法】—

【固定剂】盐酸+抗坏血酸。

【保存方法】用（1+10）盐酸调至 pH≤2，加入 0.01～0.02 g 抗坏血酸除去残余氯，1～5℃避光保存。

【保存期】12 h。

【采样量】1 000 mL。

【容器洗涤】—

【检出限】—

【质量保证和质量控制】—

21. 1,3,5-三氯苯

水质　氯苯类化合物的测定　气相色谱法（HJ 621—2011）

【适用范围】地表水、地下水、饮用水、海水、工业废水和生活污水。

【采样容器】棕色玻璃瓶。

【采样方法】样品充满采样瓶。用内衬聚四氟乙烯硅胶垫（或铝箔垫）的瓶盖密封。

【固定剂】浓硫酸。

【保存方法】采样时每升水样中加入 1.0 mL 浓硫酸，于 2～5℃下保存。

【保存期】7 d。

【采样量】1 000 mL。

【容器洗涤】—

【检出限】0.11 μg/L。

【质量保证和质量控制】空白样品：每批样品应至少分析一个全程序空白样，全程序空白测定值应低于检出限。

水质　有机氯农药和氯苯类化合物的测定　气相色谱-质谱法（HJ 699—2014）

【适用范围】地表水、地下水、生活污水、工业废水和海水。

【采样容器】玻璃塞的棕色磨口瓶或具有聚四氟乙烯衬垫的棕色螺口玻璃瓶。

【采样方法】—

【固定剂】（1+1）盐酸。

【保存方法】样品采集后立即用（1+1）盐酸溶液调至 pH＜2，4℃下保存。

【保存期】7 d 内完成萃取，萃取液在 40 d 内完成分析。

【采样量】—

【容器洗涤】—

【检出限】液液萃取：0.037 μg/L；固相萃取：0.030 μg/L。

【质量保证和质量控制】空白试验：每批样品至少做一个空白试验，即全程序空白试验。如果目标化合物有检出，应查明原因。

22. 1,3-二氯苯

水质　挥发性有机物的测定　吹扫捕集/气相色谱-质谱法（HJ 639—2012）

【适用范围】海水、地下水、地表水、生活污水和工业废水。

【采样容器】40 mL 棕色玻璃瓶，具硅橡胶-聚四氟乙烯衬垫螺旋盖。

【采样方法】采样时不需用样品进行荡洗，水样在样品瓶中溢流而不留空间。取样时应尽量避免或减少样品在空气中暴露。

【固定剂】（1）抗坏血酸+盐酸；（2）—。

【保存方法】（1）每 40 mL 样品需加入 25 mg 的抗坏血酸；若样品中总余氯的量超过 5 mg/L，总余氯每超过 5 mg/L，需要多加 25 mg 的抗坏血酸。采样时，水样呈中性时向每个样品瓶中加入 0.5 mL 盐酸溶液，拧紧瓶盖；水样呈碱性时应加入适量盐酸溶液使样品 pH≤2。4℃保存。（2）当水样加盐酸溶液后产生大量气泡时，应弃去该样品，重新采集样品。重新采集的样品不应加盐酸溶液，样品标签上应注明未酸化。4℃保存。

【保存期】（1）14 d；（2）24 h。

【采样量】40 mL。

【容器洗涤】样品瓶应在采样前用甲醇清洗。

【检出限】全扫描模式：1.2 μg/L；离子选择扫描模式：0.3 μg/L。

【质量保证和质量控制】所有样品均采集平行双样。每批样品至少应采集一个运输空白和全程序空白样品。空白中目标化合物浓度应小于下列条件的最大值：（1）方法检出限；（2）相关环保标准限值的 5%；（3）样品分析结果的 5%。若空白试验未满足以上要求，则应采取措施排除污染并重新分析同批样品。

水质 挥发性有机物的测定 顶空/气相色谱-质谱法（HJ 810—2016）

【适用范围】地表水、地下水、生活污水、工业废水和海水。

【采样容器】40 mL 棕色玻璃瓶，具硅橡胶-聚四氟乙烯衬垫螺旋盖。

【采样方法】采集样品时，不宜用水样进行荡洗，应使水样在样品瓶中溢流且不留空间。

【固定剂】（1）抗坏血酸+盐酸；（2）—。

【保存方法】（1）若水样中含有余氯，采样前，应向 40 mL 棕色采样瓶中加入 25 mg 的抗坏血酸。若水样中余氯含量超过 5 mg/L，应按比例增加抗坏血酸的加入量，余氯含量每增加 5 mg/L，则应多加入 25 mg 的抗坏血酸。样品采集后，应立即加入适量盐酸溶液，使样品 pH≤2，拧紧瓶盖，4℃以下冷藏，避光和密封保存。（2）当水样加盐酸溶液后有气泡产生，须重新采样，重新采集的样品不加盐酸溶液保存，样品标签上应注明未酸化。

【保存期】（1）14 d；（2）24 h。

【采样量】40 mL。

【容器洗涤】—

【检出限】全扫描模式：3 μg/L；离子选择扫描模式：1.0 μg/L。

【质量保证和质量控制】所有样品均采集平行双样。每批样品应至少做一个全程序空白：按照分析步骤，在实验室将一份实验用水放入样品瓶中密封，将其带到采样现场，与采样的样品瓶同时开盖和密封，之后随样品运回实验室。

水质 氯苯类化合物的测定 气相色谱法（HJ 621—2011）

【适用范围】地表水、地下水、饮用水、海水、工业废水和生活污水。

【采样容器】棕色玻璃瓶。

【采样方法】样品充满采样瓶。用内衬聚四氟乙烯硅胶垫（或铝箔垫）的瓶盖密封。

【固定剂】浓硫酸。

【保存方法】采样时每升水样中加入 1.0 mL 浓硫酸，于 2～5℃下保存。

【保存期】7 d。

【采样量】1 000 mL。

【容器洗涤】—

【检出限】0.35 μg/L。

【质量保证和质量控制】空白样品：每批样品应至少分析一个全程序空白样，全程序空白测定值应低于检出限。

生活饮用水标准检验方法 有机物指标（附录 A 吹脱捕集/气相色谱-质谱法测定挥发性有机化合物）（GB/T 5750.8—2006）

【适用范围】测定生活饮用水及其水源水。

【采样容器】40 mL 棕色玻璃瓶附螺旋盖及聚四氟乙烯垫片。

【采样方法】采样时，使水样在瓶中溢流出而不留气泡；若从开放的水体中采样，先用 1 L 的广口瓶或烧杯从有代表性的区域中采样，再小心把水样从广口瓶或烧杯中倒入样品瓶中。

【固定剂】（1）无余氯样品：盐酸溶液；（2）有余氯样品：抗坏血酸+盐酸。

【保存方法】(1) 不含余氯的样品和现场空白，每 40 mL 水样中加 4 滴 4 mol/L 的盐酸做固定剂。4℃保存。(2) 含余氯的样品和现场空白，在样品瓶中先加入抗坏血酸（每 40 mL 水样中加 25 mg），待样品瓶中充满水样并溢流后，每 20 mL 样品中加入 1 滴 4 mol/L 盐酸调节样品 pH＜2。4℃保存。

【保存期】14 d。

【采样量】40 mL。

【容器洗涤】—

【检出限】0.12 μg/L。

【质量保证和质量控制】所有样品均采集平行样，每批样品要带一个现场空白。

地表水和污水监测技术规范（HJ/T 91—2002）

【适用范围】对江河、湖泊、水库和渠道的水质监测，包括控制断面以及污染源排放污水的监测。

【采样容器】硬质玻璃瓶。

【采样方法】—

【固定剂】盐酸+抗坏血酸。

【保存方法】用（1+10）盐酸调至 pH=2，加入 0.01～0.02 g 抗坏血酸除去残余氯，0～4℃冷藏避光保存。

【保存期】12 h。

【采样量】1 000 mL。

【容器洗涤】洗涤剂洗 1 次，自来水洗 3 次，蒸馏水洗 1 次。

【检出限】—

【质量保证和质量控制】—

水质　样品的保存和管理技术规定（HJ 493—2009）

【适用范围】天然水、生活污水及工业废水。

【采样容器】硬质玻璃瓶。

【采样方法】—

【固定剂】盐酸+抗坏血酸。

【保存方法】用（1+10）盐酸调至 pH≤2，加入 0.01～0.02 g 抗坏血酸除去残余氯，1～5℃避光保存。

【保存期】12 h。

【采样量】1 000 mL。

【容器洗涤】—

【检出限】—

【质量保证和质量控制】—

23. 1,3-二氯丙烷

水质　挥发性有机物的测定　吹扫捕集/气相色谱-质谱法（HJ 639—2012）

【适用范围】海水、地下水、地表水、生活污水和工业废水。

【采样容器】40 mL 棕色玻璃瓶，具硅橡胶-聚四氟乙烯衬垫螺旋盖。

【采样方法】采样时不需用样品进行荡洗，水样在样品瓶中溢流而不留空间。取样时应尽量避免或减少样品在空气中暴露。

【固定剂】(1) 抗坏血酸+盐酸；(2) —。

【保存方法】(1) 每 40 mL 样品需加入 25 mg 的抗坏血酸；若样品中总余氯的量超过 5 mg/L，总余氯每超过 5 mg/L，需要多加 25 mg 的抗坏血酸。采样时，水样呈中性时向每个样品瓶中加入 0.5 mL 盐酸溶液，拧紧瓶盖；水样呈碱性时应加入适量盐酸溶液使样品 pH≤2。4℃保存。(2) 当水样加盐酸溶液后产生大量气泡时，应弃去该样品，重新采集样品。重新采集的样品不应加盐酸溶液，样品标签上应注明未酸化。4℃保存。

【保存期】(1) 14 d；(2) 24 h。

【采样量】40 mL。

【容器洗涤】样品瓶应在采样前用甲醇清洗。

【检出限】全扫描模式：1.4 μg/L；离子选择扫描模式：0.4 μg/L。

【质量保证和质量控制】所有样品均采集平行双样。每批样品至少应采集一个运输空白和全程序空白样品。空白中目标化合物浓度应小于下列条件的最大值：(1) 方法检出限；(2) 相关环保标准限值的 5%；(3) 样品分析结果的 5%。若空白试验未满足以上要求，则应采取措施排除污染并重新分析同批样品。

水质　挥发性有机物的测定　顶空/气相色谱-质谱法（HJ 810—2016）

【适用范围】地表水、地下水、生活污水、工业废水和海水。

【采样容器】40 mL 棕色玻璃瓶，具硅橡胶-聚四氟乙烯衬垫螺旋盖。

【采样方法】采集样品时，不宜用水样进行荡洗，应使水样在样品瓶中溢流且不留空间。

【固定剂】(1) 抗坏血酸+盐酸；(2) —。

【保存方法】(1) 若水样中含有余氯，采样前，应向 40 mL 棕色采样瓶中加入 25 mg 的抗坏血酸。若水样中余氯含量超过 5 mg/L，应按比例增加抗坏血酸的加入量，余氯含量每增加 5 mg/L，则应多加入 25 mg 的抗坏血酸。样品采集后，应立即加入适量盐酸溶液，使样品 pH≤2，拧紧瓶盖，4℃以下冷藏，避光和密封保存。(2) 当水样加盐酸溶液后有气泡产生，须重新采样，重新采集的样品不加盐酸溶液保存，样品标签上应注明未酸化。

【保存期】(1) 14 d；(2) 24 h。

【采样量】40 mL。

【容器洗涤】—

【检出限】全扫描模式：5 μg/L；离子选择扫描模式：0.9 μg/L。

【质量保证和质量控制】所有样品均采集平行双样。每批样品应至少做一个全程序空白：按照分析步骤，在实验室将一份实验用水放入样品瓶中密封，将其带到采样现场，与采样的样品瓶同时开盖和密封，之后随样品运回实验室。

生活饮用水标准检验方法　有机物指标（附录 A 吹脱捕集/气相色谱-质谱法测定挥发性有机化合物）（GB/T 5750.8—2006）

【适用范围】测定生活饮用水及其水源水。

【采样容器】40 mL 棕色玻璃瓶附螺旋盖及聚四氟乙烯垫片。

【采样方法】采样时，使水样在瓶中溢流出而不留气泡；若从开放的水体中采样，先用 1 L 的广口瓶或烧杯从有代表性的区域中采样，再小心把水样从广口瓶或烧杯中倒入样品瓶中。

【固定剂】（1）无余氯样品：盐酸溶液；（2）有余氯样品：抗坏血酸+盐酸。

【保存方法】（1）不含余氯的样品和现场空白，每 40 mL 水样中加 4 滴 4 mol/L 的盐酸做固定剂。4℃保存。（2）含余氯的样品和现场空白，在样品瓶中先加入抗坏血酸（每 40 mL 水样中加 25 mg），待样品瓶中充满水样并溢流后，每 20 mL 样品中加入 1 滴 4 mol/L 盐酸调节样品 pH＜2。4℃保存。

【保存期】14 d。

【采样量】40 mL。

【容器洗涤】—

【检出限】0.04 μg/L。

【质量保证和质量控制】所有样品均采集平行样，每批样品要带一个现场空白。

地表水和污水监测技术规范（HJ/T 91—2002）

【适用范围】对江河、湖泊、水库和渠道的水质监测，包括控制断面以及污染源排放污水的监测。

【采样容器】硬质玻璃瓶。

【采样方法】—

【固定剂】盐酸+抗坏血酸。

【保存方法】用（1+10）盐酸调至 pH=2，加入 0.01～0.02 g 抗坏血酸除去残余氯，0～4℃冷藏避光保存。

【保存期】12 h。

【采样量】1 000 mL。

【容器洗涤】洗涤剂洗 1 次，自来水洗 3 次，蒸馏水洗 1 次。

【检出限】—

【质量保证和质量控制】—

水质　样品的保存和管理技术规定（HJ 493—2009）

【适用范围】天然水、生活污水及工业废水。

【采样容器】硬质玻璃瓶。

【采样方法】—

【固定剂】盐酸+抗坏血酸。

【保存方法】用（1+10）盐酸调至 pH≤2，加入 0.01～0.02 g 抗坏血酸除去残余氯，1～5℃避光保存。

【保存期】12 h。

【采样量】1 000 mL。

【容器洗涤】—

【检出限】—

【质量保证和质量控制】—

24. 1,4-二氯苯

水质　挥发性有机物的测定　吹扫捕集/气相色谱-质谱法（HJ 639—2012）

【适用范围】海水、地下水、地表水、生活污水和工业废水。

【采样容器】40 mL 棕色玻璃瓶，具硅橡胶-聚四氟乙烯衬垫螺旋盖。

【采样方法】采样时不需用样品进行荡洗，水样在样品瓶中溢流而不留空间。取样时应尽量避免或减少样品在空气中暴露。

【固定剂】（1）抗坏血酸+盐酸；（2）—。

【保存方法】（1）每 40 mL 样品需加入 25 mg 的抗坏血酸；若样品中总余氯的量超过 5 mg/L，总余氯每超过 5 mg/L，需要多加 25 mg 的抗坏血酸。采样时，水样呈中性时向每个样品瓶中加入 0.5 mL 盐酸溶液，拧紧瓶盖；水样呈碱性时应加入适量盐酸溶液使样品 pH≤2。4℃保存。（2）当水样加盐酸溶液后产生大量气泡时，应弃去该样品，重新采集样品。重新采集的样品不应加盐酸溶液，样品标签上应注明未酸化。4℃保存。

【保存期】（1）14 d；（2）24 h。

【采样量】40 mL。

【容器洗涤】样品瓶应在采样前用甲醇清洗。

【检出限】全扫描模式：0.8 μg/L；离子选择扫描模式：0.4 μg/L。

【质量保证和质量控制】所有样品均采集平行双样。每批样品至少应采集一个运输空白和全程序空白样品。空白中目标化合物浓度应小于下列条件的最大值：（1）方法检出限；（2）相关环保标准限值的 5%；（3）样品分析结果的 5%。若空白试验未满足以上要求，则应采取措施排除污染并重新分析同批样品。

水质　挥发性有机物的测定　顶空/气相色谱-质谱法（HJ 810—2016）

【适用范围】地表水、地下水、生活污水、工业废水和海水。

【采样容器】40 mL 棕色玻璃瓶，具硅橡胶-聚四氟乙烯衬垫螺旋盖。

【采样方法】采集样品时，不宜用水样进行荡洗，应使水样在样品瓶中溢流且不留空间。

【固定剂】（1）抗坏血酸+盐酸；（2）—。

【保存方法】（1）若水样中含有余氯，采样前，应向 40 mL 棕色采样瓶中加入 25 mg 的抗坏血酸。若水样中余氯含量超过 5 mg/L，应按比例增加抗坏血酸的加入量，余氯含量每增加 5 mg/L，则应多加入 25 mg 的抗坏血酸。样品采集后，应立即加入适量盐酸溶液，使样品 pH≤2，拧紧瓶盖，4℃以下冷藏，避光和密封保存。（2）当水样加盐酸溶液后有气泡产生，须重新采样，重新采集的样品不加盐酸溶液保存，样品标签上应注明未酸化。

【保存期】（1）14 d；（2）24 h。

【采样量】40 mL。

【容器洗涤】—

【检出限】全扫描模式：5 μg/L；离子选择扫描模式：0.8 μg/L。

【质量保证和质量控制】所有样品均采集平行双样。每批样品应至少做一个全程序空白：按照分析步骤，在实验室将一份实验用水放入样品瓶中密封，将其带到采样现场，与采样的样品瓶同时开盖和密封，之后随样品运回实验室。

水质　氯苯类化合物的测定　气相色谱法（HJ 621—2011）

【适用范围】地表水、地下水、饮用水、海水、工业废水和生活污水。

【采样容器】棕色玻璃瓶。

【采样方法】样品充满采样瓶。用内衬聚四氟乙烯硅胶垫（或铝箔垫）的瓶盖密封。

【固定剂】浓硫酸。

【保存方法】采样时每升水样中加入 1.0 mL 浓硫酸，于 2～5℃下保存。

【保存期】7 d。

【采样量】1 000 mL。

【容器洗涤】—

【检出限】0.23 μg/L。

【质量保证和质量控制】空白样品：每批样品应至少分析一个全程序空白样，全程序空白测定值应低于检出限。

生活饮用水标准检验方法　有机物指标（附录 A 吹脱捕集/气相色谱-质谱法测定挥发性有机化合物）（GB/T 5750.8—2006）

【适用范围】测定生活饮用水及其水源水。

【采样容器】40 mL 棕色玻璃瓶附螺旋盖及聚四氟乙烯垫片。

【采样方法】采样时，使水样在瓶中溢流出而不留气泡；若从开放的水体中采样，先用 1 L 的广口瓶或烧杯从有代表性的区域中采样，再小心把水样从广口瓶或烧杯中倒入样品瓶中。

【固定剂】（1）无余氯样品：盐酸溶液；（2）有余氯样品：抗坏血酸+盐酸。

【保存方法】（1）不含余氯的样品和现场空白，每 40 mL 水样中加 4 滴 4 mol/L 的盐酸做固定剂。4℃保存。（2）含余氯的样品和现场空白，在样品瓶中先加入抗坏血酸（每 40 mL 水样中加 25 mg），待样品瓶中充满水样并溢流后，每 20 mL 样品中加入 1 滴 4 mol/L 盐酸调节样品 pH＜2。4℃保存。

【保存期】14 d。

【采样量】40 mL。

【容器洗涤】—

【检出限】0.03 μg/L。

【质量保证和质量控制】所有样品均采集平行样，每批样品要带一个现场空白。

地表水和污水监测技术规范（HJ/T 91—2002）

【适用范围】对江河、湖泊、水库和渠道的水质监测，包括控制断面以及污染源排放污水的监测。

【采样容器】硬质玻璃瓶。

【采样方法】—

【固定剂】盐酸+抗坏血酸。

【保存方法】用（1+10）盐酸调至 pH=2，加入 0.01～0.02 g 抗坏血酸除去残余氯，0～4℃冷藏避光保存。

【保存期】12 h。

【采样量】1 000 mL。

【容器洗涤】洗涤剂洗 1 次，自来水洗 3 次，蒸馏水洗 1 次。
【检出限】—
【质量保证和质量控制】—

水质　样品的保存和管理技术规定（HJ 493—2009）

【适用范围】天然水、生活污水及工业废水。
【采样容器】硬质玻璃瓶。
【采样方法】—
【固定剂】盐酸+抗坏血酸。
【保存方法】用（1+10）盐酸调至 pH≤2，加入 0.01～0.02 g 抗坏血酸除去残余氯，1～5℃避光保存。
【保存期】12 h。
【采样量】1 000 mL。
【容器洗涤】—
【检出限】—
【质量保证和质量控制】—

25. 2-（2,4,5-三氯苯氧基）-丙酸（或 2,4,5-涕丙酸）

水质　苯氧羧酸类除草剂的测定　液相色谱/串联质谱法（HJ 770—2015）

【适用范围】地表水、地下水和废水。
【采样容器】磨口棕色玻璃瓶。
【采样方法】水样满瓶采集。
【固定剂】—
【保存方法】0～4℃避光保存。
【保存期】3 d。
【采样量】250 mL。
【容器洗涤】—
【检出限】直接进样：0.4 μg/L；固相萃取：0.006 μg/L。
【质量保证和质量控制】空白分析：每次分析至少做一个全程序空白，以检查可能存在的干扰。全程序空白中检出每个目标化合物的浓度不得超过方法的检出限，否则应重新采样。

地表水和污水监测技术规范（HJ/T 91—2002）

【适用范围】对江河、湖泊、水库和渠道的水质监测。
【采样容器】硬质玻璃瓶。
【采样方法】—
【固定剂】抗坏血酸。
【保存方法】加入 0.01～0.02 g 抗坏血酸除去残余氯，0～4℃低温避光保存。
【保存期】24 h。

【采样量】1 000 mL。

【容器洗涤】洗涤剂洗 1 次，自来水洗 3 次，蒸馏水洗 1 次。

【检出限】—

【质量保证和质量控制】—

水质　样品的保存和管理技术规定（HJ 493—2009）

【适用范围】天然水、生活污水及工业废水。

【采样容器】硬质玻璃瓶。

【采样方法】—

【固定剂】抗坏血酸。

【保存方法】加入 0.01～0.02 g 抗坏血酸除去残余氯，1～5℃避光保存。

【保存期】24 h。

【采样量】1 000 mL。

【容器洗涤】洗涤剂洗 1 次，自来水洗 3 次，蒸馏水洗 1 次。

【检出限】—

【质量保证和质量控制】—

26. 2-（2,4-二氯苯氧基）-丙酸（或 2,4-滴丙酸）

水质　苯氧羧酸类除草剂的测定　液相色谱/串联质谱法（HJ 770—2015）

【适用范围】地表水、地下水和废水。

【采样容器】磨口棕色玻璃瓶。

【采样方法】水样满瓶采集。

【固定剂】—

【保存方法】0～4℃避光保存。

【保存期】3 d。

【采样量】250 mL。

【容器洗涤】—

【检出限】直接进样：0.5 μg/L；固相萃取：0.007 μg/L。

【质量保证和质量控制】空白分析：每次分析至少做一个全程序空白，以检查可能存在的干扰。全程序空白中检出每个目标化合物的浓度不得超过方法的检出限，否则应重新采样。

地表水和污水监测技术规范（HJ/T 91—2002）

【适用范围】对江河、湖泊、水库和渠道的水质监测。

【采样容器】硬质玻璃瓶。

【采样方法】—

【固定剂】抗坏血酸。

【保存方法】加入 0.01～0.02 g 抗坏血酸除去残余氯，0～4℃低温避光保存。

【保存期】24 h。

【采样量】1 000 mL。

【容器洗涤】洗涤剂洗 1 次，自来水洗 3 次，蒸馏水洗 1 次。

【检出限】—

【质量保证和质量控制】—

水质　样品的保存和管理技术规定（HJ 493—2009）

【适用范围】天然水、生活污水及工业废水。

【采样容器】硬质玻璃瓶。

【采样方法】—

【固定剂】抗坏血酸。

【保存方法】加入 0.01～0.02 g 抗坏血酸除去残余氯，1～5℃避光保存。

【保存期】24 h。

【采样量】1 000 mL。

【容器洗涤】洗涤剂洗 1 次，自来水洗 3 次，蒸馏水洗 1 次。

【检出限】—

【质量保证和质量控制】—

27. 2-（2-甲基-4-氯苯氧基）丙酸

水质　苯氧羧酸类除草剂的测定　液相色谱/串联质谱法（HJ 770—2015）

【适用范围】地表水、地下水和废水。

【采样容器】磨口棕色玻璃瓶。

【采样方法】水样满瓶采集。

【固定剂】—

【保存方法】0～4℃避光保存。

【保存期】3 d。

【采样量】250 mL。

【容器洗涤】—

【检出限】直接进样：0.4 μg/L；固相萃取：0.008 μg/L。

【质量保证和质量控制】空白分析：每次分析至少做一个全程序空白，以检查可能存在的干扰。全程序空白中检出每个目标化合物的浓度不得超过方法的检出限，否则应重新采样。

地表水和污水监测技术规范（HJ/T 91—2002）

【适用范围】对江河、湖泊、水库和渠道的水质监测。

【采样容器】硬质玻璃瓶。

【采样方法】—

【固定剂】抗坏血酸。

【保存方法】加入 0.01～0.02 g 抗坏血酸除去残余氯，0～4℃低温避光保存。

【保存期】24 h。

【采样量】1 000 mL。

【容器洗涤】洗涤剂洗 1 次，自来水洗 3 次，蒸馏水洗 1 次。

【检出限】—

【质量保证和质量控制】—

水质　样品的保存和管理技术规定（HJ 493—2009）

【适用范围】天然水、生活污水及工业废水。

【采样容器】硬质玻璃瓶。

【采样方法】—

【固定剂】抗坏血酸。

【保存方法】加入 0.01～0.02 g 抗坏血酸除去残余氯，1～5℃避光保存。

【保存期】24 h。

【采样量】1 000 mL。

【容器洗涤】洗涤剂洗 1 次，自来水洗 3 次，蒸馏水洗 1 次。

【检出限】—

【质量保证和质量控制】—

28. 2,2′,3,4,4′,5,5′-七氯联苯

水质　多氯联苯的测定　气相色谱-质谱法（HJ 715—2014）

【适用范围】地表水、地下水、工业废水和生活污水。

【采样容器】棕色具磨口塞玻璃瓶。

【采样方法】水样充满样品瓶。

【固定剂】—

【保存方法】在 4℃下避光保存。

【保存期】7 d 内完成萃取。

【采样量】1 000 mL、2 000 mL 或 10 000 mL。

【容器洗涤】—

【检出限】固相萃取：1.6 ng/L；液液萃取：2.1 ng/L。

【质量保证和质量控制】空白试验：每批样品应至少做一个空白试验，即全程序空白试验，如果目标化合物有检出，应查明原因。

水质　样品的保存和管理技术规定（HJ 493—2009）

【适用范围】天然水、生活污水及工业废水。

【采样容器】硬质玻璃瓶溶剂洗，带聚四氟乙烯瓶盖。

【采样方法】不能用水样冲洗采样容器。

【固定剂】硫代硫酸钠。

【保存方法】尽可能现场萃取。如果样品加氯，采样前 1 000 mL 样加 80 mg 五水硫代硫酸钠，1～5℃冷藏。

【保存期】7 d。

【采样量】1 000 mL。

【容器洗涤】—

【检出限】—

【质量保证和质量控制】—

29. 2,2′,3,4,4′,5′,6-七溴二苯（BDE-183）

水质　多溴二苯醚的测定　气相色谱-质谱法（HJ 909—2017）

【适用范围】地表水、地下水、工业废水和生活污水。

【采样容器】聚四氟乙烯内衬旋盖棕色细口玻璃瓶。

【采样方法】—

【固定剂】硫代硫酸钠。

【保存方法】每升水加入 80 mg 硫代硫酸钠，于 4℃保存。

【保存期】14 d 内萃取。

【采样量】1 000～4 000 mL。

【容器洗涤】—

【检出限】1.6 ng/L。

【质量保证和质量控制】—

30. 2,2′,4,4′,5,5′-六氯联苯

水质　多氯联苯的测定　气相色谱-质谱法（HJ 715—2014）

【适用范围】地表水、地下水、工业废水和生活污水。

【采样容器】棕色具磨口塞玻璃瓶。

【采样方法】水样充满样品瓶。

【固定剂】—

【保存方法】在 4℃下避光保存。

【保存期】7 d 内完成萃取。

【采样量】1 000 mL、2 000 mL 或 10 000 mL。

【容器洗涤】—

【检出限】固相萃取：1.6 ng/L；液液萃取：2.1 ng/L。

【质量保证和质量控制】空白试验：每批样品应至少做一个空白试验，即全程序空白试验，如果目标化合物有检出，应查明原因。

水质　样品的保存和管理技术规定（HJ 493—2009）

【适用范围】天然水、生活污水及工业废水。

【采样容器】硬质玻璃瓶溶剂洗，带聚四氟乙烯瓶盖。

【采样方法】不能用水样冲洗采样容器。

【固定剂】硫代硫酸钠。

【保存方法】尽可能现场萃取，如果样品加氯，采样前 1 000 mL 样加 80 mg 五水硫代硫酸钠，1～5℃冷藏。

【保存期】7 d。

【采样量】1 000 mL。

【容器洗涤】—

【检出限】—

【质量保证和质量控制】—

31. 2,2′,4,4′,5,5′-六溴二苯醚（BDE-153）

水质　多溴二苯醚的测定　气相色谱-质谱法（HJ 909—2017）

【适用范围】地表水、地下水、工业废水和生活污水。

【采样容器】聚四氟乙烯内衬旋盖棕色细口玻璃瓶。

【采样方法】—

【固定剂】硫代硫酸钠。

【保存方法】每升水加入 80 mg 硫代硫酸钠，于 4℃冷藏保存。

【保存期】14 d 内萃取。

【采样量】1 000～4 000 mL。

【容器洗涤】—

【检出限】1.6 ng/L。

【质量保证和质量控制】—

32. 2,2′,4,4′,5,6′-六溴二苯醚（BDE-154）

水质　多溴二苯醚的测定　气相色谱-质谱法（HJ 909—2017）

【适用范围】地表水、地下水、工业废水和生活污水。

【采样容器】聚四氟乙烯内衬旋盖棕色细口玻璃瓶。

【采样方法】—

【固定剂】硫代硫酸钠。

【保存方法】每升水加入 80 mg 硫代硫酸钠，于 4℃保存。

【保存期】14 d 内萃取。

【采样量】1 000～4 000 mL。

【容器洗涤】—

【检出限】1.4 ng/L。

【质量保证和质量控制】—

33. 2,2′,4,4′,5-五溴二苯醚（BDE-99）

水质 多溴二苯醚的测定 气相色谱-质谱法（HJ 909—2017）

【适用范围】地表水、地下水、工业废水和生活污水。

【采样容器】聚四氟乙烯内衬旋盖棕色细口玻璃瓶。

【采样方法】—

【固定剂】硫代硫酸钠。

【保存方法】每升水加入 80 mg 硫代硫酸钠，于 4℃保存。

【保存期】14 d 内萃取。

【采样量】1 000～4 000 mL。

【容器洗涤】—

【检出限】1.3 ng/L。

【质量保证和质量控制】—

34. 2,2′,4,4′,6-五溴二苯醚（BDE-100）

水质 多溴二苯醚的测定 气相色谱-质谱法（HJ 909—2017）

【适用范围】地表水、地下水、工业废水和生活污水。

【采样容器】聚四氟乙烯内衬旋盖棕色细口玻璃瓶。

【采样方法】—

【固定剂】硫代硫酸钠。

【保存方法】每升水加入 80 mg 硫代硫酸钠，于 4℃保存。

【保存期】14 d 内萃取。

【采样量】1 000～4 000 mL。

【容器洗涤】—

【检出限】1.1 ng/L。

【质量保证和质量控制】—

35. 2,2′,4,4′-四溴二苯醚（BDE-47）

水质 多溴二苯醚的测定 气相色谱-质谱法（HJ 909—2017）

【适用范围】地表水、地下水、工业废水和生活污水。

【采样容器】聚四氟乙烯内衬旋盖棕色细口玻璃瓶。

【采样方法】—

【固定剂】硫代硫酸钠。

【保存方法】每升水加入 80 mg 硫代硫酸钠，于 4℃保存。

【保存期】14 d 内萃取。

【采样量】1 000～4 000 mL。

【容器洗涤】—

【检出限】0.8 ng/L。

【质量保证和质量控制】—

36. 2,2′,3,4,4′,5′-六氯联苯

水质　多氯联苯的测定　气相色谱-质谱法（HJ 715—2014）

【适用范围】地表水、地下水、工业废水和生活污水。

【采样容器】棕色具磨口塞玻璃瓶。

【采样方法】水样充满样品瓶。

【固定剂】—

【保存方法】在 4℃下避光保存。

【保存期】7 d 内完成萃取。

【采样量】1 000 mL、2 000 mL 或 10 000 mL。

【容器洗涤】—

【检出限】固相萃取：1.6 ng/L；液液萃取：2.1 ng/L。

【质量保证和质量控制】空白试验：每批样品应至少做一个空白试验，即全程序空白试验，如果目标化合物有检出，应查明原因。

水质　样品的保存和管理技术规定（HJ 493—2009）

【适用范围】天然水、生活污水及工业废水。

【采样容器】硬质玻璃瓶溶剂洗，带聚四氟乙烯瓶盖。

【采样方法】不能用水样冲洗采样容器。

【固定剂】硫代硫酸钠。

【保存方法】尽可能现场萃取。如果样品加氯，采样前 1 000 mL 样加 80 mg 五水硫代硫酸钠，1～5℃冷藏。

【保存期】7 d。

【采样量】1 000 mL。

【容器洗涤】—

【检出限】—

【质量保证和质量控制】—

37. 2,2′,4,5,5′-五氯联苯

水质　多氯联苯的测定　气相色谱-质谱法（HJ 715—2014）

【适用范围】地表水、地下水、工业废水和生活污水。

【采样容器】棕色具磨口塞玻璃瓶。

【采样方法】水样充满样品瓶。

【固定剂】—

【保存方法】在 4℃下避光保存。

【保存期】7 d 内完成萃取。

【采样量】1 000 mL、2 000 mL 或 10 000 mL。

【容器洗涤】—

【检出限】固相萃取：1.6 ng/L；液液萃取：1.8 ng/L。

【质量保证和质量控制】空白试验：每批样品应至少做一个空白试验，即全程序空白试验，如果目标化合物有检出，应查明原因。

水质　样品的保存和管理技术规定（HJ 493—2009）

【适用范围】天然水、生活污水及工业废水。

【采样容器】硬质玻璃瓶溶剂洗，带聚四氟乙烯瓶盖。

【采样方法】不能用水样冲洗采样容器。

【固定剂】硫代硫酸钠。

【保存方法】尽可能现场萃取。如果样品加氯，采样前 1 000 mL 样加 80 mg 五水硫代硫酸钠，1～5℃冷藏。

【保存期】7 d。

【采样量】1 000 mL。

【容器洗涤】—

【检出限】—

【质量保证和质量控制】—

38. 2,2′,5,5′-四氯联苯

水质　多氯联苯的测定　气相色谱-质谱法（HJ 715—2014）

【适用范围】地表水、地下水、工业废水和生活污水。

【采样容器】棕色具磨口塞玻璃瓶。

【采样方法】水样充满样品瓶。

【固定剂】—

【保存方法】在 4℃下避光保存。

【保存期】7 d 内完成萃取。

【采样量】1 000 mL、2 000 mL 或 10 000 mL。

【容器洗涤】—

【检出限】固相萃取：1.6 ng/L；液液萃取：1.7 ng/L。

【质量保证和质量控制】空白试验：每批样品应至少做一个空白试验，即全程序空白试验，如果目标化合物有检出，应查明原因。

水质　样品的保存和管理技术规定（HJ 493—2009）

【适用范围】天然水、生活污水及工业废水。

【采样容器】硬质玻璃瓶溶剂洗，带聚四氟乙烯瓶盖。

【采样方法】不能用水样冲洗采样容器。

【固定剂】硫代硫酸钠。

【保存方法】尽可能现场萃取。如果样品加氯，采样前 1 000 mL 样加 80 mg 五水硫代硫酸钠，1～5℃冷藏。

【保存期】7 d。

【采样量】1 000 mL。

【容器洗涤】—

【检出限】—

【质量保证和质量控制】—

39. 2,2-二氯丙烷

水质 挥发性有机物的测定 吹扫捕集/气相色谱-质谱法（HJ 639—2012）

【适用范围】海水、地下水、地表水、生活污水和工业废水。

【采样容器】40 mL 棕色玻璃瓶，具硅橡胶-聚四氟乙烯衬垫螺旋盖。

【采样方法】采样时不需用样品进行荡洗，水样在样品瓶中溢流而不留空间。取样时应尽量避免或减少样品在空气中暴露。

【固定剂】（1）抗坏血酸+盐酸；（2）—。

【保存方法】（1）每 40 mL 样品需加入 25 mg 的抗坏血酸；若样品中总余氯的量超过 5 mg/L，总余氯每超过 5 mg/L，需要多加 25 mg 的抗坏血酸。采样时，水样呈中性时向每个样品瓶中加入 0.5 mL 盐酸溶液，拧紧瓶盖；水样呈碱性时应加入适量盐酸溶液使样品 pH≤2。4℃保存。（2）当水样加盐酸溶液后产生大量气泡时，应弃去该样品，重新采集样品。重新采集的样品不应加盐酸溶液，样品标签上应注明未酸化。4℃保存。

【保存期】（1）14 d；（2）24 h。

【采样量】40 mL。

【容器洗涤】样品瓶应在采样前用甲醇清洗。

【检出限】全扫描模式：1.5 μg/L；离子选择扫描模式：0.5 μg/L。

【质量保证和质量控制】所有样品均采集平行双样。每批样品至少应采集一个运输空白和全程序空白样品。空白中目标化合物浓度应小于下列条件的最大值：（1）方法检出限；（2）相关环保标准限值的 5%；（3）样品分析结果的 5%。若空白试验未满足以上要求，则应采取措施排除污染并重新分析同批样品。

水质 挥发性有机物的测定 顶空/气相色谱-质谱法（HJ 810—2016）

【适用范围】地表水、地下水、生活污水、工业废水和海水。

【采样容器】40 mL 棕色玻璃瓶，具硅橡胶-聚四氟乙烯衬垫螺旋盖。

【采样方法】采集样品时，不宜用水样进行荡洗，应使水样在样品瓶中溢流且不留空间。

【固定剂】（1）抗坏血酸+盐酸；（2）—。

【保存方法】（1）若水样中含有余氯，采样前，应向 40 mL 棕色采样瓶中加入 25 mg 的抗坏血酸。若水样中余氯含量超过 5 mg/L，应按比例增加抗坏血酸的加入量，余氯含量每增加 5 mg/L，则应多加入 25 mg 的抗坏血酸。样品采集后，应立即加入适量盐酸溶液，使样品 pH≤2，拧紧瓶盖，4℃以下冷藏，避光和密封保存。（2）当水样加盐酸溶液后有气泡产生，须重新采样，重新采集的样品不加盐酸溶液保存，样品标签上应注明未酸化。

【保存期】（1）14 d；（2）24 h。

【采样量】40 mL。

【容器洗涤】—

【检出限】全扫描模式：7 μg/L；离子选择扫描模式：0.5 μg/L。

【质量保证和质量控制】所有样品均采集平行双样。每批样品应至少做一个全程序空白：按照分析步骤，在实验室将一份实验用水放入样品瓶中密封，将其带到采样现场，与采样的样品瓶同时开盖和密封，之后随样品运回实验室。

生活饮用水标准检验方法　有机物指标（附录 A 吹脱捕集/气相色谱-质谱法测定挥发性有机化合物）（GB/T 5750.8—2006）

【适用范围】测定生活饮用水及其水源水。

【采样容器】40 mL 棕色玻璃瓶附螺旋盖及聚四氟乙烯垫片。

【采样方法】采样时，使水样在瓶中溢流出而不留气泡；若从开放的水体中采样，先用 1 L 的广口瓶或烧杯从有代表性的区域中采样，再小心把水样从广口瓶或烧杯中倒入样品瓶中。

【固定剂】（1）无余氯样品：盐酸溶液；（2）有余氯样品：抗坏血酸+盐酸。

【保存方法】（1）不含余氯的样品和现场空白，每 40 mL 水样中加 4 滴 4 mol/L 的盐酸做固定剂。4℃保存。（2）含余氯的样品和现场空白，在样品瓶中先加入抗坏血酸（每 40 mL 水样中加 25 mg），待样品瓶中充满水样并溢流后，每 20 mL 样品中加入 1 滴 4 mol/L 盐酸调节样品 pH＜2。4℃保存。

【保存期】14 d。

【采样量】40 mL。

【容器洗涤】—

【检出限】0.35 μg/L。

【质量保证和质量控制】所有样品均采集平行样，每批样品要带一个现场空白。

地表水和污水监测技术规范（HJ/T 91—2002）

【适用范围】对江河、湖泊、水库和渠道的水质监测，包括控制断面以及污染源排放污水的监测。

【采样容器】硬质玻璃瓶。

【采样方法】—

【固定剂】盐酸+抗坏血酸。

【保存方法】用（1+10）盐酸调至 pH=2，加入 0.01～0.02 g 抗坏血酸除去残余氯，0～4℃冷藏避光保存。

【保存期】12 h。

【采样量】1 000 mL。

【容器洗涤】洗涤剂洗 1 次，自来水洗 3 次，蒸馏水洗 1 次。

【检出限】—

【质量保证和质量控制】—

水质　样品的保存和管理技术规定（HJ 493—2009）

【适用范围】天然水、生活污水及工业废水。

【采样容器】硬质玻璃瓶。

【采样方法】—

【固定剂】盐酸+抗坏血酸。

【保存方法】用（1+10）盐酸调至 pH≤2，加入 0.01～0.02 g 抗坏血酸除去残余氯，1～5℃避光保存。

【保存期】12 h。

【采样量】1 000 mL。

【容器洗涤】—

【检出限】—

【质量保证和质量控制】—

40. 2,3,3′,4,4′,5,5′-七氯联苯

水质　多氯联苯的测定　气相色谱-质谱法（HJ 715—2014）

【适用范围】地表水、地下水、工业废水和生活污水。

【采样容器】棕色具磨口塞玻璃瓶。

【采样方法】水样充满样品瓶。

【固定剂】—

【保存方法】在 4℃下避光保存。

【保存期】7 d 内完成萃取。

【采样量】1 000 mL、2 000 mL 或 10 000 mL。

【容器洗涤】—

【检出限】固相萃取：1.6 ng/L；液液萃取：2.2 ng/L。

【质量保证和质量控制】空白试验：每批样品应至少做一个空白试验，即全程序空白试验，如果目标化合物有检出，应查明原因。

水质　样品的保存和管理技术规定（HJ 493—2009）

【适用范围】天然水、生活污水及工业废水。

【采样容器】硬质玻璃瓶溶剂洗，带聚四氟乙烯瓶盖。

【采样方法】不能用水样冲洗采样容器。

【固定剂】硫代硫酸钠。

【保存方法】尽可能现场萃取。如果样品加氯，采样前 1 000 mL 样加 80 mg 五水硫代硫酸钠，1～5℃冷藏。

【保存期】7 d。

【采样量】1 000 mL。

【容器洗涤】—

【检出限】—

【质量保证和质量控制】—

41. 2,3,3′,4,4′,5-六氯联苯

水质 多氯联苯的测定 气相色谱-质谱法（HJ 715—2014）

【适用范围】地表水、地下水、工业废水和生活污水。

【采样容器】棕色具磨口塞玻璃瓶。

【采样方法】水样充满样品瓶。

【固定剂】—

【保存方法】在 4℃下避光保存。

【保存期】7 d 内完成萃取。

【采样量】1 000 mL、2 000 mL 或 10 000 mL。

【容器洗涤】—

【检出限】固相萃取：1.6 ng/L；液液萃取：1.4 ng/L。

【质量保证和质量控制】空白试验：每批样品应至少做一个空白试验，即全程序空白试验，如果目标化合物有检出，应查明原因。

水质 样品的保存和管理技术规定（HJ 493—2009）

【适用范围】天然水、生活污水及工业废水。

【采样容器】硬质玻璃瓶溶剂洗，带聚四氟乙烯瓶盖。

【采样方法】不能用水样冲洗采样容器。

【固定剂】硫代硫酸钠。

【保存方法】尽可能现场萃取。如果样品加氯，采样前 1 000 mL 样加 80 mg 五水硫代硫酸钠，1～5℃冷藏。

【保存期】7 d。

【采样量】1 000 mL。

【容器洗涤】—

【检出限】—

【质量保证和质量控制】—

42. 2,3,3′,4,4′,6-六氯联苯

水质 多氯联苯的测定 气相色谱-质谱法（HJ 715—2014）

【适用范围】地表水、地下水、工业废水和生活污水。

【采样容器】棕色具磨口塞玻璃瓶。

【采样方法】水样充满样品瓶。

【固定剂】—

【保存方法】在 4℃下避光保存。

【保存期】7 d 内完成萃取。

【采样量】1 000 mL、2 000 mL 或 10 000 mL。

【容器洗涤】—

【检出限】固相萃取：1.6 ng/L；液液萃取：2.2 ng/L。

【质量保证和质量控制】空白试验：每批样品应至少做一个空白试验，即全程序空白试验，如果目标化合物有检出，应查明原因。

水质 样品的保存和管理技术规定（HJ 493—2009）

【适用范围】天然水、生活污水及工业废水。

【采样容器】硬质玻璃瓶溶剂洗，带聚四氟乙烯瓶盖。

【采样方法】不能用水样冲洗采样容器。

【固定剂】硫代硫酸钠。

【保存方法】尽可能现场萃取。如果样品加氯，采样前 1 000 mL 样加 80 mg 五水硫代硫酸钠，1～5℃冷藏。

【保存期】7 d。

【采样量】1 000 mL。

【容器洗涤】—

【检出限】—

【质量保证和质量控制】—

43. 2,3,3′,4,4′-五氯联苯

水质 多氯联苯的测定 气相色谱-质谱法（HJ 715—2014）

【适用范围】地表水、地下水、工业废水和生活污水。

【采样容器】棕色具磨口塞玻璃瓶。

【采样方法】水样充满样品瓶。

【固定剂】—

【保存方法】在 4℃下避光保存。

【保存期】7 d 内完成萃取。

【采样量】1 000 mL、2 000 mL 或 10 000 mL。

【容器洗涤】—

【检出限】固相萃取：1.6 ng/L；液液萃取：2.1 ng/L。

【质量保证和质量控制】空白试验：每批样品应至少做一个空白试验，即全程序空白试验，如果目标化合物有检出，应查明原因。

水质 样品的保存和管理技术规定（HJ 493—2009）

【适用范围】天然水、生活污水及工业废水。

【采样容器】硬质玻璃瓶溶剂洗，带聚四氟乙烯瓶盖。

【采样方法】不能用水样冲洗采样容器。

【固定剂】硫代硫酸钠。

【保存方法】尽可能现场萃取，如果样品加氯，采样前 1 000 mL 样加 80 mg 五水硫代硫酸钠，1～5℃冷藏。

【保存期】7 d。

【采样量】1 000 mL。

【容器洗涤】—

【检出限】—

【质量保证和质量控制】—

44. 2,3,4,4′,5-五氯联苯

水质　多氯联苯的测定　气相色谱-质谱法（HJ 715—2014）

【适用范围】地表水、地下水、工业废水和生活污水。

【采样容器】棕色具磨口塞玻璃瓶。

【采样方法】水样充满样品瓶。

【固定剂】—

【保存方法】在 4℃下避光保存。

【保存期】7 d 内完成萃取。

【采样量】1 000 mL、2 000 mL 或 10 000 mL。

【容器洗涤】—

【检出限】固相萃取：1.6 ng/L；液液萃取：2.2 ng/L。

【质量保证和质量控制】空白试验：每批样品应至少做一个空白试验，即全程序空白试验，如果目标化合物有检出，应查明原因。

水质　样品的保存和管理技术规定（HJ 493—2009）

【适用范围】天然水、生活污水及工业废水。

【采样容器】硬质玻璃瓶溶剂洗，带聚四氟乙烯瓶盖。

【采样方法】不能用水样冲洗采样容器。

【固定剂】硫代硫酸钠。

【保存方法】尽可能现场萃取。如果样品加氯，采样前 1 000 mL 样加 80 mg 五水硫代硫酸钠，1～5℃冷藏。

【保存期】7 d。

【采样量】1 000 mL。

【容器洗涤】—

【检出限】—

【质量保证和质量控制】—

45. 2,3,4,6-四氯苯酚

水质　酚类化合物的测定　气相色谱-质谱法（HJ 744—2015）

【适用范围】地表水、地下水、生活污水和工业废水。

【采样容器】磨口棕色玻璃瓶。

【采样方法】采样时，不要用水样预洗采样瓶，水样应充满样品瓶并加盖密封。

【固定剂】（1+1）硫酸。

【保存方法】采样后，用（1+1）硫酸溶液将水样调至 pH≤2，在 4℃下避光保存。
【保存期】在 7 d 内萃取，萃取液在 4℃下避光保存，20 d 内完成分析。
【采样量】—
【容器洗涤】—
【检出限】液液萃取：0.2 μg/L；固相萃取：0.1 μg/L。
【质量保证和质量控制】每 20 个样品或每批样品（少于 20 个样品/批）至少做一个全程序空白样品。全程序空白中目标物测定浓度均应低于方法检出限。否则应检查所有可能对全程序空白产生影响的环节，仔细查找干扰源。若确实发现采样、运输或保存过程存在影响分析结果的干扰，需对出现问题批次的样品进行重新采样分析。

地表水和污水监测技术规范（HJ/T 91—2002）
【适用范围】对江河、湖泊、水库和渠道的水质监测。
【采样容器】硬质玻璃瓶。
【采样方法】—
【固定剂】磷酸+抗坏血酸。
【保存方法】用磷酸调至 pH=2，用 0.01～0.02 g 抗坏血酸除去残余氯。
【保存期】24 h。
【采样量】1 000 mL。
【容器洗涤】洗涤剂洗 1 次，自来水洗 3 次，蒸馏水洗 1 次。
【检出限】—
【质量保证和质量控制】—

水质　样品的保存和管理技术规定（HJ 493—2009）
【适用范围】天然水、生活污水及工业废水。
【采样容器】硬质玻璃瓶。
【采样方法】—
【固定剂】磷酸+抗坏血酸。
【保存方法】1～5℃避光，用磷酸调至 pH≤2，加入 0.01～0.02 g 抗坏血酸除去残余氯。
【保存期】24 h。
【采样量】1 000 mL。
【容器洗涤】洗涤剂洗 1 次，自来水洗 3 次，蒸馏水洗 1 次。
【检出限】—
【质量保证和质量控制】—

46. 2,3′,4,4′,5-五氯联苯

水质　多氯联苯的测定　气相色谱-质谱法（HJ 715—2014）
【适用范围】地表水、地下水、工业废水和生活污水。

【采样容器】棕色具磨口塞玻璃瓶。

【采样方法】水样充满样品瓶。

【固定剂】—

【保存方法】在 4℃下避光保存。

【保存期】7 d 内完成萃取。

【采样量】1 000 mL、2 000 mL 或 10 000 mL。

【容器洗涤】—

【检出限】固相萃取：1.6 ng/L；液液萃取：2.1 ng/L。

【质量保证和质量控制】空白试验：每批样品应至少做一个空白试验，即全程序空白试验，如果目标化合物有检出，应查明原因。

水质　样品的保存和管理技术规定（HJ 493—2009）

【适用范围】天然水、生活污水及工业废水。

【采样容器】硬质玻璃瓶溶剂洗，带聚四氟乙烯瓶盖。

【采样方法】不能用水样冲洗采样容器。

【固定剂】硫代硫酸钠。

【保存方法】尽可能现场萃取，如果样品加氯，采样前 1 000 mL 样加 80 mg 五水硫代硫酸钠，1～5℃冷藏。

【保存期】7 d。

【采样量】1 000 mL。

【容器洗涤】—

【检出限】—

【质量保证和质量控制】—

47. 2,3′,4,4′,5,5′-六氯联苯

水质　多氯联苯的测定　气相色谱-质谱法（HJ 715—2014）

【适用范围】地表水、地下水、工业废水和生活污水。

【采样容器】棕色具磨口塞玻璃瓶。

【采样方法】水样充满样品瓶。

【固定剂】—

【保存方法】在 4℃下避光保存。

【保存期】7 d 内完成萃取。

【采样量】1 000 mL、2 000 mL 或 10 000 mL。

【容器洗涤】—

【检出限】固相萃取：1.6 ng/L；液液萃取：2.2 ng/L。

【质量保证和质量控制】空白试验：每批样品应至少做一个空白试验，即全程序空白试验，如果目标化合物有检出，应查明原因。

水质 样品的保存和管理技术规定（HJ 493—2009）

【适用范围】天然水、生活污水及工业废水。

【采样容器】硬质玻璃瓶溶剂洗，带聚四氟乙烯瓶盖。

【采样方法】不能用水样冲洗采样容器。

【固定剂】硫代硫酸钠。

【保存方法】尽可能现场萃取。如果样品加氯，采样前 1 000 mL 样加 80 mg 五水硫代硫酸钠，1～5℃冷藏。

【保存期】7 d。

【采样量】1 000 mL。

【容器洗涤】—

【检出限】—

【质量保证和质量控制】—

48. 2,4,4′-三氯联苯

水质 多氯联苯的测定 气相色谱-质谱法（HJ 715—2014）

【适用范围】地表水、地下水、工业废水和生活污水。

【采样容器】棕色具磨口塞玻璃瓶。

【采样方法】水样充满样品瓶。

【固定剂】—

【保存方法】在 4℃下避光保存。

【保存期】7 d 内完成萃取。

【采样量】1 000 mL、2 000 mL 或 10 000 mL。

【容器洗涤】—

【检出限】固相萃取：1.6 ng/L；液液萃取：1.8 ng/L。

【质量保证和质量控制】空白试验：每批样品应至少做一个空白试验，即全程序空白试验，如果目标化合物有检出，应查明原因。

水质 样品的保存和管理技术规定（HJ 493—2009）

【适用范围】天然水、生活污水及工业废水。

【采样容器】硬质玻璃瓶溶剂洗，带聚四氟乙烯瓶盖。

【采样方法】不能用水样冲洗采样容器。

【固定剂】硫代硫酸钠。

【保存方法】尽可能现场萃取。如果样品加氯，采样前 1 000 mL 样加 80 mg 五水硫代硫酸钠，1～5℃冷藏。

【保存期】7 d。

【采样量】1 000 mL。

【容器洗涤】—

【检出限】—

【质量保证和质量控制】—

49. 2,4,4′-三溴二苯醚（BDE-28）

水质　多溴二苯醚的测定　气相色谱-质谱法（HJ 909—2017）

【适用范围】地表水、地下水、工业废水和生活污水。

【采样容器】聚四氟乙烯内衬旋盖棕色细口玻璃瓶。

【采样方法】—

【固定剂】硫代硫酸钠。

【保存方法】每升水加入 80 mg 硫代硫酸钠，于 4℃保存。

【保存期】14 d 内萃取。

【采样量】1 000～4 000 mL。

【容器洗涤】—

【检出限】0.5 ng/L。

【质量保证和质量控制】—

50. 2,4,5-三氯苯胺

水质　苯胺类化合物的测定　气相色谱-质谱法（HJ 822—2017）

【适用范围】地表水、地下水、海水、生活污水和工业废水。

【采样容器】带聚四氟乙烯内衬垫瓶盖的棕色玻璃瓶。

【采样方法】水样充满样品瓶，不留空隙。

【固定剂】10 mol/L 氢氧化钠或（1+1）硫酸；水样含有余氯时：硫代硫酸钠。

【保存方法】调节 pH 在 6～8，4℃冷藏保存；水样中有余氯，每 1 000 mL 样品中加入 80 mg 硫代硫酸钠。

【保存期】7 d 内萃取，萃取液在 40 d 内完成分析。

【采样量】1 000 mL。

【容器洗涤】—

【检出限】0.063 μg/L。

【质量保证和质量控制】—

51. 2,4,5-三氯苯酚

水质　酚类化合物的测定　气相色谱-质谱法（HJ 744—2015）

【适用范围】地表水、地下水、生活污水和工业废水。

【采样容器】磨口棕色玻璃瓶。

【采样方法】采样时，不要用水样预洗采样瓶，水样应充满样品瓶并加盖密封。

【固定剂】（1+1）硫酸。

【保存方法】采样后，用（1+1）硫酸溶液将水样调至 pH≤2，在 4℃下避光保存。

【保存期】在 7 d 内萃取，萃取液在 4℃下避光保存，20 d 内完成分析。

【采样量】—

【容器洗涤】—

【检出限】液液萃取：0.2 μg/L；固相萃取：0.2 μg/L。

【质量保证和质量控制】每 20 个样品或每批样品（少于 20 个样品/批）至少做一个全程序空白样品。全程序空白中目标物测定浓度均应低于方法检出限。否则应检查所有可能对全程序空白产生影响的环节，仔细查找干扰源。若确实发现采样、运输或保存过程存在影响分析结果的干扰，需对出现问题批次的样品进行重新采样分析。

地表水和污水监测技术规范（HJ/T 91—2002）

【适用范围】对江河、湖泊、水库和渠道的水质监测。

【采样容器】硬质玻璃瓶。

【采样方法】—

【固定剂】磷酸+抗坏血酸。

【保存方法】用磷酸调至 pH=2，用 0.01～0.02 g 抗坏血酸除去残余氯。

【保存期】24 h。

【采样量】1 000 mL。

【容器洗涤】洗涤剂洗 1 次，自来水洗 3 次，蒸馏水洗 1 次。

【检出限】—

【质量保证和质量控制】—

水质　样品的保存和管理技术规定（HJ 493—2009）

【适用范围】天然水、生活污水及工业废水。

【采样容器】硬质玻璃瓶。

【采样方法】—

【固定剂】磷酸+抗坏血酸。

【保存方法】1～5℃避光，用磷酸调至 pH≤2，加入 0.01～0.02 g 抗坏血酸除去残余氯。

【保存期】24 h。

【采样量】1 000 mL。

【容器洗涤】洗涤剂洗 1 次，自来水洗 3 次，蒸馏水洗 1 次。

【检出限】—

【质量保证和质量控制】—

52. 2,4,5-三氯苯氧乙酸

水质　苯氧羧酸类除草剂的测定　液相色谱/串联质谱法（HJ 770—2015）

【适用范围】地表水、地下水和废水。

【采样容器】磨口棕色玻璃瓶。

【采样方法】水样满瓶采集。

【固定剂】—

【保存方法】0～4℃避光保存。

【保存期】3 d。

【采样量】250 mL。

【容器洗涤】—

【检出限】直接进样：0.5 μg/L；固相萃取：0.006 μg/L。

【质量保证和质量控制】空白分析：每次分析至少做一个全程序空白。以检查可能存在的干扰。全程序空白中检出每个目标化合物的浓度不得超过方法的检出限，否则应重新采样。

地表水和污水监测技术规范（HJ/T 91—2002）

【适用范围】对江河、湖泊、水库和渠道的水质监测。

【采样容器】硬质玻璃瓶

【采样方法】—

【固定剂】抗坏血酸。

【保存方法】加入 0.01～0.02 g 抗坏血酸除去残余氯，0～4℃低温避光保存。

【保存期】24 h。

【采样量】1 000 mL。

【容器洗涤】洗涤剂洗 1 次，自来水洗 3 次，蒸馏水洗 1 次。

【检出限】—

【质量保证和质量控制】—

水质　样品的保存和管理技术规定（HJ 493—2009）

【适用范围】天然水、生活污水及工业废水。

【采样容器】硬质玻璃瓶。

【采样方法】—

【固定剂】抗坏血酸。

【保存方法】加入 0.01～0.02 g 抗坏血酸除去残余氯，1～5℃避光保存。

【保存期】24 h。

【采样量】1 000 mL。

【容器洗涤】洗涤剂洗 1 次，自来水洗 3 次，蒸馏水洗 1 次。

【检出限】—

【质量保证和质量控制】—

53. 2,4,6-三氯苯胺

水质　苯胺类化合物的测定　气相色谱-质谱法（HJ 822—2017）

【适用范围】地表水、地下水、海水、生活污水和工业废水。

【采样容器】带聚四氟乙烯内衬垫瓶盖的棕色玻璃瓶。

【采样方法】水样充满样品瓶，不留空隙。

【固定剂】10 mol/L 氢氧化钠或（1+1）硫酸；水样含有余氯时：硫代硫酸钠。

【保存方法】调节 pH 在 6～8，4℃冷藏保存；水样中有余氯，每 1 000 mL 样品中加入 80 mg 硫代硫酸钠。

【保存期】7 d 内萃取，萃取液在 40 d 内完成分析。

【采样量】1 000 mL。

【容器洗涤】—

【检出限】0.066 μg/L。

【质量保证和质量控制】—

54. 2,4,6-三氯酚

水质　酚类化合物的测定　液液萃取/气相色谱法（HJ 676—2013）

【适用范围】地表水、地下水、生活污水和工业废水。

【采样容器】棕色硬质玻璃瓶。

【采样方法】采样时，不要用水样预洗采样瓶，水样应充满样品瓶并加盖密封。

【固定剂】（1+3）盐酸。

【保存方法】采样后，加入适量盐酸溶液将水样调至 pH＜2，在 4℃下避光保存。

【保存期】在 7 d 内萃取，萃取液在 4℃下避光保存，20 d 内完成分析。

【采样量】1 000 mL。

【容器洗涤】—

【检出限】1.2 μg/L。

【质量保证和质量控制】空白样品：每 20 个样品或每批样品（少于 20 个样品/批）至少做一个全程序空白样品，空白样品中目标化合物浓度应低于方法检出限。

水质　酚类化合物的测定　气相色谱-质谱法（HJ 744—2015）

【适用范围】地表水、地下水、生活污水和工业废水。

【采样容器】磨口棕色玻璃瓶。

【采样方法】采样时，不要用水样预洗采样瓶，水样应充满样品瓶并加盖密封。

【固定剂】（1+1）硫酸。

【保存方法】采样后，用（1+1）硫酸溶液将水样调至 pH≤2，在 4℃下避光保存。

【保存期】在 7 d 内萃取，萃取液在 4℃下避光保存，20 d 内完成分析。

【采样量】—

【容器洗涤】—

【检出限】液液萃取：0.2 μg/L；固相萃取：0.1 μg/L。

【质量保证和质量控制】每 20 个样品或每批样品（少于 20 个样品/批）至少做一个全程序空白样品。全程序空白中目标物测定浓度均应低于方法检出限。否则应检查所有可能对全程序空白产生影响的环节，仔细查找干扰源。若确实发现采样、运输或保存过程存在影响分析结果的干扰，需对出现问题批次的样品进行重新采样分析。

生活饮用水标准检验方法　消毒副产物指标（12.1 衍生化气相色谱法）（GB/T 5750.10—2006）

【适用范围】生活饮用水及其水源水。

【采样容器】—

【采样方法】—

【固定剂】浓硫酸、硫酸铜。

【保存方法】每升水样中加入 1 mL 硫酸、5 g 硫酸铜，冷藏保存。

【保存期】—

【采样量】—

【容器洗涤】—

【检出限】0.4 μg/L。

【质量保证和质量控制】—

生活饮用水标准检验方法　消毒副产物指标（12.2 顶空固相微萃取气相色谱法）（GB/T 5750.10—2006）

【适用范围】生活饮用水及其水源水。

【采样容器】具塞试管。

【采样方法】—

【固定剂】0.1 mol/L 氢氧化钠。

【保存方法】加入 1 mL 0.1 mol/L 氢氧化钠。

【保存期】24 h。

【采样量】100 mL。

【容器洗涤】—

【检出限】0.05 μg/L。

【质量保证和质量控制】—

地表水和污水监测技术规范（HJ/T 91—2002）

【适用范围】对江河、湖泊、水库和渠道的水质监测。

【采样容器】硬质玻璃瓶。

【采样方法】—

【固定剂】磷酸+抗坏血酸。

【保存方法】用磷酸调至 pH=2，用 0.01～0.02 g 抗坏血酸除去残余氯。

【保存期】24 h。

【采样量】1 000 mL。

【容器洗涤】洗涤剂洗 1 次，自来水洗 3 次，蒸馏水洗 1 次。

【检出限】—

【质量保证和质量控制】—

水质　样品的保存和管理技术规定（HJ 493—2009）

【适用范围】天然水、生活污水及工业废水。

【采样容器】硬质玻璃瓶。

【采样方法】—

【固定剂】磷酸+抗坏血酸。

【保存方法】1～5℃避光，用磷酸调至 pH≤2，加入 0.01～0.02 g 抗坏血酸除去残余氯。

【保存期】24 h。

【采样量】1 000 mL。

【容器洗涤】洗涤剂洗 1 次，自来水洗 3 次，蒸馏水洗 1 次。

【检出限】—

【质量保证和质量控制】—

55. 2,4,6-三硝基甲苯

水质　硝基苯类化合物的测定　气相色谱-质谱法（HJ 716—2014）

【适用范围】地表水、地下水、工业废水、生活污水和海水。

【采样容器】棕色具聚四氟乙烯衬垫的螺口玻璃瓶。

【采样方法】采集样品时，不要用水样预洗采样瓶，水样应充满采样瓶并加盖密封。

【固定剂】硫代硫酸钠。

【保存方法】若水中有残余氯存在，要在每升水中加入 80 g 硫代硫酸钠除氯，样品采集后应避光于 4℃冷藏。

【保存期】在 7 d 内完成萃取，40 d 内完成分析。

【采样量】1 000～4 000 mL。

【容器洗涤】—

【检出限】液液萃取：0.05 μg/L；固相萃取：0.04 μg/L。

【质量保证和质量控制】—

水质　硝基苯类化合物的测定　液液萃取/固相萃取-气相色谱法（HJ 648—2013）

【适用范围】地表水、地下水、工业废水、生活污水和海水。

【采样容器】—

【采样方法】—

【固定剂】—

【保存方法】—

【保存期】—

【采样量】—

【容器洗涤】—

【检出限】液液萃取：0.021 μg/L；固相萃取：0.004 1 μg/L。

【质量保证和质量控制】空白试验：每批样品（以 10～20 个样品为一批次）应至少做一个全程序空白，目标化合物的浓度应低于检出限。

56. 2,4-二甲酚

水质 酚类化合物的测定 液液萃取/气相色谱法（HJ 676—2013）

【适用范围】地表水、地下水、生活污水和工业废水。

【采样容器】棕色硬质玻璃瓶。

【采样方法】采样时，不要用水样预洗采样瓶，水样应充满样品瓶并加盖密封。

【固定剂】（1+3）盐酸。

【保存方法】采样后，加入适量盐酸溶液将水样调至 pH＜2，在 4℃下避光保存。

【保存期】在 7 d 内萃取，萃取液在 4℃下避光保存，20 d 内完成分析。

【采样量】1 000 mL。

【容器洗涤】—

【检出限】0.7 μg/L。

【质量保证和质量控制】空白样品：每 20 个样品或每批样品（少于 20 个样品/批）至少做一个全程序空白样品，空白样品中目标化合物浓度应低于方法检出限。

水质 酚类化合物的测定 气相色谱-质谱法（HJ 744—2015）

【适用范围】地表水、地下水、生活污水和工业废水。

【采样容器】磨口棕色玻璃瓶。

【采样方法】采样时，不要用水样预洗采样瓶，水样应充满样品瓶并加盖密封。

【固定剂】（1+1）硫酸。

【保存方法】采样后，用（1+1）硫酸溶液将水样调至 pH≤2，在 4℃下避光保存。

【保存期】在 7 d 内萃取，萃取液在 4℃下避光保存，20 d 内完成分析。

【采样量】—

【容器洗涤】—

【检出限】液液萃取：0.2 μg/L；固相萃取：0.2 μg/L。

【质量保证和质量控制】每 20 个样品或每批样品（少于 20 个样品/批）至少做一个全程序空白样品。全程序空白中目标物测定浓度均应低于方法检出限。否则应检查所有可能对全程序空白产生影响的环节，仔细查找干扰源。若确实发现采样、运输或保存过程存在影响分析结果的干扰，需对出现问题批次的样品进行重新采样分析。

地表水和污水监测技术规范（HJ/T 91—2002）

【适用范围】对江河、湖泊、水库和渠道的水质监测。

【采样容器】硬质玻璃瓶。

【采样方法】—

【固定剂】磷酸+抗坏血酸。

【保存方法】用磷酸调至 pH=2，用 0.01～0.02 g 抗坏血酸除去残余氯。

【保存期】24 h。

【采样量】1 000 mL。

【容器洗涤】洗涤剂洗 1 次，自来水洗 3 次，蒸馏水洗 1 次。

【检出限】—

【质量保证和质量控制】—

水质　样品的保存和管理技术规定（HJ 493—2009）

【适用范围】天然水、生活污水及工业废水。

【采样容器】硬质玻璃瓶。

【采样方法】—

【固定剂】磷酸+抗坏血酸。

【保存方法】1～5℃避光。用磷酸调至 pH≤2，加入 0.01～0.02 g 抗坏血酸除去残余氯。

【保存期】24 h。

【采样量】1 000 mL。

【容器洗涤】洗涤剂洗 1 次，自来水洗 3 次，蒸馏水洗 1 次。

【检出限】—

【质量保证和质量控制】—

57. 2,4-二氯苯氧乙酸

水质　苯氧羧酸类除草剂的测定　液相色谱/串联质谱法（HJ 770—2015）

【适用范围】地表水、地下水和废水。

【采样容器】磨口棕色玻璃瓶。

【采样方法】水样满瓶采集。

【固定剂】—

【保存方法】0～4℃避光保存。

【保存期】3 d。

【采样量】250 mL。

【容器洗涤】—

【检出限】直接进样：0.3 μg/L；固相萃取：0.006 μg/L。

【质量保证和质量控制】空白分析：每次分析至少做一个全程序空白，以检查可能存在的干扰。全程序空白中检出每个目标化合物的浓度不得超过方法的检出限，否则应重新采样。

地表水和污水监测技术规范（HJ/T 91—2002）

【适用范围】对江河、湖泊、水库和渠道的水质监测。

【采样容器】硬质玻璃瓶。

【采样方法】—

【固定剂】抗坏血酸。

【保存方法】加入 0.01～0.02 g 抗坏血酸除去残余氯，0～4℃冷藏避光保存。

【保存期】24 h。

【采样量】1 000 mL。

【容器洗涤】洗涤剂洗 1 次，自来水洗 3 次，蒸馏水洗 1 次。

【检出限】—

【质量保证和质量控制】—

水质　样品的保存和管理技术规定（HJ 493—2009）

【适用范围】天然水、生活污水及工业废水。

【采样容器】硬质玻璃瓶。

【采样方法】—

【固定剂】抗坏血酸。

【保存方法】加入 0.01～0.02 g 抗坏血酸除去残余氯，1～5℃避光保存。

【保存期】24 h。

【采样量】1 000 mL。

【容器洗涤】洗涤剂洗 1 次，自来水洗 3 次，蒸馏水洗 1 次。

【检出限】—

【质量保证和质量控制】—

58. 2,4-二氯酚

水质　酚类化合物的测定　液液萃取/气相色谱法（HJ 676—2013）

【适用范围】地表水、地下水、生活污水和工业废水。

【采样容器】棕色硬质玻璃瓶。

【采样方法】采样时，不要用水样预洗采样瓶，水样应充满样品瓶并加盖密封。

【固定剂】（1+3）盐酸。

【保存方法】采样后，加入适量（1+3）盐酸溶液将水样调至 pH＜2，在 4℃下避光保存。

【保存期】在 7 d 内萃取，萃取液在 4℃下避光保存，20 d 内完成分析。

【采样量】1 000 mL。

【容器洗涤】—

【检出限】1.1 μg/L。

【质量保证和质量控制】空白样品：每 20 个样品或每批样品（少于 20 个样品/批）至少做一个全程序空白样品，空白样品中目标化合物浓度应低于方法检出限。

水质　酚类化合物的测定　气相色谱-质谱法（HJ 744—2015）

【适用范围】地表水、地下水、生活污水和工业废水。

【采样容器】磨口棕色玻璃瓶。

【采样方法】采样时，不要用水样预洗采样瓶，水样应充满样品瓶并加盖密封。

【固定剂】（1+1）硫酸。

【保存方法】采样后，用（1+1）硫酸溶液将水样调至 pH≤2，在 4℃下避光保存。

【保存期】在 7 d 内萃取，萃取液在 4℃下避光保存，20 d 内完成分析。

【采样量】—

【容器洗涤】—

【检出限】液液萃取：0.2 μg/L；固相萃取：0.1 μg/L。

【质量保证和质量控制】每 20 个样品或每批样品（少于 20 个样品/批）至少做一个全程序空白样品。全程序空白中目标物测定浓度均应低于方法检出限。否则应检查所有可能对全程序空白产生影响的环节，仔细查找干扰源。若确实发现采样、运输或保存过程存在影响分析结果的干扰，需对出现问题批次的样品进行重新采样分析。

生活饮用水标准检验方法　消毒副产物指标　（12.1 衍生化气相色谱法）（GB/T 5750.10—2006）

【适用范围】生活饮用水及其水源水。

【采样容器】—

【采样方法】—

【固定剂】浓硫酸、硫酸铜。

【保存方法】每升水样中加入 1 mL 硫酸、5 g 硫酸铜，冷藏保存。

【保存期】—

【采样量】—

【容器洗涤】—

【检出限】3.2 μg/L。

【质量保证和质量控制】—

地表水和污水监测技术规范（HJ/T 91—2002）

【适用范围】对江河、湖泊、水库和渠道的水质监测。

【采样容器】硬质玻璃瓶。

【采样方法】—

【固定剂】磷酸+抗坏血酸。

【保存方法】用磷酸调至 pH=2，用 0.01～0.02 g 抗坏血酸除去残余氯。

【保存期】24 h。

【采样量】1 000 mL。

【容器洗涤】洗涤剂洗 1 次，自来水洗 3 次，蒸馏水洗 1 次。

【检出限】—

【质量保证和质量控制】—

水质　样品的保存和管理技术规定（HJ 493—2009）

【适用范围】天然水、生活污水及工业废水。

【采样容器】硬质玻璃瓶。

【采样方法】—

【固定剂】磷酸+抗坏血酸。

【保存方法】1～5℃避光，用磷酸调至 pH≤2，加入 0.01～0.02 g 抗坏血酸除去残余氯。

【保存期】24 h。

【采样量】1 000 mL。

【容器洗涤】洗涤剂洗 1 次，自来水洗 3 次，蒸馏水洗 1 次。

【检出限】—

【质量保证和质量控制】—

59. 2,4-二硝基苯胺

水质　苯胺类化合物的测定　气相色谱-质谱法（HJ 822—2017）

【适用范围】地表水、地下水、海水、生活污水和工业废水。

【采样容器】带聚四氟乙烯内衬垫瓶盖的棕色玻璃瓶。

【采样方法】水样充满样品瓶，不留空隙。

【固定剂】10 mol/L 氢氧化钠或（1+1）硫酸；水样含有余氯时：硫代硫酸钠。

【保存方法】调节 pH 在 6～8，4℃冷藏保存；水样中有余氯，每 1 000 mL 样品中加入 80 mg 硫代硫酸钠。

【保存期】7 d 内萃取，萃取液在 40 d 内完成分析。

【采样量】1 000 mL。

【容器洗涤】—

【检出限】0.045 μg/L。

【质量保证和质量控制】—

60. 2,4-二硝基酚

水质　酚类化合物的测定　液液萃取/气相色谱法（HJ 676—2013）

【适用范围】地表水、地下水、生活污水和工业废水。

【采样容器】棕色硬质玻璃瓶。

【采样方法】采样时，不要用水样预洗采样瓶，水样应充满样品瓶并加盖密封。

【固定剂】（1+3）盐酸。

【保存方法】采样后，加入适量盐酸溶液将水样调至 pH＜2，在 4℃下避光保存。

【保存期】在 7 d 内萃取，萃取液在 4℃下避光保存，20 d 内完成分析。

【采样量】1 000 mL。

【容器洗涤】—

【检出限】3.4 μg/L。

【质量保证和质量控制】空白样品：每 20 个样品或每批样品（少于 20 个样品/批）至少做一个全程序空白样品，空白样品中目标化合物浓度应低于方法检出限。

地表水和污水监测技术规范（HJ/T 91—2002）

【适用范围】对江河、湖泊、水库和渠道的水质监测。

【采样容器】硬质玻璃瓶。

【采样方法】—

【固定剂】磷酸+抗坏血酸。
【保存方法】用磷酸调至 pH=2，用 0.01～0.02 g 抗坏血酸除去残余氯。
【保存期】24 h。
【采样量】1 000 mL。
【容器洗涤】洗涤剂洗 1 次，自来水洗 3 次，蒸馏水洗 1 次。
【检出限】—
【质量保证和质量控制】—

水质　样品的保存和管理技术规定（HJ 493—2009）

【适用范围】天然水、生活污水及工业废水。
【采样容器】硬质玻璃瓶。
【采样方法】—
【固定剂】磷酸+抗坏血酸。
【保存方法】1～5℃避光，用磷酸调至 pH≤2，加入 0.01～0.02 g 抗坏血酸除去残余氯。
【保存期】24 h。
【采样量】1 000 mL。
【容器洗涤】洗涤剂洗 1 次，自来水洗 3 次，蒸馏水洗 1 次。
【检出限】—
【质量保证和质量控制】—

61. 2,4-二硝基甲苯

水质　硝基苯类化合物的测定　气相色谱-质谱法（HJ 716—2014）

【适用范围】地表水、地下水、工业废水、生活污水和海水。
【采样容器】棕色具聚四氟乙烯衬垫的螺口玻璃瓶。
【采样方法】采集样品时，不要用水样预洗采样瓶，水样应充满采样瓶并加盖密封。
【固定剂】硫代硫酸钠。
【保存方法】若水中有残余氯存在，要在每升水中加入 80 g 硫代硫酸钠除氯，样品采集后应避光于 4℃冷藏。
【保存期】在 7 d 内完成萃取，40 d 内完成分析。
【采样量】1 000～4 000 mL。
【容器洗涤】—
【检出限】液液萃取：0.05 μg/L；固相萃取：0.04 μg/L。
【质量保证和质量控制】—

水质　硝基苯类化合物的测定　液液萃取/固相萃取-气相色谱法（HJ 648—2013）

【适用范围】地表水、地下水、工业废水、生活污水和海水。
【采样容器】—
【采样方法】—

【固定剂】—

【保存方法】—

【保存期】—

【采样量】—

【容器洗涤】—

【检出限】液液萃取：0.018 μg/L；固相萃取：0.003 8 μg/L。

【质量保证和质量控制】空白试验：每批样品（以 10～20 个样品为一批次）应至少做一个全程序空白，目标化合物的浓度应低于检出限。

62. 2,4-二硝基氯苯

水质　硝基苯类化合物的测定　气相色谱-质谱法（HJ 716—2014）

【适用范围】地表水、地下水、工业废水、生活污水和海水。

【采样容器】棕色具聚四氟乙烯衬垫的螺口玻璃瓶。

【采样方法】采集样品时，不要用水样预洗采样瓶，水样应充满采样瓶并加盖密封。

【固定剂】硫代硫酸钠。

【保存方法】若水中有残余氯存在，要在每升水中加入 80 g 硫代硫酸钠除氯，样品采集后应避光于 4℃冷藏。

【保存期】在 7 d 内完成萃取，40 d 内完成分析。

【采样量】1 000～4 000 mL。

【容器洗涤】—

【检出限】液液萃取：0.04 μg/L；固相萃取：0.04 μg/L。

【质量保证和质量控制】—

水质　硝基苯类化合物的测定　液液萃取/固相萃取-气相色谱法（HJ 648—2013）

【适用范围】地表水、地下水、工业废水、生活污水和海水。

【采样容器】—

【采样方法】—

【固定剂】—

【保存方法】—

【保存期】—

【采样量】—

【容器洗涤】—

【检出限】液液萃取：0.022 μg/L；固相萃取：0.004 2 μg/L。

【质量保证和质量控制】空白试验：每批样品（以 10～20 个样品为一批次）应至少做一个全程序空白，目标化合物的浓度应低于检出限。

生活饮用水标准检验方法　有机物指标（31.1 气相色谱法）（GB/T 5750.8—2006）

【适用范围】生活饮用水及其水源水。

【采样容器】磨口玻璃瓶。
【采样方法】用玻璃瓶采集水样，盖紧瓶塞。
【固定剂】—
【保存方法】4℃冷藏保存。
【保存期】—
【采样量】—
【容器洗涤】—
【检出限】取 250 mL 水样时：0.2 mg/L；取 500 mL 水样时：0.1 mg/L。
【质量保证和质量控制】—

63. 2,6-二氯-4-硝基苯胺

水质　苯胺类化合物的测定　气相色谱-质谱法（HJ 822—2017）

【适用范围】地表水、地下水、海水、生活污水和工业废水。
【采样容器】带聚四氟乙烯内衬垫瓶盖的棕色玻璃瓶。
【采样方法】水样充满样品瓶，不留空隙。
【固定剂】10 mol/L 氢氧化钠或（1+1）硫酸；水样含有余氯时：硫代硫酸钠。
【保存方法】调节 pH 在 6～8，4℃冷藏保存；水样中有余氯，每 1 000 mL 样品中加入 80 mg 硫代硫酸钠。
【保存期】7 d 内萃取，萃取液在 40 d 内完成分析。
【采样量】1 000 mL。
【容器洗涤】—
【检出限】0.054 μg/L。
【质量保证和质量控制】—

64. 2,6-二氯苯酚

水质　酚类化合物的测定　气相色谱-质谱法（HJ 744—2015）

【适用范围】地表水、地下水、生活污水和工业废水。
【采样容器】磨口棕色玻璃瓶。
【采样方法】采样时，不要用水样预洗采样瓶，水样应充满样品瓶并加盖密封。
【固定剂】（1+1）硫酸。
【保存方法】采样后，用（1+1）硫酸溶液将水样调至 pH≤2，在 4℃下避光保存。
【保存期】在 7 d 内萃取，萃取液在 4℃下避光保存，20 d 内完成分析。
【采样量】—
【容器洗涤】—
【检出限】液液萃取：0.2 μg/L；固相萃取：0.1 μg/L。
【质量保证和质量控制】每 20 个样品或每批样品（少于 20 个样品/批）至少做一个全程序空白样品。全程序空白中目标物测定浓度均应低于方法检出限。否则应检查所有可能对全程序空白产生影响的环节，仔细查找干扰源。若确实发现采样、运输或

保存过程存在影响分析结果的干扰，需对出现问题批次的样品进行重新采样分析。

地表水和污水监测技术规范（HJ/T 91—2002）

【适用范围】对江河、湖泊、水库和渠道的水质监测。

【采样容器】硬质玻璃瓶。

【采样方法】—

【固定剂】磷酸+抗坏血酸。

【保存方法】用磷酸调至 pH=2，用 0.01～0.02 g 抗坏血酸除去残余氯。

【保存期】24 h。

【采样量】1 000 mL。

【容器洗涤】洗涤剂洗 1 次，自来水洗 3 次，蒸馏水洗 1 次。

【检出限】—

【质量保证和质量控制】—

水质　样品的保存和管理技术规定（HJ 493—2009）

【适用范围】天然水、生活污水及工业废水。

【采样容器】硬质玻璃瓶。

【采样方法】—

【固定剂】磷酸+抗坏血酸。

【保存方法】1～5℃避光，用磷酸调至 pH≤2，加入 0.01～0.02 g 抗坏血酸除去残余氯。

【保存期】24 h。

【采样量】1 000 mL。

【容器洗涤】洗涤剂洗 1 次，自来水洗 3 次，蒸馏水洗 1 次。

【检出限】—

【质量保证和质量控制】—

65. 2,6-二硝基甲苯

水质　硝基苯类化合物的测定　气相色谱-质谱法（HJ 716—2014）

【适用范围】地表水、地下水、工业废水、生活污水和海水。

【采样容器】棕色具聚四氟乙烯衬垫的螺口玻璃瓶。

【采样方法】采集样品时，不要用水样预洗采样瓶，水样应充满采样瓶并加盖密封。

【固定剂】硫代硫酸钠。

【保存方法】若水中有残余氯存在，要在每升水中加入 80 g 硫代硫酸钠除氯，样品采集后应避光于 4℃冷藏。

【保存期】在 7 d 内完成萃取，40 d 内完成分析。

【采样量】1 000～4 000 mL。

【容器洗涤】—

【检出限】液液萃取：0.05 μg/L；固相萃取：0.05 μg/L。
【质量保证和质量控制】—

水质　硝基苯类化合物的测定　液液萃取/固相萃取-气相色谱法（HJ 648—2013）

【适用范围】地表水、地下水、工业废水、生活污水和海水。
【采样容器】—
【采样方法】—
【固定剂】—
【保存方法】—
【保存期】—
【采样量】—
【容器洗涤】—
【检出限】液液萃取：0.017 μg/L；固相萃取：0.0037 μg/L。
【质量保证和质量控制】空白试验：每批样品（以 10～20 个样品为一批次）应至少做一个全程序空白，目标化合物的浓度应低于检出限。

66. 2,6-二溴-4-硝基苯胺

水质　苯胺类化合物的测定　气相色谱-质谱法（HJ 822—2017）

【适用范围】地表水、地下水、海水、生活污水和工业废水。
【采样容器】带聚四氟乙烯内衬垫瓶盖的棕色玻璃瓶。
【采样方法】水样充满样品瓶，不留空隙。
【固定剂】10 mol/L 氢氧化钠或（1+1）硫酸；水样含有余氯时：硫代硫酸钠。
【保存方法】调节 pH 值在 6～8，4℃冷藏保存；水样中有余氯，每 1 000 mL 样品中加入 80 mg 硫代硫酸钠。
【保存期】7 d 内萃取，萃取液在 40 d 内完成分析。
【采样量】1 000 mL。
【容器洗涤】—
【检出限】0.061 μg/L。
【质量保证和质量控制】—

67. 2′,3,4,4′,5-五氯联苯

水质　多氯联苯的测定　气相色谱-质谱法（HJ 715—2014）

【适用范围】地表水、地下水、工业废水和生活污水。
【采样容器】棕色具磨口塞玻璃瓶。
【采样方法】水样充满样品瓶。
【固定剂】—
【保存方法】在 4℃下避光保存。
【保存期】7 d 内完成萃取。

【采样量】1 000 mL、2 000 mL 或 10 000 mL。

【容器洗涤】—

【检出限】固相萃取：1.6 ng/L；液液萃取：2.0 ng/L。

【质量保证和质量控制】空白试验：每批样品应至少做一个空白试验，即全程序空白试验，如果目标化合物有检出，应查明原因。

水质　样品的保存和管理技术规定（HJ 493—2009）

【适用范围】天然水、生活污水及工业废水。

【采样容器】硬质玻璃瓶溶剂洗，带聚四氟乙烯瓶盖。

【采样方法】不能用水样冲洗采样容器。

【固定剂】硫代硫酸钠。

【保存方法】尽可能现场萃取，如果样品加氯，采样前 1 000 mL 样加 80 mg 五水硫代硫酸钠，1～5℃冷藏。

【保存期】7 d。

【采样量】1 000 mL。

【容器洗涤】—

【检出限】—

【质量保证和质量控制】—

68. 2-甲酚

水质　酚类化合物的测定　气相色谱-质谱法（HJ 744—2015）

【适用范围】地表水、地下水、生活污水和工业废水。

【采样容器】磨口棕色玻璃瓶。

【采样方法】采样时，不要用水样预洗采样瓶，水样应充满样品瓶并加盖密封。

【固定剂】（1+1）硫酸。

【保存方法】采样后，用（1+1）硫酸溶液将水样调至 pH≤2，在 4℃下避光保存。

【保存期】在 7 d 内萃取，萃取液在 4℃下避光保存，20 d 内完成分析。

【采样量】—

【容器洗涤】—

【检出限】液液萃取：0.2 μg/L；固相萃取：0.2 μg/L。

【质量保证和质量控制】每 20 个样品或每批样品（少于 20 个样品/批）至少做一个全程序空白样品。全程序空白中目标物测定浓度均应低于方法检出限。否则应检查所有可能对全程序空白产生影响的环节，仔细查找干扰源。若确实发现采样、运输或保存过程存在影响分析结果的干扰，需对出现问题批次的样品进行重新采样分析。

地表水和污水监测技术规范（HJ/T 91—2002）

【适用范围】对江河、湖泊、水库和渠道的水质监测。

【采样容器】硬质玻璃瓶。

【采样方法】—

【固定剂】磷酸+抗坏血酸。

【保存方法】用磷酸调至 pH=2，用 0.01～0.02 g 抗坏血酸除去残余氯。

【保存期】24 h。

【采样量】1 000 mL。

【容器洗涤】洗涤剂洗 1 次，自来水洗 3 次，蒸馏水洗 1 次。

【检出限】—

【质量保证和质量控制】—

水质　样品的保存和管理技术规定（HJ 493—2009）

【适用范围】天然水、生活污水及工业废水。

【采样容器】硬质玻璃瓶。

【采样方法】—

【固定剂】磷酸+抗坏血酸。

【保存方法】1～5℃避光，用磷酸调至 pH≤2，加入 0.01～0.02 g 抗坏血酸除去残余氯。

【保存期】24 h。

【采样量】1 000 mL。

【容器洗涤】洗涤剂洗 1 次，自来水洗 3 次，蒸馏水洗 1 次。

【检出限】—

【质量保证和质量控制】—

69. 2-甲基-4,6-二硝基酚

水质　酚类化合物的测定　液液萃取/气相色谱法（HJ 676—2013）

【适用范围】地表水、地下水、生活污水和工业废水。

【采样容器】棕色硬质玻璃瓶。

【采样方法】采样时，不要用水样预洗采样瓶，水样应充满样品瓶并加盖密封。

【固定剂】（1+3）盐酸。

【保存方法】采样后，加入适量盐酸溶液将水样调至 pH＜2，在 4℃下避光保存。

【保存期】在 7 d 内萃取，萃取液在 4℃下避光保存，20 d 内完成分析。

【采样量】1 000 mL。

【容器洗涤】—

【检出限】3.1 μg/L。

【质量保证和质量控制】空白样品：每 20 个样品或每批样品（少于 20 个样品/批）至少做一个全程序空白样品，空白样品中目标化合物浓度应低于方法检出限。

地表水和污水监测技术规范（HJ/T 91—2002）

【适用范围】对江河、湖泊、水库和渠道的水质监测。

【采样容器】硬质玻璃瓶。
【采样方法】—
【固定剂】磷酸+抗坏血酸。
【保存方法】用磷酸调至 pH=2，用 0.01～0.02 g 抗坏血酸除去残余氯。
【保存期】24 h。
【采样量】1 000 mL。
【容器洗涤】洗涤剂洗 1 次，自来水洗 3 次，蒸馏水洗 1 次。
【检出限】—
【质量保证和质量控制】—

水质　样品的保存和管理技术规定（HJ 493—2009）

【适用范围】天然水、生活污水及工业废水。
【采样容器】硬质玻璃瓶。
【采样方法】—
【固定剂】磷酸+抗坏血酸。
【保存方法】1～5℃避光，用磷酸调至 pH≤2，加入 0.01～0.02 g 抗坏血酸除去残余氯。
【保存期】24 h。
【采样量】1 000 mL。
【容器洗涤】洗涤剂洗 1 次，自来水洗 3 次，蒸馏水洗 1 次。
【检出限】—
【质量保证和质量控制】—

70. 2-甲基-4-氯苯氧乙酸

水质　苯氧羧酸类除草剂的测定　液相色谱/串联质谱法（HJ 770—2015）

【适用范围】地表水、地下水和废水。
【采样容器】磨口棕色玻璃瓶。
【采样方法】水样满瓶采集。
【固定剂】—
【保存方法】0～4℃避光保存。
【保存期】3 d。
【采样量】250 mL。
【容器洗涤】—
【检出限】直接进样：0.5 μg/L；固相萃取：0.009 μg/L。
【质量保证和质量控制】空白分析：每次分析至少做一个全程序空白，以检查可能存在的干扰。全程序空白中检出每个目标化合物的浓度不得超过方法的检出限，否则应重新采样。

地表水和污水监测技术规范（HJ/T 91—2002）

【适用范围】对江河、湖泊、水库和渠道的水质监测。

【采样容器】硬质玻璃瓶。

【采样方法】—

【固定剂】抗坏血酸。

【保存方法】加入 0.01～0.02 g 抗坏血酸除去残余氯，0～4℃冷藏避光保存。

【保存期】24 h。

【采样量】1 000 mL。

【容器洗涤】洗涤剂洗 1 次，自来水洗 3 次，蒸馏水洗 1 次。

【检出限】—

【质量保证和质量控制】—

水质　样品的保存和管理技术规定（HJ 493—2009）

【适用范围】天然水、生活污水及工业废水。

【采样容器】硬质玻璃瓶。

【采样方法】—

【固定剂】抗坏血酸。

【保存方法】加入 0.01～0.02 g 抗坏血酸除去残余氯，1～5℃避光保存。

【保存期】24 h。

【采样量】1 000 mL。

【容器洗涤】洗涤剂洗 1 次，自来水洗 3 次，蒸馏水洗 1 次。

【检出限】—

【质量保证和质量控制】—

71. 2-氯-4,6-二硝基苯胺

水质　苯胺类化合物的测定　气相色谱-质谱法（HJ 822—2017）

【适用范围】地表水、地下水、海水、生活污水和工业废水。

【采样容器】带聚四氟乙烯内衬垫瓶盖的棕色玻璃瓶。

【采样方法】水样充满样品瓶，不留空隙。

【固定剂】10 mol/L 氢氧化钠或（1+1）硫酸；水样含有余氯时：硫代硫酸钠。

【保存方法】调节 pH 值在 6～8，4℃冷藏保存；水样中有余氯，每 1 000 mL 样品中加入 80 mg 硫代硫酸钠。

【保存期】7 d 内萃取，萃取液在 40 d 内完成分析。

【采样量】1 000 mL。

【容器洗涤】—

【检出限】0.083 μg/L。

【质量保证和质量控制】—

72. 2-氯-4-硝基苯胺

水质　苯胺类化合物的测定　气相色谱-质谱法（HJ 822—2017）

【适用范围】地表水、地下水、海水、生活污水和工业废水。

【采样容器】带聚四氟乙烯内衬垫瓶盖的棕色玻璃瓶。

【采样方法】水样充满样品瓶，不留空隙。

【固定剂】10 mol/L 氢氧化钠或（1+1）硫酸；水样含有余氯时：硫代硫酸钠。

【保存方法】调节 pH 值在 6～8，4℃冷藏保存；水样中有余氯，每 1 000 mL 样品中加入 80 mg 硫代硫酸钠。

【保存期】7 d 内萃取，萃取液在 40 d 内完成分析。

【采样量】1 000 mL。

【容器洗涤】—

【检出限】0.052 μg/L。

【质量保证和质量控制】—

73. 2-氯苯胺

水质　苯胺类化合物的测定　气相色谱-质谱法（HJ 822—2017）

【适用范围】地表水、地下水、海水、生活污水和工业废水。

【采样容器】带聚四氟乙烯内衬垫瓶盖的棕色玻璃瓶。

【采样方法】水样充满样品瓶，不留空隙。

【固定剂】10 mol/L 氢氧化钠或（1+1）硫酸；水样含有余氯时：硫代硫酸钠。

【保存方法】调节 pH 值在 6～8，4℃冷藏保存；水样中有余氯，每 1 000 mL 样品中加入 80 mg 硫代硫酸钠。

【保存期】7 d 内萃取，萃取液在 40 d 内完成分析。

【采样量】1 000 mL。

【容器洗涤】—

【检出限】0.065 μg/L。

【质量保证和质量控制】—

74. 2-氯酚

水质　酚类化合物的测定　液液萃取/气相色谱法（HJ 676—2013）

【适用范围】地表水、地下水、生活污水和工业废水。

【采样容器】棕色硬质玻璃瓶。

【采样方法】采样时，不要用水样预洗采样瓶，水样应充满样品瓶并加盖密封。

【固定剂】（1+3）盐酸。

【保存方法】采样后，加入适量盐酸溶液将水样调至 pH＜2，在 4℃下避光保存。

【保存期】在 7 d 内萃取，萃取液在 4℃下避光保存，20 d 内完成分析。

【采样量】1 000 mL。

【容器洗涤】—

【检出限】1.1 μg/L。

【质量保证和质量控制】空白样品：每 20 个样品或每批样品（少于 20 个样品/批）至少做一个全程序空白样品，空白样品中目标化合物浓度应低于方法检出限。

水质　酚类化合物的测定　气相色谱-质谱法（HJ 744—2015）

【适用范围】地表水、地下水、生活污水和工业废水。

【采样容器】磨口棕色玻璃瓶。

【采样方法】采样时，不要用水样预洗采样瓶，水样应充满样品瓶并加盖密封。

【固定剂】（1+1）硫酸。

【保存方法】采样后，用（1+1）硫酸溶液将水样调至 pH≤2，在 4℃下避光保存。

【保存期】在 7 d 内萃取，萃取液在 4℃下避光保存，20 d 内完成分析。

【采样量】—

【容器洗涤】—

【检出限】液液萃取：0.1 μg/L；固相萃取：0.1 μg/L。

【质量保证和质量控制】每 20 个样品或每批样品（少于 20 个样品/批）至少做一个全程序空白样品。全程序空白中目标物测定浓度均应低于方法检出限。否则应检查所有可能对全程序空白产生影响的环节，仔细查找干扰源。若确实发现采样、运输或保存过程存在影响分析结果的干扰，需对出现问题批次的样品进行重新采样分析。

生活饮用水标准检验方法　消毒副产物指标（12.1 衍生化气相色谱法）（GB/T 5750.10—2006）

【适用范围】生活饮用水及其水源水。

【采样容器】—

【采样方法】—

【固定剂】浓硫酸、硫酸铜。

【保存方法】每升水样中加入 1 mL 硫酸、5 g 硫酸铜，冷藏保存。

【保存期】—

【采样量】—

【容器洗涤】—

【检出限】0.04 μg/L。

【质量保证和质量控制】—

地表水和污水监测技术规范（HJ/T 91—2002）

【适用范围】对江河、湖泊、水库和渠道的水质监测。

【采样容器】硬质玻璃瓶。

【采样方法】—

【固定剂】磷酸+抗坏血酸。

【保存方法】用磷酸调至 pH=2，用 0.01～0.02 g 抗坏血酸除去残余氯。

【保存期】24 h。

【采样量】1 000 mL。

【容器洗涤】洗涤剂洗 1 次，自来水洗 3 次，蒸馏水洗 1 次。

【检出限】—

【质量保证和质量控制】—

水质　样品的保存和管理技术规定（HJ 493—2009）

【适用范围】天然水、生活污水及工业废水。

【采样容器】硬质玻璃瓶。

【采样方法】—

【固定剂】磷酸+抗坏血酸。

【保存方法】1～5℃避光，用磷酸调至 pH≤2，加入 0.01～0.02 g 抗坏血酸除去残余氯。

【保存期】24 h。

【采样量】1 000 mL。

【容器洗涤】洗涤剂洗 1 次，自来水洗 3 次，蒸馏水洗 1 次。

【检出限】—

【质量保证和质量控制】—

75. 2-氯甲苯

水质　挥发性有机物的测定　吹扫捕集/气相色谱-质谱法（HJ 639—2012）

【适用范围】海水、地下水、地表水、生活污水和工业废水。

【采样容器】40 mL 棕色玻璃瓶，具硅橡胶-聚四氟乙烯衬垫螺旋盖。

【采样方法】采样时不需用样品进行荡洗，水样在样品瓶中溢流而不留空间。取样时应尽量避免或减少样品在空气中暴露。所有样品均采集平行双样，每批样品带一个全程序空白和一个运输空白。

【固定剂】（1）抗坏血酸+盐酸；（2）—。

【保存方法】（1）每 40 mL 样品需加入 25 mg 的抗坏血酸；若样品中总余氯的量超过 5 mg/L，总余氯每超过 5 mg/L，需要多加 25 mg 的抗坏血酸。采样时，水样呈中性时向每个样品瓶中加入 0.5 mL 盐酸溶液，拧紧瓶盖；水样呈碱性时应加入适量盐酸溶液使样品 pH≤2。4℃保存。（2）当水样加盐酸溶液后产生大量气泡时，应弃去该样品，重新采集样品。重新采集的样品不应加盐酸溶液，样品标签上应注明未酸化。4℃保存。

【保存期】（1）14 d；（2）24 h。

【采样量】40 mL。

【容器洗涤】样品瓶应在采样前用甲醇清洗。

【检出限】全扫描模式：1.0 μg/L；离子选择扫描模式：0.4 μg/L。

【质量保证和质量控制】所有样品均采集平行双样。每批样品至少应采集一个运输空白和全程序空白样品。空白中目标化合物浓度应小于下列条件的最大值：（1）方法检出限；

（2）相关环保标准限值的 5%；（3）样品分析结果的 5%。若空白试验未满足以上要求，则应采取措施排除污染并重新分析同批样品。

水质　挥发性有机物的测定　顶空/气相色谱-质谱法（HJ 810—2016）

【适用范围】地表水、地下水、生活污水、工业废水和海水。

【采样容器】40 mL 棕色玻璃瓶，具硅橡胶-聚四氟乙烯衬垫螺旋盖。

【采样方法】采集样品时，不宜用水样进行荡洗，应使水样在样品瓶中溢流且不留空间。

【固定剂】（1）抗坏血酸+盐酸；（2）—。

【保存方法】（1）若水样中含有余氯，采样前，应向 40 mL 棕色采样瓶中加入 25 mg 的抗坏血酸。若水样中余氯含量超过 5 mg/L，应按比例增加抗坏血酸的加入量，余氯含量每增加 5 mg/L，则应多加入 25 mg 的抗坏血酸。样品采集后，应立即加入适量盐酸溶液，使样品 pH≤2，拧紧瓶盖，4℃以下冷藏，避光和密封保存。（2）当水样加盐酸溶液后有气泡产生，须重新采样，重新采集的样品不加盐酸溶液保存，样品标签上应注明未酸化。

【保存期】（1）14 d；（2）24 h。

【采样量】40 mL。

【容器洗涤】—

【检出限】全扫描模式：3 μg/L；离子选择扫描模式：0.5 μg/L。

【质量保证和质量控制】所有样品均采集平行双样。每批样品应至少做一个全程序空白：按照分析步骤，在实验室将一份实验用水放入样品瓶中密封，将其带到采样现场，与采样的样品瓶同时开盖和密封，之后随样品运回实验室。

生活饮用水标准检验方法　有机物指标（附录 A 吹脱捕集/气相色谱-质谱法测定挥发性有机化合物）（GB/T 5750.8—2006）

【适用范围】测定生活饮用水及其水源水。

【采样容器】40 mL 棕色玻璃瓶附螺旋盖及聚四氟乙烯垫片。

【采样方法】采样时，使水样在瓶中溢流出而不留气泡；若从开放的水体中采样，先用 1 L 的广口瓶或烧杯从有代表性的区域中采样，再小心把水样从广口瓶或烧杯中倒入样品瓶中。所有样品均采集平行样，每批样品要带一个现场空白。

【固定剂】（1）无余氯样品：盐酸溶液；（2）有余氯样品：抗坏血酸+盐酸。

【保存方法】（1）不含余氯的样品和现场空白，每 40 mL 水样中加 4 滴 4 mol/L 的盐酸做固定剂。4℃保存。（2）含余氯的样品和现场空白，在样品瓶中先加入抗坏血酸（每 40 mL 水样中加 25 mg），待样品瓶中充满水样并溢流后，每 20 mL 样品中加入 1 滴 4 mol/L 盐酸调节样品 pH＜2。4℃保存。

【保存期】14 d。

【采样量】40 mL。

【容器洗涤】—

【检出限】0.04 μg/L。

【质量保证和质量控制】所有样品均采集平行样，每批样品要带一个现场空白。

地表水和污水监测技术规范（HJ/T 91—2002）

【适用范围】对江河、湖泊、水库和渠道的水质监测，包括控制断面以及污染源排放污水的监测。

【采样容器】硬质玻璃瓶。

【采样方法】—

【固定剂】盐酸+抗坏血酸。

【保存方法】用（1+10）盐酸调至 pH=2，加入 0.01～0.02 g 抗坏血酸除去残余氯，0～4℃冷藏避光保存。

【保存期】12 h。

【采样量】1 000 mL。

【容器洗涤】洗涤剂洗 1 次，自来水洗 3 次，蒸馏水洗 1 次。

【检出限】—

【质量保证和质量控制】—

水质　样品的保存和管理技术规定（HJ 493—2009）

【适用范围】天然水、生活污水及工业废水。

【采样容器】硬质玻璃瓶。

【采样方法】—

【固定剂】盐酸+抗坏血酸。

【保存方法】用（1+10）盐酸调至 pH≤2，加入 0.01～0.02 g 抗坏血酸除去残余氯，1～5℃避光保存。

【保存期】12 h。

【采样量】1 000 mL。

【容器洗涤】—

【检出限】—

【质量保证和质量控制】—

76．2-硝基苯胺

水质　苯胺类化合物的测定　气相色谱-质谱法（HJ 822—2017）

【适用范围】地表水、地下水、海水、生活污水和工业废水。

【采样容器】带聚四氟乙烯内衬垫瓶盖的棕色玻璃瓶。

【采样方法】水样充满样品瓶，不留空隙。

【固定剂】10 mol/L 氢氧化钠或（1+1）硫酸；水样含有余氯时：硫代硫酸钠。

【保存方法】调节 pH 值在 6～8，4℃冷藏保存；水样中有余氯，每 1 000 mL 样品中加入 80 mg 硫代硫酸钠。

【保存期】7 d 内萃取，萃取液在 40 d 内完成分析。

【采样量】1 000 mL。

【容器洗涤】—

【检出限】0.056 μg/L。

【质量保证和质量控制】—

77. 2-溴-4,6-二硝基苯胺

水质　苯胺类化合物的测定　气相色谱-质谱法（HJ 822—2017）

【适用范围】地表水、地下水、海水、生活污水和工业废水。

【采样容器】带聚四氟乙烯内衬垫瓶盖的棕色玻璃瓶。

【采样方法】水样充满样品瓶，不留空隙。

【固定剂】10 mol/L 氢氧化钠或（1+1）硫酸；水样含有余氯时：硫代硫酸钠。

【保存方法】调节 pH 在 6～8，4℃冷藏保存；水样中有余氯，每 1 000 mL 样品中加入 80 mg 硫代硫酸钠。

【保存期】7 d 内萃取，萃取液在 40 d 内完成分析。

【采样量】1 000 mL。

【容器洗涤】—

【检出限】0.054 μg/L。

【质量保证和质量控制】—

78. 2-溴-6-氯-4-硝基苯胺

水质　苯胺类化合物的测定　气相色谱-质谱法（HJ 822—2017）

【适用范围】地表水、地下水、海水、生活污水和工业废水。

【采样容器】带聚四氟乙烯内衬垫瓶盖的棕色玻璃瓶。

【采样方法】水样充满样品瓶，不留空隙。

【固定剂】10 mol/L 氢氧化钠或（1+1）硫酸；水样含有余氯时：硫代硫酸钠。

【保存方法】调节 pH 在 6～8，4℃冷藏保存；水样中有余氯，每 1 000 mL 样品中加入 80 mg 硫代硫酸钠。

【保存期】7 d 内萃取，萃取液在 40 d 内完成分析。

【采样量】1 000 mL。

【容器洗涤】—

【检出限】0.047 μg/L。

【质量保证和质量控制】—

79. 3,3′,4,4′,5,5′-六氯联苯

水质　多氯联苯的测定　气相色谱-质谱法（HJ 715—2014）

【适用范围】地表水、地下水、工业废水和生活污水。

【采样容器】棕色具磨口塞玻璃瓶。

【采样方法】水样充满样品瓶。

【固定剂】—

【保存方法】在 4℃下避光保存。

【保存期】7 d 内完成萃取。

【采样量】1 000 mL、2 000 mL 或 10 000 mL。

【容器洗涤】—

【检出限】固相萃取：1.6 ng/L；液液萃取：2.2 ng/L。

【质量保证和质量控制】空白试验：每批样品应至少做一个空白试验，即全程序空白试验，如果目标化合物有检出，应查明原因。

水质　样品的保存和管理技术规定（HJ 493—2009）

【适用范围】天然水、生活污水及工业废水。

【采样容器】硬质玻璃瓶溶剂洗，带聚四氟乙烯瓶盖。

【采样方法】不能用水样冲洗采样容器。

【固定剂】硫代硫酸钠。

【保存方法】尽可能现场萃取，如果样品加氯，采样前 1 000 mL 样加 80 mg 五水硫代硫酸钠，1～5℃冷藏。

【保存期】7 d。

【采样量】1 000 mL。

【容器洗涤】—

【检出限】—

【质量保证和质量控制】—

80. 3,3′,4,4″,5-五氯联苯

水质　多氯联苯的测定　气相色谱-质谱法（HJ 715—2014）

【适用范围】地表水、地下水、工业废水和生活污水。

【采样容器】棕色具磨口塞玻璃瓶。

【采样方法】水样充满样品瓶。

【固定剂】—

【保存方法】在 4℃下避光保存。

【保存期】7 d 内完成萃取。

【采样量】1 000 mL、2 000 mL 或 10 000 mL。

【容器洗涤】—

【检出限】固相萃取：1.6 ng/L；液液萃取：2.2 ng/L。

【质量保证和质量控制】空白试验：每批样品应至少做一个空白试验，即全程序空白试验，如果目标化合物有检出，应查明原因。

水质　样品的保存和管理技术规定（HJ 493—2009）

【适用范围】天然水、生活污水及工业废水。

【采样容器】硬质玻璃瓶溶剂洗，带聚四氟乙烯瓶盖。

【采样方法】不能用水样冲洗采样容器。

【固定剂】硫代硫酸钠。

【保存方法】尽可能现场萃取，如果样品加氯，采样前 1 000 mL 样加 80 mg 五水硫代硫酸钠，1～5℃冷藏。

【保存期】7 d。

【采样量】1 000 mL。

【容器洗涤】—

【检出限】—

【质量保证和质量控制】—

81. 3,3′,4,4′-四氯联苯

水质 多氯联苯的测定 气相色谱-质谱法（HJ 715—2014）

【适用范围】地表水、地下水、工业废水和生活污水。

【采样容器】棕色具磨口塞玻璃瓶。

【采样方法】水样充满样品瓶。

【固定剂】—

【保存方法】在 4℃下避光保存。

【保存期】7 d 内完成萃取。

【采样量】1 000 mL、2 000 mL 或 10 000 mL。

【容器洗涤】—

【检出限】固相萃取：1.9 ng/L；液液萃取：2.2 ng/L。

【质量保证和质量控制】空白试验：每批样品应至少做一个空白试验，即全程序空白试验，如果目标化合物有检出，应查明原因。

水质 样品的保存和管理技术规定（HJ 493—2009）

【适用范围】天然水、生活污水及工业废水。

【采样容器】硬质玻璃瓶溶剂洗，带聚四氟乙烯瓶盖。

【采样方法】不能用水样冲洗采样容器。

【固定剂】硫代硫酸钠。

【保存方法】尽可能现场萃取，如果样品加氯，采样前 1 000 mL 样加 80 mg 五水硫代硫酸钠，1～5℃冷藏。

【保存期】7 d。

【采样量】1 000 mL。

【容器洗涤】—

【检出限】—

【质量保证和质量控制】—

82. 3,4,4′,5-四氯联苯

水质 多氯联苯的测定 气相色谱-质谱法（HJ 715—2014）

【适用范围】地表水、地下水、工业废水和生活污水。

【采样容器】棕色具磨口塞玻璃瓶。

【采样方法】水样充满样品瓶。

【固定剂】—

【保存方法】在 4℃下避光保存。

【保存期】7 d 内完成萃取。

【采样量】1 000 mL、2 000 mL 或 10 000 mL。

【容器洗涤】—

【检出限】固相萃取：1.6 ng/L；液液萃取：2.2 ng/L。

【质量保证和质量控制】空白试验：每批样品应至少做一个空白试验，即全程序空白试验，如果目标化合物有检出，应查明原因。

水质　样品的保存和管理技术规定（HJ 493—2009）

【适用范围】天然水、生活污水及工业废水。

【采样容器】硬质玻璃瓶溶剂洗，带聚四氟乙烯瓶盖。

【采样方法】不能用水样冲洗采样容器。

【固定剂】硫代硫酸钠。

【保存方法】尽可能现场萃取，如果样品加氯，采样前 1 000 mL 样加 80 mg 五水硫代硫酸钠，1～5℃冷藏。

【保存期】7 d。

【采样量】1 000 mL。

【容器洗涤】—

【检出限】—

【质量保证和质量控制】—

83. 3,4-二氯苯胺

水质　苯胺类化合物的测定　气相色谱-质谱法（HJ 822—2017）

【适用范围】地表水、地下水、海水、生活污水和工业废水。

【采样容器】带聚四氟乙烯内衬垫瓶盖的棕色玻璃瓶。

【采样方法】水样充满样品瓶，不留空隙。

【固定剂】10 mol/L 氢氧化钠或（1+1）硫酸；水样含有余氯时：硫代硫酸钠。

【保存方法】调节 pH 在 6～8，4℃冷藏保存；水样中有余氯，每 1 000 mL 样品中加入 80 mg 硫代硫酸钠。

【保存期】7 d 内萃取，萃取液在 40 d 内完成分析。

【采样量】1 000 mL。

【容器洗涤】—

【检出限】0.062 μg/L。

【质量保证和质量控制】—

84. 3,4-二硝基甲苯

水质 硝基苯类化合物的测定 气相色谱-质谱法（HJ 716—2014）

【适用范围】地表水、地下水、工业废水、生活污水和海水。

【采样容器】棕色具聚四氟乙烯衬垫的螺口玻璃瓶。

【采样方法】采集样品时，不要用水样预洗采样瓶，水样应充满采样瓶并加盖密封。

【固定剂】硫代硫酸钠。

【保存方法】若水中有残余氯存在，要在每升水中加入 80 g 硫代硫酸钠除氯，样品采集后应避光于 4℃冷藏。

【保存期】在 7 d 内完成萃取，40 d 内完成分析。

【采样量】1 000～4 000 mL。

【容器洗涤】—

【检出限】液液萃取：0.05 μg/L；固相萃取：0.04 μg/L。

【质量保证和质量控制】—

水质 硝基苯类化合物的测定 液液萃取/固相萃取-气相色谱法（HJ 648—2013）

【适用范围】地表水、地下水、工业废水、生活污水和海水。

【采样容器】—

【采样方法】—

【固定剂】—

【保存方法】—

【保存期】—

【采样量】—

【容器洗涤】—

【检出限】液液萃取：0.018 μg/L；固相萃取：0.003 4 μg/L。

【质量保证和质量控制】空白试验：每批样品（以 10～20 个样品为一批次）应至少做一个全程序空白，目标化合物的浓度应低于检出限。

85. 3-甲酚

水质 酚类化合物的测定 液液萃取/气相色谱法（HJ 676—2013）

【适用范围】地表水、地下水、生活污水和工业废水。

【采样容器】棕色硬质玻璃瓶。

【采样方法】采样时，不要用水样预洗采样瓶，水样应充满样品瓶并加盖密封。

【固定剂】（1+3）盐酸。

【保存方法】采样后，加入适量（1+3）盐酸溶液将水样调至 pH<2，在 4℃下避光保存。

【保存期】在 7 d 内萃取，萃取液在 4℃下避光保存，20 d 内完成分析。

【采样量】1 000 mL。

【容器洗涤】—

【检出限】0.5 μg/L。

【质量保证和质量控制】空白样品：每 20 个样品或每批样品（少于 20 个样品/批）至少做一个全程序空白样品，空白样品中目标化合物浓度应低于方法检出限。

水质　酚类化合物的测定　气相色谱-质谱法（HJ 744—2015）

【适用范围】地表水、地下水、生活污水和工业废水。

【采样容器】磨口棕色玻璃瓶。

【采样方法】采样时，不要用水样预洗采样瓶，水样应充满样品瓶并加盖密封。

【固定剂】（1+1）硫酸。

【保存方法】采样后，用（1+1）硫酸溶液将水样调至 pH≤2，在 4℃下避光保存。

【保存期】在 7 d 内萃取，萃取液在 4℃下避光保存，20 d 内完成分析。

【采样量】—

【容器洗涤】—

【检出限】液液萃取：0.2 μg/L；固相萃取：0.2 μg/L。

【质量保证和质量控制】每 20 个样品或每批样品（少于 20 个样品/批）至少做一个全程序空白样品。全程序空白中目标物测定浓度均应低于方法检出限。否则应检查所有可能对全程序空白产生影响的环节，仔细查找干扰源。若确实发现采样、运输或保存过程存在影响分析结果的干扰，需对出现问题批次的样品进行重新采样分析。

地表水和污水监测技术规范（HJ/T 91—2002）

【适用范围】对江河、湖泊、水库和渠道的水质监测。

【采样容器】硬质玻璃瓶。

【采样方法】—

【固定剂】磷酸+抗坏血酸。

【保存方法】用磷酸调至 pH=2，用 0.01～0.02 g 抗坏血酸除去残余氯。

【保存期】24 h。

【采样量】1 000 mL。

【容器洗涤】洗涤剂洗 1 次，自来水洗 3 次，蒸馏水洗 1 次。

【检出限】—

【质量保证和质量控制】—

水质　样品的保存和管理技术规定（HJ 493—2009）

【适用范围】天然水、生活污水及工业废水。

【采样容器】硬质玻璃瓶。

【采样方法】—

【固定剂】磷酸+抗坏血酸。

【保存方法】1～5℃避光，用磷酸调至 pH≤2，加入 0.01～0.02 g 抗坏血酸除去残余氯。

【保存期】24 h。

【采样量】1 000 mL。

【容器洗涤】洗涤剂洗 1 次，自来水洗 3 次，蒸馏水洗 1 次。

【检出限】—

【质量保证和质量控制】—

86. 3-氯苯胺

水质　苯胺类化合物的测定　气相色谱-质谱法（HJ 822—2017）

【适用范围】地表水、地下水、海水、生活污水和工业废水。

【采样容器】带聚四氟乙烯内衬垫瓶盖的棕色玻璃瓶。

【采样方法】水样充满样品瓶，不留空隙。

【固定剂】10 mol/L 氢氧化钠或（1+1）硫酸；水样含有余氯时：硫代硫酸钠。

【保存方法】调节 pH 值在 6～8，4℃冷藏保存；水样中有余氯，每 1 000 mL 样品中加入 80 mg 硫代硫酸钠。

【保存期】7 d 内萃取，萃取液在 40 d 内完成分析。

【采样量】1 000 mL。

【容器洗涤】—

【检出限】0.057 μg/L。

【质量保证和质量控制】—

87. 3-羟基克百威

水质　氨基甲酸酯类农药的测定　超高效液相色谱-三重四极杆质谱法（HJ 827—2017）

【适用范围】地表水、地下水、生活污水和工业废水。

【采样容器】磨口棕色玻璃瓶。

【采样方法】采样瓶要完全注满不留气泡。

【固定剂】（1+1）硫酸或 0.4 g/mL 氢氧化钠。

【保存方法】用（1+1）硫酸或 0.4 g/mL 氢氧化钠调节水样为中性，水样 4℃以下冷藏避光保存。

【保存期】3 d。

【采样量】250 mL。

【容器洗涤】—

【检出限】直接进样：0.4 μg/L；固相萃取：0.009 μg/L。

【质量保证和质量控制】—

水质　样品的保存和管理技术规定（HJ 493—2009）

【适用范围】天然水、生活污水及工业废水。

【采样容器】（1）硬质玻璃瓶，溶剂洗；（2）聚乙烯瓶（桶）。

【采样方法】—

【固定剂】如果样品被加氯，每 1 000 mL 水加 80 mg 五水硫代硫酸钠。

【保存方法】（1）1～5℃；（2）−20℃冷冻。

【保存期】（1）14 d；（2）1 个月。

【采样量】1 000 mL。

【容器洗涤】—

【检出限】—

【质量保证和质量控制】—

88. 3-硝基苯胺

水质　苯胺类化合物的测定　气相色谱-质谱法（HJ 822—2017）

【适用范围】地表水、地下水、海水、生活污水和工业废水。

【采样容器】带聚四氟乙烯内衬垫瓶盖的棕色玻璃瓶。

【采样方法】水样充满样品瓶，不留空隙。

【固定剂】10 mol/L 氢氧化钠或（1+1）硫酸；水样含有余氯时：硫代硫酸钠。

【保存方法】调节 pH 值在 6～8，4℃冷藏保存；水样中有余氯，每 1 000 mL 样品中加入 80 mg 硫代硫酸钠。

【保存期】7 d 内萃取，萃取液在 40 d 内完成分析。

【采样量】1 000 mL。

【容器洗涤】—

【检出限】0.046 μg/L。

【质量保证和质量控制】—

89. 4-（2,4-二氯苯氧）-丁酸

水质　苯氧羧酸类除草剂的测定　液相色谱/串联质谱法（HJ 770—2015）

【适用范围】地表水、地下水和废水。

【采样容器】磨口棕色玻璃瓶。

【采样方法】水样满瓶采集。

【固定剂】—

【保存方法】0～4℃避光保存。

【保存期】3 d。

【采样量】250 mL。

【容器洗涤】—

【检出限】直接进样：0.4 μg/L；固相萃取：0.006 μg/L。

【质量保证和质量控制】空白分析：每次分析至少做一个全程序空白，以检查可能存在的干扰。全程序空白中检出每个目标化合物的浓度不得超过方法的检出限，否则应重新采样。

地表水和污水监测技术规范（HJ/T 91—2002）

【适用范围】对江河、湖泊、水库和渠道的水质监测。

【采样容器】硬质玻璃瓶。

【采样方法】—

【固定剂】抗坏血酸。

【保存方法】加入 0.01～0.02 g 抗坏血酸除去残余氯，0～4℃冷藏避光保存。

【保存期】24 h。

【采样量】1 000 mL。

【容器洗涤】洗涤剂洗 1 次，自来水洗 3 次，蒸馏水洗 1 次。

【检出限】—

【质量保证和质量控制】—

水质　样品的保存和管理技术规定（HJ 493—2009）

【适用范围】天然水、生活污水及工业废水。

【采样容器】硬质玻璃瓶。

【采样方法】—

【固定剂】抗坏血酸。

【保存方法】加入 0.01～0.02 g 抗坏血酸除去残余氯，1～5℃避光保存。

【保存期】24 h。

【采样量】1 000 mL。

【容器洗涤】洗涤剂洗 1 次，自来水洗 3 次，蒸馏水洗 1 次。

【检出限】—

【质量保证和质量控制】—

90. 4-（2-甲基-4-氯苯氧基）丁酸

水质　苯氧羧酸类除草剂的测定　液相色谱/串联质谱法（HJ 770—2015）

【适用范围】地表水、地下水和废水。

【采样容器】磨口棕色玻璃瓶。

【采样方法】水样满瓶采集。

【固定剂】—

【保存方法】0～4℃避光保存。

【保存期】3 d。

【采样量】250 mL。

【容器洗涤】—

【检出限】直接进样：0.5 μg/L；固相萃取：0.009 μg/L。

【质量保证和质量控制】空白分析：每次分析至少做一个全程序空白，以检查可能存在的干扰。全程序空白中检出每个目标化合物的浓度不得超过方法的检出限，否则应重新采样。

地表水和污水监测技术规范（HJ/T 91—2002）

【适用范围】对江河、湖泊、水库和渠道的水质监测。

【采样容器】硬质玻璃瓶。

【采样方法】—

【固定剂】抗坏血酸。

【保存方法】加入 0.01～0.02 g 抗坏血酸除去残余氯，0～4℃冷藏避光保存。

【保存期】24 h。

【采样量】1 000 mL。

【容器洗涤】洗涤剂洗 1 次，自来水洗 3 次，蒸馏水洗 1 次。

【检出限】—

【质量保证和质量控制】—

水质　样品的保存和管理技术规定（HJ 493—2009）

【适用范围】天然水、生活污水及工业废水。

【采样容器】硬质玻璃瓶。

【采样方法】—

【固定剂】抗坏血酸。

【保存方法】加入 0.01～0.02 g 抗坏血酸除去残余氯，1～5℃避光保存。

【保存期】24 h。

【采样量】1 000 mL。

【容器洗涤】洗涤剂洗 1 次，自来水洗 3 次，蒸馏水洗 1 次。

【检出限】—

【质量保证和质量控制】—

91．4-甲酚

水质　酚类化合物的测定　气相色谱-质谱法（HJ 744—2015）

【适用范围】地表水、地下水、生活污水和工业废水。

【采样容器】磨口棕色玻璃瓶。

【采样方法】采样时，不要用水样预洗采样瓶，水样应充满样品瓶并加盖密封。

【固定剂】（1+1）硫酸。

【保存方法】采样后，用（1+1）硫酸溶液将水样调至 pH≤2，在 4℃下避光保存。

【保存期】在 7 d 内萃取，萃取液在 4℃下避光保存，20 d 内完成分析。

【采样量】—

【容器洗涤】—

【检出限】液液萃取：0.2 μg/L；固相萃取：0.2 μg/L。

【质量保证和质量控制】每 20 个样品或每批样品（少于 20 个样品/批）至少做一个全程序空白样品。全程序空白中目标物测定浓度均应低于方法检出限。否则应检查所有可能对全程序空白产生影响的环节，仔细查找干扰源。若确实发现采样、运输或保存过程存在影响分析结果的干扰，需对出现问题批次的样品进行重新采样分析。

地表水和污水监测技术规范（HJ/T 91—2002）

【适用范围】对江河、湖泊、水库和渠道的水质监测。

【采样容器】硬质玻璃瓶。

【采样方法】—

【固定剂】磷酸+抗坏血酸。

【保存方法】用磷酸调至 pH=2，用 0.01～0.02 g 抗坏血酸除去残余氯。

【保存期】24 h。

【采样量】1 000 mL。

【容器洗涤】洗涤剂洗 1 次，自来水洗 3 次，蒸馏水洗 1 次。

【检出限】—

【质量保证和质量控制】—

水质　样品的保存和管理技术规定（HJ 493—2009）

【适用范围】天然水、生活污水及工业废水。

【采样容器】硬质玻璃瓶。

【采样方法】—

【固定剂】磷酸+抗坏血酸。

【保存方法】1～5℃避光，用磷酸调至 pH≤2，加入 0.01～0.02 g 抗坏血酸除去残余氯。

【保存期】24 h。

【采样量】1 000 mL。

【容器洗涤】洗涤剂洗 1 次，自来水洗 3 次，蒸馏水洗 1 次。

【检出限】—

【质量保证和质量控制】—

92. 4-氯-2-硝基苯胺

水质　苯胺类化合物的测定　气相色谱-质谱法（HJ 822—2017）

【适用范围】地表水、地下水、海水、生活污水和工业废水。

【采样容器】带聚四氟乙烯内衬垫瓶盖的棕色玻璃瓶。

【采样方法】水样充满样品瓶，不留空隙。

【固定剂】10 mol/L 氢氧化钠或（1+1）硫酸；水样含有余氯时：硫代硫酸钠。

【保存方法】调节 pH 值在 6～8，4℃冷藏保存；水样中有余氯，每 1 000 mL 样品中加入 80 mg 硫代硫酸钠。

【保存期】7 d 内萃取，萃取液在 40 d 内完成分析。

【采样量】1 000 mL。

【容器洗涤】—

【检出限】0.067 μg/L。

【质量保证和质量控制】—

93. 4-氯-3-甲酚

水质　酚类化合物的测定　液液萃取/气相色谱法（HJ 676—2013）

【适用范围】地表水、地下水、生活污水和工业废水。

【采样容器】棕色硬质玻璃瓶。

【采样方法】采样时，不要用水样预洗采样瓶，水样应充满样品瓶并加盖密封。

【固定剂】（1+3）盐酸。

【保存方法】采样后，加入适量盐酸溶液将水样调至 pH＜2，在 4℃下避光保存。

【保存期】在 7 d 内萃取，萃取液在 4℃下避光保存，20 d 内完成分析。

【采样量】1 000 mL。

【容器洗涤】—

【检出限】0.7 μg/L。

【质量保证和质量控制】空白样品：每 20 个样品或每批样品（少于 20 个样品/批）至少做一个全程序空白样品，空白样品中目标化合物浓度应低于方法检出限。

地表水和污水监测技术规范（HJ/T 91—2002）

【适用范围】对江河、湖泊、水库和渠道的水质监测。

【采样容器】硬质玻璃瓶。

【采样方法】—

【固定剂】磷酸+抗坏血酸。

【保存方法】用磷酸调至 pH=2，用 0.01～0.02 g 抗坏血酸除去残余氯。

【保存期】24 h。

【采样量】1 000 mL。

【容器洗涤】洗涤剂洗 1 次，自来水洗 3 次，蒸馏水洗 1 次。

【检出限】—

【质量保证和质量控制】—

水质　样品的保存和管理技术规定（HJ 493—2009）

【适用范围】天然水、生活污水及工业废水。

【采样容器】硬质玻璃瓶。

【采样方法】—

【固定剂】磷酸+抗坏血酸。

【保存方法】1～5℃避光，用磷酸调至 pH≤2，加入 0.01～0.02 g 抗坏血酸除去残余氯。

【保存期】24 h。

【采样量】1 000 mL。

【容器洗涤】洗涤剂洗 1 次，自来水洗 3 次，蒸馏水洗 1 次。

【检出限】—

【质量保证和质量控制】—

94. 4-氯苯胺

水质　苯胺类化合物的测定　气相色谱-质谱法（HJ 822—2017）

【适用范围】地表水、地下水、海水、生活污水和工业废水。

【采样容器】带聚四氟乙烯内衬垫瓶盖的棕色玻璃瓶。

【采样方法】水样充满样品瓶，不留空隙。

【固定剂】10 mol/L 氢氧化钠或（1+1）硫酸；水样含有余氯时：硫代硫酸钠。

【保存方法】调节 pH 值在 6～8，4℃冷藏保存；水样中有余氯，每 1 000 mL 样品中加入 80 mg 硫代硫酸钠。

【保存期】7 d 内萃取，萃取液在 40 d 内完成分析。

【采样量】1 000 mL。

【容器洗涤】—

【检出限】0.057μg/L。

【质量保证和质量控制】—

95. 4-氯酚

水质　酚类化合物的测定　液液萃取/气相色谱法（HJ 676—2013）

【适用范围】地表水、地下水、生活污水和工业废水。

【采样容器】棕色硬质玻璃瓶。

【采样方法】采样时，不要用水样预洗采样瓶，水样应充满样品瓶并加盖密封。

【固定剂】（1+3）盐酸。

【保存方法】采样后，加入适量盐酸溶液将水样调至 pH＜2，在 4℃下避光保存。

【保存期】在 7 d 内萃取，萃取液在 4℃下避光保存，20 d 内完成分析。

【采样量】1 000 mL。

【容器洗涤】—

【检出限】1.4 μg/L。

【质量保证和质量控制】空白样品：每 20 个样品或每批样品（少于 20 个样品/批）至少做一个全程序空白样品，空白样品中目标化合物浓度应低于方法检出限。

水质　酚类化合物的测定　气相色谱-质谱法（HJ 744—2015）

【适用范围】地表水、地下水、生活污水和工业废水。

【采样容器】磨口棕色玻璃瓶。

【采样方法】采样时，不要用水样预洗采样瓶，水样应充满样品瓶并加盖密封。

【固定剂】（1+1）硫酸。

【保存方法】采样后，用（1+1）硫酸溶液将水样调至 pH≤2，在 4℃下避光保存。

【保存期】在 7 d 内萃取，萃取液在 4℃下避光保存，20 d 内完成分析。

【采样量】—

【容器洗涤】—

【检出限】液液萃取：0.1 μg/L；固相萃取：0.1 μg/L。

【质量保证和质量控制】每 20 个样品或每批样品（少于 20 个样品/批）至少做一个全程序空白样品。全程序空白中目标物测定浓度均应低于方法检出限。否则应检查所有可能对全程序空白产生影响的环节，仔细查找干扰源。若确实发现采样、运输或保存过程存在影响分析结果的干扰，需对出现问题批次的样品进行重新采样分析。

地表水和污水监测技术规范（HJ/T 91—2002）

【适用范围】对江河、湖泊、水库和渠道的水质监测。

【采样容器】硬质玻璃瓶。

【采样方法】—

【固定剂】磷酸+抗坏血酸。

【保存方法】用磷酸调至 pH=2，用 0.01～0.02 g 抗坏血酸除去残余氯。

【保存期】24 h。

【采样量】1 000 mL。

【容器洗涤】洗涤剂洗 1 次，自来水洗 3 次，蒸馏水洗 1 次。

【检出限】—

【质量保证和质量控制】—

水质　样品的保存和管理技术规定（HJ 493—2009）

【适用范围】天然水、生活污水及工业废水。

【采样容器】硬质玻璃瓶。

【采样方法】—

【固定剂】磷酸+抗坏血酸。

【保存方法】1～5℃避光，用磷酸调至 pH≤2，加入 0.01～0.02 g 抗坏血酸除去残余氯。

【保存期】24 h。

【采样量】1 000 mL。

【容器洗涤】洗涤剂洗 1 次，自来水洗 3 次，蒸馏水洗 1 次。

【检出限】—

【质量保证和质量控制】—

96. 4-氯甲苯

水质　挥发性有机物的测定　吹扫捕集/气相色谱-质谱法（HJ 639—2012）

【适用范围】海水、地下水、地表水、生活污水和工业废水。

【采样容器】40 mL 棕色玻璃瓶，具硅橡胶-聚四氟乙烯衬垫螺旋盖。

【采样方法】采样时不需用样品进行荡洗，水样在样品瓶中溢流而不留空间。取样时应尽量避免或减少样品在空气中暴露。

【固定剂】（1）抗坏血酸+盐酸；（2）—。

【保存方法】（1）每 40 mL 样品需加入 25 mg 的抗坏血酸；若样品中总余氯的量超过 5 mg/L，总余氯每超过 5 mg/L，需要多加 25 mg 的抗坏血酸。采样时，水样呈中性时向每个样品瓶中加入 0.5 mL 盐酸溶液，拧紧瓶盖；水样呈碱性时应加入适量盐酸溶液使样品 pH≤2。4℃保存。（2）当水样加盐酸溶液后产生大量气泡时，应弃去该样品，重新采集样品。重新采集的样品不应加盐酸溶液，样品标签上应注明未酸化。4℃保存。

【保存期】（1）14 d；（2）24 h。

【采样量】40 mL。

【容器洗涤】样品瓶应在采样前用甲醇清洗。

【检出限】全扫描模式：0.9 μg/L；离子选择扫描模式：0.3 μg/L。

【质量保证和质量控制】所有样品均采集平行双样，每批样品至少应采集一个运输空白和全程序空白样品。空白中目标化合物浓度应小于下列条件的最大值：（1）方法检出限；（2）相关环保标准限值的 5%；（3）样品分析结果的 5%。若空白试验未满足以上要求，则应采取措施排除污染并重新分析同批样品。

水质　挥发性有机物的测定　顶空/气相色谱-质谱法（HJ 810—2016）

【适用范围】地表水、地下水、生活污水、工业废水和海水。

【采样容器】40 mL 棕色玻璃瓶，具硅橡胶-聚四氟乙烯衬垫螺旋盖。

【采样方法】采集样品时，不宜用水样进行荡洗，应使水样在样品瓶中溢流且不留空间。

【固定剂】（1）抗坏血酸+盐酸；（2）—。

【保存方法】（1）若水样中含有余氯，采样前，应向 40 mL 棕色采样瓶中加入 25 mg 的抗坏血酸。若水样中余氯含量超过 5 mg/L，应按比例增加抗坏血酸的加入量，余氯含量每增加 5 mg/L，则应多加入 25 mg 的抗坏血酸。样品采集后，应立即加入适量盐酸溶液，使样品 pH≤2，拧紧瓶盖，4℃以下冷藏，避光和密封保存。（2）当水样加盐酸溶液后有气泡产生，须重新采样，重新采集的样品不加盐酸溶液保存，样品标签上应注明未酸化。

【保存期】（1）14 d；（2）24 h。

【采样量】40 mL。

【容器洗涤】—

【检出限】全扫描模式：5 μg/L；离子选择扫描模式：1.7 μg/L。

【质量保证和质量控制】所有样品均采集平行双样。每批样品应至少做一个全程序空白：按照分析步骤，在实验室将一份实验用水放入样品瓶中密封，将其带到采样现场，与采样的样品瓶同时开盖和密封，之后随样品运回实验室。

生活饮用水标准检验方法　有机物指标（附录 A 吹脱捕集/气相色谱-质谱法测定挥发性有机化合物）（GB/T 5750.8—2006）

【适用范围】测定生活饮用水及其水源水。

【采样容器】40 mL 棕色玻璃瓶附螺旋盖及聚四氟乙烯垫片。

【采样方法】采样时，使水样在瓶中溢流出而不留气泡；若从开放的水体中采样，先用 1 L 的广口瓶或烧杯从有代表性的区域中采样，再小心把水样从广口瓶或烧杯中倒入样品瓶中。

【固定剂】（1）无余氯样品：盐酸溶液；（2）有余氯样品：抗坏血酸+盐酸。

【保存方法】（1）不含余氯的样品和现场空白，每 40 mL 水样中加 4 滴 4 mol/L 的盐酸做固定剂。4℃保存。（2）含余氯的样品和现场空白，在样品瓶中先加入抗坏血酸（每 40 mL 水样中加 25 mg），待样品瓶中充满水样并溢流后，每 20 mL 样品中加入 1 滴 4 mol/L 盐酸调节样品 pH＜2。4℃保存。

【保存期】14 d。

【采样量】40 mL。

【容器洗涤】—

【检出限】0.05 μg/L。

【质量保证和质量控制】所有样品均采集平行样，每批样品要带一个现场空白。

地表水和污水监测技术规范（HJ/T 91—2002）

【适用范围】对江河、湖泊、水库和渠道的水质监测，包括控制断面以及污染源排放污水的监测。

【采样容器】硬质玻璃瓶。

【采样方法】—

【固定剂】盐酸+抗坏血酸。

【保存方法】用（1+10）盐酸调至 pH=2，加入 0.01～0.02 g 抗坏血酸除去残余氯，0～4℃冷藏避光保存。

【保存期】12 h。

【采样量】1 000 mL。

【容器洗涤】洗涤剂洗 1 次，自来水洗 3 次，蒸馏水洗 1 次。

【检出限】—

【质量保证和质量控制】—

水质　样品的保存和管理技术规定（HJ 493—2009）

【适用范围】天然水、生活污水及工业废水。

【采样容器】硬质玻璃瓶。

【采样方法】—

【固定剂】盐酸+抗坏血酸。

【保存方法】用（1+10）盐酸调至 pH≤2，加入 0.01～0.02 g 抗坏血酸除去残余氯，1～5℃避光保存。

【保存期】12 h。

【采样量】1 000 mL。

【容器洗涤】—

【检出限】—

【质量保证和质量控制】—

97. 4-硝基苯胺

水质　苯胺类化合物的测定　气相色谱-质谱法（HJ 822—2017）

【适用范围】地表水、地下水、海水、生活污水和工业废水。

【采样容器】带聚四氟乙烯内衬垫瓶盖的棕色玻璃瓶。

【采样方法】水样充满样品瓶，不留空隙。

【固定剂】10 mol/L 氢氧化钠或（1+1）硫酸；水样含有余氯时：硫代硫酸钠。

【保存方法】调节 pH 值在 6～8，4℃冷藏保存；水样中有余氯，每 1 000 mL 样品中加入 80 mg 硫代硫酸钠。

【保存期】7 d 内萃取，萃取液在 40 d 内完成分析。

【采样量】1 000 mL。

【容器洗涤】—

【检出限】0.075μg/L。

【质量保证和质量控制】—

98. 4-硝基酚

水质　酚类化合物的测定　液液萃取/气相色谱法（HJ 676—2013）

【适用范围】地表水、地下水、生活污水和工业废水。

【采样容器】棕色硬质玻璃瓶。

【采样方法】采样时，不要用水样预洗采样瓶，水样应充满样品瓶并加盖密封。

【固定剂】（1+3）盐酸。

【保存方法】采样后，加入适量盐酸溶液将水样调至 pH＜2，在 4℃下避光保存。

【保存期】在 7 d 内萃取，萃取液在 4℃下避光保存，20 d 内完成分析。

【采样量】1 000 mL。

【容器洗涤】—

【检出限】1.2 μg/L。

【质量保证和质量控制】空白样品：每 20 个样品或每批样品（少于 20 个样品/批）至少做一个全程序空白样品，空白样品中目标化合物浓度应低于方法检出限。

水质　酚类化合物的测定　气相色谱-质谱法（HJ 744—2015）

【适用范围】地表水、地下水、生活污水和工业废水。

【采样容器】磨口棕色玻璃瓶。

【采样方法】采样时，不要用水样预洗采样瓶，水样应充满样品瓶并加盖密封。

【固定剂】（1+1）硫酸。

【保存方法】采样后，用（1+1）硫酸溶液将水样调至 pH≤2，在 4℃下避光保存。

【保存期】在 7 d 内萃取，萃取液在 4℃下避光保存，20 d 内完成分析。

【采样量】—

【容器洗涤】—

【检出限】液液萃取：0.2 μg/L；固相萃取：0.2 μg/L。

【质量保证和质量控制】每 20 个样品或每批样品（少于 20 个样品/批）至少做一个全程序空白样品。全程序空白中目标物测定浓度均应低于方法检出限。否则应检查所有可能对全程序空白产生影响的环节，仔细查找干扰源。若确实发现采样、运输或保存过程存在影响分析结果的干扰，需对出现问题批次的样品进行重新采样分析。

地表水和污水监测技术规范（HJ/T 91—2002）

【适用范围】对江河、湖泊、水库和渠道的水质监测，包括控制断面以及污染源排放污水的监测。

【采样容器】硬质玻璃瓶。

【采样方法】—

【固定剂】磷酸+抗坏血酸。

【保存方法】用磷酸调至 pH=2，用 0.01～0.02 g 抗坏血酸除去残余氯。

【保存期】24 h。

【采样量】1 000 mL。

【容器洗涤】洗涤剂洗 1 次，自来水洗 3 次，蒸馏水洗 1 次。

【检出限】—

【质量保证和质量控制】—

水质　样品的保存和管理技术规定（HJ 493—2009）

【适用范围】天然水、生活污水及工业废水。

【采样容器】硬质玻璃瓶。

【采样方法】—

【固定剂】磷酸+抗坏血酸。

【保存方法】1～5℃避光，用磷酸调至 pH≤2，加入 0.01～0.02 g 抗坏血酸除去残余氯。

【保存期】24 h。

【采样量】1 000 mL。

【容器洗涤】洗涤剂洗 1 次，自来水洗 3 次，蒸馏水洗 1 次。

【检出限】—

【质量保证和质量控制】—

99. 4-溴苯胺

水质　苯胺类化合物的测定　气相色谱-质谱法（HJ 822—2017）

【适用范围】地表水、地下水、海水、生活污水和工业废水。

【采样容器】带聚四氟乙烯内衬垫瓶盖的棕色玻璃瓶。

【采样方法】水样充满样品瓶，不留空隙。

【固定剂】10 mol/L 氢氧化钠或（1+1）硫酸；水样含有余氯时：硫代硫酸钠。

【保存方法】调节 pH 值在 6～8，4℃冷藏保存；水样中有余氯，每 1 000 mL 样品中加入 80 mg 硫代硫酸钠。

【保存期】7 d 内萃取，萃取液在 40 d 内完成分析。

【采样量】1 000 mL。

【容器洗涤】—

【检出限】0.056 μg/L。

【质量保证和质量控制】—

100. 4-异丙基甲苯

水质　挥发性有机物的测定　吹扫捕集/气相色谱-质谱法（HJ 639—2012）

【适用范围】海水、地下水、地表水、生活污水和工业废水。

【采样容器】40 mL 棕色玻璃瓶，具硅橡胶-聚四氟乙烯衬垫螺旋盖。

【采样方法】采样时不需用样品进行荡洗，水样在样品瓶中溢流而不留空间。取样时应尽量避免或减少样品在空气中暴露。

【固定剂】（1）抗坏血酸+盐酸；（2）—。

【保存方法】（1）每 40 mL 样品需加入 25 mg 的抗坏血酸；若样品中总余氯的量超过 5 mg/L，总余氯每超过 5 mg/L，需要多加 25 mg 的抗坏血酸。采样时，水样呈中性时向每个样品瓶中加入 0.5 mL 盐酸溶液，拧紧瓶盖；水样呈碱性时应加入适量盐酸溶液使样品 pH≤2。4℃保存。（2）当水样加盐酸溶液后产生大量气泡时，应弃去该样品，重新采集样品。重新采集的样品不应加盐酸溶液，样品标签上应注明未酸化。4℃保存。

【保存期】（1）14 d；（2）24 h。

【采样量】40 mL。

【容器洗涤】样品瓶应在采样前用甲醇清洗。

【检出限】全扫描模式：0.8 μg/L；离子选择扫描模式：0.3 μg/L。

【质量保证和质量控制】所有样品均采集平行双样。每批样品至少应采集一个运输空白和全程序空白样品。空白中目标化合物浓度应小于下列条件的最大值：（1）方法检出限；（2）相关环保标准限值的 5%；（3）样品分析结果的 5%。若空白试验未满足以上要求，则应采取措施排除污染并重新分析同批样品。

水质　挥发性有机物的测定　顶空/气相色谱-质谱法（HJ 810—2016）

【适用范围】地表水、地下水、生活污水、工业废水和海水。

【采样容器】40 mL 棕色玻璃瓶，具硅橡胶-聚四氟乙烯衬垫螺旋盖。

【采样方法】采集样品时，不宜用水样进行荡洗，应使水样在样品瓶中溢流且不留空间。

【固定剂】（1）抗坏血酸+盐酸；（2）—。

【保存方法】（1）若水样中含有余氯，采样前，应向 40 mL 棕色采样瓶中加入 25 mg 的抗坏血酸。若水样中余氯含量超过 5 mg/L，应按比例增加抗坏血酸的加入量，余氯含量每增加 5 mg/L，则应多加入 25 mg 的抗坏血酸。样品采集后，应立即加入适量盐酸溶液，使样品 pH≤2，拧紧瓶盖，4℃以下冷藏，避光和密封保存。（2）当水样加盐酸溶液后有气泡产生，须重新采样，重新采集的样品不加盐酸溶液保存，样品标签上应注明未酸化。

【保存期】（1）14 d；（2）24 h。

【采样量】40 mL。

【容器洗涤】—

【检出限】全扫描模式：3 μg/L；离子选择扫描模式：0.6 μg/L。

【质量保证和质量控制】所有样品均采集平行双样。每批样品应至少做一个全程序空白：按照分析步骤，在实验室将一份实验用水放入样品瓶中密封，将其带到采样现场，与采样的样品瓶同时开盖和密封，之后随样品运回实验室。

生活饮用水标准检验方法　有机物指标（附录 A 吹脱捕集/气相色谱-质谱法测定挥发性有机化合物）（GB/T 5750.8—2006）

【适用范围】测定生活饮用水及其水源水。

【采样容器】40 mL 棕色玻璃瓶附螺旋盖及聚四氟乙烯垫片。

【采样方法】采样时，使水样在瓶中溢流出而不留气泡；若从开放的水体中采样，先用 1 L 的广口瓶或烧杯从有代表性的区域中采样，再小心把水样从广口瓶或烧杯中倒入样品瓶中。

【固定剂】（1）无余氯样品：盐酸溶液；（2）有余氯样品：抗坏血酸+盐酸。

【保存方法】（1）不含余氯的样品和现场空白，每 40 mL 水样中加 4 滴 4 mol/L 的盐酸做固定剂。4℃保存。（2）含余氯的样品和现场空白，在样品瓶中先加入抗坏血酸（每 40 mL 水样中加 25 mg），待样品瓶中充满水样并溢流后，每 20 mL 样品中加入 1 滴 4 mol/L 盐酸调节样品 pH＜2。4℃保存。

【保存期】14 d。

【采样量】40 mL。

【容器洗涤】—

【检出限】0.12 μg/L。

【质量保证和质量控制】所有样品均采集平行样，每批样品要带一个现场空白。

地表水和污水监测技术规范（HJ/T 91—2002）

【适用范围】对江河、湖泊、水库和渠道的水质监测，包括控制断面以及污染源排放污水的监测。

【采样容器】硬质玻璃瓶。

【采样方法】—

【固定剂】盐酸+抗坏血酸。

【保存方法】用（1+10）盐酸调至 pH=2，加入 0.01～0.02 g 抗坏血酸除去残余氯，0～4℃冷藏避光保存。

【保存期】12 h。

【采样量】1 000 mL。

【容器洗涤】洗涤剂洗 1 次，自来水洗 3 次，蒸馏水洗 1 次。

【检出限】—

【质量保证和质量控制】—

水质　样品的保存和管理技术规定（HJ 493—2009）

【适用范围】天然水、生活污水及工业废水。

【采样容器】硬质玻璃瓶。

【采样方法】—

【固定剂】盐酸+抗坏血酸。

【保存方法】用（1+10）盐酸调至 pH≤2，加入 0.01～0.02 g 抗坏血酸除去残余氯，1～5℃避光保存。

【保存期】12 h。

【采样量】1 000 mL。

【容器洗涤】—

【检出限】—

【质量保证和质量控制】—

101. *N*-亚硝基二苯胺

水质 亚硝胺类化合物的测定 气相色谱法（HJ 809—2016）

【适用范围】地表水、地下水、工业废水和生活污水。

【采样容器】硬质磨口玻璃瓶或具聚四氟乙烯材质盖垫的螺纹口玻璃瓶。

【采样方法】样品应充满样品瓶并加盖密封。

【固定剂】—

【保存方法】4℃以下冷藏，避光保存。

【保存期】7 d 内萃取，30 d 内完成分析测定。

【采样量】—

【容器洗涤】—

【检出限】0.4 mg/L。

【质量保证和质量控制】—

102. *N*-亚硝基二甲胺

水质 亚硝胺类化合物的测定 气相色谱法（HJ 809—2016）

【适用范围】地表水、地下水、工业废水和生活污水。

【采样容器】硬质磨口玻璃瓶或具聚四氟乙烯材质盖垫的螺纹口玻璃瓶。

【采样方法】样品应充满样品瓶并加盖密封。

【固定剂】—

【保存方法】4℃以下冷藏，避光保存。

【保存期】7 d 内萃取，30 d 内完成分析测定。

【采样量】—

【容器洗涤】—

【检出限】0.6 mg/L。

【质量保证和质量控制】—

103. *N*-亚硝基二乙胺

水质 亚硝胺类化合物的测定 气相色谱法（HJ 809—2016）

【适用范围】地表水、地下水、工业废水和生活污水。

【采样容器】硬质磨口玻璃瓶或具聚四氟乙烯材质盖垫的螺纹口玻璃瓶。

【采样方法】样品应充满样品瓶并加盖密封。

【固定剂】—

【保存方法】4℃以下冷藏，避光保存。
【保存期】7 d 内萃取，30 d 内完成分析测定。
【采样量】—
【容器洗涤】—
【检出限】0.5 mg/L。
【质量保证和质量控制】—

104. *N*-亚硝基二正丙胺

水质　亚硝胺类化合物的测定　气相色谱法（HJ 809—2016）
【适用范围】地表水、地下水、工业废水和生活污水。
【采样容器】硬质磨口玻璃瓶或具聚四氟乙烯材质盖垫的螺纹口玻璃瓶。
【采样方法】样品应充满样品瓶并加盖密封。
【固定剂】—
【保存方法】4℃以下冷藏，避光保存。
【保存期】7 d 内萃取，30 d 内完成分析测定。
【采样量】—
【容器洗涤】—
【检出限】0.5 mg/L。
【质量保证和质量控制】—

105. *o,p*′-DDD

水质　有机氯农药和氯苯类化合物的测定　气相色谱-质谱法（HJ 699—2014）
【适用范围】地表水、地下水、生活污水、工业废水和海水。
【采样容器】玻璃塞的棕色磨口瓶或具有聚四氟乙烯衬垫的棕色螺口玻璃瓶。
【采样方法】—
【固定剂】（1+1）盐酸。
【保存方法】样品采集后立即用（1+1）盐酸溶液调至 pH＜2，4℃下保存。
【保存期】7 d 内完成萃取，萃取液在 40 d 内完成分析。
【采样量】—
【容器洗涤】—
【检出限】液液萃取：0.038 μg/L；固相萃取：0.025 μg/L。
【质量保证和质量控制】空白试验：每批样品至少做一个空白试验，即全程序空白试验。如果目标化合物有检出，应查明原因。

106. *o,p*′-DDE

水质　有机氯农药和氯苯类化合物的测定　气相色谱-质谱法（HJ 699—2014）
【适用范围】地表水、地下水、生活污水、工业废水和海水。
【采样容器】玻璃塞的棕色磨口瓶或具有聚四氟乙烯衬垫的棕色螺口玻璃瓶。

【采样方法】—

【固定剂】（1+1）盐酸。

【保存方法】样品采集后立即用（1+1）盐酸溶液调至 pH<2，4℃下保存。

【保存期】7 d 内完成萃取，萃取液在 40 d 内完成分析。

【采样量】—

【容器洗涤】—

【检出限】液液萃取：0.046 μg/L；固相萃取：0.027 μg/L。

【质量保证和质量控制】空白试验：每批样品至少做一个空白试验，即全程序空白试验。如果目标化合物有检出，应查明原因。

107. *o,p*′-DDT

水质　六六六、滴滴涕的测定　气相色谱法（GB 7492—1987）

【适用范围】地面水、地下水及部分污水。

【采样容器】玻璃细口瓶，具磨口瓶塞。

【采样方法】在灌瓶前要把采样瓶用所需采用的水冲洗 2～3 次。

【固定剂】—

【保存方法】4℃冷藏箱中储存。

【保存期】7 d。

【采样量】1 000 mL。

【容器洗涤】—

【检出限】—

【质量保证和质量控制】—

水质　有机氯农药和氯苯类化合物的测定　气相色谱-质谱法（HJ 699—2014）

【适用范围】地表水、地下水、生活污水、工业废水和海水。

【采样容器】玻璃塞的棕色磨口瓶或具有聚四氟乙烯衬垫的棕色螺口玻璃瓶。

【采样方法】—

【固定剂】（1+1）盐酸。

【保存方法】样品采集后立即用（1+1）盐酸溶液调至 pH<2，4℃下保存。

【保存期】7 d 内完成萃取，萃取液在 40 d 内完成分析。

【采样量】—

【容器洗涤】—

【检出限】液液萃取：0.031 μg/L；固相萃取：0.031 μg/L。

【质量保证和质量控制】空白试验：每批样品至少做一个空白试验，即全程序空白试验。如果目标化合物有检出，应查明原因。

生活饮用水标准检验方法　农药指标（1.2 气相色谱法）（GB/T 5750.9—2006）

【适用范围】生活饮用水、水源水。

【采样容器】磨口玻璃瓶。
【采样方法】—
【固定剂】—
【保存方法】4℃冷藏保存。
【保存期】—
【采样量】—
【容器洗涤】—
【检出限】0.02 μg/L。
【质量保证和质量控制】—

地表水和污水监测技术规范（HJ/T 91—2002）

【适用范围】对江河、湖泊、水库和渠道的水质监测。
【采样容器】硬质玻璃瓶。
【采样方法】—
【固定剂】抗坏血酸。
【保存方法】加入 0.01～0.02 g 抗坏血酸除去残余氯，0～4℃冷藏避光保存。
【保存期】24 h。
【采样量】1 000 mL。
【容器洗涤】洗涤剂洗 1 次，自来水洗 3 次，蒸馏水洗 1 次。
【检出限】—
【质量保证和质量控制】—

水质　样品的保存和管理技术规定（HJ 493—2009）

【适用范围】天然水、生活污水及工业废水。
【采样容器】硬质玻璃瓶（带聚四氟乙烯瓶盖）。
【采样方法】不能用水样冲洗采样容器，不能使水样充满容器。
【固定剂】—
【保存方法】1～5℃冷藏。
【保存期】萃取应在采样后 24 h 内完成，萃取液 5 d。
【采样量】1 000～3 000 mL。
【容器洗涤】—
【检出限】—
【质量保证和质量控制】—

108. *p,p'*-DDD

水质　六六六、滴滴涕的测定　气相色谱法（GB 7492—1987）

【适用范围】地面水、地下水及部分污水。
【采样容器】玻璃细口瓶，具磨口瓶塞。

【采样方法】在灌瓶前要把采样瓶用所需采用的水冲洗 2～3 次。
【固定剂】—
【保存方法】4℃冷藏保存。
【保存期】7 d。
【采样量】1 000 mL。
【容器洗涤】—
【检出限】—
【质量保证和质量控制】—

水质　有机氯农药和氯苯类化合物的测定　气相色谱-质谱法（HJ 699—2014）

【适用范围】地表水、地下水、生活污水、工业废水和海水。
【采样容器】玻璃塞的棕色磨口瓶或具有聚四氟乙烯衬垫的棕色螺口玻璃瓶。
【采样方法】—
【固定剂】（1+1）盐酸。
【保存方法】样品采集后立即用（1+1）盐酸溶液调至 pH＜2，4℃下保存。
【保存期】7 d 内完成萃取；萃取液在 40 d 内完成分析。
【采样量】—
【容器洗涤】—
【检出限】液液萃取：0.048 μg/L；固相萃取：0.028 μg/L。
【质量保证和质量控制】空白试验：每批样品至少做一个空白试验，即全程序空白试验。如果目标化合物有检出，应查明原因。

生活饮用水标准检验方法　农药指标（1.2　气相色谱法）（GB/T 5750.9—2006）

【适用范围】生活饮用水、水源水。
【采样容器】磨口玻璃瓶。
【采样方法】—
【固定剂】—
【保存方法】4℃冷藏保存。
【保存期】—
【采样量】—
【容器洗涤】—
【检出限】0.02 μg/L。
【质量保证和质量控制】—

地表水和污水监测技术规范（HJ/T 91—2002）

【适用范围】对江河、湖泊、水库和渠道的水质监测。
【采样容器】硬质玻璃瓶。
【采样方法】—

【固定剂】抗坏血酸。

【保存方法】加入 0.01～0.02 g 抗坏血酸除去残余氯，0～4℃冷藏避光保存。

【保存期】24 h。

【采样量】1 000 mL。

【容器洗涤】洗涤剂洗 1 次，自来水洗 3 次，蒸馏水洗 1 次。

【检出限】—

【质量保证和质量控制】—

水质　样品的保存和管理技术规定（HJ 493—2009）

【适用范围】天然水、生活污水及工业废水。

【采样容器】硬质玻璃瓶（带聚四氟乙烯瓶盖）。

【采样方法】不能用水样冲洗采样容器，不能使水样充满容器。

【固定剂】—

【保存方法】1～5℃冷藏。

【保存期】萃取应在采样后 24 h 内完成，萃取液 5 d。

【采样量】1 000～3 000 mL。

【容器洗涤】—

【检出限】—

【质量保证和质量控制】—

109. *p,p'*-DDE

水质　六六六、滴滴涕的测定　气相色谱法（GB 7492—1987）

【适用范围】地面水、地下水及部分污水。

【采样容器】玻璃细口瓶，具磨口瓶塞。

【采样方法】在灌瓶前要把采样瓶用所需采用的水冲洗 2～3 次。

【固定剂】—

【保存方法】4℃冷藏保存。

【保存期】7 d。

【采样量】1 000 mL。

【容器洗涤】—

【检出限】—

【质量保证和质量控制】—

水质　有机氯农药和氯苯类化合物的测定　气相色谱-质谱法（HJ 699—2014）

【适用范围】地表水、地下水、生活污水、工业废水和海水。

【采样容器】玻璃塞的棕色磨口瓶或具有聚四氟乙烯衬垫的棕色螺口玻璃瓶。

【采样方法】—

【固定剂】（1+1）盐酸。

【保存方法】样品采集后立即用（1+1）盐酸溶液调至 pH<2，4℃下保存。

【保存期】7 d 内完成萃取，萃取液在 40 d 内完成分析。

【采样量】—

【容器洗涤】—

【检出限】液液萃取：0.036 μg/L；固相萃取：0.027 μg/L。

【质量保证和质量控制】空白试验：每批样品至少做一个空白试验，即全程序空白试验。如果目标化合物有检出，应查明原因。

生活饮用水标准检验方法　农药指标（1.2 气相色谱法）（GB/T 5750.9—2006）

【适用范围】生活饮用水、水源水。

【采样容器】磨口玻璃瓶。

【采样方法】—

【固定剂】—

【保存方法】4℃冷藏保存。

【保存期】—

【采样量】—

【容器洗涤】—

【检出限】0.02 μg/L。

【质量保证和质量控制】—

地表水和污水监测技术规范（HJ/T 91—2002）

【适用范围】对江河、湖泊、水库和渠道的水质监测。

【采样容器】硬质玻璃瓶。

【采样方法】—

【固定剂】抗坏血酸。

【保存方法】加入 0.01～0.02 g 抗坏血酸除去残余氯，0～4℃冷藏避光保存。

【保存期】24 h。

【采样量】1 000 mL。

【容器洗涤】洗涤剂洗 1 次，自来水洗 3 次，蒸馏水洗 1 次。

【检出限】—

【质量保证和质量控制】—

水质　样品的保存和管理技术规定（HJ 493—2009）

【适用范围】天然水、生活污水及工业废水。

【采样容器】硬质玻璃瓶（带聚四氟乙烯瓶盖）。

【采样方法】不能用水样冲洗采样容器，不能使水样充满容器。

【固定剂】—

【保存方法】1～5℃冷藏。

【保存期】萃取应在采样后 24 h 内完成，萃取液 5 d。
【采样量】1 000～3 000 mL。
【容器洗涤】—
【检出限】—
【质量保证和质量控制】—

110. *p,p′*-DDT

水质　六六六、滴滴涕的测定　气相色谱法（GB 7492—87）

【适用范围】地面水、地下水及部分污水。
【采样容器】玻璃细口瓶，具磨口瓶塞。
【采样方法】在灌瓶前要把采样瓶用所需采用的水冲洗 2～3 次。
【固定剂】—
【保存方法】4℃冷藏箱中储存。
【保存期】7 d。
【采样量】1 000 mL。
【容器洗涤】—
【检出限】—
【质量保证和质量控制】—

水质　有机氯农药和氯苯类化合物的测定　气相色谱-质谱法（HJ 699—2014）

【适用范围】地表水、地下水、生活污水、工业废水和海水。
【采样容器】玻璃塞的棕色磨口瓶或具有聚四氟乙烯衬垫的棕色螺口玻璃瓶。
【采样方法】—
【固定剂】（1+1）盐酸。
【保存方法】样品采集后立即用（1+1）盐酸溶液调至 pH＜2，4℃下保存。
【保存期】7 d 内完成萃取，萃取液在 40 d 内完成分析。
【采样量】—
【容器洗涤】—
【检出限】液液萃取：0.043 μg/L；固相萃取：0.032 μg/L。
【质量保证和质量控制】空白试验：每批样品至少做一个空白试验，即全程序空白试验。如果目标化合物有检出，应查明原因。

生活饮用水标准检验方法　农药指标（1.2 气相色谱法）（GB/T 5750.9—2006）

【适用范围】生活饮用水、水源水。
【采样容器】磨口玻璃瓶。
【采样方法】—
【固定剂】—
【保存方法】4℃冷藏保存。

【保存期】—

【采样量】—

【容器洗涤】—

【检出限】0.02 μg/L。

【质量保证和质量控制】—

地表水和污水监测技术规范（HJ/T 91—2002）

【适用范围】对江河、湖泊、水库和渠道的水质监测。

【采样容器】硬质玻璃瓶。

【采样方法】—

【固定剂】抗坏血酸。

【保存方法】加入 0.01～0.02 g 抗坏血酸除去残余氯，0～4℃冷藏避光保存。

【保存期】24 h。

【采样量】1 000 mL。

【容器洗涤】洗涤剂洗 1 次，自来水洗 3 次，蒸馏水洗 1 次。

【检出限】—

【质量保证和质量控制】—

水质　样品的保存和管理技术规定（HJ 493—2009）

【适用范围】天然水、生活污水及工业废水。

【采样容器】硬质玻璃瓶（带聚四氟乙烯瓶盖）。

【采样方法】不能用水样冲洗采样容器，不能使水样充满容器。

【固定剂】—

【保存方法】1～5℃冷藏。

【保存期】萃取应在采样后 24 h 内完成，萃取液 5 d。

【采样量】1 000～3 000 mL。

【容器洗涤】—

【检出限】—

【质量保证和质量控制】—

111. α-六六六

水质　六六六、滴滴涕的测定　气相色谱法（GB 7492—1987）

【适用范围】地面水、地下水及部分污水。

【采样容器】玻璃细口瓶，具磨口瓶塞。

【采样方法】在灌瓶前要把采样瓶用所需采用的水冲洗 2～3 次。

【固定剂】—

【保存方法】4℃冷藏保存。

【保存期】7 d。

【采样量】1 000 mL。
【容器洗涤】—
【检出限】—
【质量保证和质量控制】—

水质　有机氯农药和氯苯类化合物的测定　气相色谱-质谱法（HJ 699—2014）

【适用范围】地表水、地下水、生活污水、工业废水和海水。
【采样容器】玻璃塞的棕色磨口瓶或具有聚四氟乙烯衬垫的棕色螺口玻璃瓶。
【采样方法】—
【固定剂】（1+1）盐酸。
【保存方法】样品采集后立即用（1+1）盐酸溶液调至 pH<2，4℃下保存。
【保存期】7 d 内完成萃取，萃取液在 40 d 内完成分析。
【采样量】—
【容器洗涤】—
【检出限】液液萃取：0.056 μg/L；固相萃取：0.025 μg/L。
【质量保证和质量控制】空白试验：每批样品至少做一个空白试验，即全程序空白试验。如果目标化合物有检出，应查明原因。

生活饮用水标准检验方法　农药指标（1.2 毛细管柱气相色谱法）（GB/T 5750.9—2006）

【适用范围】生活饮用水、水源水。
【采样容器】磨口玻璃瓶。
【采样方法】—
【固定剂】—
【保存方法】4℃冷藏保存。
【保存期】—
【采样量】—
【容器洗涤】—
【检出限】0.01 μg/L。
【质量保证和质量控制】—

地表水和污水监测技术规范（HJ/T 91—2002）

【适用范围】对江河、湖泊、水库和渠道的水质监测。
【采样容器】硬质玻璃瓶。
【采样方法】—
【固定剂】抗坏血酸。
【保存方法】加入 0.01～0.02 g 抗坏血酸除去残余氯，0～4℃冷藏避光保存。
【保存期】24 h。
【采样量】1 000 mL。

【容器洗涤】洗涤剂洗 1 次，自来水洗 3 次，蒸馏水洗 1 次。
【检出限】—
【质量保证和质量控制】—

水质　样品的保存和管理技术规定（HJ 493—2009）

【适用范围】天然水、生活污水及工业废水。
【采样容器】硬质玻璃瓶（带聚四氟乙烯瓶盖）。
【采样方法】不能用水样冲洗采样容器，不能使水样充满容器。
【固定剂】—
【保存方法】1～5℃冷藏。
【保存期】萃取应在采样后 24 h 内完成，萃取液 5 d。
【采样量】1 000～3 000 mL。
【容器洗涤】—
【检出限】—
【质量保证和质量控制】—

112.　α-氯丹

水质　有机氯农药和氯苯类化合物的测定　气相色谱-质谱法（HJ 699—2014）

【适用范围】地表水、地下水、生活污水、工业废水和海水。
【采样容器】玻璃塞的棕色磨口瓶或具有聚四氟乙烯衬垫的棕色螺口玻璃瓶。
【采样方法】—
【固定剂】（1+1）盐酸。
【保存方法】样品采集后立即用（1+1）盐酸溶液调至 pH＜2，4℃下保存。
【保存期】7 d 内完成萃取，萃取液在 40 d 内完成分析。
【采样量】—
【容器洗涤】—
【检出限】液液萃取：0.055 μg/L；固相萃取：0.027 μg/L。
【质量保证和质量控制】空白试验：每批样品至少做一个空白试验，即全程序空白试验。如果目标化合物有检出，应查明原因。

地表水和污水监测技术规范（HJ/T 91—2002）

【适用范围】对江河、湖泊、水库和渠道的水质监测，包括控制断面以及污染源排放污水的监测。
【采样容器】硬质玻璃瓶。
【采样方法】—
【固定剂】抗坏血酸。
【保存方法】加入 0.01～0.02 g 抗坏血酸除去残余氯，0～4℃冷藏避光保存。
【保存期】24 h。
【采样量】1 000 mL。

【容器洗涤】洗涤剂洗 1 次，自来水洗 3 次，蒸馏水洗 1 次。
【检出限】—
【质量保证和质量控制】—

水质　样品的保存和管理技术规定（HJ 493—2009）
【适用范围】天然水、生活污水及工业废水。
【采样容器】硬质玻璃瓶（带聚四氟乙烯瓶盖）。
【采样方法】不能用水样冲洗采样容器，不能使水样充满容器。
【固定剂】—
【保存方法】1～5℃冷藏。
【保存期】萃取应在采样后 24 h 内完成，萃取液 5 d。
【采样量】1 000～3 000 mL。
【容器洗涤】—
【检出限】—
【质量保证和质量控制】—

113. β-六六六

水质　六六六、滴滴涕的测定　气相色谱法（GB 7492—1987）
【适用范围】地面水、地下水及部分污水。
【采样容器】玻璃细口瓶，具磨口瓶塞。
【采样方法】在灌瓶前要把采样瓶用所需采用的水冲洗 2～3 次。
【固定剂】—
【保存方法】4℃冷藏保存。
【保存期】7 d。
【采样量】1 000 mL。
【容器洗涤】—
【检出限】—
【质量保证和质量控制】—

水质　有机氯农药和氯苯类化合物的测定　气相色谱-质谱法（HJ 699—2014）
【适用范围】地表水、地下水、生活污水、工业废水和海水。
【采样容器】玻璃塞的棕色磨口瓶或具有聚四氟乙烯衬垫的棕色螺口玻璃瓶。
【采样方法】—
【固定剂】（1+1）盐酸。
【保存方法】样品采集后立即用（1+1）盐酸溶液调至 pH＜2，4℃下保存。
【保存期】7 d 内完成萃取，萃取液在 40 d 内完成分析。
【采样量】—
【容器洗涤】—

【检出限】液液萃取：0.037 μg/L；固相萃取：0.034 μg/L。

【质量保证和质量控制】空白试验：每批样品至少做一个空白试验，即全程序空白试验。如果目标化合物有检出，应查明原因。

生活饮用水标准检验方法　农药指标（1.2 毛细管柱气相色谱法）（GB/T 5750.9—2006）

【适用范围】生活饮用水、水源水。

【采样容器】磨口玻璃瓶。

【采样方法】—

【固定剂】—

【保存方法】4℃冷藏保存。

【保存期】—

【采样量】—

【容器洗涤】—

【检出限】0.01 μg/L。

【质量保证和质量控制】—

地表水和污水监测技术规范（HJ/T 91—2002）

【适用范围】对江河、湖泊、水库和渠道的水质监测。

【采样容器】硬质玻璃瓶。

【采样方法】—

【固定剂】抗坏血酸。

【保存方法】加入 0.01～0.02 g 抗坏血酸除去残余氯，0～4℃冷藏避光保存。

【保存期】24 h。

【采样量】1 000 mL。

【容器洗涤】洗涤剂洗 1 次，自来水洗 3 次，蒸馏水洗 1 次。

【检出限】—

【质量保证和质量控制】—

水质　样品的保存和管理技术规定（HJ 493—2009）

【适用范围】天然水、生活污水及工业废水。

【采样容器】硬质玻璃瓶（带聚四氟乙烯瓶盖）。

【采样方法】不能用水样冲洗采样容器，不能使水样充满容器。

【固定剂】—

【保存方法】1～5℃冷藏。

【保存期】萃取应在采样后 24 h 内完成，萃取液 5 d。

【采样量】1 000～3 000 mL。

【容器洗涤】—

【检出限】—

【质量保证和质量控制】—

114. γ-六六六

水质 六六六、滴滴涕的测定 气相色谱法（GB 7492—1987）

【适用范围】地面水、地下水及部分污水。

【采样容器】玻璃细口瓶，具磨口瓶塞。

【采样方法】在灌瓶前要把采样瓶用所需采用的水冲洗 2～3 次。

【固定剂】—

【保存方法】4℃冷藏保存。

【保存期】7 d。

【采样量】1 000 mL。

【容器洗涤】—

【检出限】—

【质量保证和质量控制】—

水质 有机氯农药和氯苯类化合物的测定 气相色谱-质谱法（HJ 699—2014）

【适用范围】地表水、地下水、生活污水、工业废水和海水。

【采样容器】玻璃塞的棕色磨口瓶或具有聚四氟乙烯衬垫的棕色螺口玻璃瓶。

【采样方法】—

【固定剂】（1+1）盐酸。

【保存方法】样品采集后立即用（1+1）盐酸溶液调至 pH<2，4℃下保存。

【保存期】7 d 内完成萃取，萃取液在 40 d 内完成分析。

【采样量】—

【容器洗涤】—

【检出限】液液萃取：0.025 μg/L；固相萃取：0.022 μg/L。

【质量保证和质量控制】空白试验：每批样品至少做一个空白试验，即全程序空白试验。如果目标化合物有检出，应查明原因。

生活饮用水标准检验方法 农药指标（1.2 毛细管柱气相色谱法）（GB/T 5750.9—2006）

【适用范围】生活饮用水、水源水。

【采样容器】磨口玻璃瓶。

【采样方法】—

【固定剂】—

【保存方法】4℃冷藏保存。

【保存期】—

【采样量】—

【容器洗涤】—

【检出限】0.01 μg/L。

【质量保证和质量控制】—

地表水和污水监测技术规范（HJ/T 91—2002）

【适用范围】对江河、湖泊、水库和渠道的水质监测。

【采样容器】硬质玻璃瓶。

【采样方法】—

【固定剂】抗坏血酸。

【保存方法】加入 0.01～0.02 g 抗坏血酸除去残余氯，0～4℃冷藏避光保存。

【保存期】24 h。

【采样量】1 000 mL。

【容器洗涤】洗涤剂洗 1 次，自来水洗 3 次，蒸馏水洗 1 次。

【检出限】—

【质量保证和质量控制】—

水质　样品的保存和管理技术规定（HJ 493—2009）

【适用范围】天然水、生活污水及工业废水。

【采样容器】硬质玻璃瓶（带聚四氟乙烯瓶盖）。

【采样方法】不能用水样冲洗采样容器，不能使水样充满容器。

【固定剂】—

【保存方法】1～5℃冷藏。

【保存期】萃取应在采样后 24 h 内完成，萃取液 5 d。

【采样量】1 000～3 000 mL。

【容器洗涤】—

【检出限】—

【质量保证和质量控制】—

115. γ-氯丹

水质　有机氯农药和氯苯类化合物的测定　气相色谱-质谱法（HJ 699—2014）

【适用范围】地表水、地下水、生活污水、工业废水和海水。

【采样容器】玻璃塞的棕色磨口瓶或具有聚四氟乙烯衬垫的棕色螺口玻璃瓶。

【采样方法】—

【固定剂】（1+1）盐酸。

【保存方法】样品采集后立即用（1+1）盐酸溶液调至 pH＜2，4℃下保存。

【保存期】7 d 内完成萃取，萃取液在 40 d 内完成分析。

【采样量】—

【容器洗涤】—

【检出限】液液萃取：0.044 μg/L；固相萃取：0.032 μg/L。

【质量保证和质量控制】空白试验：每批样品至少做一个空白试验，即全程序空白试验。如果目标化合物有检出，应查明原因。

地表水和污水监测技术规范（HJ/T 91—2002）

【适用范围】对江河、湖泊、水库和渠道的水质监测。

【采样容器】硬质玻璃瓶。

【采样方法】—

【固定剂】抗坏血酸。

【保存方法】加入 0.01～0.02 g 抗坏血酸除去残余氯，0～4℃冷藏避光保存。

【保存期】24 h。

【采样量】1 000 mL。

【容器洗涤】洗涤剂洗 1 次，自来水洗 3 次，蒸馏水洗 1 次。

【检出限】—

【质量保证和质量控制】—

水质　样品的保存和管理技术规定（HJ 493—2009）

【适用范围】天然水、生活污水及工业废水。

【采样容器】硬质玻璃瓶（带聚四氟乙烯瓶盖）。

【采样方法】不能用水样冲洗采样容器，不能使水样充满容器。

【固定剂】—

【保存方法】1～5℃冷藏。

【保存期】萃取应在采样后 24 h 内完成，萃取液 5 d。

【采样量】1 000～3 000 mL。

【容器洗涤】—

【检出限】—

【质量保证和质量控制】—

116. δ-六六六

水质　六六六、滴滴涕的测定　气相色谱法（GB 7492—1987）

【适用范围】地面水、地下水及部分污水。

【采样容器】玻璃细口瓶，具磨口瓶塞。

【采样方法】在灌瓶前要把采样瓶用所需采用的水冲洗 2～3 次。

【固定剂】—

【保存方法】4℃冷藏保存。

【保存期】7 d。

【采样量】1 000 mL。

【容器洗涤】—

【检出限】—

【质量保证和质量控制】—

水质　有机氯农药和氯苯类化合物的测定　气相色谱-质谱法（HJ 699—2014）

【适用范围】地表水、地下水、生活污水、工业废水和海水。

【采样容器】玻璃塞的棕色磨口瓶或具有聚四氟乙烯衬垫的棕色螺口玻璃瓶。

【采样方法】—

【固定剂】（1+1）盐酸。

【保存方法】样品采集后立即用（1+1）盐酸溶液调至 pH<2，4℃下保存。

【保存期】7 d 内完成萃取，萃取液在 40 d 内完成分析。

【采样量】—

【容器洗涤】—

【检出限】液液萃取：0.060 μg/L；固相萃取：0.033 μg/L。

【质量保证和质量控制】空白试验：每批样品至少做一个空白试验，即全程序空白试验。如果目标化合物有检出，应查明原因。

生活饮用水标准检验方法　农药指标（1.2 毛细管柱气相色谱法）（GB/T 5750.9—2006）

【适用范围】生活饮用水、水源水。

【采样容器】磨口玻璃瓶。

【采样方法】—

【固定剂】—

【保存方法】4℃冷藏保存。

【保存期】—

【采样量】—

【容器洗涤】—

【检出限】0.01 μg/L。

【质量保证和质量控制】—

地表水和污水监测技术规范（HJ/T 91—2002）

【适用范围】对江河、湖泊、水库和渠道的水质监测。

【采样容器】硬质玻璃瓶。

【采样方法】—

【固定剂】抗坏血酸。

【保存方法】加入 0.01～0.02 g 抗坏血酸除去残余氯，0～4℃冷藏避光保存。

【保存期】24 h。

【采样量】1 000 mL。

【容器洗涤】洗涤剂洗 1 次，自来水洗 3 次，蒸馏水洗 1 次。

【检出限】—

【质量保证和质量控制】—

水质　样品的保存和管理技术规定（HJ 493—2009）

【适用范围】天然水、生活污水及工业废水。

【采样容器】硬质玻璃瓶（带聚四氟乙烯瓶盖）。

【采样方法】不能用水样冲洗采样容器，不能使水样充满容器。

【固定剂】—

【保存方法】1～5℃冷藏。

【保存期】萃取应在采样后 24 h 内完成，萃取液 5 d。

【采样量】1 000～3 000 mL。

【容器洗涤】—

【检出限】—

【质量保证和质量控制】—

117. 阿特拉津

水质　阿特拉津的测定　高效液相色谱法（HJ 587—2010）

【适用范围】地表水、地下水。

【采样容器】棕色玻璃瓶。

【采样方法】水样应充满样品瓶并加盖密封。

【固定剂】—

【保存方法】4℃冷藏，避光保存。

【保存期】7 d 内完成萃取。

【采样量】—

【容器洗涤】—

【检出限】0.08μg/L。

【质量保证和质量控制】空白试验：每分析一批（20 个）样品必须有一个全程空白。所有空白测试结果应低于方法检出限。

水质　阿特拉津的测定　气相色谱法（HJ 754—2015）

【适用范围】地表水、地下水、生活污水和工业废水。

【采样容器】硬质磨口玻璃瓶或具有聚四氟乙烯材质盖垫的螺纹口玻璃瓶。

【采样方法】样品应充满瓶子，并加盖瓶子。

【固定剂】—

【保存方法】4℃冷藏，避光保存。

【保存期】7 d 内完成萃取。

【采样量】500 mL。

【容器洗涤】—

【检出限】0.2 μg/L。

【质量保证和质量控制】—

118. 艾氏剂

水质　有机氯农药和氯苯类化合物的测定　气相色谱-质谱法（HJ 699—2014）

【适用范围】地表水、地下水、生活污水、工业废水和海水。

【采样容器】玻璃塞的棕色磨口瓶或具有聚四氟乙烯衬垫的棕色螺口玻璃瓶。

【采样方法】—

【固定剂】（1+1）盐酸。

【保存方法】样品采集后立即用（1+1）盐酸溶液调至 pH<2，4℃下保存。

【保存期】7 d 内完成萃取，萃取液在 40 d 内完成分析。

【采样量】—

【容器洗涤】—

【检出限】液液萃取：0.035 μg/L；固相萃取：0.069 μg/L。

【质量保证和质量控制】空白试验：每批样品至少做一个空白试验，即全程序空白试验。如果目标化合物有检出，应查明原因。

地表水和污水监测技术规范（HJ/T 91—2002）

【适用范围】对江河、湖泊、水库和渠道的水质监测。

【采样容器】硬质玻璃瓶。

【采样方法】—

【固定剂】抗坏血酸。

【保存方法】加入 0.01～0.02 g 抗坏血酸除去残余氯，0～4℃冷藏避光保存。

【保存期】24 h。

【采样量】1 000 mL。

【容器洗涤】洗涤剂洗 1 次，自来水洗 3 次，蒸馏水洗 1 次。

【检出限】—

【质量保证和质量控制】—

水质　样品的保存和管理技术规定（HJ 493—2009）

【适用范围】天然水、生活污水及工业废水。

【采样容器】硬质玻璃瓶（带聚四氟乙烯瓶盖）。

【采样方法】不能用水样冲洗采样容器，不能使水样充满容器。

【固定剂】—

【保存方法】1～5℃冷藏。

【保存期】萃取应在采样后 24 h 内完成，萃取液 5 d。

【采样量】1 000～3 000 mL。

【容器洗涤】—

【检出限】—

【质量保证和质量控制】—

119. 胺菊酯

水质　百菌清及拟除虫菊酯类农药的测定　气相色谱-质谱法（HJ 753—2015）

【适用范围】地表水、地下水、工业废水和生活污水。

【采样容器】具磨口塞的棕色玻璃细口瓶。

【采样方法】—

【固定剂】—

【保存方法】4℃保存。

【保存期】7 d 内完成萃取。

【采样量】1 000 mL 或 2 000 mL。

【容器洗涤】—

【检出限】液液萃取：0.006 μg/L；固相萃取：0.005 μg/L。

【质量保证和质量控制】—

地表水和污水监测技术规范（HJ/T 91—2002）

【适用范围】对江河、湖泊、水库和渠道的水质监测。

【采样容器】硬质玻璃瓶。

【采样方法】—

【固定剂】抗坏血酸。

【保存方法】加入 0.01～0.02 g 抗坏血酸除去残余氯，0～4℃冷藏避光保存。

【保存期】24 h。

【采样量】1 000 mL。

【容器洗涤】洗涤剂洗 1 次，自来水洗 3 次，蒸馏水洗 1 次。

【检出限】—

【质量保证和质量控制】—

水质　样品的保存和管理技术规定（HJ 493—2009）

【适用范围】天然水、生活污水及工业废水。

【采样容器】硬质玻璃瓶（带聚四氟乙烯瓶盖）。

【采样方法】不能用水样冲洗采样容器，不能使水样充满容器。

【固定剂】—

【保存方法】1～5℃冷藏。

【保存期】萃取应在采样后 24 h 内完成，萃取液 5 d。

【采样量】1 000～3 000 mL。

【容器洗涤】—

【检出限】—

【质量保证和质量控制】—

120. 百草枯

水质　百草枯和杀草快的测定　固相萃取-高效液相色谱法（HJ 914—2017）

【适用范围】地表水、地下水和废水。

【采样容器】聚氯乙烯或聚丙烯材质。

【采样方法】—

【固定剂】（1+1）硫酸（水样含余氯时）、硫代硫酸钠。

【保存方法】当水样 pH＞9 时，应用（1+1）硫酸溶液调节水样 pH 至中性，当水样中含余氯时，需加入硫代硫酸钠，每升水加入 0.1 g。0～4℃避光保存。

【保存期】7 d 内完成萃取，萃取后 21 d 内完成分析。

【采样量】—

【容器洗涤】—

【检出限】0.3 μg/L。

【质量保证和质量控制】—

地表水和污水监测技术规范（HJ/T 91—2002）

【适用范围】对江河、湖泊、水库和渠道的水质监测。

【采样容器】硬质玻璃瓶。

【采样方法】—

【固定剂】抗坏血酸。

【保存方法】加入 0.01～0.02 g 抗坏血酸除去残余氯，0～4℃冷藏避光保存。

【保存期】24 h。

【采样量】1 000 mL。

【容器洗涤】洗涤剂洗 1 次，自来水洗 3 次，蒸馏水洗 1 次。

【检出限】—

【质量保证和质量控制】—

水质　样品的保存和管理技术规定（HJ 493—2009）

【适用范围】天然水、生活污水及工业废水。

【采样容器】硬质玻璃瓶。

【采样方法】—

【固定剂】抗坏血酸。

【保存方法】加入 0.01～0.02 g 抗坏血酸除去残余氯，1～5℃避光保存。

【保存期】24 h。

【采样量】1 000 mL。

【容器洗涤】洗涤剂洗 1 次，自来水洗 3 次，蒸馏水洗 1 次。

【检出限】—

【质量保证和质量控制】—

121. 百菌清

水质 百菌清和溴氰菊酯的测定 气相色谱法（HJ 698—2014）

【适用范围】地表水、地下水、工业废水和生活污水。

【采样容器】硬质磨口玻璃瓶或具有特氟龙材质隔垫的棕色螺纹口玻璃瓶。

【采样方法】—

【固定剂】—

【保存方法】于 2～5℃下保存。

【保存期】7 d 内完成萃取，萃取液可保存 40 d。

【采样量】—

【容器洗涤】—

【检出限】0.07 μg/L。

【质量保证和质量控制】—

水质 百菌清及拟除虫菊酯类农药的测定 气相色谱-质谱法（HJ 753—2015）

【适用范围】地表水、地下水、工业废水和生活污水。

【采样容器】具磨口塞的棕色玻璃细口瓶。

【采样方法】—

【固定剂】—

【保存方法】4℃保存。

【保存期】7 d 内完成萃取。

【采样量】1 000 mL 或 2 000 mL。

【容器洗涤】—

【检出限】液液萃取：0.005 μg/L；固相萃取：0.008 μg/L。

【质量保证和质量控制】—

生活饮用水标准检验方法 农药指标（9.1 气相色谱法）（GB/T 5750.9—2006）

【适用范围】测定生活饮用水及其水源水。

【采样容器】磨口玻璃瓶。

【采样方法】—

【固定剂】—

【保存方法】—

【保存期】—

【采样量】—

【容器洗涤】—

【检出限】0.4 μg/L。

【质量保证和质量控制】—

地表水和污水监测技术规范（HJ/T 91—2002）

【适用范围】对江河、湖泊、水库和渠道的水质监测。

【采样容器】硬质玻璃瓶。

【采样方法】—

【固定剂】抗坏血酸。

【保存方法】加入 0.01～0.02 g 抗坏血酸除去残余氯，0～4℃冷藏避光保存。

【保存期】24 h。

【采样量】1 000 mL。

【容器洗涤】洗涤剂洗 1 次，自来水洗 3 次，蒸馏水洗 1 次。

【检出限】—

【质量保证和质量控制】—

水质　样品的保存和管理技术规定（HJ 493—2009）

【适用范围】天然水、生活污水及工业废水。

【采样容器】硬质玻璃瓶（带聚四氟乙烯瓶盖）。

【采样方法】不能用水样冲洗采样容器，不能使水样充满容器。

【固定剂】—

【保存方法】1～5℃冷藏。

【保存期】萃取应在采样后 24 h 内完成，萃取液 5 d。

【采样量】1 000～3 000 mL。

【容器洗涤】—

【检出限】—

【质量保证和质量控制】—

122. 苯

水质　苯系物的测定　顶空/气相色谱法（HJ 1067—2019）

【适用范围】工业废水及地表水。

【采样容器】玻璃瓶采集样品。

【采样方法】样品应充满瓶子，并加盖瓶子。

【固定剂】—

【保存方法】应尽快分析，如不能及时分析，在 4℃冷藏保存。

【保存期】14 d。

【采样量】—

【容器洗涤】—

【检出限】0.05 mg/L。

【质量保证和质量控制】—

水质 挥发性有机物的测定 吹扫捕集/气相色谱法（HJ 686—2014）

【适用范围】地表水、地下水、生活污水和工业废水中挥发性有机物的测定。

【采样容器】40 mL 棕色玻璃瓶，螺旋盖（带聚四氟乙烯涂层密封垫）。

【采样方法】样品采集时不需用水样荡洗。

【固定剂】（1）无余氯样品：盐酸溶液；（2）有余氯样品：抗坏血酸+盐酸。

【保存方法】无余氯样品：0.5 mL 盐酸溶液，4℃保存；有余氯样品：加入约 25 mg 抗坏血酸，再加 0.5 mL 盐酸溶液，4℃保存。

【保存期】14 d。

【采样量】40 mL。

【容器洗涤】采样瓶应在采样前充分清洗。

【检出限】0.5 μg/L。

【质量保证和质量控制】所有样品均采集平行双样，每批样品带一个全程序空白和一个运输空白。（1）空白分析。①运输空白。采样前在实验室将一份空白试剂水放入样品瓶中密封，将其带到现场。采样时使其瓶盖一直处于密封状态，随样品运回实验室，按与样品相同的分析步骤进行处理和测定，用于检查样品运输过程中是否受到污染。②全程序空白。采样前在实验室将一份空白试剂水放入样品瓶中密封，将其带到现场。与采样的样品瓶同时开盖和密封，随样品运回实验室，按与样品相同的分析步骤进行处理和测定，用于检查样品采集到分析全过程是否受到污染。如全程序空白中目标化合物高于检出限时，不能从样品结果中扣除空白值。应检查所有可能对全程序空白产生影响的环节，仔细查找干扰源。如果确实发现采样、运输或保存过程存在影响分析结果的干扰，需对出现问题批次的样品进行重新采样分析。（2）平行样品的测定。虽然每个样品均采集平行双样，一般每 10 个样品或每批次（少于 10 个样品/批）分析一个平行样，平行样品测定结果的相对偏差＜20%。

水质 挥发性有机物的测定 吹扫捕集/气相色谱-质谱法（HJ 639—2012）

【适用范围】海水、地下水、地表水、生活污水和工业废水。

【采样容器】40 mL 棕色玻璃瓶，具硅橡胶-聚四氟乙烯衬垫螺旋盖。

【采样方法】采样时不需用样品进行荡洗。水样在样品瓶中溢流而不留空间。取样时应尽量避免或减少样品在空气中暴露。

【固定剂】（1）抗坏血酸+盐酸；（2）—。

【保存方法】（1）每 40 mL 样品需加入 25 mg 的抗坏血酸；若样品中总余氯的量超过 5 mg/L，总余氯每超过 5 mg/L，需要多加 25 mg 的抗坏血酸。采样时，水样呈中性时向每个样品瓶中加入 0.5 mL 盐酸溶液，拧紧瓶盖；水样呈碱性时应加入适量盐酸溶液使样品 pH≤2。4℃保存。（2）当水样加盐酸溶液后产生大量气泡时，应弃去该样品，重新采集样品。重新采集的样品不应加盐酸溶液，样品标签上应注明未酸化。4℃保存。

【保存期】（1）14 d；（2）24 h。

【采样量】40 mL。

【容器洗涤】样品瓶应在采样前用甲醇清洗。

【检出限】全扫描模式：1.4 μg/L；离子选择扫描模式：0.4 μg/L。

【质量保证和质量控制】所有样品均采集平行双样。每批样品至少应采集一个运输空白和全程序空白样品。空白中目标化合物浓度应小于下列条件的最大值：（1）方法检出限；（2）相关环保标准限值的 5%；（3）样品分析结果的 5%。若空白试验未满足以上要求，则应采取措施排除污染并重新分析同批样品。

水质　挥发性有机物的测定　顶空/气相色谱-质谱法（HJ 810—2016）

【适用范围】地表水、地下水、生活污水、工业废水和海水。

【采样容器】40 mL 棕色玻璃瓶，具硅橡胶-聚四氟乙烯衬垫螺旋盖。

【采样方法】采集样品时，不宜用水样进行荡洗，应使水样在样品瓶中溢流且不留空间。

【固定剂】（1）抗坏血酸+盐酸；（2）—。

【保存方法】（1）若水样中含有余氯，采样前，应向 40ml 棕色采样瓶中加入 25 mg 的抗坏血酸。若水样中余氯含量超过 5 mg/L，应按比例增加抗坏血酸的加入量，余氯含量每增加 5 mg/L，则应多加入 25 mg 的抗坏血酸。样品采集后，应立即加入适量盐酸溶液，使样品 pH≤2，拧紧瓶盖，4℃以下冷藏，避光和密封保存。（2）当水样加盐酸溶液后有气泡产生，须重新采样，重新采集的样品不加盐酸溶液保存，样品标签上应注明未酸化。

【保存期】（1）14 d；（2）24 h。

【采样量】40 mL。

【容器洗涤】—

【检出限】全扫描模式：3 μg/L；离子选择扫描模式：0.8 μg/L。

【质量保证和质量控制】所有样品均采集平行双样。每批样品应至少做一个全程序空白：按照分析步骤，在实验室将一份实验用水放入样品瓶中密封，将其带到采样现场，与采样的样品瓶同时开盖和密封，之后随样品运回实验室。

生活饮用水标准检验方法　有机物指标（18.1 溶剂萃取-填充柱气相色谱法）（GB/T 5750.8—2006）

【适用范围】测定生活饮用水及其水源水。

【采样容器】磨口玻璃瓶。

【采样方法】—

【固定剂】—

【保存方法】低温保存。

【保存期】—

【采样量】—

【容器洗涤】—

【检出限】—

【质量保证和质量控制】—

生活饮用水标准检验方法　有机物指标（18.2 溶剂萃取-毛细管柱气相色谱法）（GB/T 5750.8—2006）

【适用范围】测定生活饮用水及其水源水。
【采样容器】磨口玻璃瓶。
【采样方法】—
【固定剂】—
【保存方法】低温保存。
【保存期】—
【采样量】—
【容器洗涤】—
【检出限】0.005 mg/L。
【质量保证和质量控制】—

生活饮用水标准检验方法　有机物指标（18.3 顶空-填充柱气相色谱法）（GB/T 5750.8—2006）

【适用范围】测定生活饮用水及其水源水。
【采样容器】顶空瓶。
【采样方法】采集水样至充满瓶，用包有铝箔（或聚四氟乙烯膜）的翻口胶塞封好。
【固定剂】—
【保存方法】冷藏保存。
【保存期】—
【采样量】100 mL。
【容器洗涤】—
【检出限】0.42 μg/L。
【质量保证和质量控制】—

生活饮用水标准检验方法　有机物指标（18.4 顶空-毛细管柱气相色谱法）（GB/T 5750.8—2006）

【适用范围】测定生活饮用水及其水源水。
【采样容器】有聚四氟膜的硅橡胶垫和塑料螺旋帽密封，使用前在 120℃烘烤 2 h。
【采样方法】采集水样至充满瓶。
【固定剂】—
【保存方法】密封低温保存。
【保存期】—
【采样量】40 mL。
【容器洗涤】—
【检出限】0.7 μg/L。
【质量保证和质量控制】—

生活饮用水标准检验方法　有机物指标（附录 A 吹脱捕集/气相色谱-质谱法测定挥发性有机化合物）（GB/T 5750.8—2006）

【适用范围】测定生活饮用水及其水源水。

【采样容器】40 mL 棕色玻璃瓶附螺旋盖及聚四氟乙烯垫片。

【采样方法】采样时，使水样在瓶中溢流出而不留气泡；若从开放的水体中采样，先用 1 L 的广口瓶或烧杯从有代表性的区域中采样，再小心把水样从广口瓶或烧杯中倒入样品瓶中。

【固定剂】（1）无余氯样品：盐酸溶液；（2）有余氯样品：抗坏血酸+盐酸。

【保存方法】（1）不含余氯的样品和现场空白，每 40 mL 水样中加 4 滴 4 mol/L 的盐酸做固定剂。4℃保存。（2）含余氯的样品和现场空白，在样品瓶中先加入抗坏血酸（每 40 mL 水样中加 25 mg），待样品瓶中充满水样并溢流后，每 20 mL 样品中加入 1 滴 4 mol/L 盐酸调节样品 pH＜2。4℃保存。

【保存期】14 d。

【采样量】40 mL。

【容器洗涤】—

【检出限】0.04 μg/L。

【质量保证和质量控制】所有样品均采集平行样，每批样品要带一个现场空白。

地表水和污水监测技术规范（HJ/T 91—2002）

【适用范围】对江河、湖泊、水库和渠道的水质监测，包括控制断面以及污染源排放污水的监测。

【采样容器】硬质玻璃瓶。

【采样方法】—

【固定剂】盐酸+抗坏血酸。

【保存方法】用（1+10）盐酸调至 pH=2，加入 0.01～0.02 g 抗坏血酸除去残余氯，0～4℃冷藏避光保存。

【保存期】12 h。

【采样量】1 000 mL。

【容器洗涤】洗涤剂洗 1 次，自来水洗 3 次，蒸馏水洗 1 次。

【检出限】—

【质量保证和质量控制】—

水质　样品的保存和管理技术规定（HJ 493—2009）

【适用范围】天然水、生活污水及工业废水。

【采样容器】硬质玻璃瓶。

【采样方法】—

【固定剂】盐酸+抗坏血酸。

【保存方法】用（1+10）盐酸调至 pH≤2，加入 0.01～0.02 g 抗坏血酸除去残余氯，1～5℃避光保存。

【保存期】12 h。

【采样量】1 000 mL。

【容器洗涤】—

【检出限】—

【质量保证和质量控制】—

123. 苯胺

水质 苯胺类化合物的测定 气相色谱-质谱法（HJ 822—2017）

【适用范围】地表水、地下水、海水、生活污水和工业废水。

【采样容器】带聚四氟乙烯内衬垫瓶盖的棕色玻璃瓶。

【采样方法】水样充满样品瓶，不留空隙。

【固定剂】10 mol/L 氢氧化钠或（1+1）硫酸；水样含有余氯时：硫代硫酸钠。

【保存方法】调至 pH 值在 6～8，4℃冷藏保存；水样中有余氯，每 1 000 mL 样品中加入 80 mg 硫代硫酸钠。

【保存期】7 d 内萃取，萃取液在 40 d 内完成分析。

【采样量】1 000 mL。

【容器洗涤】—

【检出限】0.057μg/L。

【质量保证和质量控制】—

生活饮用水标准检验方法 有机物指标（37.1 气相色谱法）（GB/T 5750.8—2006）

【适用范围】测定生活饮用水及其水源水。

【采样容器】—

【采样方法】—

【固定剂】—

【保存方法】—

【保存期】—

【采样量】—

【容器洗涤】—

【检出限】20 μg/L。

【质量保证和质量控制】—

124. 苯胺磺隆

水质 磺酰脲类农药的测定 高效液相色谱法（HJ 1018—2019）

【适用范围】地表水、地下水、生活污水和工业废水。

【采样容器】具磨口塞的棕色细口玻璃瓶或带聚四氟乙烯衬垫的棕色螺纹口玻璃瓶。

【采样方法】采集样品时，应使样品充满采样瓶，不留液上空间。

【固定剂】磷酸、氢氧化钠；含有余氯的水样：硫代硫酸钠。

【保存方法】如果样品 pH 值不在 7～9，用磷酸或氢氧化钠溶液调节样品 pH 值至 7～9。对于含有余氯的水样，需向水样中加入硫代硫酸钠，使水样中硫代硫酸钠的浓度为 80 mg/L。采集的样品应在 4℃以下冷藏，避光保存。

【保存期】2 d 萃取完毕，萃取液应 8 d 内分析完毕。

【采样量】1 000 mL。

【容器洗涤】—

【检出限】直接进样：0.009 mg/L；液液萃取：0.09 μg/L；固相萃取：0.08 μg/L。

【质量保证和质量控制】—

125. 苯胺类

水质　苯胺类化合物的测定　*N*-（1-萘基）乙二胺偶氮分光光度法（GB/T 11889—1989）

【适用范围】地面水、染料、制药等废水中芳香族伯胺类化合物。

【采样容器】硬质玻璃瓶。

【采样方法】—

【固定剂】—

【保存方法】4℃下保存。

【保存期】常温保存不得超过 24 h，4℃下保存不得超过 2 周。

【采样量】500 mL。

【容器洗涤】—

【检出限】0.03 mg/L。

【质量保证和质量控制】—

126. 苯并[*a*]蒽

水质　多环芳烃的测定　液液萃取和固相萃取高效液相色谱法（HJ 478—2009）

【适用范围】饮用水、地下水、地表水、海水、工业废水及生活污水。

【采样容器】具磨口塞的棕色玻璃细口瓶。

【采样方法】采样前不能用水样预洗采样瓶，以防止样品的沾染或吸附，采样瓶要完全注满，不留气泡。

【固定剂】有余氯存在：硫代硫酸钠。

【保存方法】若水中有残余氯存在，要在每升水中加入 80 g 硫代硫酸钠除氯，样品采集后应避光于 4℃冷藏。

【保存期】在 7 d 内萃取，萃取后 40 d 内分析完毕。

【采样量】1 000 mL 或 2 000 mL。

【容器洗涤】样品必须采集在预先洗净烘干的采样瓶中。

【检出限】荧光检测器：0.007 μg/L；紫外检测器：0.012 μg/L。

【质量保证和质量控制】—

水质　样品的保存和管理技术规定（HJ 493—2009）

【适用范围】天然水、生活污水及工业废水。

【采样容器】硬质玻璃瓶溶剂洗，带聚四氟乙烯瓶盖。

【采样方法】尽可能现场萃取，如果样品加氯，采样前 1 000 mL 样加 80 mg 五水硫代硫酸钠。

【固定剂】—

【保存方法】1～5℃冷藏。

【保存期】7 d。

【采样量】500 mL。

【容器洗涤】—

【检出限】—

【质量保证和质量控制】—

127. 苯并[*a*]芘

水质 多环芳烃的测定 液液萃取和固相萃取高效液相色谱法（HJ 478—2009）

【适用范围】饮用水、地下水、地表水、海水、工业废水及生活污水。

【采样容器】具磨口塞的棕色玻璃细口瓶。

【采样方法】采样前不能用水样预洗采样瓶，以防止样品的沾染或吸附，采样瓶要完全注满，不留气泡。

【固定剂】有余氯存在：硫代硫酸钠。

【保存方法】若水中有残余氯存在，要在每升水中加入 80 g 硫代硫酸钠除氯，样品采集后应避光于 4℃冷藏。

【保存期】在 7 d 内萃取，萃取后 40 d 内分析完毕。

【采样量】1 000 mL 或 2 000 mL。

【容器洗涤】样品必须采集在预先洗净烘干的采样瓶中。

【检出限】荧光检测器：0.004 μg/L；紫外检测器：0.004 μg/L。

【质量保证和质量控制】—

水质 样品的保存和管理技术规定（HJ 493—2009）

【适用范围】天然水、生活污水及工业废水。

【采样容器】硬质玻璃瓶溶剂洗，带聚四氟乙烯瓶盖。

【采样方法】尽可能现场萃取，如果样品加氯，采样前 1 000 mL 样加 80 mg 五水硫代硫酸钠。

【固定剂】—

【保存方法】1～5℃冷藏。

【保存期】7 d。

【采样量】500 mL。

【容器洗涤】—

【检出限】—

【质量保证和质量控制】—

128. 苯并[*b*]荧蒽

水质 多环芳烃的测定 液液萃取和固相萃取高效液相色谱法（HJ 478—2009）

【适用范围】饮用水、地下水、地表水、海水、工业废水及生活污水。

【采样容器】具磨口塞的棕色玻璃细口瓶。

【采样方法】采样前不能用水样预洗采样瓶，以防止样品的沾染或吸附，采样瓶要完全注满，不留气泡。

【固定剂】有余氯存在：硫代硫酸钠。
【保存方法】若水中有残余氯存在，要在每升水中加入 80 g 硫代硫酸钠除氯，样品采集后应避光于 4℃冷藏。
【保存期】在 7 d 内萃取，萃取后 40 d 内分析完毕。
【采样量】1 000 mL 或 2 000 mL。
【容器洗涤】样品必须采集在预先洗净烘干的采样瓶中。
【检出限】荧光检测器：0.003 μg/L；紫外检测器：0.004 μg/L。
【质量保证和质量控制】—

水质　样品的保存和管理技术规定（HJ 493—2009）
【适用范围】天然水、生活污水及工业废水。
【采样容器】硬质玻璃瓶溶剂洗，带聚四氟乙烯瓶盖。
【采样方法】尽可能现场萃取，如果样品加氯，采样前 1 000 mL 样加 80 mg 五水硫代硫酸钠。
【固定剂】—
【保存方法】1～5℃冷藏。
【保存期】7 d。
【采样量】500 mL。
【容器洗涤】—
【检出限】—
【质量保证和质量控制】—

129. 苯并[*g,h,i*]苝

水质　多环芳烃的测定　液液萃取和固相萃取高效液相色谱法（HJ 478—2009）
【适用范围】饮用水、地下水、地表水、海水、工业废水及生活污水。
【采样容器】具磨口塞的棕色玻璃细口瓶。
【采样方法】采样前不能用水样预洗采样瓶，以防止样品的沾染或吸附，采样瓶要完全注满，不留气泡。
【固定剂】有余氯存在：硫代硫酸钠。
【保存方法】若水中有残余氯存在，要在每升水中加入 80 g 硫代硫酸钠除氯，样品采集后应避光于 4℃冷藏。
【保存期】在 7 d 内萃取，萃取后 40 d 内分析完毕。
【采样量】1 000 mL 或 2 000 mL。
【容器洗涤】样品必须采集在预先洗净烘干的采样瓶中。
【检出限】荧光检测器：0.004 μg/L；紫外检测器：0.005 μg/L。
【质量保证和质量控制】—

水质　样品的保存和管理技术规定（HJ 493—2009）
【适用范围】天然水、生活污水及工业废水。
【采样容器】硬质玻璃瓶溶剂洗，带聚四氟乙烯瓶盖。

【采样方法】尽可能现场萃取，如果样品加氯，采样前 1 000 mL 样加 80 mg 五水硫代硫酸钠。
【固定剂】—
【保存方法】1～5℃冷藏。
【保存期】7 d。
【采样量】500 mL。
【容器洗涤】—
【检出限】—
【质量保证和质量控制】—

130. 苯并[*k*]荧蒽

水质　多环芳烃的测定　液液萃取和固相萃取高效液相色谱法（HJ 478—2009）

【适用范围】饮用水、地下水、地表水、海水、工业废水及生活污水。
【采样容器】具磨口塞的棕色玻璃细口瓶。
【采样方法】采样前不能用水样预洗采样瓶，以防止样品的沾染或吸附，采样瓶要完全注满，不留气泡。
【固定剂】有余氯存在：硫代硫酸钠。
【保存方法】若水中有残余氯存在，要在每升水中加入 80 g 硫代硫酸钠除氯，样品采集后应避光于 4℃冷藏。
【保存期】在 7 d 内萃取，萃取后 40 d 内分析完毕。
【采样量】1 000 mL 或 2 000 mL。
【容器洗涤】样品必须采集在预先洗净烘干的采样瓶中。
【检出限】荧光检测器：0.004 μg/L；紫外检测器：0.004 μg/L。
【质量保证和质量控制】—

水质　样品的保存和管理技术规定（HJ 493—2009）

【适用范围】天然水、生活污水及工业废水。
【采样容器】硬质玻璃瓶溶剂洗，带聚四氟乙烯瓶盖。
【采样方法】尽可能现场萃取，如果样品加氯，采样前 1 000 mL 样加 80 mg 五水硫代硫酸钠。
【固定剂】—
【保存方法】1～5℃冷藏。
【保存期】7 d。
【采样量】500 mL。
【容器洗涤】—
【检出限】—
【质量保证和质量控制】—

131. 苯酚

水质　酚类化合物的测定　液液萃取/气相色谱法（HJ 676—2013）

【适用范围】地表水、地下水、生活污水和工业废水。

【采样容器】棕色硬质玻璃瓶。

【采样方法】采样时，不要用水样预洗采样瓶，水样应充满样品瓶并加盖密封。

【固定剂】（1+3）盐酸。

【保存方法】采样后，加入适量盐酸溶液将水样调至 pH<2 在 4℃下避光保存。

【保存期】在 7 d 内萃取，萃取液在 4℃下避光保存，20 d 内完成分析。

【采样量】1 000 mL。

【容器洗涤】—

【检出限】0.5 μg/L。

【质量保证和质量控制】空白样品：每 20 个样品或每批样品（少于 20 个样品/批）至少做一个全程序空白样品，空白样品中目标化合物浓度应低于方法检出限。

水质　酚类化合物的测定　气相色谱-质谱法（HJ 744—2015）

【适用范围】地表水、地下水、生活污水和工业废水。

【采样容器】磨口棕色玻璃瓶。

【采样方法】采样时，不要用水样预洗采样瓶，水样应充满样品瓶并加盖密封。

【固定剂】（1+1）硫酸。

【保存方法】采样后，用（1+1）硫酸溶液将水样调至 pH≤2，在 4℃下避光保存。

【保存期】在 7 d 内萃取，萃取液在 4℃下避光保存，20 d 内完成分析。

【采样量】—

【容器洗涤】—

【检出限】液液萃取：0.1 μg/L；固相萃取：0.1 μg/L。

【质量保证和质量控制】每 20 个样品或每批样品（少于 20 个样品/批）至少做一个全程序空白样品。全程序空白中目标物测定浓度均应低于方法检出限。否则应检查所有可能对全程序空白产生影响的环节，仔细查找干扰源。若确实发现采样、运输或保存过程存在影响分析结果的干扰，需对出现问题批次的样品进行重新采样分析。

地表水和污水监测技术规范（HJ/T 91—2002）

【适用范围】对江河、湖泊、水库和渠道的水质监测。

【采样容器】硬质玻璃瓶。

【采样方法】—

【固定剂】磷酸+抗坏血酸。

【保存方法】用磷酸调至 pH=2，用 0.01～0.02 g 抗坏血酸除去残余氯。

【保存期】24 h。

【采样量】1 000 mL。

【容器洗涤】洗涤剂洗 1 次，自来水洗 3 次，蒸馏水洗 1 次。

【检出限】—

【质量保证和质量控制】—

水质　样品的保存和管理技术规定（HJ 493—2009）

【适用范围】天然水、生活污水及工业废水。

【采样容器】硬质玻璃瓶。

【采样方法】—

【固定剂】磷酸+抗坏血酸。

【保存方法】1～5℃避光，用磷酸调至 pH≤2，加入 0.01～0.02 g 抗坏血酸除去残余氯。

【保存期】24 h。

【采样量】1 000 mL。

【容器洗涤】洗涤剂洗 1 次，自来水洗 3 次，蒸馏水洗 1 次。

【检出限】—

【质量保证和质量控制】—

132. 苯乙烯

水质　苯系物的测定　顶空/气相色谱法（HJ 1067—2019）

【适用范围】工业废水及地表水。

【采样容器】玻璃瓶采集样品。

【采样方法】样品应充满瓶子，并加盖瓶子。

【固定剂】—

【保存方法】应尽快分析，如不能及时分析，在 4℃冷藏保存。

【保存期】14 d。

【采样量】—

【容器洗涤】—

【检出限】0.05 mg/L。

【质量保证和质量控制】—

水质　挥发性有机物的测定　吹扫捕集/气相色谱法（HJ 686—2014）

【适用范围】地表水、地下水、生活污水和工业废水中挥发性有机物的测定。

【采样容器】40 mL 棕色玻璃瓶、螺旋盖（带聚四氟乙烯涂层密封垫）。

【采样方法】样品采集时不需用水样荡洗。

【固定剂】（1）无余氯样品：盐酸溶液；（2）有余氯样品：抗坏血酸+盐酸。

【保存方法】无余氯样品：0.5 mL 盐酸溶液，4℃保存；有余氯样品：加入约 25 mg 抗坏血酸，再加 0.5 mL 盐酸溶液，4℃保存。

【保存期】14 d。

【采样量】40 mL。

【容器洗涤】采样瓶应在采样前充分清洗。

【检出限】0.5 μg/L。

【质量保证和质量控制】所有样品均采集平行双样，每批样品带一个全程序空白和一个运输空白。

（1）空白分析。①运输空白。采样前在实验室将一份空白试剂水放入样品瓶中密封，将其带到现场。采样时使其瓶盖一直处于密封状态，随样品运回实验室，按与样品相同的分析步骤进行处理和测定，用于检查样品运输过程中是否受到污染。②全程序空白。采样前在实验室将一份空白试剂水放入样品瓶中密封，将其带到现场。与采样的样品瓶同时开盖和密封，随样品运回实验室，按与样品相同的分析步骤进行处理和测定，用于检查样品采集到分析全过程是否受到污染。如全程序空白中目标化合物高于检出限时，不能从样品结果中扣除空白值。应检查所有可能对全程序空白产生影响的环节，仔细查找干扰源。如果确实发现采样、运输或保存过程存在影响分析结果的干扰，需对出现问题批次的样品进行重新采样分析。（2）平行样品的测定。虽然每个样品均采集平行双样，一般每 10 个样品或每批次（少于 10 个样品/批）分析一个平行样，平行样品测定结果的相对偏差＜20%。

水质　挥发性有机物的测定　吹扫捕集/气相色谱-质谱法（HJ 639—2012）

【适用范围】海水、地下水、地表水、生活污水和工业废水。

【采样容器】40 mL 棕色玻璃瓶，具硅橡胶-聚四氟乙烯衬垫螺旋盖。

【采样方法】采样时不需用样品进行荡洗，水样在样品瓶中溢流而不留空间。取样时应尽量避免或减少样品在空气中暴露。

【固定剂】（1）抗坏血酸+盐酸；（2）—。

【保存方法】（1）每 40 mL 样品需加入 25 mg 的抗坏血酸；若样品中总余氯的量超过 5 mg/L，总余氯每超过 5 mg/L，需要多加 25 mg 的抗坏血酸。采样时，水样呈中性时向每个样品瓶中加入 0.5 mL 盐酸溶液，拧紧瓶盖；水样呈碱性时应加入适量盐酸溶液使样品 pH≤2。4℃保存。（2）当水样加盐酸溶液后产生大量气泡时，应弃去该样品，重新采集样品。重新采集的样品不应加盐酸溶液，样品标签上应注明未酸化。4℃保存。

【保存期】（1）14 d；（2）24 h。

【采样量】40 mL。

【容器洗涤】样品瓶应在采样前用甲醇清洗。

【检出限】全扫描模式：0.6 μg/L；离子选择扫描模式：0.2 μg/L。

【质量保证和质量控制】所有样品均采集平行双样。每批样品至少应采集一个运输空白和全程序空白样品。空白中目标化合物浓度应小于下列条件的最大值：（1）方法检出限；（2）相关环保标准限值的 5%；（3）样品分析结果的 5%。若空白试验未满足以上要求，则应采取措施排除污染并重新分析同批样品。

水质　挥发性有机物的测定　顶空/气相色谱-质谱法（HJ 810—2016）

【适用范围】地表水、地下水、生活污水、工业废水和海水。

【采样容器】40 mL 棕色玻璃瓶，具硅橡胶-聚四氟乙烯衬垫螺旋盖。

【采样方法】采集样品时，不宜用水样进行荡洗，应使水样在样品瓶中溢流且不留空间。

【固定剂】（1）抗坏血酸+盐酸；（2）—。

【保存方法】（1）若水样中含有余氯，采样前，应向 40 mL 棕色采样瓶中加入 25 mg 的抗坏血酸。若水样中余氯含量超过 5 mg/L，应按比例增加抗坏血酸的加入量，余氯含量每增加 5 mg/L，则应多加入 25mg 的抗坏血酸。样品采集后，应立即加入适量盐酸溶液，使样品 pH≤2，拧紧瓶盖，4℃以下冷藏，避光和密封保存。（2）当水样加盐酸溶液后有气泡产生，须重新采样，重新采集的样品不加盐酸溶液保存，样品标签上应注明未酸化。

【保存期】（1）14 d；（2）24 h。

【采样量】40 mL。

【容器洗涤】—

【检出限】全扫描模式：5 μg/L；离子选择扫描模式：0.8 μg/L。

【质量保证和质量控制】所有样品均采集平行双样。每批样品应至少做一个全程序空白：按照分析步骤，在实验室将一份实验用水放入样品瓶中密封，将其带到采样现场，与采样的样品瓶同时开盖和密封，之后随样品运回实验室。

生活饮用水标准检验方法　有机物指标（18.1 溶剂萃取-填充柱气相色谱法）（GB/T 5750.8—2006）

【适用范围】测定生活饮用水及其水源水。

【采样容器】磨口玻璃瓶。

【采样方法】—

【固定剂】—

【保存方法】低温保存。

【保存期】—

【采样量】—

【容器洗涤】—

【检出限】—

【质量保证和质量控制】—

生活饮用水标准检验方法　有机物指标（18.2 溶剂萃取-毛细管柱气相色谱法）（GB/T 5750.8—2006）

【适用范围】测定生活饮用水及其水源水。

【采样容器】磨口玻璃瓶。

【采样方法】—

【固定剂】—

【保存方法】低温保存。

【保存期】—

【采样量】—

【容器洗涤】—

【检出限】0.006 mg/L。

【质量保证和质量控制】—

生活饮用水标准检验方法　有机物指标（18.4 顶空-毛细管柱气相色谱法）（GB/T 5750.8—2006）

【适用范围】生活饮用水及其水源水。

【采样容器】有聚四氟膜的硅橡胶垫和塑料螺旋帽密封，使用前在 120℃烘烤 2 h。

【采样方法】采集水样至充满瓶。

【固定剂】—

【保存方法】密封低温保存。

【保存期】—

【采样量】40 mL。

【容器洗涤】—

【检出限】2 μg/L。

【质量保证和质量控制】—

生活饮用水标准检验方法　有机物指标（附录 A　吹脱捕集/气相色谱-质谱法测定挥发性有机化合物）（GB/T 5750.8—2006）

【适用范围】测定生活饮用水及其水源水。

【采样容器】40 mL 棕色玻璃瓶附螺旋盖及聚四氟乙烯垫片。

【采样方法】采样时，使水样在瓶中溢流出而不留气泡；若从开放的水体中采样，先用 1 L 的广口瓶或烧杯从有代表性的区域中采样，再小心把水样从广口瓶或烧杯中倒入样品瓶中。

【固定剂】（1）无余氯样品：盐酸溶液；（2）有余氯样品：抗坏血酸+盐酸。

【保存方法】（1）不含余氯的样品和现场空白，每 40 mL 水样中加 4 滴 4 mol/L 的盐酸做固定剂。4℃保存。（2）含余氯的样品和现场空白，在样品瓶中先加入抗坏血酸（每 40 mL 水样中加 25 mg），待样品瓶中充满水样并溢流后，每 20 mL 样品中加入 1 滴 4 mol/L 盐酸调节样品 pH＜2。4℃保存。

【保存期】14 d。

【采样量】40 mL。

【容器洗涤】—

【检出限】0.04 μg/L。

【质量保证和质量控制】所有样品均采集平行样，每批样品要带一个现场空白。

地表水和污水监测技术规范（HJ/T 91—2002）

【适用范围】对江河、湖泊、水库和渠道的水质监测，包括控制断面以及污染源排放污水的监测。

【采样容器】硬质玻璃瓶。

【采样方法】—

【固定剂】盐酸+抗坏血酸。

【保存方法】用（1+10）盐酸调至 pH=2，加入 0.01～0.02 g 抗坏血酸除去残余氯，0～4℃冷藏避光保存。

【保存期】12 h。

【采样量】1 000 mL。

【容器洗涤】洗涤剂洗 1 次，自来水洗 3 次，蒸馏水洗 1 次。

【检出限】—

【质量保证和质量控制】—

水质 样品的保存和管理技术规定（HJ 493—2009）

【适用范围】天然水、生活污水及工业废水。

【采样容器】硬质玻璃瓶。

【采样方法】—

【固定剂】盐酸+抗坏血酸。

【保存方法】用（1+10）盐酸调至 pH≤2，加入 0.01～0.02 g 抗坏血酸除去残余氯，1～5℃避光保存。

【保存期】12 h。

【采样量】1 000 mL。

【容器洗涤】—

【检出限】—

【质量保证和质量控制】—

133. 吡啶

生活饮用水标准检验方法 有机物指标（41.1 巴比妥酸分光光度法）（GB/T 5750.8—2006）

【适用范围】生活饮用水及其水源水。

【采样容器】—

【采样方法】—

【固定剂】—

【保存方法】—

【保存期】—

【采样量】—

【容器洗涤】—

【检出限】0.05 mg/L。

【质量保证和质量控制】—

134. 吡嘧磺隆

水质 磺酰脲类农药的测定 高效液相色谱法（HJ 1018—2019）

【适用范围】地表水、地下水、生活污水和工业废水。

【采样容器】具磨口塞的棕色细口玻璃瓶或带聚四氟乙烯衬垫的棕色螺纹口玻璃瓶。

【采样方法】采集样品时，应使样品充满采样瓶，不留液上空间。

【固定剂】磷酸、氢氧化钠；有余氯样品：硫代硫酸钠。

【保存方法】如果样品 pH 值不在 7～9，用磷酸或氢氧化钠溶液调节样品 pH 值至 7～9。对于含有余氯的水样，需向水样中加入硫代硫酸钠，使水样中硫代硫酸钠的浓度为 80 mg/L。采集的样品应在 4℃以下冷藏，避光保存。

【保存期】2 d 萃取完毕，萃取液应 8 d 内分析完毕。

【采样量】1 000 mL。

【容器洗涤】—

【检出限】直接进样：0.006 mg/L；液液萃取：0.06 g/L；固相萃取：0.09 μg/L。

【质量保证和质量控制】—

135. 苄嘧磺隆

水质 磺酰脲类农药的测定 高效液相色谱法（HJ 1018—2019）

【适用范围】地表水、地下水、生活污水和工业废水。

【采样容器】具磨口塞的棕色细口玻璃瓶或带聚四氟乙烯衬垫的棕色螺纹口玻璃瓶。

【采样方法】采集样品时，应使样品充满采样瓶，不留液上空间。

【固定剂】磷酸、氢氧化钠；有余氯样品：硫代硫酸钠。

【保存方法】如果样品 pH 值不在 7～9，用磷酸或氢氧化钠溶液调节样品 pH 值至 7～9。对于含有余氯的水样，需向水样中加入硫代硫酸钠，使水样中硫代硫酸钠的浓度为 80 mg/L。采集的样品应在 4℃以下冷藏，避光保存。

【保存期】2 d 萃取完毕，萃取液应 8 d 内分析完毕。

【采样量】1 000 mL。

【容器洗涤】—

【检出限】直接进样：0.009 mg/L；液液萃取：0.09 μg/L；固相萃取：0.06 μg/L。

【质量保证和质量控制】—

136. 丙酮

水质 甲醇和丙酮的测定 顶空/气相色谱法（HJ 895—2017）

【适用范围】地表水、地下水、工业废水、生活污水和海水。

【采样容器】40 mL 棕色玻璃瓶，具硅橡胶-聚四氟乙烯衬垫螺旋盖。

【采样方法】采集样品时，不得用样品进行荡洗，应使样品在采样瓶中溢流且不留空间，取样时应尽量避免或减少样品在空气中暴露。

【固定剂】样品中含有余氯：抗坏血酸。

【保存方法】样品中含有余氯，采样前，应向采样瓶中加 25 mg 抗坏血酸，若余氯含量超过 5 mg/L，余氯含量每增加 5 mg/L，应多加入 25 mg 抗坏血酸，样品采集后立即加入适量（1+1）盐酸，使样品 pH≤2，4℃以下冷藏，避光和密封保存。

【保存期】14 d。

【采样量】40 mL。

【容器洗涤】—

【检出限】0.02 mg/L。

【质量保证和质量控制】（1）空白分析：每批样品至少做一个全程序空白，其测定结果不得超过方法检出限。（2）平行样品的测定：每个样品均应采集平行双样。平行样品相对偏差≤20%。

137. 丙烯腈

水质　丙烯腈和丙烯醛的测定　吹扫捕集/气相色谱法（HJ 806—2016）

【适用范围】地表水、地下水、海水、工业废水和生活污水。

【采样容器】棕色玻璃样品瓶，具硅橡胶-聚四氟乙烯衬垫螺旋盖。

【采样方法】采集样品时，应使水样在样品瓶中溢流而不留气泡。

【固定剂】抗坏血酸和（1+9）磷酸。

【保存方法】加入数滴（1+9）磷酸溶液固定，使样品的 pH 值为 4～5，拧紧瓶盖。每份样品应采集平行双样，每批样品至少带一个全程序空白。4℃以下冷藏，避光和密封保存。

【保存期】5 d。

【采样量】40 mL。

【容器洗涤】—

【检出限】0.003 mg/L。

【质量保证和质量控制】每 20 个样品或每批次（少于 20 个样品）应做一个全程空白，空白中丙烯腈的测定结果应低于方法检出限。

生活饮用水标准检验方法　有机物指标（15.1 气相色谱法）（GB/T 5750.8—2006）

【适用范围】测定生活饮用水及其水源水。

【采样容器】磨口塞玻璃瓶。

【采样方法】—

【固定剂】—

【保存方法】4℃冷藏保存。

【保存期】—

【采样量】—

【容器洗涤】—

【检出限】0.025 mg/L。

【质量保证和质量控制】—

138. 丙烯菊酯

水质　百菌清及拟除虫菊酯类农药的测定　气相色谱-质谱法（HJ 753—2015）

【适用范围】地表水、地下水、工业废水和生活污水。

【采样容器】具磨口塞的棕色玻璃细口瓶。

【采样方法】—

【固定剂】—

【保存方法】4℃保存。

【保存期】7 d 内完成萃取。

【采样量】1 000 mL 或 2 000 mL。

【容器洗涤】—

【检出限】液液萃取：0.006 μg/L；固相萃取：0.007 μg/L。

【质量保证和质量控制】—

地表水和污水监测技术规范（HJ/T 91—2002）

【适用范围】对江河、湖泊、水库和渠道的水质监测。

【采样容器】硬质玻璃瓶。

【采样方法】—

【固定剂】抗坏血酸。

【保存方法】加入 0.01～0.02 g 抗坏血酸除去残余氯，0～4℃冷藏避光保存。

【保存期】24 h。

【采样量】1 000 mL。

【容器洗涤】洗涤剂洗 1 次，自来水洗 3 次，蒸馏水洗 1 次。

【检出限】—

【质量保证和质量控制】—

水质　样品的保存和管理技术规定（HJ 493—2009）

【适用范围】天然水、生活污水及工业废水。

【采样容器】硬质玻璃瓶（带聚四氟乙烯瓶盖）。

【采样方法】不能用水样冲洗采样容器，不能使水样充满容器。

【固定剂】—

【保存方法】1～5℃冷藏。

【保存期】萃取应在采样后 24 h 内完成，萃取液 5 d。

【采样量】1 000～3 000 mL。

【容器洗涤】—

【检出限】—

【质量保证和质量控制】—

139. 丙烯醛

水质　丙烯腈和丙烯醛的测定　吹扫捕集/气相色谱法（HJ 806—2016）

【适用范围】地表水、地下水、海水、工业废水和生活污水。

【采样容器】棕色玻璃样品瓶，具硅橡胶-聚四氟乙烯衬垫螺旋盖。

【采样方法】采集样品时，应使水样在样品瓶中溢流而不留气泡。

【固定剂】抗坏血酸和（1+9）磷酸。

【保存方法】加入数滴（1+9）磷酸溶液固定，使样品的 pH 值为 4～5，拧紧瓶盖。每份样品应采集平行双样，每批样品至少带一个全程序空白。4℃以下冷藏，避光和密封保存。

【保存期】5 d。

【采样量】40 mL。

【容器洗涤】—

【检出限】0.003 mg/L。

【质量保证和质量控制】每 20 个样品或每批次（少于 20 个样品）应做一个全程序空白，空白中丙烯醛的测定结果应低于方法检出限。

生活饮用水标准检验方法　有机物指标（7.1 气相色谱法）（GB/T 5750.8—2006）

【适用范围】测定生活饮用水及其水源水。

【采样容器】磨口塞玻璃瓶。

【采样方法】—

【固定剂】—

【保存方法】—

【保存期】—

【采样量】—

【容器洗涤】—

【检出限】0.02 mg/L。

【质量保证和质量控制】—

140. 丙烯酰胺

水质　丙烯酰胺的测定　气相色谱法（HJ 697—2014）

【适用范围】地表水、地下水、工业废水和生活污水。

【采样容器】硬质磨口玻璃瓶或具有特氟龙材质隔垫的棕色螺纹口玻璃瓶。

【采样方法】—

【固定剂】—

【保存方法】2～5℃保存。

【保存期】7 d 内完成萃取，萃取液可保存 30 d。

【采样量】250 mL。

【容器洗涤】—

【检出限】0.07 μg/L。

【质量保证和质量控制】—

生活饮用水标准检验方法　有机物指标（10.1 气相色谱法）（GB/T 5750.8—2006）

【适用范围】生活饮用水及其水源水。

【采样容器】磨口玻璃瓶。

【采样方法】样品应充满瓶子，并加盖瓶子。

【固定剂】—

【保存方法】—

【保存期】采集后进行溴化，萃取液冷藏可保存 7 d。

【采样量】—

【容器洗涤】—

【检出限】0.05 μg/L。

【质量保证和质量控制】—

141. 残杀威

水质 氨基甲酸酯类农药的测定 超高效液相色谱-三重四极杆质谱法（HJ 827—2017）

【适用范围】地表水、地下水、生活污水和工业废水。

【采样容器】磨口棕色玻璃瓶。

【采样方法】采样瓶要完全注满不留气泡。

【固定剂】（1+1）硫酸或 0.4 g/mL 氢氧化钠。

【保存方法】用（1+1）硫酸或 0.4 g/mL 氢氧化钠调节水样为中性，水样 4℃以下冷藏避光保存。

【保存期】3 d。

【采样量】250 mL。

【容器洗涤】—

【检出限】直接进样：0.4 μg/L；固相萃取：0.008 μg/L。

【质量保证和质量控制】—

水质 样品的保存和管理技术规定（HJ 493—2009）

【适用范围】天然水、生活污水及工业废水。

【采样容器】（1）硬质玻璃瓶，溶剂洗；（2）聚乙烯瓶（桶）。

【采样方法】—

【固定剂】如果样品被加氯，每 1 000 mL 水加 80 mg 五水硫代硫酸钠。

【保存方法】（1）1～5℃；（2）−20℃冷冻。

【保存期】（1）14 d；（2）1 个月。

【采样量】1 000 mL。

【容器洗涤】—

【检出限】—

【质量保证和质量控制】—

142. 稻丰散

水、土中有机磷农药测定的气相色谱法（GB/T 14552—2003）

【适用范围】地面水、地下水及土壤中有机磷农药。

【采样容器】磨口玻璃瓶。

【采样方法】先用水样冲洗样品 2～3 次。

【固定剂】—

【保存方法】4℃冷藏保存。

【保存期】—

【采样量】1 000 mL。

【容器洗涤】—

【检出限】$0.440\,0\times10^{-3}$ mg/L。

【质量保证和质量控制】—

地表水和污水监测技术规范（HJ/T 91—2002）

【适用范围】对江河、湖泊、水库和渠道的水质监测。

【采样容器】硬质玻璃瓶。

【采样方法】—

【固定剂】抗坏血酸。

【保存方法】加入 0.01～0.02 g 抗坏血酸除去残余氯，0～4℃冷藏避光保存。

【保存期】24 h。

【采样量】1 000 mL。

【容器洗涤】洗涤剂洗 1 次，自来水洗 3 次，蒸馏水洗 1 次。

【检出限】—

【质量保证和质量控制】—

水质　样品的保存和管理技术规定（HJ 493—2009）

【适用范围】天然水、生活污水及工业废水。

【采样容器】硬质玻璃瓶（带聚四氟乙烯瓶盖）。

【采样方法】不能用水样冲洗采样容器，不能使水样充满容器。

【固定剂】—

【保存方法】1～5℃冷藏。

【保存期】萃取应在采样后 24 h 内完成，萃取液 5 d。

【采样量】1 000～3 000 mL。

【容器洗涤】—

【检出限】—

【质量保证和质量控制】—

143. 狄氏剂

水质　有机氯农药和氯苯类化合物的测定　气相色谱-质谱法（HJ 699—2014）

【适用范围】地表水、地下水、生活污水、工业废水和海水。

【采样容器】玻璃塞的棕色磨口瓶或具有聚四氟乙烯衬垫的棕色螺口玻璃瓶。

【采样方法】—

【固定剂】（1+1）盐酸。

【保存方法】样品采集后立即用（1+1）盐酸溶液调至 pH＜2，4℃下保存。

【保存期】7 d 内完成萃取，萃取液在 40 d 内完成分析。

【采样量】—

【容器洗涤】—

【检出限】液液萃取：0.043 μg/L；固相萃取：0.027 μg/L。

【质量保证和质量控制】空白试验：每批样品至少做一个空白试验，即全程序空白试验。如果目标化合物有检出，应查明原因。

地表水和污水监测技术规范（HJ/T 91—2002）

【适用范围】对江河、湖泊、水库和渠道的水质监测。

【采样容器】硬质玻璃瓶。

【采样方法】—

【固定剂】抗坏血酸。

【保存方法】加入 0.01～0.02 g 抗坏血酸除去残余氯，0～4℃冷藏避光保存。

【保存期】24 h。

【采样量】1 000 mL。

【容器洗涤】洗涤剂洗 1 次，自来水洗 3 次，蒸馏水洗 1 次。

【检出限】—

【质量保证和质量控制】—

水质　样品的保存和管理技术规定（HJ 493—2009）

【适用范围】天然水、生活污水及工业废水。

【采样容器】硬质玻璃瓶（带聚四氟乙烯瓶盖）。

【采样方法】不能用水样冲洗采样容器，不能使水样充满容器。

【固定剂】—

【保存方法】1～5℃冷藏。

【保存期】萃取应在采样后 24 h 内完成，萃取液 5 d。

【采样量】1 000～3 000 mL。

【容器洗涤】—

【检出限】—

【质量保证和质量控制】—

144. 敌百虫

水质　有机磷农药的测定　气相色谱法（GB 13192—1991）

【适用范围】地面水、地下水及工业废水。

【采样容器】玻璃磨口瓶。

【采样方法】在采样前用水样将取样瓶冲洗 2～3 次。

【固定剂】—

【保存方法】弱酸性状态下保存。

【保存期】—

【采样量】1 000 mL。

【容器洗涤】—

【检出限】3.4×10^{-10} g。

【质量保证和质量控制】—

地表水和污水监测技术规范（HJ/T 91—2002）

【适用范围】对江河、湖泊、水库和渠道的水质监测。

【采样容器】硬质玻璃瓶。

【采样方法】—

【固定剂】抗坏血酸。

【保存方法】加入 0.01～0.02 g 抗坏血酸除去残余氯，0～4℃冷藏避光保存。

【保存期】24 h。

【采样量】1 000 mL。

【容器洗涤】洗涤剂洗 1 次，自来水洗 3 次，蒸馏水洗 1 次。

【检出限】—

【质量保证和质量控制】—

水质　样品的保存和管理技术规定（HJ 493—2009）

【适用范围】天然水、生活污水及工业废水。

【采样容器】硬质玻璃瓶（带聚四氟乙烯瓶盖）。

【采样方法】不能用水样冲洗采样容器，不能使水样充满容器。

【固定剂】—

【保存方法】1～5℃冷藏。

【保存期】萃取应在采样后 24 h 内完成，萃取液 5 d。

【采样量】1 000～3 000 mL。

【容器洗涤】—

【检出限】—

【质量保证和质量控制】—

145. 敌敌畏

水质　有机磷农药的测定　气相色谱法（GB 13192—1991）

【适用范围】地面水、地下水及工业废水。

【采样容器】玻璃磨口瓶。

【采样方法】在采样前用水样将取样瓶冲洗 2～3 次。

【固定剂】—

【保存方法】弱酸性状态下保存。

【保存期】—

【采样量】1 000 mL。

【容器洗涤】—

【检出限】4.0×10^{-10} g。

【质量保证和质量控制】—

生活饮用水标准检验方法　农药指标（4.1 填充柱气相色谱法）（GB/T 5750.9—2006）

【适用范围】生活饮用水及其水源水。

【采样容器】硬质磨口玻璃瓶。

【采样方法】—

【固定剂】—

【保存方法】冷藏保存。

【保存期】24 h。

【采样量】—

【容器洗涤】—

【检出限】2.5 μg/L。

【质量保证和质量控制】—

生活饮用水标准检验方法　农药指标（4.2 毛细管柱气相色谱法）（GB/T 5750.9—2006）

【适用范围】生活饮用水、水源水。

【采样容器】硬质磨口玻璃瓶。

【采样方法】—

【固定剂】—

【保存方法】冷藏保存。

【保存期】24 h。

【采样量】—

【容器洗涤】—

【检出限】0.005 μg/L。

【质量保证和质量控制】—

地表水和污水监测技术规范（HJ/T 91—2002）

【适用范围】对江河、湖泊、水库和渠道的水质监测。

【采样容器】硬质玻璃瓶。

【采样方法】—

【固定剂】抗坏血酸。

【保存方法】加入 0.01～0.02 g 抗坏血酸除去残余氯，0～4℃冷藏避光保存。

【保存期】24 h。

【采样量】1 000 mL。

【容器洗涤】洗涤剂洗 1 次，自来水洗 3 次，蒸馏水洗 1 次。

【检出限】—

【质量保证和质量控制】—

水质　样品的保存和管理技术规定（HJ 493—2009）

【适用范围】天然水、生活污水及工业废水。

【采样容器】硬质玻璃瓶（带聚四氟乙烯瓶盖）。

【采样方法】不能用水样冲洗采样容器，不能使水样充满容器。

【固定剂】—

【保存方法】1～5℃冷藏。

【保存期】萃取应在采样后 24 h 内完成，萃取液 5 d。

【采样量】1 000～3 000 mL。

【容器洗涤】—

【检出限】—

【质量保证和质量控制】—

146. 丁基黄原酸

水质　丁基黄原酸的测定　吹扫捕集/气相色谱-质谱法（HJ 896—2017）

【适用范围】地表水、地下水、生活污水和工业废水。

【采样容器】40 mL 棕色玻璃瓶，螺旋盖具聚四氟乙烯涂层的密封垫。

【采样方法】采集样品时，将样品缓慢倒入样品瓶。

【固定剂】氢氧化钠；硫代硫酸钠（若不能及时分析时）。

【保存方法】接近满瓶时，加入氢氧化钠溶液（40 g/L），使样品 pH 在 10 左右，最后加满密封，4℃冷藏，避光保存；若不能及时分析，应加 5～20 mg 硫代硫酸钠，4℃冷藏，避光保存。

【保存期】2 周。

【采样量】40 mL。

【容器洗涤】—

【检出限】0.04 μg/L。

【质量保证和质量控制】—

水质　丁基黄原酸的测定　紫外分光光度法（HJ 756—2015）

【适用范围】地表水、地下水、生活污水和工业废水。

【采样容器】棕色玻璃瓶。

【采样方法】—

【固定剂】0.01 mol/L 盐酸或 0.01 mol/L 氢氧化钠。

【保存方法】将水样 pH 调制中性，4℃左右冷藏保存。

【保存期】3 d。

【采样量】—

【容器洗涤】使用的所有玻璃器皿应使用清洗溶液和实验用水清洗。

【检出限】0.004 mg/L。

【质量保证和质量控制】—

水质　丁基黄原酸的测定　液相色谱-三重四极杆串联质谱法（HJ 1002—2018）

【适用范围】地表水、地下水、生活污水和工业废水。

【采样容器】棕色玻璃瓶、螺旋盖（具聚四氟乙烯涂层的密封垫）。

【采样方法】将样品缓慢倒入采样瓶至满瓶，混匀。

【固定剂】（1+1）氨水或（1+1）甲酸。

【保存方法】用（1+1）氨水溶液或（1+1）甲酸溶液调节样品 pH 值为 9～10，于 4℃以下冷藏避光保存。

【保存期】48 h。

【采样量】40 mL。

【容器洗涤】—

【检出限】0.2 μg/L。

【质量保证和质量控制】—

生活饮用水标准检验方法　有机物指标（43.1 铜试剂亚铜分光光度法）（GB/T 5750.8—2006）

【适用范围】生活饮用水及其水源水。

【采样容器】—

【采样方法】—

【固定剂】4 g/L 氢氧化钠或盐酸。

【保存方法】用 4 g/L 氢氧化钠或盐酸调 pH 至 5～6。

【保存期】—

【采样量】—

【容器洗涤】—

【检出限】2 g/L。

【质量保证和质量控制】—

147. 对二甲苯

水质　苯系物的测定　顶空/气相色谱法（HJ 1067—2019）

【适用范围】工业废水及地表水。

【采样容器】玻璃瓶采集样品。

【采样方法】样品应充满瓶子，并加盖瓶子。

【固定剂】—

【保存方法】应尽快分析，如不能及时分析，在 4℃冷藏保存。

【保存期】14 d。

【采样量】—

【容器洗涤】—

【检出限】0.05 mg/L。

【质量保证和质量控制】—

水质　挥发性有机物的测定　吹扫捕集/气相色谱法（HJ 686—2014）

【适用范围】地表水、地下水、生活污水和工业废水中挥发性有机物的测定。

【采样容器】40 mL 棕色玻璃瓶，螺旋盖（带聚四氟乙烯涂层密封垫）。

【采样方法】样品采集时不需用水样荡洗。

【固定剂】（1）无余氯样品：盐酸溶液；（2）有余氯样品：抗坏血酸+盐酸。

【保存方法】无余氯样品：0.5 mL 盐酸溶液，4℃保存；有余氯样品：加入约 25 mg 抗坏血酸，再加 0.5 mL 盐酸溶液，4℃保存。

【保存期】14 d。

【采样量】40 mL。

【容器洗涤】采样瓶应在采样前充分清洗。

【检出限】0.5 μg/L。

【质量保证和质量控制】所有样品均采集平行双样，每批样品带一个全程序空白和一个运输空白；（1）空白分析。①运输空白。采样前在实验室将一份空白试剂水放入样品瓶中密封，将其带到现场。采样时使其瓶盖一直处于密封状态，随样品运回实验室，按与样品相同的分析步骤进行处理和测定，用于检查样品运输过程中是否受到污染。②全程序空白。采样前在实验室将一份空白试剂水放入样品瓶中密封，将其带到现场。与采样的样品瓶同时开盖和密封，随样品运回实验室，按与样品相同的分析步骤进行处理和测定，用于检查样品采集到分析全过程是否受到污染。如全程序空白中目标化合物高于检出限时，不能从样品结果中扣除空白值。应检查所有可能对全程序空白产生影响的环节，仔细查找干扰源。如果确实发现采样、运输或保存过程存在影响分析结果的干扰，需对出现问题批次的样品进行重新采样分析。（2）平行样品的测定。虽然每个样品均采集平行双样，一般每 10 个样品或每批次（少于 10 个样品/批）分析一个平行样，平行样品测定结果的相对偏差＜20%。

生活饮用水标准检验方法　有机物指标（18.2 溶剂萃取-毛细管柱气相色谱法）（GB/T 5750.8—2006）

【适用范围】测定生活饮用水及其水源水。

【采样容器】磨口玻璃瓶。

【采样方法】—

【固定剂】—

【保存方法】低温保存。

【保存期】—

【采样量】—

【容器洗涤】—

【检出限】0.006 mg/L。

【质量保证和质量控制】—

生活饮用水标准检验方法　有机物指标（18.3 顶空-填充柱气相色谱法）（GB/T 5750.8—2006）

【适用范围】测定生活饮用水及其水源水。

【采样容器】顶空瓶。

【采样方法】采集水样至充满瓶，用包有铝箔（或聚四氟乙烯膜）的翻口胶塞封好。

【固定剂】—

【保存方法】冷藏保存。

【保存期】—

【采样量】100 mL。

【容器洗涤】—

【检出限】2.2 μg/L。

【质量保证和质量控制】—

生活饮用水标准检验方法　有机物指标（附录 A　吹脱捕集/气相色谱-质谱法测定挥发性有机化合物）（GB/T 5750.8—2006）

【适用范围】测定生活饮用水及其水源水。

【采样容器】40mL 棕色玻璃瓶附螺旋盖及聚四氟乙烯垫片。

【采样方法】采样时，使水样在瓶中溢流出而不留气泡；若从开放的水体中采样，先用 1 L 的广口瓶或烧杯从有代表性的区域中采样，再小心把水样从广口瓶或烧杯中倒入样品瓶中。

【固定剂】（1）无余氯样品：盐酸溶液；（2）有余氯样品：抗坏血酸+盐酸。

【保存方法】（1）不含余氯的样品和现场空白，每 40 mL 水样中加 4 滴 4 mol/L 的盐酸做固定剂。4℃保存。（2）含余氯的样品和现场空白，在样品瓶中先加入抗坏血酸（每 40 mL 水样中加 25 mg），待样品瓶中充满水样并溢流后，每 20 mL 样品中加入 1 滴 4 mol/L 盐酸调节样品 pH＜2。4℃保存。

【保存期】14 d。

【采样量】40 mL。

【容器洗涤】—

【检出限】0.13 μg/L。

【质量保证和质量控制】所有样品均采集平行样，每批样品要带一个现场空白。

水质　挥发性有机物的测定　吹扫捕集/气相色谱-质谱法（HJ 639—2012）

【适用范围】海水、地下水、地表水、生活污水和工业废水。

【采样容器】40 mL 棕色玻璃瓶，具硅橡胶-聚四氟乙烯衬垫螺旋盖。

【采样方法】采样时不需用样品进行荡洗，水样在样品瓶中溢流而不留空间。取样时应尽量避免或减少样品在空气中暴露。

【固定剂】（1）抗坏血酸+盐酸；（2）—。

【保存方法】（1）每 40 mL 样品需加入 25 mg 的抗坏血酸；若样品中总余氯的量超过 5 mg/L，总余氯每超过 5 mg/L，需要多加 25 mg 的抗坏血酸。采样时，水样呈中性时向每个样品瓶中加入 0.5 mL 盐酸溶液，拧紧瓶盖；水样呈碱性时应加入适量盐酸溶液使样品 pH≤2。4℃保存。（2）当水样加盐酸溶液后产生大量气泡时，应弃去该样品，重新采集样品。重新采集的样品不应加盐酸溶液，样品标签上应注明未酸化。4℃保存。

【保存期】（1）14 d；（2）24 h。

【采样量】40 mL。

【容器洗涤】样品瓶应在采样前用甲醇清洗。

【检出限】全扫描模式：2.2 μg/L；离子选择扫描模式：0.5 μg/L。

【质量保证和质量控制】所有样品均采集平行双样。每批样品至少应采集一个运输空白和全程序空白样品。空白中目标化合物浓度应小于下列条件的最大值：（1）方法检出限；（2）相关环保标准限值的 5%；（3）样品分析结果的 5%。若空白试验未满足以上要求，则应采取措施排除污染并重新分析同批样品。

水质　挥发性有机物的测定　顶空/气相色谱-质谱法（HJ 810—2016）

【适用范围】地表水、地下水、生活污水、工业废水和海水。

【采样容器】40mL 棕色玻璃瓶，具硅橡胶-聚四氟乙烯衬垫螺旋盖。

【采样方法】采集样品时，不宜用水样进行荡洗，应使水样在样品瓶中溢流且不留空间。

【固定剂】（1）抗坏血酸+盐酸；（2）—。

【保存方法】（1）若水样中含有余氯，采样前，应向 40 mL 棕色采样瓶中加入 25 mg 的抗坏血酸。若水样中余氯含量超过 5 mg/L，应按比例增加抗坏血酸的加入量，余氯含量每增加 5 mg/L，则应多加入 25 mg 的抗坏血酸。样品采集后，应立即加入适量盐酸溶液，使样品 pH≤2，拧紧瓶盖，4℃以下冷藏，避光和密封保存。（2）当水样加盐酸溶液后有气泡产生，须重新采样，重新采集的样品不加盐酸溶液保存，样品标签上应注明未酸化。

【保存期】（1）14 d；（2）24 h。

【采样量】40 mL。

【容器洗涤】—

【检出限】全扫描模式：8 μg/L；离子选择扫描模式：0.7 μg/L。

【质量保证和质量控制】样品采集。所有样品均采集平行双样。每批样品应至少做一个全程序空白：按照分析步骤，在实验室将一份实验用水放入样品瓶中密封，将其带到采样现场，与采样的样品瓶同时开盖和密封，之后随样品运回实验室。

生活饮用水标准检验方法　有机物指标（18.4 顶空-毛细管柱气相色谱法）（GB/T 5750.8—2006）

【适用范围】测定生活饮用水及其水源水。

【采样容器】有聚四氟膜的硅橡胶垫和塑料螺旋帽密封，使用前在 120℃烘烤 2 h。

【采样方法】采集水样至充满瓶。

【固定剂】—

【保存方法】密封低温保存。

【保存期】—

【采样量】40 mL。

【容器洗涤】—

【检出限】1 μg/L。

【质量保证和质量控制】—

地表水和污水监测技术规范（HJ/T 91—2002）

【适用范围】对江河、湖泊、水库和渠道的水质监测，包括控制断面以及污染源排放污水的监测。

【采样容器】硬质玻璃瓶。

【采样方法】—

【固定剂】盐酸+抗坏血酸。

【保存方法】用（1+10）盐酸调至 pH=2，加入 0.01～0.02 g 抗坏血酸除去残余氯，0～4℃冷藏避光保存。

【保存期】12 h。

【采样量】1 000 mL。

【容器洗涤】洗涤剂洗 1 次，自来水洗 3 次，蒸馏水洗 1 次。

【检出限】—

【质量保证和质量控制】—

水质　样品的保存和管理技术规定（HJ 493—2009）

【适用范围】天然水、生活污水及工业废水。

【采样容器】硬质玻璃瓶。

【采样方法】—

【固定剂】盐酸+抗坏血酸。

【保存方法】用（1+10）盐酸调至 pH≤2，加入 0.01～0.02 g 抗坏血酸除去残余氯，1～5℃避光保存。

【保存期】12 h。

【采样量】1 000 mL。

【容器洗涤】—

【检出限】—

【质量保证和质量控制】—

148. 对−二硝基苯

水质　硝基苯类化合物的测定　气相色谱-质谱法（HJ 716—2014）

【适用范围】地表水、地下水、工业废水、生活污水和海水。

【采样容器】棕色具聚四氟乙烯衬垫的螺口玻璃瓶。

【采样方法】采集样品时，不要用水样预洗采样瓶，水样应充满采样瓶并加盖密封。

【固定剂】硫代硫酸钠。

【保存方法】若水中有残余氯存在，要在每升水中加入 80 g 硫代硫酸钠除氯，样品采集后应避光于 4℃冷藏。

【保存期】在 7 d 内完成萃取，40 d 内完成分析。

【采样量】1 000～4 000 mL。

【容器洗涤】—

【检出限】液液萃取：0.05 μg/L；固相萃取：0.05 μg/L。

【质量保证和质量控制】—

水质　硝基苯类化合物的测定　液液萃取/固相萃取-气相色谱法（HJ 648—2013）

【适用范围】地表水、地下水、工业废水、生活污水和海水。

【采样容器】—

【采样方法】—

【固定剂】—

【保存方法】—

【保存期】—

【采样量】—

【容器洗涤】—

【检出限】液液萃取：0.024 μg/L；固相萃取：0.0053 μg/L。

【质量保证和质量控制】空白试验：每批样品（以 10～20 个样品为一批次）应至少做一个全程序空白，目标化合物的浓度应低于检出限。

生活饮用水标准检验方法　有机物指标（31.1 气相色谱法）（GB/T 5750.8—2006）

【适用范围】生活饮用水及其水源水。

【采样容器】磨口玻璃瓶。

【采样方法】用玻璃瓶采集水样，盖紧瓶塞。

【固定剂】—

【保存方法】4℃冷藏保存。

【保存期】—

【采样量】—

【容器洗涤】—

【检出限】取 250 mL 水样时：0.08 mg/L；取 500 mL 水样时：0.04 mg/L。

【质量保证和质量控制】—

149. 对硫磷

水质　有机磷农药的测定　气相色谱法（GB 13192—1991）

【适用范围】地面水、地下水及工业废水。

【采样容器】玻璃磨口瓶。

【采样方法】在采样前用水样将取样瓶冲洗 2～3 次。

【固定剂】—

【保存方法】弱酸性状态下保存，在 4℃冷藏保存。

【保存期】3 d。

【采样量】1 000 mL。

【容器洗涤】—

【检出限】3.6×10^{-9} g。

【质量保证和质量控制】—

生活饮用水标准检验方法　农药指标（4.1 填充柱气相色谱法）（GB/T 5750.9—2006）

【适用范围】生活饮用水及其水源水。

【采样容器】硬质磨口玻璃瓶。

【采样方法】—

【固定剂】—

【保存方法】冷藏保存。

【保存期】24 h。

【采样量】—

【容器洗涤】—

【检出限】2.5 μg/L。

【质量保证和质量控制】—

生活饮用水标准检验方法　农药指标（4.2 毛细管柱气相色谱法）（GB/T 5750.9—2006）

【适用范围】生活饮用水、水源水。

【采样容器】硬质磨口玻璃瓶。

【采样方法】—

【固定剂】—

【保存方法】冷藏保存。

【保存期】24 h。

【采样量】—

【容器洗涤】—

【检出限】0.1 μg/L。

【质量保证和质量控制】—

地表水和污水监测技术规范（HJ/T 91—2002）

【适用范围】对江河、湖泊、水库和渠道的水质监测。

【采样容器】硬质玻璃瓶。

【采样方法】—

【固定剂】抗坏血酸。

【保存方法】加入 0.01～0.02 g 抗坏血酸除去残余氯，0～4℃冷藏避光保存。

【保存期】24 h。

【采样量】1 000 mL。

【容器洗涤】洗涤剂洗 1 次，自来水洗 3 次，蒸馏水洗 1 次。

【检出限】—

【质量保证和质量控制】—

水质　样品的保存和管理技术规定（HJ 493—2009）

【适用范围】天然水、生活污水及工业废水。

【采样容器】硬质玻璃瓶（带聚四氟乙烯瓶盖）或塑料容器（适用于草甘膦）。

【采样方法】不能用水样冲洗采样容器，不能使水样充满容器。

【固定剂】—

【保存方法】1～5℃冷藏。

【保存期】萃取应在采样后 24 h 内完成，萃取液 5 d。

【采样量】1 000～3 000 mL。

【容器洗涤】—

【检出限】—

【质量保证和质量控制】—

150. 对-硝基甲苯

水质　硝基苯类化合物的测定　气相色谱-质谱法（HJ 716—2014）

【适用范围】地表水、地下水、工业废水、生活污水和海水。

【采样容器】棕色具聚四氟乙烯衬垫的螺口玻璃瓶。

【采样方法】采集样品时，不要用水样预洗采样瓶，水样应充满采样瓶并加盖密封。

【固定剂】硫代硫酸钠。

【保存方法】若水中有残余氯存在，要在每升水中加入 80 g 硫代硫酸钠除氯，样品采集后应避光于 4℃冷藏。

【保存期】在 7 d 内完成萃取，40 d 内完成分析。

【采样量】1 000～4 000 mL。

【容器洗涤】—

【检出限】液液萃取：0.04 μg/L；固相萃取：0.04 μg/L。

【质量保证和质量控制】—

水质　硝基苯类化合物的测定　液液萃取/固相萃取-气相色谱法（HJ 648—2013）

【适用范围】地表水、地下水、工业废水、生活污水和海水。

【采样容器】—

【采样方法】—

【固定剂】—

【保存方法】—

【保存期】—

【采样量】—

【容器洗涤】—

【检出限】液液萃取：0.22 μg/L；固相萃取：0.048 μg/L。

【质量保证和质量控制】空白试验：每批样品（以 10～20 个样品为一批次）应至少做一个全程序空白，目标化合物的浓度应低于检出限。

151. 对-硝基氯苯

水质　硝基苯类化合物的测定　气相色谱-质谱法（HJ 716—2014）

【适用范围】地表水、地下水、工业废水、生活污水和海水。

【采样容器】棕色具聚四氟乙烯衬垫的螺口玻璃瓶。

【采样方法】采集样品时，不要用水样预洗采样瓶，水样应充满采样瓶并加盖密封。

【固定剂】硫代硫酸钠。

【保存方法】若水中有残余氯存在，要在每升水中加入 80 g 硫代硫酸钠除氯，样品采集后应避光于 4℃冷藏。

【保存期】在 7 d 内完成萃取，40 d 内完成分析。

【采样量】1 000～4 000 mL。

【容器洗涤】—

【检出限】液液萃取：0.05 μg/L；固相萃取：0.04 μg/L。

【质量保证和质量控制】—

水质　硝基苯类化合物的测定　液液萃取/固相萃取-气相色谱法（HJ 648—2013）

【适用范围】地表水、地下水、工业废水、生活污水和海水。

【采样容器】—

【采样方法】—

【固定剂】—

【保存方法】—

【保存期】—

【采样量】—

【容器洗涤】—

【检出限】液液萃取：0.019 μg/L；固相萃取：0.003 2 μg/L。

【质量保证和质量控制】空白试验：每批样品（以 10～20 个样品为一批次）应至少做一个全程序空白，目标化合物的浓度应低于检出限。

生活饮用水标准检验方法　有机物指标（31.1 气相色谱法）（GB/T 5750.8—2006）

【适用范围】生活饮用水及其水源水。

【采样容器】磨口玻璃瓶。

【采样方法】用玻璃瓶采集水样，盖紧瓶塞。

【固定剂】—

【保存方法】4℃冷藏保存。

【保存期】—

【采样量】—

【容器洗涤】—

【检出限】取 250 mL 水样时：0.04 mg/L；取 500 mL 水样时：0.02 mg/L。

【质量保证和质量控制】—

152. 苊

水质　多环芳烃的测定　液液萃取和固相萃取高效液相色谱法（HJ 478—2009）

【适用范围】饮用水、地下水、地表水、海水、工业废水及生活污水。

【采样容器】具磨口塞的棕色玻璃细口瓶。

【采样方法】采样前不能用水样预洗采样瓶，以防止样品的沾染或吸附，采样瓶要完全注满，不留气泡。

【固定剂】有余氯水样：硫代硫酸钠。

【保存方法】若水中有残余氯存在，要在每升水中加入 80 g 硫代硫酸钠除氯，样品采集后应避光于 4℃冷藏。

【保存期】在 7 d 内萃取，萃取后 40 d 内分析完毕。

【采样量】1 000 mL 或 2 000 mL。

【容器洗涤】样品必须采集在预先洗净烘干的采样瓶中。

【检出限】荧光检测器：—；紫外检测器：0.005 μg/L。

【质量保证和质量控制】—

水质　样品的保存和管理技术规定（HJ 493—2009）

【适用范围】天然水、生活污水及工业废水。

【采样容器】硬质玻璃瓶溶剂洗，带聚四氟乙烯瓶盖。

【采样方法】尽可能现场萃取，如果样品加氯，采样前 1 000 mL 样加 80 mg 五水硫代硫酸钠。

【固定剂】—

【保存方法】1～5℃冷藏。

【保存期】7 d。

【采样量】500 mL。

【容器洗涤】—

【检出限】—

【质量保证和质量控制】—

153. 恶虫威

水质　氨基甲酸酯类农药的测定　超高效液相色谱-三重四极杆质谱法（HJ 827—2017）

【适用范围】地表水、地下水、生活污水和工业废水。

【采样容器】磨口棕色玻璃瓶。

【采样方法】采样瓶要完全注满不留气泡。

【固定剂】（1+1）硫酸或 0.4 g/mL 氢氧化钠。

【保存方法】用（1+1）硫酸或 0.4 g/mL 氢氧化钠调节水样为中性，水样 4℃以下冷藏避光保存。

【保存期】3 d。

【采样量】250 mL。

【容器洗涤】—

【检出限】直接进样：0.6 μg/L；固相萃取：0.007 μg/L。

【质量保证和质量控制】—

水质 样品的保存和管理技术规定（HJ 493—2009）

【适用范围】天然水、生活污水及工业废水。

【采样容器】（1）硬质玻璃瓶，溶剂洗；（2）聚乙烯瓶（桶）。

【采样方法】—

【固定剂】如果样品加氯，每 1 000 mL 水加 80 mg 五水硫代硫酸钠。

【保存方法】（1）1～5℃；（2）−20℃冷冻。

【保存期】（1）14 d；（2）1 个月。

【采样量】1 000 mL。

【容器洗涤】—

【检出限】—

【质量保证和质量控制】—

154. 蒽

水质 多环芳烃的测定 液液萃取和固相萃取高效液相色谱法（HJ 478—2009）

【适用范围】饮用水、地下水、地表水、海水、工业废水及生活污水。

【采样容器】具磨口塞的棕色玻璃细口瓶。

【采样方法】采样前不能用水样预洗采样瓶，以防止样品的沾染或吸附，采样瓶要完全注满，不留气泡。

【固定剂】有余氯水样：硫代硫酸钠。

【保存方法】若水中有残余氯存在，要在每升水中加入 80 g 硫代硫酸钠除氯，样品采集后应避光于 4℃冷藏。

【保存期】在 7 d 内萃取，萃取后 40 d 内分析完毕。

【采样量】1 000 mL 或 2 000 mL。

【容器洗涤】样品必须采集在预先洗净烘干的采样瓶中。

【检出限】荧光检测器：0.005 μg/L；紫外检测器：0.004 μg/L。

【质量保证和质量控制】—

水质 样品的保存和管理技术规定（HJ 493—2009）

【适用范围】天然水、生活污水及工业废水。

【采样容器】硬质玻璃瓶溶剂洗，带聚四氟乙烯瓶盖。

【采样方法】尽可能现场萃取，如果样品加氯，采样前 1 000 mL 样加 80 mg 五水硫代硫酸钠。

【固定剂】—

【保存方法】1～5℃冷藏。

【保存期】7 d。

【采样量】500 mL。

【容器洗涤】—

【检出限】—

【质量保证和质量控制】—

155. 二苯并[*a*,*h*]蒽

水质 多环芳烃的测定 液液萃取和固相萃取高效液相色谱法（HJ 478—2009）

【适用范围】饮用水、地下水、地表水、海水、工业废水及生活污水。

【采样容器】具磨口塞的棕色玻璃细口瓶。

【采样方法】采样前不能用水样预洗采样瓶，以防止样品的沾染或吸附，采样瓶要完全注满，不留气泡。

【固定剂】有余氯水样：硫代硫酸钠。

【保存方法】若水中有残余氯存在，要在每升水中加入 80 g 硫代硫酸钠除氯，样品采集后应避光于 4℃冷藏。

【保存期】在 7 d 内萃取，萃取后 40 d 内分析完毕。

【采样量】1 000 mL 或 2 000 mL。

【容器洗涤】样品必须采集在预先洗净烘干的采样瓶中。

【检出限】荧光检测器：0.003 μg/L；紫外检测器：0.003 μg/L。

【质量保证和质量控制】—

水质 样品的保存和管理技术规定（HJ 493—2009）

【适用范围】天然水、生活污水及工业废水。

【采样容器】硬质玻璃瓶溶剂洗，带聚四氟乙烯瓶盖。

【采样方法】尽可能现场萃取，如果样品加氯，采样前 1 000 mL 样加 80 mg 五水硫代硫酸钠。

【固定剂】—

【保存方法】1～5℃冷藏。

【保存期】7 d。

【采样量】500 mL。

【容器洗涤】—

【检出限】—

【质量保证和质量控制】—

156. 二噁英类

水质 二噁英类的测定 同位素稀释高分辨气相色谱-高分辨质谱法（HJ 77.1—2008）

【适用范围】原水、废水、饮用水与工业生产用水。

【采样容器】样品容器应使用对二噁英类无吸附作用的不锈钢或玻璃材质可密封器具。

【采样方法】—

【固定剂】—

【保存方法】4～10℃的暗冷处保存。

【保存期】—

【采样量】—

【容器洗涤】使用前用甲醇（丙酮）及甲苯（二氯甲烷）充分清洗。

【检出限】2,3,7,8-四氯代二苯并-对-二噁英：0.5 pg/L。

【质量保证和质量控制】采水器具应当在使用之前充分洗净，并在运输过程中避免污染。（1）样品容器不能用采集的水样冲洗。（2）根据不同水质与采样要求（如深度、频率、时间等）需要使用采样器时，选择的采样器的性能必须符合技术要求，并严格按照采样器的使用方法及要求进行安装、调试和采样，注意记录相关参数。（3）采样时应使用定位仪（GPS）定位。（4）采样时应避开水面及水中的漂浮物与悬浮物。（5）采集的样品应具有代表性。如采样过程中出现采水器故障、水体发生变化等其他突发状况，则应详细记录故障和现场情况，并记录采取的措施和实际采样情况。记录上应有操作人员签名。（6）保持水样的弱酸性状态。（7）对于可能含余氯的水样，加入适量的硫代硫酸钠除去余氯干扰。（8）采集到的水样应被贮存在密闭容器内以防泄漏或被周围环境所污染。每个容器瓶应贴有标签，标明样品信息。样品运输时避光防震，并冷藏避光贮存。废水及污水的样品组成成分较为复杂，应尽快测定。若不能及时处理，在不关机冷藏条件下保存水样。

157. 二氟二氯甲烷

生活饮用水标准检验方法　有机物指标（附录 A 吹脱捕集/气相色谱-质谱法测定挥发性有机化合物）（GB/T 5750.8—2006）

【适用范围】测定生活饮用水及其水源水。

【采样容器】40 mL 棕色玻璃瓶附螺旋盖及聚四氟乙烯垫片。

【采样方法】采样时，使水样在瓶中溢流出而不留气泡；若从开放的水体中采样，先用 1 L 的广口瓶或烧杯从有代表性的区域中采样，再小心把水样从广口瓶或烧杯中倒入样品瓶中。

【固定剂】（1）无余氯样品：盐酸溶液；（2）有余氯样品：抗坏血酸+盐酸。

【保存方法】（1）不含余氯的样品和现场空白，每 40 mL 水样中加 4 滴 4 mol/L 的盐酸做固定剂。4℃保存。（2）含余氯的样品和现场空白，在样品瓶中先加入抗坏血酸（每 40 mL 水样中加 25 mg），待样品瓶中充满水样并溢流后，每 20 mL 样品中加入 1 滴 4 mol/L 盐酸调节样品 pH＜2。4℃保存。

【保存期】14 d。

【采样量】40 mL。

【容器洗涤】—

【检出限】0.10 μg/L。

【质量保证和质量控制】所有样品均采集平行样，每批样品要带一个现场空白。

158. 二甲苯

生活饮用水标准检验方法　有机物指标（18.1 溶剂萃取-填充柱气相色谱法）（GB/T 5750.8—2006）

【适用范围】测定生活饮用水及其水源水。

【采样容器】磨口玻璃瓶。
【采样方法】—
【固定剂】—
【保存方法】低温保存。
【保存期】—
【采样量】—
【容器洗涤】—
【检出限】—
【质量保证和质量控制】—

159. 二氯苯

生活饮用水标准检验方法　有机物指标（24.1 气相色谱法）（GB/T 5750.8—2006）

【适用范围】测定生活饮用水及其水源水。
【采样容器】磨口塞玻璃瓶。
【采样方法】—
【固定剂】硫酸。
【保存方法】每升水样中加入 1 mL 硫酸，并置于 4℃冷藏保存。
【保存期】保存期 4 d，经过萃取处理后的试样在 4℃冷藏保存 40 d。
【采样量】—
【容器洗涤】—
【检出限】2 μg/L。
【质量保证和质量控制】—

地表水和污水监测技术规范（HJ/T 91—2002）

【适用范围】对江河、湖泊、水库和渠道的水质监测，包括控制断面以及污染源排放污水的监测。
【采样容器】硬质玻璃瓶。
【采样方法】—
【固定剂】盐酸+抗坏血酸。
【保存方法】用（1+10）盐酸调至 pH=2，加入 0.01～0.02 g 抗坏血酸除去残余氯，0～4℃冷藏避光保存。
【保存期】12 h。
【采样量】1 000 mL。
【容器洗涤】洗涤剂洗 1 次，自来水洗 3 次，蒸馏水洗 1 次。
【检出限】—
【质量保证和质量控制】—

水质　样品的保存和管理技术规定（HJ 493—2009）

【适用范围】天然水、生活污水及工业废水。
【采样容器】硬质玻璃瓶。

【采样方法】—

【固定剂】盐酸+抗坏血酸。

【保存方法】用（1+10）盐酸调至 pH≤2，加入 0.01～0.02 g 抗坏血酸除去残余氯，1～5℃避光保存。

【保存期】12 h。

【采样量】1 000 mL。

【容器洗涤】—

【检出限】—

【质量保证和质量控制】—

160. 二氯甲烷

水质 挥发性有机物的测定 吹扫捕集/气相色谱法（HJ 686—2014）

【适用范围】地表水、地下水、生活污水和工业废水中挥发性有机物的测定。

【采样容器】40 mL 棕色玻璃瓶，螺旋盖（带聚四氟乙烯涂层密封垫）。

【采样方法】样品采集时不需用水样荡洗。

【固定剂】（1）无余氯样品：盐酸溶液；（2）有余氯样品：抗坏血酸+盐酸。

【保存方法】无余氯样品：0.5 mL 盐酸溶液，4℃保存；有余氯样品：加入约 25 mg 抗坏血酸，再加 0.5 mL 盐酸溶液，4℃保存。

【保存期】14 d。

【采样量】40 mL。

【容器洗涤】采样瓶应在采样前充分清洗。

【检出限】0.5 μg/L。

【质量保证和质量控制】所有样品均采集平行双样，每批样品带一个全程序空白和一个运输空白。（1）空白分析。①运输空白。采样前在实验室将一份空白试剂水放入样品瓶中密封，将其带到现场。采样时使其瓶盖一直处于密封状态，随样品运回实验室，按与样品相同的分析步骤进行处理和测定，用于检查样品运输过程中是否受到污染。②全程序空白。采样前在实验室将一份空白试剂水放入样品瓶中密封，将其带到现场。与采样的样品瓶同时开盖和密封，随样品运回实验室，按与样品相同的分析步骤进行处理和测定，用于检查样品采集到分析全过程是否受到污染。如全程序空白中目标化合物高于检出限时，不能从样品结果中扣除空白值。应检查所有可能对全程序空白产生影响的环节，仔细查找干扰源。如果确实发现采样、运输或保存过程存在影响分析结果的干扰，需对出现问题批次的样品进行重新采样分析。（2）平行样品的测定。虽然每个样品均采集平行双样，一般每 10 个样品或每批次（少于 10 个样品/批）分析一个平行样，平行样品测定结果的相对偏差＜20%。

水质 挥发性有机物的测定 吹扫捕集/气相色谱-质谱法（HJ 639—2012）

【适用范围】海水、地下水、地表水、生活污水和工业废水。

【采样容器】40 mL 棕色玻璃瓶，具硅橡胶-聚四氟乙烯衬垫螺旋盖。

【采样方法】采样时不需用样品进行荡洗，水样在样品瓶中溢流而不留空间。取样时应尽量避免或减少样品在空气中暴露。

【固定剂】（1）抗坏血酸+盐酸；（2）—。

【保存方法】（1）每 40 mL 样品需加入 25 mg 的抗坏血酸；若样品中总余氯的量超过 5 mg/L，总余氯每超过 5 mg/L，需要多加 25 mg 的抗坏血酸。采样时，水样呈中性时向每个样品瓶中加入 0.5 mL 盐酸溶液，拧紧瓶盖；水样呈碱性时应加入适量盐酸溶液使样品 pH≤2。4℃保存。（2）当水样加盐酸溶液后产生大量气泡时，应弃去该样品，重新采集样品。重新采集的样品不应加盐酸溶液，样品标签上应注明未酸化。4℃保存。

【保存期】（1）14 d；（2）24 h。

【采样量】40 mL。

【容器洗涤】样品瓶应在采样前用甲醇清洗。

【检出限】全扫描模式：1.0 μg/L；离子选择扫描模式：0.5 μg/L。

【质量保证和质量控制】所有样品均采集平行双样。每批样品至少应采集一个运输空白和全程序空白样品。空白中目标化合物浓度应小于下列条件的最大值：（1）方法检出限；（2）相关环保标准限值的 5%；（3）样品分析结果的 5%。若空白试验未满足以上要求，则应采取措施排除污染并重新分析同批样品。

水质　挥发性有机物的测定　顶空/气相色谱-质谱法（HJ 810—2016）

【适用范围】地表水、地下水、生活污水、工业废水和海水。

【采样容器】40 mL 棕色玻璃瓶，具硅橡胶-聚四氟乙烯衬垫螺旋盖。

【采样方法】采集样品时，不宜用水样进行荡洗，应使水样在样品瓶中溢流且不留空间。

【固定剂】（1）抗坏血酸+盐酸；（2）—。

【保存方法】（1）若水样中含有余氯，采样前，应向 40 mL 棕色采样瓶中加入 25 mg 的抗坏血酸。若水样中余氯含量超过 5 mg/L，应按比例增加抗坏血酸的加入量，余氯含量每增加 5 mg/L，则应多加入 25 mg 的抗坏血酸。样品采集后，应立即加入适量盐酸溶液，使样品 pH≤2，拧紧瓶盖，4℃以下冷藏，避光和密封保存。（2）当水样加盐酸溶液后有气泡产生，须重新采样，重新采集的样品不加盐酸溶液保存，样品标签上应注明未酸化。

【保存期】（1）14 d；（2）24 h。

【采样量】40 mL。

【容器洗涤】—

【检出限】全扫描模式：7 μg/L；离子选择扫描模式：0.6 μg/L。

【质量保证和质量控制】所有样品均采集平行双样。每批样品应至少做一个全程序空白：按照分析步骤，在实验室将一份实验用水放入样品瓶中密封，将其带到采样现场，与采样的样品瓶同时开盖和密封，之后随样品运回实验室。

水质　挥发性卤代烃的测定　顶空气相色谱法（HJ 620—2011）

【适用范围】地表水、地下水、饮用水、海水、工业废水和生活污水。

【采样容器】具聚四氟乙烯衬垫和实心螺旋盖。

【采样方法】采样时样品沿瓶壁注入，防止气泡产生，水样充满后不留液上空间。

【固定剂】抗坏血酸或硫代硫酸钠。

【保存方法】如果水样含有余氯，向采样瓶中加入 0.3～0.5 g 抗坏血酸或硫代硫酸钠。水样采集后立即放入 4℃左右冷藏箱中保存。

【保存期】7 d。

【采样量】40 mL。

【容器洗涤】—

【检出限】6.13 μg/L。

【质量保证和质量控制】所有样品均采集平行样。平行样品，每分析一批（20 个）样品至少做 10%的平行样品测定，平行样品相对偏差在 30%以内。

生活饮用水标准检验方法　消毒副产物指标（5.1 顶空气相色谱法）（GB/T 5750.10—2006）

【适用范围】生活饮用水及其水源水。

【采样容器】细口瓶。

【采样方法】水样之满瓶（不应有气泡），立即用垫有聚四氟乙烯薄膜（或铝箔）的翻好胶塞盖好。

【固定剂】—

【保存方法】冷藏保存。

【保存期】4 h。

【采样量】250 mL。

【容器洗涤】—

【检出限】9 μg/L。

【质量保证和质量控制】—

生活饮用水标准检验方法　有机物指标（附录 A 吹脱捕集/气相色谱-质谱法测定挥发性有机化合物）（GB/T 5750.8—2006）

【适用范围】测定生活饮用水及其水源水。

【采样容器】40 mL 棕色玻璃瓶附螺旋盖及聚四氟乙烯垫片。

【采样方法】采样时，使水样在瓶中溢流出而不留气泡；若从开放的水体中采样，先用 1 L 的广口瓶或烧杯从有代表性的区域中采样，再小心把水样从广口瓶或烧杯中倒入样品瓶中。

【固定剂】（1）无余氯样品：盐酸溶液；（2）有余氯样品：抗坏血酸+盐酸。

【保存方法】（1）不含余氯的样品和现场空白，每 40 mL 水样中加 4 滴 4 mol/L 的盐酸做固定剂。4℃保存。（2）含余氯的样品和现场空白，在样品瓶中先加入抗坏血酸（每 40 mL 水样中加 25 mg），待样品瓶中充满水样并溢流后，每 20 mL 样品中加入 1 滴 4 mol/L 盐酸调节样品 pH＜2。4℃保存。

【保存期】14 d。

【采样量】40 mL。

【容器洗涤】—

【检出限】0.03 μg/L。

【质量保证和质量控制】所有样品均采集平行样，每批样品要带一个现场空白。

地表水和污水监测技术规范（HJ/T 91—2002）

【适用范围】对江河、湖泊、水库和渠道的水质监测，包括控制断面以及污染源排放污水的监测。

【采样容器】硬质玻璃瓶。

【采样方法】—

【固定剂】盐酸+抗坏血酸。

【保存方法】用（1+10）盐酸调至 pH=2，加入 0.01～0.02 g 抗坏血酸除去残余氯，0～4℃冷藏避光保存。

【保存期】12 h。

【采样量】1 000 mL。

【容器洗涤】洗涤剂洗 1 次，自来水洗 3 次，蒸馏水洗 1 次。

【检出限】—

【质量保证和质量控制】—

水质　样品的保存和管理技术规定（HJ 493—2009）

【适用范围】天然水、生活污水及工业废水。

【采样容器】硬质玻璃瓶。

【采样方法】—

【固定剂】盐酸+抗坏血酸。

【保存方法】用（1+10）盐酸调至 pH≤2，加入 0.01～0.02 g 抗坏血酸除去残余氯，1～5℃避光保存。

【保存期】12 h。

【采样量】1 000 mL。

【容器洗涤】—

【检出限】—

【质量保证和质量控制】—

161. 二氯乙酸

水质　卤代乙酸类化合物的测定　气相色谱法（HJ 758—2015）

【适用范围】地表水、地下水、生活污水和工业废水。

【采样容器】棕色玻璃瓶。

【采样方法】加入水样后，盖好塞子，振荡混匀。

【固定剂】10 mg/mL 氯化铵。

【保存方法】按每 100 mL 水样加 1.0 mL 氯化铵溶液的比例，使水样中氯化铵含量约为 100 mg/L。4℃冷藏，避光保存。

【保存期】14 d 内萃取，样品萃取衍生液在 4℃冷藏保存不能超过 7 d。

【采样量】100 mL。

【容器洗涤】—

【检出限】2 mg/L。

【质量保证和质量控制】空白试验：每批样品至少应采集一个全程序空白，空白中目标化合物的测定值应低于方法检出限。

162. 二嗪磷

水、土中有机磷农药测定的气相色谱法（GB/T 14552—2003）

【适用范围】地面水、地下水及土壤中有机磷农药。

【采样容器】磨口玻璃瓶。

【采样方法】先用水样冲洗样品 2～3 次。

【固定剂】—

【保存方法】在 4℃冷藏保存。

【保存期】—

【采样量】1 000 mL。

【容器洗涤】—

【检出限】0.141 5×10^{-3} mg/L。

【质量保证和质量控制】—

地表水和污水监测技术规范（HJ/T 91—2002）

【适用范围】对江河、湖泊、水库和渠道的水质监测。

【采样容器】硬质玻璃瓶。

【采样方法】—

【固定剂】抗坏血酸。

【保存方法】加入 0.01～0.02 g 抗坏血酸除去残余氯，0～4℃冷藏避光保存。

【保存期】24 h。

【采样量】1 000 mL。

【容器洗涤】洗涤剂洗 1 次，自来水洗 3 次，蒸馏水洗 1 次。

【检出限】—

【质量保证和质量控制】—

水质　样品的保存和管理技术规定（HJ 493—2009）

【适用范围】天然水、生活污水及工业废水。

【采样容器】硬质玻璃瓶（带聚四氟乙烯瓶盖）。

【采样方法】不能用水样冲洗采样容器，不能使水样充满容器。

【固定剂】—

【保存方法】1～5℃冷藏保存。

【保存期】萃取应在采样后 24 h 内完成，萃取液可保存 5 d。

【采样量】1 000～3 000 mL。

【容器洗涤】—

【检出限】—

【质量保证和质量控制】—

163. 二氢苊

水质　多环芳烃的测定　液液萃取和固相萃取高效液相色谱法（HJ 478—2009）

【适用范围】饮用水、地下水、地表水、海水、工业废水及生活污水。

【采样容器】具磨口塞的棕色玻璃细口瓶。

【采样方法】采样前不能用水样预洗采样瓶，以防止样品的沾染或吸附，采样瓶要完全注满，不留气泡。

【固定剂】有余氯水样：硫代硫酸钠。

【保存方法】若水中有残余氯存在，要在每升水中加入 80 g 硫代硫酸钠除氯，样品采集后应避光于 4℃冷藏。

【保存期】在 7 d 内萃取，萃取后 40 d 内分析完毕。

【采样量】1 000 mL 或 2 000 mL。

【容器洗涤】样品必须采集在预先洗净烘干的采样瓶中。

【检出限】荧光检测器：0.006 μg/L；紫外检测器：0.008 g/L。

【质量保证和质量控制】—

水质　样品的保存和管理技术规定（HJ 493—2009）

【适用范围】天然水、生活污水及工业废水。

【采样容器】硬质玻璃瓶溶剂洗，带聚四氟乙烯瓶盖。

【采样方法】尽可能现场萃取，如果样品加氯，采样前 1 000 mL 样加 80 mg 五水硫代硫酸钠。

【固定剂】—

【保存方法】1～5℃冷藏。

【保存期】7 d。

【采样量】500 mL。

【容器洗涤】—

【检出限】—

【质量保证和质量控制】—

164. 二溴甲烷

水质　挥发性有机物的测定　吹扫捕集/气相色谱-质谱法（HJ 639—2012）

【适用范围】海水、地下水、地表水、生活污水和工业废水。

【采样容器】40 mL 棕色玻璃瓶，具硅橡胶-聚四氟乙烯衬垫螺旋盖。

【采样方法】采样时不需用样品进行荡洗，水样在样品瓶中溢流而不留空间。取样时应尽量避免或减少样品在空气中暴露。

【固定剂】（1）抗坏血酸+盐酸；（2）—。

【保存方法】（1）每 40 mL 样品需加入 25 mg 的抗坏血酸；若样品中总余氯的量超过 5 mg/L，总余氯每超过 5 mg/L，需要多加 25 mg 的抗坏血酸。采样时，水样呈中性时向每个样品瓶中加入 0.5 mL 盐酸溶液，拧紧瓶盖；水样呈碱性时应加入适量盐酸溶液使样品 pH≤2。4℃保存。（2）当水样加盐酸溶液后产生大量气泡时，应弃去该样品，重新采集样品。重新采集的样品不应加盐酸溶液，样品标签上应注明未酸化。4℃保存。

【保存期】（1）14 d；（2）24 h。

【采样量】40 mL。

【容器洗涤】样品瓶应在采样前用甲醇清洗。

【检出限】全扫描模式：1.5 μg/L；离子选择扫描模式：0.3 μg/L。

【质量保证和质量控制】所有样品均采集平行双样。每批样品至少应采集一个运输空白和全程序空白样品。空白中目标化合物浓度应小于下列条件的最大值：（1）方法检出限；（2）相关环保标准限值的 5%；（3）样品分析结果的 5%。若空白试验未满足以上要求，则应采取措施排除污染并重新分析同批样品。

水质　挥发性有机物的测定　顶空/气相色谱-质谱法（HJ 810—2016）

【适用范围】地表水、地下水、生活污水、工业废水和海水。

【采样容器】40 mL 棕色玻璃瓶，具硅橡胶-聚四氟乙烯衬垫螺旋盖。

【采样方法】采集样品时，不宜用水样进行荡洗，应使水样在样品瓶中溢流且不留空间。

【固定剂】（1）抗坏血酸+盐酸；（2）—。

【保存方法】（1）若水样中含有余氯，采样前，应向 40 mL 棕色采样瓶中加入 25 mg 的抗坏血酸。若水样中余氯含量超过 5 mg/L，应按比例增加抗坏血酸的加入量，余氯含量每增加 5 mg/L，则应多加入 25 mg 的抗坏血酸。样品采集后，应立即加入适量盐酸溶液，使样品 pH≤2，拧紧瓶盖，4℃以下冷藏，避光和密封保存。（2）当水样加盐酸溶液后有气泡产生，须重新采样，重新采集的样品不加盐酸溶液保存，样品标签上应注明未酸化。

【保存期】（1）14 d；（2）24 h。

【采样量】40 mL。

【容器洗涤】—

【检出限】全扫描模式：4 μg/L；离子选择扫描模式：0.7 μg/L。

【质量保证和质量控制】所有样品均采集平行双样。每批样品应至少做一个全程序空白：按照分析步骤，在实验室将一份实验用水放入样品瓶中密封，将其带到采样现场，与采样的样品瓶同时开盖和密封，之后随样品运回实验室。

生活饮用水标准检验方法　有机物指标（附录 A 吹脱捕集/气相色谱-质谱法测定挥发性有机化合物）（GB/T 5750.8—2006）

【适用范围】测定生活饮用水及其水源水。

【采样容器】40 mL 棕色玻璃瓶附螺旋盖及聚四氟乙烯垫片。

【采样方法】采样时，使水样在瓶中溢流出而不留气泡；若从开放的水体中采样，先用 1 L 的广口瓶或烧杯从有代表性的区域中采样，再小心把水样从广口瓶或烧杯中倒入样品瓶中。

【固定剂】（1）无余氯样品：盐酸溶液；（2）有余氯样品：抗坏血酸+盐酸。

【保存方法】（1）不含余氯的样品和现场空白，每 40 mL 水样中加 4 滴 4 mol/L 的盐酸做固定剂。4℃保存。（2）含余氯的样品和现场空白，在样品瓶中先加入抗坏血酸（每 40 mL 水样中加 25 mg），待样品瓶中充满水样并溢流后，每 20 mL 样品中加入 1 滴 4 mol/L 盐酸调节样品 pH＜2。4℃保存。

【保存期】14 d。

【采样量】40 mL。

【容器洗涤】—

【检出限】0.24 μg/L。

【质量保证和质量控制】所有样品均采集平行样，每批样品要带一个现场空白。

地表水和污水监测技术规范（HJ/T 91—2002）

【适用范围】对江河、湖泊、水库和渠道的水质监测，包括控制断面以及污染源排放污水的监测。

【采样容器】硬质玻璃瓶。

【采样方法】—

【固定剂】盐酸+抗坏血酸。

【保存方法】用（1+10）盐酸调至 pH=2，加入 0.01～0.02 g 抗坏血酸除去残余氯，0～4℃冷藏避光保存。

【保存期】12 h。

【采样量】1 000 mL。

【容器洗涤】洗涤剂洗 1 次，自来水洗 3 次，蒸馏水洗 1 次。

【检出限】—

【质量保证和质量控制】—

水质　样品的保存和管理技术规定（HJ 493—2009）

【适用范围】天然水、生活污水及工业废水。

【采样容器】硬质玻璃瓶。

【采样方法】—

【固定剂】盐酸+抗坏血酸。

【保存方法】用（1+10）盐酸调至 pH≤2，加入 0.01～0.02 g 抗坏血酸除去残余氯，1～5℃避光保存。

【保存期】12 h。

【采样量】1 000 mL。

【容器洗涤】—

【检出限】—

【质量保证和质量控制】—

165. 二溴一氯甲烷

水质　挥发性有机物的测定　吹扫捕集/气相色谱-质谱法（HJ 639—2012）

【适用范围】海水、地下水、地表水、生活污水和工业废水。

【采样容器】40 mL 棕色玻璃瓶，具硅橡胶-聚四氟乙烯衬垫螺旋盖。

【采样方法】采样时不需用样品进行荡洗，水样在样品瓶中溢流而不留空间。取样时应尽量避免或减少样品在空气中暴露。

【固定剂】（1）抗坏血酸+盐酸；（2）—。

【保存方法】（1）每 40 mL 样品需加入 25 mg 的抗坏血酸；若样品中总余氯的量超过 5 mg/L，总余氯每超过 5 mg/L，需要多加 25 mg 的抗坏血酸。采样时，水样呈中性时向每个样品瓶中加入 0.5 mL 盐酸溶液，拧紧瓶盖；水样呈碱性时应加入适量盐酸溶液使样品 pH≤2。4℃保存。（2）当水样加盐酸溶液后产生大量气泡时，应弃去该样品，重新采集样品。重新采集的样品不应加盐酸溶液，样品标签上应注明未酸化。4℃保存。

【保存期】（1）14 d；（2）24 h。

【采样量】40 mL。

【容器洗涤】样品瓶应在采样前用甲醇清洗。

【检出限】全扫描模式：1.2 μg/L；离子选择扫描模式：0.4 μg/L。

【质量保证和质量控制】所有样品均采集平行双样。每批样品至少应采集一个运输空白和全程序空白样品。空白中目标化合物浓度应小于下列条件的最大值：（1）方法检出限；（2）相关环保标准限值的 5%；（3）样品分析结果的 5%。若空白试验未满足以上要求，则应采取措施排除污染并重新分析同批样品。

水质　挥发性有机物的测定　顶空/气相色谱-质谱法（HJ 810—2016）

【适用范围】地表水、地下水、生活污水、工业废水和海水。

【采样容器】40 mL 棕色玻璃瓶，具硅橡胶-聚四氟乙烯衬垫螺旋盖。

【采样方法】采集样品时，不宜用水样进行荡洗，应使水样在样品瓶中溢流且不留空间。

【固定剂】（1）抗坏血酸+盐酸；（2）—。

【保存方法】（1）若水样中含有余氯，采样前，应向 40 mL 棕色采样瓶中加入 25 mg 的抗坏血酸。若水样中余氯含量超过 5 mg/L，应按比例增加抗坏血酸的加入量，余氯含量每增加 5 mg/L，则应多加入 25 mg 的抗坏血酸。样品采集后，应立即加入适量盐酸溶液，使样品 pH≤2，拧紧瓶盖，4℃以下冷藏，避光和密封保存。（2）当水样加盐酸溶液后有气泡产生，须重新采样，重新采集的样品不加盐酸溶液保存，样品标签上应注明未酸化。

【保存期】（1）14 d；（2）24 h。

【采样量】40 mL。

【容器洗涤】—

【检出限】全扫描模式：4 μg/L；离子选择扫描模式：0.9 μg/L。

【质量保证和质量控制】所有样品均采集平行双样。每批样品应至少做一个全程序空白：按照分析步骤，在实验室将一份实验用水放入样品瓶中密封，将其带到采样现场，与采样的样品瓶同时开盖和密封，之后随样品运回实验室。

水质　挥发性卤代烃的测定　顶空气相色谱法（HJ 620—2011）

【适用范围】地表水、地下水、饮用水、海水、工业废水和生活污水。

【采样容器】具聚四氟乙烯衬垫和实心螺旋盖。

【采样方法】采样时样品沿瓶壁注入，防止气泡产生，水样充满后不留液上空间。

【固定剂】抗坏血酸或硫代硫酸钠。

【保存方法】如果水样含有余氯，向采样瓶中加入 0.3～0.5 g 抗坏血酸或硫代硫酸钠。水样采集后立即放入 4℃左右冷藏箱中保存。

【保存期】7 d。

【采样量】40 mL。

【容器洗涤】—

【检出限】0.02 μg/L。

【质量保证和质量控制】所有样品均采集平行样。平行样品：每分析一批（20 个）样品至少做 10%的平行样品测定，平行样品相对偏差在 30%以内。

地表水和污水监测技术规范（HJ/T 91—2002）

【适用范围】对江河、湖泊、水库和渠道的水质监测，包括控制断面以及污染源排放污水的监测。

【采样容器】硬质玻璃瓶。

【采样方法】—

【固定剂】盐酸+抗坏血酸。

【保存方法】用（1+10）盐酸调至 pH=2，加入 0.01～0.02 g 抗坏血酸除去残余氯，0～4℃冷藏避光保存。

【保存期】12 h。

【采样量】1 000 mL。

【容器洗涤】洗涤剂洗 1 次，自来水洗 3 次，蒸馏水洗 1 次。

【检出限】—

【质量保证和质量控制】—

水质　样品的保存和管理技术规定（HJ 493—2009）

【适用范围】天然水、生活污水及工业废水。

【采样容器】硬质玻璃瓶。

【采样方法】—

【固定剂】盐酸+抗坏血酸。

【保存方法】用（1+10）盐酸调至 pH≤2，加入 0.01～0.02 g 抗坏血酸除去残余氯，1～5℃避光保存。

【保存期】12 h。

【采样量】1 000 mL。

【容器洗涤】—

【检出限】—

【质量保证和质量控制】—

166. 二溴一氯乙烷

生活饮用水标准检验方法　有机物指标（附录 A 吹脱捕集/气相色谱-质谱法测定挥发性有机化合物）（GB/T 5750.8—2006）

【适用范围】测定生活饮用水及其水源水。

【采样容器】40 mL 棕色玻璃瓶附螺旋盖及聚四氟乙烯垫片。

【采样方法】采样时，使水样在瓶中溢流出而不留气泡；若从开放的水体中采样，先用 1 L 的广口瓶或烧杯从有代表性的区域中采样，再小心把水样从广口瓶或烧杯中倒入样品瓶中。

【固定剂】（1）无余氯样品：盐酸溶液；（2）有余氯样品：抗坏血酸+盐酸。

【保存方法】（1）不含余氯的样品和现场空白，每 40 mL 水样中加 4 滴 4 mol/L 的盐酸做固定剂。4℃保存。（2）含余氯的样品和现场空白，在样品瓶中先加入抗坏血酸（每 40 mL 水样中加 25 mg），待样品瓶中充满水样并溢流后，每 20 mL 样品中加入 1 滴 4 mol/L 盐酸调节样品 pH＜2。4℃保存。

【保存期】14 d。

【采样量】40 mL。

【容器洗涤】—

【检出限】0.05 μg/L。

【质量保证和质量控制】所有样品均采集平行样，每批样品要带一个现场空白。

167. 二溴乙酸

水质　卤代乙酸类化合物的测定　气相色谱法（HJ 758—2015）

【适用范围】地表水、地下水、生活污水和工业废水。

【采样容器】棕色玻璃瓶。

【采样方法】加入水样后，盖好塞子，振荡混匀。

【固定剂】10 mg/mL 氯化铵。

【保存方法】按每 100 mL 水样加 1.0 mL 氯化铵溶液的比例，使水样中氯化铵含量约为 100 mg/L。4℃冷藏，避光保存。

【保存期】14 d 内萃取，样品萃取衍生液在 4℃冷藏保存不能超过 7 d。

【采样量】100 mL。

【容器洗涤】—

【检出限】2 mg/L。

【质量保证和质量控制】空白试验：每批样品至少应采集一个全程序空白，空白中目标化合物的测定值应低于方法检出限。

168. 反-1,2-二氯丙烯

生活饮用水标准检验方法　有机物指标（附录 A 吹脱捕集/气相色谱-质谱法测定挥发性有机化合物）（GB/T 5750.8—2006）

【适用范围】测定生活饮用水及其水源水。

【采样容器】40 mL 棕色玻璃瓶附螺旋盖及聚四氟乙烯垫片。

【采样方法】采样时，使水样在瓶中溢流出而不留气泡；若从开放的水体中采样，先用 1 L 的广口瓶或烧杯从有代表性的区域中采样，再小心把水样从广口瓶或烧杯中倒入样品瓶中。

【固定剂】（1）无余氯样品：盐酸溶液；（2）有余氯样品：抗坏血酸+盐酸。

【保存方法】（1）不含余氯的样品和现场空白，每 40 mL 水样中加 4 滴 4 mol/L 的盐酸做固定剂。4℃保存。（2）含余氯的样品和现场空白，在样品瓶中先加入抗坏血酸（每 40 mL 水样中加 25 mg），待样品瓶中充满水样并溢流后，每 20 mL 样品中加入 1 滴 4 mol/L 盐酸调节样品 pH＜2。4℃保存。

【保存期】14 d。

【采样量】40 mL。

【容器洗涤】—

【检出限】0.048 μg/L。

【质量保证和质量控制】所有样品均采集平行样，每批样品要带一个现场空白。

169. 反-1,3-二氯丙烯

水质　挥发性有机物的测定　吹扫捕集/气相色谱-质谱法（HJ 639—2012）

【适用范围】海水、地下水、地表水、生活污水和工业废水。

【采样容器】40 mL 棕色玻璃瓶，具硅橡胶-聚四氟乙烯衬垫螺旋盖。

【采样方法】采样时不需用样品进行荡洗，水样在样品瓶中溢流而不留空间。取样时应尽量避免或减少样品在空气中暴露。

【固定剂】（1）抗坏血酸+盐酸；（2）—。

【保存方法】（1）每 40 mL 样品需加入 25 mg 的抗坏血酸；若样品中总余氯的量超过 5 mg/L，总余氯每超过 5 mg/L，需要多加 25 mg 的抗坏血酸。采样时，水样呈中性时向每个样品瓶中加入 0.5 mL 盐酸溶液，拧紧瓶盖；水样呈碱性时应加入适量盐酸溶液使样品 pH≤2。4℃保存。（2）当水样加盐酸溶液后产生大量气泡时，应弃去该样品，重新采集样品。重新采集的样品不应加盐酸溶液，样品标签上应注明未酸化。4℃保存。

【保存期】（1）14 d；（2）24 h。

【采样量】40 mL。

【容器洗涤】样品瓶应在采样前用甲醇清洗。

【检出限】全扫描模式：1.4 μg/L；离子选择扫描模式：0.3 μg/L。

【质量保证和质量控制】所有样品均采集平行双样。每批样品至少应采集一个运输空白和全程序空白样品。空白中目标化合物浓度应小于下列条件的最大值：（1）方法检出限；（2）相关环保标准限值的 5%；（3）样品分析结果的 5%。若空白试验未满足以上要求，则应采取措施排除污染并重新分析同批样品。

水质　挥发性有机物的测定　顶空/气相色谱-质谱法（HJ 810—2016）

【适用范围】地表水、地下水、生活污水、工业废水和海水。

【采样容器】40 mL 棕色玻璃瓶，具硅橡胶-聚四氟乙烯衬垫螺旋盖。

【采样方法】采集样品时，不宜用水样进行荡洗，应使水样在样品瓶中溢流且不留空间。

【固定剂】（1）抗坏血酸+盐酸；（2）—。

【保存方法】（1）若水样中含有余氯，采样前，应向 40 mL 棕色采样瓶中加入 25 mg 的抗坏血酸。若水样中余氯含量超过 5 mg/L，应按比例增加抗坏血酸的加入量，余氯含量每增加 5 mg/L，则应多加入 25 mg 的抗坏血酸。样品采集后，应立即加入适量盐酸溶液，使样品 pH≤2，拧紧瓶盖，4℃以下冷藏，避光和密封保存。（2）当水样加盐酸溶液后有气泡产生，须重新采样，重新采集的样品不加盐酸溶液保存，样品标签上应注明未酸化。

【保存期】（1）14 d；（2）24 h。

【采样量】40 mL。

【容器洗涤】—

【检出限】全扫描模式：8 μg/L；离子选择扫描模式：1.1 μg/L。

【质量保证和质量控制】所有样品均采集平行双样。每批样品应至少做一个全程序空白：按照分析步骤，在实验室将一份实验用水放入样品瓶中密封，将其带到采样现场，与采样的样品瓶同时开盖和密封，之后随样品运回实验室。

地表水和污水监测技术规范（HJ/T 91—2002）

【适用范围】对江河、湖泊、水库和渠道的水质监测，包括控制断面以及污染源排放污水的监测。

【采样容器】硬质玻璃瓶。

【采样方法】—

【固定剂】盐酸+抗坏血酸。

【保存方法】用（1+10）盐酸调至 pH=2，加入 0.01～0.02 g 抗坏血酸除去残余氯，0～4℃冷藏避光保存。

【保存期】12 h。

【采样量】1 000 mL。

【容器洗涤】洗涤剂洗 1 次，自来水洗 3 次，蒸馏水洗 1 次。

【检出限】—

【质量保证和质量控制】—

水质　样品的保存和管理技术规定（HJ 493—2009）

【适用范围】天然水、生活污水及工业废水。

【采样容器】硬质玻璃瓶。

【采样方法】—

【固定剂】盐酸+抗坏血酸。

【保存方法】用（1+10）盐酸调至 pH≤2，加入 0.01～0.02 g 抗坏血酸除去残余氯，1～5℃避光保存。

【保存期】12 h。

【采样量】1 000 mL。

【容器洗涤】—

【检出限】—

【质量保证和质量控制】—

170. 反-1,2-二氯乙烯

水质 挥发性有机物的测定 吹扫捕集/气相色谱法（HJ 686—2014）

【适用范围】地表水、地下水、生活污水和工业废水中挥发性有机物的测定。

【采样容器】40 mL 棕色玻璃瓶，螺旋盖（带聚四氟乙烯涂层密封垫）。

【采样方法】样品采集时不需用水样荡洗。

【固定剂】（1）无余氯样品：盐酸溶液；（2）有余氯样品：抗坏血酸+盐酸。

【保存方法】无余氯样品：0.5 mL 盐酸溶液，4℃保存；有余氯样品：加入约 25 mg 抗坏血酸，再加 0.5 mL 盐酸溶液，4℃保存。

【保存期】14 d。

【采样量】40 mL。

【容器洗涤】采样瓶应在采样前充分清洗。

【检出限】0.1 μg/L。

【质量保证和质量控制】所有样品均采集平行双样，每批样品带一个全程序空白和一个运输空白。（1）空白分析。①运输空白。采样前在实验室将一份空白试剂水放入样品瓶中密封，将其带到现场。采样时使其瓶盖一直处于密封状态，随样品运回实验室，按与样品相同的分析步骤进行处理和测定，用于检查样品运输过程中是否受到污染。②全程序空白。采样前在实验室将一份空白试剂水放入样品瓶中密封，将其带到现场。与采样的样品瓶同时开盖和密封，随样品运回实验室，按与样品相同的分析步骤进行处理和测定，用于检查样品采集到分析全过程是否受到污染。如全程序空白中目标化合物高于检出限时，不能从样品结果中扣除空白值。应检查所有可能对全程序空白产生影响的环节，仔细查找干扰源。如果确实发现采样、运输或保存过程存在影响分析结果的干扰，需对出现问题批次的样品进行重新采样分析。（2）平行样品的测定。虽然每个样品均采集平行双样，一般每 10 个样品或每批次（少于 10 个样品/批）分析一个平行样，平行样品测定结果的相对偏差＜20%。

水质 挥发性有机物的测定 吹扫捕集/气相色谱-质谱法（HJ 639—2012）

【适用范围】海水、地下水、地表水、生活污水和工业废水。

【采样容器】40 mL 棕色玻璃瓶，具硅橡胶-聚四氟乙烯衬垫螺旋盖。

【采样方法】采样时不需用样品进行荡洗，水样在样品瓶中溢流而不留空间。取样时应尽量避免或减少样品在空气中暴露。

【固定剂】（1）抗坏血酸+盐酸；（2）—。

【保存方法】（1）每 40 mL 样品需加入 25 mg 的抗坏血酸；若样品中总余氯的量超过 5 mg/L，总余氯每超过 5 mg/L，需要多加 25 mg 的抗坏血酸。采样时，水样呈中性时向每个样品瓶中加入 0.5 mL 盐酸溶液，拧紧瓶盖；水样呈碱性时应加入适量盐酸溶液使样品 pH≤2。4℃保存。（2）当水样加盐酸溶液后产生大量气泡时，应弃去该样品，重新采集样品。重新采集的样品不应加盐酸溶液，样品标签上应注明未酸化。4℃保存。

【保存期】（1）14 d；（2）24 h。

【采样量】40 mL。

【容器洗涤】样品瓶应在采样前用甲醇清洗。

【检出限】全扫描模式：1.1 μg/L；离子选择扫描模式：0.3 μg/L。

【质量保证和质量控制】所有样品均采集平行双样。每批样品至少应采集一个运输空白和全程序空白样品。空白中目标化合物浓度应小于下列条件的最大值：（1）方法检出限；（2）相关环保标准限值的 5%；（3）样品分析结果的 5%。若空白试验未满足以上要求，则应采取措施排除污染并重新分析同批样品。

水质　挥发性有机物的测定　顶空/气相色谱-质谱法（HJ 810—2016）

【适用范围】地表水、地下水、生活污水、工业废水和海水。

【采样容器】40 mL 棕色玻璃瓶，具硅橡胶-聚四氟乙烯衬垫螺旋盖。

【采样方法】采集样品时，不宜用水样进行荡洗，应使水样在样品瓶中溢流且不留空间。

【固定剂】（1）抗坏血酸+盐酸；（2）—。

【保存方法】（1）若水样中含有余氯，采样前，应向 40 mL 棕色采样瓶中加入 25 mg 的抗坏血酸。若水样中余氯含量超过 5 mg/L，应按比例增加抗坏血酸的加入量，余氯含量每增加 5mg/L，则应多加入 25mg 的抗坏血酸。样品采集后，应立即加入适量盐酸溶液，使样品 pH≤2，拧紧瓶盖，4℃以下冷藏，避光和密封保存。（2）当水样加盐酸溶液后有气泡产生，须重新采样，重新采集的样品不加盐酸溶液保存，样品标签上应注明未酸化。

【保存期】（1）14 d；（2）24 h。

【采样量】40 mL。

【容器洗涤】—

【检出限】全扫描模式：4 μg/L；离子选择扫描模式：0.6 μg/L。

【质量保证和质量控制】所有样品均采集平行双样。每批样品应至少做一个全程序空白：按照分析步骤，在实验室将一份实验用水放入样品瓶中密封，将其带到采样现场，与采样的样品瓶同时开盖和密封，之后随样品运回实验室。

水质　挥发性卤代烃的测定　顶空气相色谱法（HJ 620—2011）

【适用范围】地表水、地下水、饮用水、海水、工业废水和生活污水。

【采样容器】具聚四氟乙烯衬垫和实心螺旋盖。

【采样方法】采样时样品沿瓶壁注入，防止气泡产生，水样充满后不留液上空间。

【固定剂】抗坏血酸或硫代硫酸钠。

【保存方法】如果水样含有余氯，向采样瓶中加入 0.3～0.5 g 抗坏血酸或硫代硫酸钠。水样采集后立即放入 4℃左右冷藏箱中保存。

【保存期】7 d。

【采样量】40 mL。

【容器洗涤】—

【检出限】2.52 μg/L。

【质量保证和质量控制】所有样品均采集平行样。平行样品，每分析一批（20 个）样品至少做 10%

的平行样品测定，平行样品相对偏差在 30%以内。

生活饮用水标准检验方法　有机物指标（6 吹脱捕集气相色谱法）（GB/T 5750.8—2006）

【适用范围】生活饮用水及其水源水。

【采样容器】玻璃瓶，具有用聚四氟乙烯薄膜包硅橡胶垫的螺旋盖。

【采样方法】水样至满瓶，密封。

【固定剂】（1+1）盐酸；有余氯样品：抗坏血酸。

【保存方法】水样中不含余氯可加 4 滴（1+1）盐酸；若含有余氯，采样时先加 40 mg 抗坏血酸，样品保存在 4℃冷藏。

【保存期】7 d。

【采样量】40 mL。

【容器洗涤】—

【检出限】0.02 μg/L。

【质量保证和质量控制】—

生活饮用水标准检验方法　有机物指标（附录 A 吹脱捕集/气相色谱-质谱法测定挥发性有机化合物）（GB/T 5750.8—2006）

【适用范围】测定生活饮用水及其水源水。

【采样容器】40 mL 棕色玻璃瓶附螺旋盖及聚四氟乙烯垫片。

【采样方法】采样时，使水样在瓶中溢流出而不留气泡；若从开放的水体中采样，先用 1 L 的广口瓶或烧杯从有代表性的区域中采样，再小心把水样从广口瓶或烧杯中倒入样品瓶中。

【固定剂】（1）无余氯样品：盐酸溶液；（2）有余氯样品：抗坏血酸+盐酸。

【保存方法】（1）不含余氯的样品和现场空白，每 40 mL 水样中加 4 滴 4 mol/L 的盐酸做固定剂。4℃保存。（2）含余氯的样品和现场空白，在样品瓶中先加入抗坏血酸（每 40 mL 水样中加 25 mg），待样品瓶中充满水样并溢流后，每 20 mL 样品中加入 1 滴 4 mol/L 盐酸调节样品 pH＜2。4℃保存。

【保存期】14 d。

【采样量】40 mL。

【容器洗涤】—

【检出限】0.06 μg/L。

【质量保证和质量控制】所有样品均采集平行样，每批样品要带一个现场空白。

地表水和污水监测技术规范（HJ/T 91—2002）

【适用范围】对江河、湖泊、水库和渠道的水质监测，包括控制断面以及污染源排放污水的监测。

【采样容器】硬质玻璃瓶。

【采样方法】—

【固定剂】盐酸+抗坏血酸。

【保存方法】用（1+10）盐酸调至 pH 值为 2，加入 0.01～0.02 g 抗坏血酸除去残余氯，0～4℃冷藏避光保存。

【保存期】12 h。

【采样量】1 000 mL。

【容器洗涤】洗涤剂洗 1 次，自来水洗 3 次，蒸馏水洗 1 次。

【检出限】—

【质量保证和质量控制】—

水质　样品的保存和管理技术规定（HJ 493—2009）

【适用范围】天然水、生活污水及工业废水。

【采样容器】硬质玻璃瓶。

【采样方法】—

【固定剂】盐酸+抗坏血酸。

【保存方法】用（1+10）盐酸调至 pH≤2，加入 0.01～0.02 g 抗坏血酸除去残余氯，1～5℃避光保存。

【保存期】12 h。

【采样量】1 000 mL。

【容器洗涤】—

【检出限】—

【质量保证和质量控制】—

171. 菲

水质　多环芳烃的测定　液液萃取和固相萃取高效液相色谱法（HJ 478—2009）

【适用范围】饮用水、地下水、地表水、海水、工业废水及生活污水。

【采样容器】具磨口塞的棕色玻璃细口瓶。

【采样方法】采样前不能用水样预洗采样瓶，以防止样品的沾染或吸附，采样瓶要完全注满，不留气泡。

【固定剂】有余氯水样：硫代硫酸钠。

【保存方法】若水中有残余氯存在，要在每升水中加入 80 g 硫代硫酸钠除氯，样品采集后应避光于 4℃冷藏。

【保存期】在 7 d 内萃取，萃取后 40 d 内分析完毕。

【采样量】1 000 mL 或 2 000 mL。

【容器洗涤】样品必须采集在预先洗净烘干的采样瓶中。

【检出限】荧光检测器：0.012 μg/L；紫外检测器：0.012 μg/L。

【质量保证和质量控制】—

水质　样品的保存和管理技术规定（HJ 493—2009）

【适用范围】天然水、生活污水及工业废水。

【采样容器】硬质玻璃瓶溶剂洗，带聚四氟乙烯瓶盖。

【采样方法】尽可能现场萃取，如果样品加氯，采样前 1 000 mL 样加 80 mg 五水硫代硫酸钠。

【固定剂】—

【保存方法】1～5℃冷藏。

【保存期】7 d。

【采样量】500 mL。

【容器洗涤】—

【检出限】—

【质量保证和质量控制】—

172. 环氧氯丙烷

水质 挥发性有机物的测定 吹扫捕集/气相色谱法（HJ 686—2014）

【适用范围】地表水、地下水、生活污水和工业废水中挥发性有机物的测定。

【采样容器】40 mL 棕色玻璃瓶，螺旋盖（带聚四氟乙烯涂层密封垫）。

【采样方法】样品采集时不需用水样荡洗。

【固定剂】（1）无余氯样品：盐酸溶液；（2）有余氯样品：抗坏血酸+盐酸。

【保存方法】无余氯样品：0.5 mL 盐酸溶液，4℃保存；有余氯样品：加入约 25 mg 抗坏血酸，再加 0.5 mL 盐酸溶液，4℃保存。

【保存期】14 d。

【采样量】40 mL。

【容器洗涤】采样瓶应在采样前充分清洗。

【检出限】0.5 μg/L。

【质量保证和质量控制】所有样品均采集平行双样，每批样品带一个全程序空白和一个运输空白。（1）空白分析。①运输空白。采样前在实验室将一份空白试剂水放入样品瓶中密封，将其带到现场。采样时使其瓶盖一直处于密封状态，随样品运回实验室，按与样品相同的分析步骤进行处理和测定，用于检查样品运输过程中是否受到污染。②全程序空白。采样前在实验室将一份空白试剂水放入样品瓶中密封，将其带到现场。与采样的样品瓶同时开盖和密封，随样品运回实验室，按与样品相同的分析步骤进行处理和测定，用于检查样品采集到分析全过程是否受到污染。如全程序空白中目标化合物高于检出限时，不能从样品结果中扣除空白值。应检查所有可能对全程序空白产生影响的环节，仔细查找干扰源。如果确实发现采样、运输或保存过程存在影响分析结果的干扰，需对出现问题批次的样品进行重新采样分析。（2）平行样品的测定。虽然每个样品均采集平行双样，一般每 10 个样品或每批次（少于 10 个样品/批）分析一个平行样，平行样品测定结果的相对偏差＜20%。

水质 挥发性有机物的测定 吹扫捕集/气相色谱-质谱法（HJ 639—2012）

【适用范围】海水、地下水、地表水、生活污水和工业废水。

【采样容器】40 mL 棕色玻璃瓶，具硅橡胶-聚四氟乙烯衬垫螺旋盖。

【采样方法】采样时不需用样品进行荡洗，水样在样品瓶中溢流而不留空间。取样时应尽量避免或减

少样品在空气中暴露。

【固定剂】（1）抗坏血酸+盐酸；（2）—。

【保存方法】（1）每 40 mL 样品需加入 25 mg 的抗坏血酸；若样品中总余氯的量超过 5 mg/L，总余氯每超过 5 mg/L，需要多加 25 mg 的抗坏血酸。采样时，水样呈中性时向每个样品瓶中加入 0.5 mL 盐酸溶液，拧紧瓶盖；水样呈碱性时应加入适量盐酸溶液使样品 pH≤2。4℃保存。（2）当水样加盐酸溶液后产生大量气泡时，应弃去该样品，重新采集样品。重新采集的样品不应加盐酸溶液，样品标签上应注明未酸化。4℃保存。

【保存期】（1）14 d；（2）24 h。

【采样量】40 mL。

【容器洗涤】样品瓶应在采样前用甲醇清洗。

【检出限】全扫描模式：5.0 μg/L；离子选择扫描模式：2.3 μg/L。

【质量保证和质量控制】所有样品均采集平行双样。每批样品至少应采集一个运输空白和全程序空白样品。空白中目标化合物浓度应小于下列条件的最大值：（1）方法检出限；（2）相关环保标准限值的 5%；（3）样品分析结果的 5%。若空白试验未满足以上要求，则应采取措施排除污染并重新分析同批样品。

生活饮用水标准检验方法　有机物指标（17.1 气相色谱法）（GB/T 5750.8—2006）

【适用范围】生活饮用水及其水源水。

【采样容器】具聚四氟乙烯薄膜，螺旋口瓶塞的细口玻璃瓶。

【采样方法】将中性水样注入采样瓶中，至近满，留出少许空隙，盖好瓶塞。

【固定剂】5 g/L 酚酞指示剂或 0.5 g/L 甲基橙+50g/L 氢氧化钠或（8+92）盐酸。

【保存方法】取 50 mL 水样，加 2 滴 5 g/L 酚酞指示剂或 2 滴 0.5 g/L 甲基橙指示剂，用 50 g/L 氢氧化钠或（8+92）盐酸调至中性。

【保存期】—

【采样量】500 mL。

【容器洗涤】—

【检出限】取 100 mL 水样：0.05 mg/L；取 250 mL 水样：0.02 mg/L。

【质量保证和质量控制】—

地表水和污水监测技术规范（HJ/T 91—2002）

【适用范围】对江河、湖泊、水库和渠道的水质监测，包括控制断面以及污染源排放污水的监测。

【采样容器】硬质玻璃瓶。

【采样方法】—

【固定剂】盐酸+抗坏血酸。

【保存方法】用（1+10）盐酸调至 pH=2，加入 0.01～0.02 g 抗坏血酸除去残余氯，0～4℃冷藏避光保存。

【保存期】12 h。

【采样量】1 000 mL。

【容器洗涤】洗涤剂洗 1 次，自来水洗 3 次，蒸馏水洗 1 次。

【检出限】—

【质量保证和质量控制】—

水质　样品的保存和管理技术规定（HJ 493—2009）

【适用范围】天然水、生活污水及工业废水。

【采样容器】硬质玻璃瓶。

【采样方法】—

【固定剂】盐酸+抗坏血酸。

【保存方法】用（1+10）盐酸调至 pH≤2，加入 0.01～0.02 g 抗坏血酸除去残余氯，1～5℃避光保存。

【保存期】12 h。

【采样量】1 000 mL。

【容器洗涤】—

【检出限】—

【质量保证和质量控制】—

173. 环氧七氯

水质　有机氯农药和氯苯类化合物的测定　气相色谱-质谱法（HJ 699—2014）

【适用范围】地表水、地下水、生活污水、工业废水和海水。

【采样容器】玻璃塞的棕色磨口瓶或具有聚四氟乙烯衬垫的棕色螺口玻璃瓶。

【采样方法】—

【固定剂】（1+1）盐酸。

【保存方法】样品采集后立即用（1+1）盐酸溶液调至 pH＜2，4℃下保存。

【保存期】7 d 内完成萃取，萃取液在 40 d 内完成分析。

【采样量】—

【容器洗涤】—

【检出限】液液萃取：0.040 μg/L；固相萃取：0.026 μg/L。

【质量保证和质量控制】空白试验：每批样品至少做一个空白试验，即全程序空白试验。如果目标化合物有检出，应查明原因。

地表水和污水监测技术规范（HJ/T 91—2002）

【适用范围】对江河、湖泊、水库和渠道的水质监测。

【采样容器】硬质玻璃瓶。

【采样方法】—

【固定剂】抗坏血酸。

【保存方法】加入 0.01～0.02 g 抗坏血酸除去残余氯，0～4℃冷藏避光保存。

【保存期】24 h。

【采样量】1 000 mL。

【容器洗涤】洗涤剂洗 1 次，自来水洗 3 次，蒸馏水洗 1 次。

【检出限】—

【质量保证和质量控制】—

水质　样品的保存和管理技术规定（HJ 493—2009）

【适用范围】天然水、生活污水及工业废水。

【采样容器】硬质玻璃瓶（带聚四氟乙烯瓶盖）。

【采样方法】不能用水样冲洗采样容器，不能使水样充满容器。

【固定剂】—

【保存方法】1～5℃冷藏保存。

【保存期】萃取应在采样后 24 h 内完成，萃取液可保存 5 d。

【采样量】1 000～3 000 mL。

【容器洗涤】—

【检出限】—

【质量保证和质量控制】—

174. 黄磷

水质　黄磷的测定　气相色谱法（HJ 701—2014）

【适用范围】地表水、地下水、生活污水和工业废水。

【采样容器】棕色玻璃瓶。

【采样方法】采集样品时，应将样品沿样品瓶壁缓慢流入，盖紧瓶盖并倒置检查瓶内是否存在气泡，若有气泡，应重新采集。

【固定剂】—

【保存方法】4℃下避光保存。

【保存期】7 d。

【采样量】500 mL。

【容器洗涤】—

【检出限】氮磷检测器：0.04 μg/L；火焰光度检测器：0.1 μg/L。

【质量保证和质量控制】全程序空白：每批（或 20 个）样品应至少做一个全程序空白。若全程序空白中目标化合物浓度高于检出限，不应从样品结果中扣除空白值，应检查所有可能对全程序空白产生影响的环节，仔细查找干扰源，重新采样分析。

175. 挥发酚

水质　挥发酚的测定　4-氨基安替比林分光光度法（HJ 503—2009）

【适用范围】地表水、地下水、饮用水、工业废水和生活污水。

【采样容器】硬质玻璃瓶。

【采样方法】—

【固定剂】磷酸。

【保存方法】加磷酸酸化至 pH 约 4.0，并加硫酸铜，4℃以下冷藏。

【保存期】24 h 内进行测定。

【采样量】500 mL。

【容器洗涤】—

【检出限】萃取分光光度法：0.000 3 mg/L；直接分光光度法：0.01 mg/L。

【质量保证和质量控制】—

【结果表示】当结果<0.1 mg/L 时，保留到小数点后四位；≥0.1 mg/L 时，保留三位有效数字。当结果<1 mg/L 时，保留到小数点后三位；≥1 mg/L 时，保留三位有效数字。

水质　挥发酚的测定　流动注射-4-氨基安替比林分光光度法（HJ 825—2017）

【适用范围】地表水、地下水、生活污水和工业废水。

【采样容器】玻璃瓶。

【采样方法】—

【固定剂】磷酸。

【保存方法】加磷酸调 pH 至 2，或用 0.01～0.02 g 抗坏血酸除去残余氯。用氢氧化钠固定，使样品 pH≥12，4℃冷藏，避光保存。

【保存期】24 h。

【采样量】—

【容器洗涤】—

【检出限】0.002 mg/L。

【质量保证和质量控制】每批样品至少测定一个全程序空白，空白值不得超过方法测定下限。否则应查明原因，重新分析直至合格后才能测定样品。

【结果表示】当结果<1.00 mg/L 时，结果保留至小数点后三位；≥1.00 mg/L 时，结果保留三位有效数字。

176. 挥发性石油烃

水质　挥发性石油烃（C_6～C_9）的测定　吹扫捕集/气相色谱法（HJ 893—2017）

【适用范围】地表水、地下水、海水、生活污水和工业废水。

【采样容器】40 mL 棕色玻璃瓶，具硅橡胶-聚四氟乙烯衬垫螺旋盖。

【采样方法】采集样品时，水样在瓶中溢流而不留气泡。

【固定剂】抗坏血酸+磷酸。

【保存方法】采样前，需加入 0.3 g 抗坏血酸于样品瓶中，采集样品再加入数滴（1+9）磷酸溶液，使样品 pH≤2，置于 4℃避光冷藏保存。

【保存期】3 d。

【采样量】40 mL。

【容器洗涤】—

【检出限】当取样量 10.0 mL 时：0.02 mg/L；当取样量 20.0 mL 时：0.01 mg/L。

【质量保证和质量控制】（1）空白分析：全程序空白中目标化合物测定结果应低于方法检出限。

（2）平行样品的测定：每个样品均应采集平行双样。平行样品相对偏差≤20%。

水质　可萃取性石油烃（C_{10}～C_{40}）的测定　气相色谱法（HJ 894—2017）

【适用范围】地表水、地下水、生活污水、工业废水和海水。

【采样容器】具磨口塞的棕色玻璃瓶。

【采样方法】—

【固定剂】（1+1）盐酸。

【保存方法】加入（1+1）盐酸溶液酸化至 pH≤2，4℃保存。

【保存期】14 d 内完成萃取，40 d 内分析。

【采样量】1 000 mL。

【容器洗涤】—

【检出限】0.01 mg/L。

【质量保证和质量控制】—

177. 混杀威

水质　氨基甲酸酯类农药的测定　超高效液相色谱-三重四极杆质谱法（HJ 827—2017）

【适用范围】地表水、地下水、生活污水和工业废水。

【采样容器】磨口棕色玻璃瓶。

【采样方法】采样瓶要完全注满不留气泡。

【固定剂】（1+1）硫酸或 0.4 g/mL 氢氧化钠。

【保存方法】用（1+1）硫酸或 0.4 g/mL 氢氧化钠调节水样为中性，水样 4℃以下冷藏避光保存。

【保存期】3 d。

【采样量】250 mL。

【容器洗涤】—

【检出限】直接进样：0.3 μg/L；固相萃取：0.007 μg/L。

【质量保证和质量控制】—

水质　样品的保存和管理技术规定（HJ 493—2009）

【适用范围】天然水、生活污水及工业废水。

【采样容器】（1）硬质玻璃瓶，溶剂洗；（2）聚乙烯瓶（桶）。

【采样方法】—

【固定剂】如果样品被加氯，每 1 000 mL 水加 80 mg 五水硫代硫酸钠。

【保存方法】（1）1～5℃；（2）−20℃冷冻。

【保存期】（1）14 d；（2）1 个月。

【采样量】1 000 mL。

【容器洗涤】—

【检出限】—

【质量保证和质量控制】—

178. 甲拌磷

水、土中有机磷农药测定的气相色谱法（GB/T 14552—2003）

【适用范围】地面水、地下水及土壤中有机磷农药。

【采样容器】磨口玻璃瓶。

【采样方法】先用水样冲洗样品 2～3 次。

【固定剂】—

【保存方法】4℃冷藏保存。

【保存期】—

【采样量】1 000 mL。

【容器洗涤】—

【检出限】0.960 0×10^{-4} mg/L。

【质量保证和质量控制】—

地表水和污水监测技术规范（HJ/T 91—2002）

【适用范围】对江河、湖泊、水库和渠道的水质监测。

【采样容器】硬质玻璃瓶。

【采样方法】—

【固定剂】抗坏血酸。

【保存方法】加入 0.01～0.02 g 抗坏血酸除去残余氯，0～4℃冷藏避光保存。

【保存期】24 h。

【采样量】1 000 mL。

【容器洗涤】洗涤剂洗 1 次，自来水洗 3 次，蒸馏水洗 1 次。

【检出限】—

【质量保证和质量控制】—

水质　样品的保存和管理技术规定（HJ 493—2009）

【适用范围】天然水、生活污水及工业废水。

【采样容器】硬质玻璃瓶（带聚四氟乙烯瓶盖）。

【采样方法】不能用水样冲洗采样容器，不能使水样充满容器。

【固定剂】—

【保存方法】1～5℃冷藏。

【保存期】萃取应在采样后 24 h 内完成，萃取液 5 d。

【采样量】1 000～3 000 mL。

【容器洗涤】—

【检出限】—

【质量保证和质量控制】—

179. 甲苯

水质　苯系物的测定　顶空/气相色谱法（HJ 1067—2019）

【适用范围】工业废水及地表水。

【采样容器】玻璃瓶采集样品。

【采样方法】样品应充满瓶子，并加盖瓶子。

【固定剂】—

【保存方法】应尽快分析，如不能及时分析，在 4℃冷藏保存。

【保存期】14 d。

【采样量】—

【容器洗涤】—

【检出限】0.05 mg/L。

【质量保证和质量控制】—

水质　挥发性有机物的测定　吹扫捕集/气相色谱法（HJ 686—2014）

【适用范围】地表水、地下水、生活污水和工业废水中挥发性有机物的测定。

【采样容器】40 mL 棕色玻璃瓶，螺旋盖（带聚四氟乙烯涂层密封垫）。

【采样方法】样品采集时不需用水样荡洗。

【固定剂】（1）无余氯样品：盐酸溶液；（2）有余氯样品：抗坏血酸+盐酸。

【保存方法】无余氯样品：0.5 mL 盐酸溶液，4℃保存；有余氯样品：加入约 25 mg 抗坏血酸，再加 0.5 mL 盐酸溶液，4℃保存。

【保存期】14 d。

【采样量】40 mL。

【容器洗涤】采样瓶应在采样前充分清洗。

【检出限】0.5 μg/L。

【质量保证和质量控制】所有样品均采集平行双样，每批样品带一个全程序空白和一个运输空白。（1）空白分析。①运输空白。采样前在实验室将一份空白试剂水放入样品瓶中密封，将其带到现场。采样时使其瓶盖一直处于密封状态，随样品运回实验室，按与样品相同的分析步骤进行处理和测定，用于检查样品运输过程中是否受到污染。②全程序空白。采样前在实验室将一份空白试剂水放入样品瓶中密封，将其带到现场。与采样的样品瓶同时开盖和密封，随样品运回实验室，按与样品相同的分析步骤进行处理和测定，用于检查样品采集到分析全过程是否受到污染。如全程序空白中目标化合物高于检出限时，不能从样品结果中扣除空白值。应检查所有可能对全程序空白产生影响的环节，仔细查找干扰源。如果确实发现采样、运输或保存过程存在影响分析结果的干扰，需对出现问题批次的样品进行重新采样分析。（2）平行样品的测定。虽然每个样品均采集平行双样，一般每 10 个样品或每批次（少于 10 个样品/批）分析一个平行样，平行样品测定结果的相对偏差＜20%。

水质　挥发性有机物的测定　吹扫捕集/气相色谱-质谱法（HJ 639—2012）

【适用范围】海水、地下水、地表水、生活污水和工业废水。

【采样容器】40 mL 棕色玻璃瓶，具硅橡胶-聚四氟乙烯衬垫螺旋盖。

【采样方法】采样时不需用样品进行荡洗，水样在样品瓶中溢流而不留空间。取样时应尽量避免或减少样品在空气中暴露。

【固定剂】（1）抗坏血酸+盐酸；（2）—。

【保存方法】（1）每 40 mL 样品需加入 25 mg 的抗坏血酸；若样品中总余氯的量超过 5 mg/L，总余氯每超过 5 mg/L，需要多加 25 mg 的抗坏血酸。采样时，水样呈中性时向每个样品瓶中加入 0.5 mL 盐酸溶液，拧紧瓶盖；水样呈碱性时应加入适量盐酸溶液使样品 pH≤2。4℃保存。（2）当水样加盐酸溶液后产生大量气泡时，应弃去该样品，重新采集样品。重新采集的样品不应加盐酸溶液，样品标签上应注明未酸化。4℃保存。

【保存期】（1）14 d；（2）24 h。

【采样量】40 mL。

【容器洗涤】样品瓶应在采样前用甲醇清洗。

【检出限】全扫描模式：1.4 μg/L；离子选择扫描模式：0.3 μg/L。

【质量保证和质量控制】所有样品均采集平行双样。每批样品至少应采集一个运输空白和全程序空白样品。空白中目标化合物浓度应小于下列条件的最大值：（1）方法检出限；（2）相关环保标准限值的 5%；（3）样品分析结果的 5%。若空白试验未满足以上要求，则应采取措施排除污染并重新分析同批样品。

水质　挥发性有机物的测定　顶空/气相色谱-质谱法（HJ 810—2016）

【适用范围】地表水、地下水、生活污水、工业废水和海水。

【采样容器】40 mL 棕色玻璃瓶，具硅橡胶-聚四氟乙烯衬垫螺旋盖。

【采样方法】采集样品时，不宜用水样进行荡洗，应使水样在样品瓶中溢流且不留空间。

【固定剂】（1）抗坏血酸+盐酸；（2）—。

【保存方法】（1）若水样中含有余氯，采样前，应向 40 mL 棕色采样瓶中加入 25 mg 的抗坏血酸。若水样中余氯含量超过 5 mg/L，应按比例增加抗坏血酸的加入量，余氯含量每增加 5 mg/L，则应多加入 25 mg 的抗坏血酸。样品采集后，应立即加入适量盐酸溶液，使样品 pH≤2，拧紧瓶盖，4℃以下冷藏，避光和密封保存。（2）当水样加盐酸溶液后有气泡产生，须重新采样，重新采集的样品不加盐酸溶液保存，样品标签上应注明未酸化。

【保存期】（1）14 d；（2）24 h。

【采样量】40 mL。

【容器洗涤】—

【检出限】全扫描模式：3 μg/L；离子选择扫描模式：1.0 μg/L。

【质量保证和质量控制】所有样品均采集平行双样。每批样品应至少做一个全程序空白：按照分析步骤，在实验室将一份实验用水放入样品瓶中密封，将其带到采样现场，与采样的样品瓶同时开盖和密封，之后随样品运回实验室。

生活饮用水标准检验方法　有机物指标（18.1 溶剂萃取-填充柱气相色谱法）（GB/T 5750.8—2006）

【适用范围】测定生活饮用水及其水源水。

【采样容器】磨口玻璃瓶。

【采样方法】—

【固定剂】—

【保存方法】低温保存。

【保存期】—

【采样量】—

【容器洗涤】—

【检出限】—

【质量保证和质量控制】—

生活饮用水标准检验方法　有机物指标（18.2 溶剂萃取-毛细管柱气相色谱法）（GB/T 5750.8—2006）

【适用范围】测定生活饮用水及其水源水。

【采样容器】磨口玻璃瓶。

【采样方法】—

【固定剂】—

【保存方法】低温保存。

【保存期】—

【采样量】—

【容器洗涤】—

【检出限】0.006 mg/L。

【质量保证和质量控制】—

生活饮用水标准检验方法　有机物指标（18.3 顶空-填充柱气相色谱法）（GB/T 5750.8—2006）

【适用范围】测定生活饮用水及其水源水。

【采样容器】顶空瓶。

【采样方法】采集水样至充满瓶，用包有铝箔（或聚四氟乙烯膜）的翻口胶塞封好。

【固定剂】—

【保存方法】冷藏保存。

【保存期】—

【采样量】100 mL。

【容器洗涤】—

【检出限】1.0 μg/L。

【质量保证和质量控制】—

生活饮用水标准检验方法　有机物指标（18.4 顶空-毛细管柱气相色谱法）（GB/T 5750.8—2006）

【适用范围】测定生活饮用水及其水源水。

【采样容器】有聚四氟膜的硅橡胶垫和塑料螺旋帽密封，使用前在 120℃烘烤 2 h。

【采样方法】采集水样至充满瓶。

【固定剂】—

【保存方法】密封低温保存。

【保存期】—

【采样量】40 mL。

【容器洗涤】—

【检出限】1 μg/L。

【质量保证和质量控制】—

生活饮用水标准检验方法　有机物指标（附录 A 吹脱捕集/气相色谱-质谱法测定挥发性有机化合物）（GB/T 5750.8—2006）

【适用范围】测定生活饮用水及其水源水。

【采样容器】40 mL 棕色玻璃瓶附螺旋盖及聚四氟乙烯垫片。

【采样方法】采样时，使水样在瓶中溢流出而不留气泡；若从开放的水体中采样，先用 1 L 的广口瓶或烧杯从有代表性的区域中采样，再小心把水样从广口瓶或烧杯中倒入样品瓶中。

【固定剂】（1）无余氯样品：盐酸溶液；（2）有余氯样品：抗坏血酸+盐酸。

【保存方法】（1）不含余氯的样品和现场空白，每 40 mL 水样中加 4 滴 4 mol/L 的盐酸做固定剂。4℃保存。（2）含余氯的样品和现场空白，在样品瓶中先加入抗坏血酸（每 40 mL 水样中加 25 mg），待样品瓶中充满水样并溢流后，每 20 mL 样品中加入 1 滴 4 mol/L 盐酸调节样品 pH＜2。4℃保存。

【保存期】14 d。

【采样量】40 mL。

【容器洗涤】—

【检出限】0.11 μg/L。

【质量保证和质量控制】所有样品均采集平行样，每批样品要带一个现场空白。

地表水和污水监测技术规范（HJ/T 91—2002）

【适用范围】对江河、湖泊、水库和渠道的水质监测，包括控制断面以及污染源排放污水的监测。

【采样容器】硬质玻璃瓶。

【采样方法】—

【固定剂】盐酸+抗坏血酸。

【保存方法】用（1+10）盐酸调至 pH=2，加入 0.01～0.02 g 抗坏血酸除去残余氯，0～4℃冷藏避光保存。

【保存期】12 h。

【采样量】1 000 mL。

【容器洗涤】洗涤剂洗 1 次，自来水洗 3 次，蒸馏水洗 1 次。

【检出限】—

【质量保证和质量控制】—

水质　样品的保存和管理技术规定（HJ 493—2009）

【适用范围】天然水、生活污水及工业废水。

【采样容器】硬质玻璃瓶。

【采样方法】—

【固定剂】盐酸+抗坏血酸。

【保存方法】用（1+10）盐酸调至 pH≤2，加入 0.01～0.02 g 抗坏血酸除去残余氯，1～5℃避光保存。

【保存期】12 h。

【采样量】1 000 mL。

【容器洗涤】—

【检出限】—

【质量保证和质量控制】—

180. 甲醇

水质　甲醇和丙酮的测定　顶空/气相色谱法（HJ 895—2017）

【适用范围】地表水、地下水、工业废水、生活污水和海水。

【采样容器】40 mL 棕色玻璃瓶，具硅橡胶-聚四氟乙烯衬垫螺旋盖。

【采样方法】采集样品时，不得用样品进行荡洗，应使样品在采样瓶中溢流且不留空间，取样时应尽量避免或减少样品在空气中暴露。

【固定剂】样品中含有余氯：抗坏血酸。

【保存方法】样品中含有余氯，采样前，应向采样瓶中加 25 mg 抗坏血酸，若余氯含量超过 5 mg/L，余氯含量每增加 5 mg/L，应多加入 25 mg 抗坏血酸。样品采集后立即加入适量（1+1）盐酸，使样品 pH≤2，4℃以下冷藏，避光和密封保存。

【保存期】14 d。

【采样量】40 mL。

【容器洗涤】—

【检出限】0.2 mg/L。

【质量保证和质量控制】（1）空白分析：每批样品至少做一个全程序空白，其测定结果不得超过方法检出限。（2）平行样品的测定：每个样品均应采集平行双样。平行样品相对偏差≤20%。

181. 甲磺隆

水质　磺酰脲类农药的测定　高效液相色谱法（HJ 1018—2019）

【适用范围】地表水、地下水、生活污水和工业废水。

【采样容器】具磨口塞的棕色细口玻璃瓶或带聚四氟乙烯衬垫的棕色螺纹口玻璃瓶。

【采样方法】采集样品时，应使样品充满采样瓶，不留液上空间。

【固定剂】磷酸、氢氧化钠；硫代硫酸钠（含有余氯的水样）。

【保存方法】用磷酸或氢氧化钠溶液调节样品 pH 值为 7～9。对于含有余氯的水样，需向水样中加入硫代硫酸钠，使水样中硫代硫酸钠的浓度为 80 mg/L。采集的样品应在 4℃以下冷藏，避光保存。

【保存期】2 d 萃取完毕，萃取液应 8 d 内分析完毕。

【采样量】1 000 mL。

【容器洗涤】—

【检出限】直接进样：0.006 mg/L；液液萃取：0.06 μg/L；固相萃取：0.09 μg/L。

【质量保证和质量控制】—

182. 甲基对硫磷

水质 有机磷农药的测定 气相色谱法（GB 13192—1991）

【适用范围】地面水、地下水及工业废水。

【采样容器】玻璃磨口瓶。

【采样方法】在采样前用水样将取样瓶冲洗 2～3 次。

【固定剂】—

【保存方法】弱酸性状态下保存，在 4℃冷藏箱中保存。

【保存期】3 d。

【采样量】1 000 mL。

【容器洗涤】—

【检出限】2.8×10^{-9} g。

【质量保证和质量控制】—

生活饮用水标准检验方法 农药指标（4.2 毛细管柱气相色谱法）（GB/T 5750.9—2006）

【适用范围】生活饮用水、水源水。

【采样容器】硬质磨口玻璃瓶。

【采样方法】—

【固定剂】—

【保存方法】冷藏保存。

【保存期】24 h。

【采样量】—

【容器洗涤】—

【检出限】0.1 μg/L。

【质量保证和质量控制】—

水、土中有机磷农药测定的气相色谱法（GB/T 14552—2003）

【适用范围】地面水、地下水及土壤中有机磷农药。

【采样容器】磨口玻璃瓶。

【采样方法】先用水样冲洗样品 2～3 次。

【固定剂】—

【保存方法】在 4℃冷藏保存。

【保存期】—

【采样量】1 000 mL。

【容器洗涤】—

【检出限】0.189 3×10^{-3} mg/L。

【质量保证和质量控制】—

地表水和污水监测技术规范（HJ/T 91—2002）

【适用范围】对江河、湖泊、水库和渠道的水质监测。

【采样容器】硬质玻璃瓶。

【采样方法】—

【固定剂】抗坏血酸。

【保存方法】加入 0.01～0.02 g 抗坏血酸除去残余氯，0～4℃冷藏避光保存。

【保存期】24 h。

【采样量】1 000 mL。

【容器洗涤】洗涤剂洗 1 次，自来水洗 3 次，蒸馏水洗 1 次。

【检出限】—

【质量保证和质量控制】—

水质　样品的保存和管理技术规定（HJ 493—2009）

【适用范围】天然水、生活污水及工业废水。

【采样容器】硬质玻璃瓶（带聚四氟乙烯瓶盖）或塑料容器（适用于草甘膦）。

【采样方法】不能用水样冲洗采样容器，不能使水样充满容器。

【固定剂】—

【保存方法】1～5℃冷藏保存。

【保存期】萃取应在采样后 24 h 内完成，萃取液可保存 5 d。

【采样量】1 000～3 000 mL。

【容器洗涤】—

【检出限】—

【质量保证和质量控制】—

183. 甲基汞

环境甲基汞的测定　气相色谱法（GB/T 17132—1997）

【适用范围】地面水、生活饮用水、生活污水、工业废水、沉积物、鱼体及人发和人尿中甲基汞含量的测定。

【采样容器】聚乙烯塑料桶。

【采样方法】—

【固定剂】0.01 g/mL 硫酸铜+2 mol/L 盐酸。

【保存方法】每升水样加硫酸铜溶液 1 mL，水样用盐酸和氢氧化钠调至 pH=3，水样于 4℃且 pH=3 条件下保存。

【保存期】12 h。

【采样量】10 000 mL。

【容器洗涤】—

【检出限】0.01 ng/L。

【质量保证和质量控制】—

水质　烷基汞的测定　气相色谱法（GB/T 14204—1993）

【适用范围】地面水及污水。

【采样容器】塑料桶。

【采样方法】—

【固定剂】在数小时内样品不能进行分析：硫酸铜。

【保存方法】如在数小时内样品不能进行分析，应在采样瓶中预先加入硫酸铜，加入量为每升 1 g，水样在 2～5℃条件下贮存。

【保存期】—

【采样量】2 500 mL。

【容器洗涤】—

【检出限】10 ng/L。

【质量保证和质量控制】—

水质　烷基汞的测定　吹扫捕集/气相色谱-冷原子荧光光谱法（HJ 977—2018）

【适用范围】地表水、地下水、生活污水、工业废水和海水。

【采样容器】具螺口的高密度聚乙烯瓶、硼硅玻璃瓶或氟化聚乙烯瓶。

【采样方法】—

【固定剂】盐酸+饱和硫酸铜。

【保存方法】每升样品加入 4 mL 盐酸，样品 pH 值应在 1～2，加入 2 mL 饱和硫酸铜溶液，摇匀，用聚乙烯袋密封采样瓶，置于 4℃以下避光冷藏保存。

【保存期】8 d。

【采样量】500 mL 或 1 000 mL。

【容器洗涤】—

【检出限】0.02 ng/L。

【质量保证和质量控制】—

184. 甲嘧磺隆

水质 磺酰脲类农药的测定 高效液相色谱法（HJ 1018—2019）

【适用范围】地表水、地下水、生活污水和工业废水。

【采样容器】具磨口塞的棕色细口玻璃瓶或带聚四氟乙烯衬垫的棕色螺纹口玻璃瓶。

【采样方法】采集样品时，应使样品充满采样瓶，不留液上空间。

【固定剂】磷酸、氢氧化钠；有余氯水样：硫代硫酸钠。

【保存方法】如果样品 pH 值不在 7～9，用磷酸或氢氧化钠溶液调节样品 pH 值至 7～9。对于含有余氯的水样，需向水样中加入硫代硫酸钠，使水样中硫代硫酸钠的浓度为 80 mg/L。采集的样品应在 4℃以下冷藏，避光保存。

【保存期】2 d 萃取完毕，萃取液应 8 d 内分析完毕。

【采样量】1 000 mL。

【容器洗涤】—

【检出限】直接进样：0.006 mg/L；液液萃取：0.06 μg/L；固相萃取：0.07 μg/L。

【质量保证和质量控制】—

185. 甲萘威

水质 氨基甲酸酯类农药的测定 超高效液相色谱-三重四极杆质谱法（HJ 827—2017）

【适用范围】地表水、地下水、生活污水和工业废水。

【采样容器】磨口棕色玻璃瓶。

【采样方法】采样瓶要完全注满不留气泡。

【固定剂】（1+1）硫酸或 0.4 g/mL 氢氧化钠。

【保存方法】用（1+1）硫酸或 0.4 g/mL 氢氧化钠调节水样为中性，水样 4℃以下冷藏避光保存。

【保存期】7 d。

【采样量】250 mL。

【容器洗涤】—

【检出限】直接进样：0.3 μg/L；固相萃取：0.010 μg/L。

【质量保证和质量控制】—

生活饮用水标准检验方法 农药指标（10.1 高效液相色谱法-紫外检测器）（GB/T 5750.9—2006）

【适用范围】生活饮用水及其水源水。

【采样容器】玻璃磨口瓶。

【采样方法】—

【固定剂】磷酸。

【保存方法】滴加磷酸调至 pH 值为 3。

【保存期】—

【采样量】—

【容器洗涤】—

【检出限】0.01 mg/L。

【质量保证和质量控制】—

生活饮用水标准检验方法　农药指标（15.1 高效液相色谱法）（GB/T 5750.9—2006）

【适用范围】生活饮用水及其水源水。

【采样容器】具螺旋盖聚丙烯瓶，也可用聚乙烯瓶或玻璃容量器。

【采样方法】—

【固定剂】有余氯时：硫代硫酸钠。

【保存方法】当有余氯存在时，加入硫代硫酸钠，使硫代硫酸钠在水样中浓度到 80 mg/L，并摇匀。

【保存期】—

【采样量】500 mL。

【容器洗涤】—

【检出限】0.125 μg/L。

【质量保证和质量控制】—

186. 甲氰菊酯

水质　百菌清及拟除虫菊酯类农药的测定　气相色谱-质谱法（HJ 753—2015）

【适用范围】地表水、地下水、工业废水和生活污水。

【采样容器】具磨口塞的棕色玻璃细口瓶。

【采样方法】—

【固定剂】—

【保存方法】4℃保存。

【保存期】7 d 内完成萃取。

【采样量】1 000 mL 或 2 000 mL。

【容器洗涤】—

【检出限】液液萃取：0.005 μg/L；固相萃取：0.007 μg/L。

【质量保证和质量控制】—

地表水和污水监测技术规范（HJ/T 91—2002）

【适用范围】对江河、湖泊、水库和渠道的水质监测。

【采样容器】硬质玻璃瓶。

【采样方法】—

【固定剂】抗坏血酸。

【保存方法】加入 0.01～0.02 g 抗坏血酸除去残余氯，0～4℃冷藏避光保存。

【保存期】24 h。

【采样量】1 000 mL。

【容器洗涤】洗涤剂洗 1 次，自来水洗 3 次，蒸馏水洗 1 次。

【检出限】—

【质量保证和质量控制】—

水质　样品的保存和管理技术规定（HJ 493—2009）

【适用范围】天然水、生活污水及工业废水。

【采样容器】硬质玻璃瓶（带聚四氟乙烯瓶盖）。

【采样方法】不能用水样冲洗采样容器，不能使水样充满容器。

【固定剂】—

【保存方法】1～5℃冷藏保存。

【保存期】萃取应在采样后 24 h 内完成，萃取液可保存 5 d。

【采样量】1 000～3 000 mL。

【容器洗涤】—

【检出限】—

【质量保证和质量控制】—

187. 甲醛

水质　甲醛的测定　乙酰丙酮分光光度法（HJ 601—2011）

【适用范围】地表水、地下水和工业废水。

【采样容器】聚乙烯瓶或硬质玻璃瓶。

【采样方法】采集时应使水样从瓶口溢出后盖上瓶塞塞紧。

【固定剂】硫酸。

【保存方法】加硫酸酸化至 pH≤2。

【保存期】24 h。

【采样量】—

【容器洗涤】—

【检出限】0.05 mg/L。

【质量保证和质量控制】每批样品至少测定一个全程序空白，要求空白值不得超过方法检出限。条件允许时，采集现场空白样作为现场样的质量控制样，评价采样过程环境、运输对水样的影响。

生活饮用水标准检验方法　消毒副产物指标［6.1　4-氨基-3-联氨-5-巯基-1,2,4-三氮杂茂（AHMT）分光光度法］（GB/T 5750.10—2006）

【适用范围】生活饮用水及其水源水。

【采样容器】玻璃瓶。

【采样方法】采集时应使水样从瓶口溢出后盖上瓶塞塞紧。

【固定剂】硫酸。

【保存方法】每升水样中加 1 mL 硫酸。

【保存期】24 h。

【采样量】—

【容器洗涤】—

【检出限】0.05 mg/L。

【质量保证和质量控制】—

188. 甲氧滴滴涕

水质　有机氯农药和氯苯类化合物的测定　气相色谱-质谱法（HJ 699—2014）

【适用范围】地表水、地下水、生活污水、工业废水和海水。

【采样容器】玻璃塞的棕色磨口瓶或具有聚四氟乙烯衬垫的棕色螺口玻璃瓶。

【采样方法】—

【固定剂】（1+1）盐酸。

【保存方法】样品采集后立即用（1+1）盐酸溶液调至 pH＜2，4℃下保存。

【保存期】7 d 内完成萃取，萃取液在 40 d 内完成分析。

【采样量】—

【容器洗涤】—

【检出限】液液萃取：0.039 μg/L；固相萃取：0.065 μg/L。

【质量保证和质量控制】空白试验：每批样品至少做一个空白试验，即全程序空白试验。如果目标化合物有检出，应查明原因。

地表水和污水监测技术规范（HJ/T 91—2002）

【适用范围】对江河、湖泊、水库和渠道的水质监测。

【采样容器】硬质玻璃瓶。

【采样方法】—

【固定剂】抗坏血酸。

【保存方法】加入 0.01～0.02 g 抗坏血酸除去残余氯，0～4℃冷藏避光保存。

【保存期】24 h。

【采样量】1 000 mL。

【容器洗涤】洗涤剂洗 1 次，自来水洗 3 次，蒸馏水洗 1 次。

【检出限】—

【质量保证和质量控制】—

水质　样品的保存和管理技术规定（HJ 493—2009）

【适用范围】天然水、生活污水及工业废水。

【采样容器】硬质玻璃瓶（带聚四氟乙烯瓶盖）。

【采样方法】不能用水样冲洗采样容器，不能使水样充满容器。

【固定剂】—

【保存方法】1～5℃冷藏保存。

【保存期】萃取应在采样后 24 h 内完成，萃取液可保存 5 d。

【采样量】1 000～3 000 mL。

【容器洗涤】—

【检出限】—

【质量保证和质量控制】—

189. 间二甲苯

水质　挥发性有机物的测定　吹扫捕集/气相色谱-质谱法（HJ 639—2012）

【适用范围】海水、地下水、地表水、生活污水和工业废水。

【采样容器】40 mL 棕色玻璃瓶，具硅橡胶-聚四氟乙烯衬垫螺旋盖。

【采样方法】采样时不需用样品进行荡洗，水样在样品瓶中溢流而不留空间。取样时应尽量避免或减少样品在空气中暴露。

【固定剂】（1）抗坏血酸+盐酸；（2）—。

【保存方法】（1）每 40 mL 样品需加入 25 mg 的抗坏血酸；若样品中总余氯的量超过 5 mg/L，总余氯每超过 5mg/L，需要多加 25 mg 的抗坏血酸。采样时，水样呈中性时向每个样品瓶中加入 0.5 mL 盐酸溶液，拧紧瓶盖；水样呈碱性时应加入适量盐酸溶液使样品 pH≤2。4℃保存。（2）当水样加盐酸溶液后产生大量气泡时，应弃去该样品，重新采集样品。重新采集的样品不应加盐酸溶液，样品标签上应注明未酸化。4℃保存。

【保存期】（1）14 d；（2）24 h。

【采样量】40 mL。

【容器洗涤】样品瓶应在采样前用甲醇清洗。

【检出限】全扫描模式：2.2 μg/L；离子选择扫描模式：0.5 μg/L。

【质量保证和质量控制】所有样品均采集平行双样。每批样品至少应采集一个运输空白和全程序空白样品。空白中目标化合物浓度应小于下列条件的最大值：（1）方法检出限；（2）相关环保标准限值的 5%；（3）样品分析结果的 5%。若空白试验未满足以上要求，则应采取措施排除污染并重新分析同批样品。

水质　挥发性有机物的测定　顶空/气相色谱-质谱法（HJ 810—2016）

【适用范围】地表水、地下水、生活污水、工业废水和海水。

【采样容器】40 mL 棕色玻璃瓶，具硅橡胶-聚四氟乙烯衬垫螺旋盖。

【采样方法】采集样品时，不宜用水样进行荡洗，应使水样在样品瓶中溢流且不留空间。

【固定剂】（1）抗坏血酸+盐酸；（2）—。

【保存方法】（1）若水样中含有余氯，采样前，应向 40ml 棕色采样瓶中加入 25 mg 的抗坏血酸。若水样中余氯含量超过 5 mg/L，应按比例增加抗坏血酸的加入量，余氯含量每增加 5mg/L，则应多加入 25 mg 的抗坏血酸。样品采集后，应立即加入适量盐酸溶液，使样品 pH≤2，拧紧瓶盖，4℃以下冷藏，避光和密封保存。（2）当水样加盐酸溶液后有气泡产生，须重新采样，重新采集的样品不加盐酸溶液保存，样品标签上应注明未酸化。

【保存期】（1）14 d；（2）24 h。

【采样量】40 mL。

【容器洗涤】—

【检出限】全扫描模式：8 μg/L；离子选择扫描模式：0.7 μg/L。

【质量保证和质量控制】所有样品均采集平行双样。每批样品应至少做一个全程序空白：按照分析步骤，在实验室将一份实验用水放入样品瓶中密封，将其带到采样现场，与采样的样品瓶同时开盖和密封，之后随样品运回实验室。

生活饮用水标准检验方法　有机物指标（18.4 顶空-毛细管柱气相色谱法）（GB/T 5750.8—2006）

【适用范围】测定生活饮用水及其水源水。

【采样容器】有聚四氟膜的硅橡胶垫和塑料螺旋帽密封，使用前在120℃烘烤2 h。

【采样方法】采集水样至充满瓶。

【固定剂】—

【保存方法】密封低温保存。

【保存期】—

【采样量】40 mL。

【容器洗涤】—

【检出限】1 μg/L。

【质量保证和质量控制】—

水质　苯系物的测定　顶空/气相色谱法（HJ 1067—2019）

【适用范围】工业废水及地表水。

【采样容器】玻璃瓶采集样品。

【采样方法】样品应充满瓶子，并加盖瓶子。

【固定剂】—

【保存方法】应尽快分析，如不能及时分析，4℃冷藏保存。

【保存期】14 d。

【采样量】—

【容器洗涤】—

【检出限】0.05 mg/L。

【质量保证和质量控制】—

水质　挥发性有机物的测定　吹扫捕集/气相色谱法（HJ 686—2014）

【适用范围】地表水、地下水、生活污水和工业废水中挥发性有机物的测定。

【采样容器】40 mL 棕色玻璃瓶，螺旋盖（带聚四氟乙烯涂层密封垫）。

【采样方法】样品采集时不需用水样荡洗。

【固定剂】（1）无余氯样品：盐酸溶液；（2）有余氯样品：抗坏血酸+盐酸。

【保存方法】无余氯样品：0.5 mL 盐酸溶液，4℃保存；有余氯样品：加入约25 mg 抗坏血酸，再加

0.5 mL 盐酸溶液，4℃保存。

【保存期】14 d。

【采样量】40 mL。

【容器洗涤】采样瓶应在采样前充分清洗。

【检出限】0.5 μg/L。

【质量保证和质量控制】所有样品均采集平行双样。（1）空白分析。①运输空白。采样前在实验室将一份空白试剂水放入样品瓶中密封，将其带到现场。采样时使其瓶盖一直处于密封状态，随样品运回实验室，按与样品相同的分析步骤进行处理和测定，用于检查样品运输过程中是否受到污染。②全程序空白。采样前在实验室将一份空白试剂水放入样品瓶中密封，将其带到现场。与采样的样品瓶同时开盖和密封，随样品运回实验室，按与样品相同的分析步骤进行处理和测定，用于检查样品采集到分析全过程是否受到污染。如全程序空白中目标化合物高于检出限时，不能从样品结果中扣除空白值。应检查所有可能对全程序空白产生影响的环节，仔细查找干扰源。如果确实发现采样、运输或保存过程存在影响分析结果的干扰，需对出现问题批次的样品进行重新采样分析。（2）平行样品的测定。虽然每个样品均采集平行双样，一般每 10 个样品或每批次（少于 10 个样品/批）分析一个平行样，平行样品测定结果的相对偏差＜20%。

生活饮用水标准检验方法　有机物指标（18.2 溶剂萃取-毛细管柱气相色谱法）（GB/T 5750.8—2006）

【适用范围】测定生活饮用水及其水源水。

【采样容器】磨口玻璃瓶。

【采样方法】—

【固定剂】—

【保存方法】低温保存。

【保存期】—

【采样量】—

【容器洗涤】—

【检出限】0.006 mg/L。

【质量保证和质量控制】—

生活饮用水标准检验方法　有机物指标（附录 A 吹脱捕集/气相色谱-质谱法测定挥发性有机化合物）（GB/T 5750.8—2006）

【适用范围】测定生活饮用水及其水源水。

【采样容器】40 mL 棕色玻璃瓶附螺旋盖及聚四氟乙烯垫片。

【采样方法】采样时，使水样在瓶中溢流出而不留气泡；若从开放的水体中采样，先用 1 L 的广口瓶或烧杯从有代表性的区域中采样，再小心把水样从广口瓶或烧杯中倒入样品瓶中。

【固定剂】（1）无余氯样品：盐酸溶液；（2）有余氯样品：抗坏血酸+盐酸。

【保存方法】（1）不含余氯的样品和现场空白，每 40 mL 水样中加 4 滴 4 mol/L 的盐酸做固定剂。4℃保存。（2）含余氯的样品和现场空白，在样品瓶中先加入抗坏血酸（每 40 mL 水样中加 25mg），待样品瓶中充满水样并溢流后，每 20 mL 样品中加入 1 滴 4 mol/L 盐酸调节样品 pH＜2。4℃保存。
【保存期】14 d。
【采样量】40 mL。
【容器洗涤】—
【检出限】0.05 μg/L。
【质量保证和质量控制】所有样品均采集平行样，每批样品要带一个现场空白。

地表水和污水监测技术规范（HJ/T 91—2002）
【适用范围】对江河、湖泊、水库和渠道的水质监测，包括控制断面以及污染源排放污水的监测。
【采样容器】硬质玻璃瓶。
【采样方法】—
【固定剂】盐酸+抗坏血酸。
【保存方法】用（1+10）盐酸调至 pH=2，加入 0.01～0.02 g 抗坏血酸除去残余氯，0～4℃冷藏避光保存。
【保存期】12 h。
【采样量】1 000 mL。
【容器洗涤】洗涤剂洗 1 次，自来水洗 3 次，蒸馏水洗 1 次。
【检出限】—
【质量保证和质量控制】—

水质　样品的保存和管理技术规定（HJ 493—2009）
【适用范围】天然水、生活污水及工业废水。
【采样容器】硬质玻璃瓶。
【采样方法】—
【固定剂】盐酸+抗坏血酸。
【保存方法】用（1+10）盐酸调至 pH≤2，加入 0.01～0.02 g 抗坏血酸除去残余氯，1～5℃避光保存。
【保存期】12 h。
【采样量】1 000 mL。
【容器洗涤】—
【检出限】—
【质量保证和质量控制】—

190. 间-二硝基苯

水质　硝基苯类化合物的测定　气相色谱-质谱法（HJ 716—2014）
【适用范围】地表水、地下水、工业废水、生活污水和海水。
【采样容器】棕色具聚四氟乙烯衬垫的螺口玻璃瓶。

【采样方法】采集样品时，不要用水样预洗采样瓶，水样应充满采样瓶并加盖密封。

【固定剂】硫代硫酸钠。

【保存方法】若水中有残余氯存在，要在每升水中加入 80 g 硫代硫酸钠除氯，样品采集后应避光于 4℃冷藏。

【保存期】在 7 d 内完成萃取，40 d 内完成分析。

【采样量】1 000～4 000 mL。

【容器洗涤】—

【检出限】液液萃取：0.05 μg/L；固相萃取：0.05 μg/L。

【质量保证和质量控制】—

水质　硝基苯类化合物的测定　液液萃取/固相萃取-气相色谱法（HJ 648—2013）

【适用范围】地表水、地下水、工业废水、生活污水和海水。

【采样容器】—

【采样方法】—

【固定剂】—

【保存方法】—

【保存期】—

【采样量】—

【容器洗涤】—

【检出限】液液萃取：0.020 μg/L；固相萃取：0.0046 μg/L。

【质量保证和质量控制】空白试验：每批样品（以 10～20 个样品为一批次）应至少做一个全程序空白，目标化合物的浓度应低于检出限。

生活饮用水标准检验方法　有机物指标（31.1 气相色谱法）（GB/T 5750.8—2006）

【适用范围】生活饮用水及其水源水。

【采样容器】磨口玻璃瓶。

【采样方法】用玻璃瓶采集水样，盖紧瓶塞。

【固定剂】—

【保存方法】4℃冷藏保存。

【保存期】—

【采样量】—

【容器洗涤】—

【检出限】取 250 mL 水样时：0.4 mg/L；取 500 mL 水样时：0.2 mg/L。

【质量保证和质量控制】—

191. 间-硝基甲苯

水质　硝基苯类化合物的测定　气相色谱-质谱法（HJ 716—2014）

【适用范围】地表水、地下水、工业废水、生活污水和海水。

【采样容器】棕色具聚四氟乙烯衬垫的螺口玻璃瓶。

【采样方法】采集样品时，不要用水样预洗采样瓶，水样应充满采样瓶并加盖密封。

【固定剂】硫代硫酸钠。

【保存方法】若水中有残余氯存在，要在每升水中加入 80 g 硫代硫酸钠除氯，样品采集后应避光于 4℃冷藏。

【保存期】在 7 d 内完成萃取，40 d 内完成分析。

【采样量】1 000～4 000 mL。

【容器洗涤】—

【检出限】液液萃取：0.04 μg/L；固相萃取：0.04 μg/L。

【质量保证和质量控制】—

水质　硝基苯类化合物的测定　液液萃取/固相萃取-气相色谱法（HJ 648—2013）

【适用范围】地表水、地下水、工业废水、生活污水和海水。

【采样容器】—

【采样方法】—

【固定剂】—

【保存方法】—

【保存期】—

【采样量】—

【容器洗涤】—

【检出限】液液萃取：0.22 μg/L；固相萃取：0.045 μg/L。

【质量保证和质量控制】空白试验：每批样品（以 10～20 个样品为一批次）应至少做一个全程序空白，目标化合物的浓度应低于检出限。

192. 间-硝基氯苯

水质　硝基苯类化合物的测定　气相色谱-质谱法（HJ 716—2014）

【适用范围】地表水、地下水、工业废水、生活污水和海水。

【采样容器】棕色具聚四氟乙烯衬垫的螺口玻璃瓶。

【采样方法】采集样品时，不要用水样预洗采样瓶，水样应充满采样瓶并加盖密封。

【固定剂】硫代硫酸钠。

【保存方法】若水中有残余氯存在，要在每升水中加入 80 g 硫代硫酸钠除氯，样品采集后应避光于 4℃冷藏。

【保存期】在 7 d 内完成萃取，40 d 内完成分析。

【采样量】1 000～4 000 mL。

【容器洗涤】—

【检出限】液液萃取：0.05 μg/L；固相萃取：0.04 μg/L。

【质量保证和质量控制】—

水质　硝基苯类化合物的测定　液液萃取/固相萃取-气相色谱法（HJ 648—2013）

【适用范围】地表水、地下水、工业废水、生活污水和海水。

【采样容器】—

【采样方法】—

【固定剂】—

【保存方法】—

【保存期】—

【采样量】—

【容器洗涤】—

【检出限】液液萃取：0.017 μg/L；固相萃取：0.003 6 μg/L。

【质量保证和质量控制】空白试验：每批样品（以 10～20 个样品为一批次）应至少做一个全程序空白，目标化合物的浓度应低于检出限。

生活饮用水标准检验方法　有机物指标（31.1 气相色谱法）（GB/T 5750.8—2006）

【适用范围】生活饮用水及其水源水。

【采样容器】磨口玻璃瓶。

【采样方法】用玻璃瓶采集水样，盖紧瓶塞。

【固定剂】—

【保存方法】4℃冷藏保存。

【保存期】—

【采样量】—

【容器洗涤】—

【检出限】取 250 mL 水样时：0.04 mg/L；取 500 mL 水样时：0.02 mg/L。

【质量保证和质量控制】—

193. 抗蚜威

水质　氨基甲酸酯类农药的测定　超高效液相色谱-三重四极杆质谱法（HJ 827—2017）

【适用范围】地表水、地下水、生活污水和工业废水。

【采样容器】磨口棕色玻璃瓶。

【采样方法】采样瓶要完全注满不留气泡。

【固定剂】（1+1）硫酸或 0.4 g/mL 氢氧化钠。

【保存方法】用（1+1）硫酸或 0.4 g/mL 氢氧化钠调节水样为中性，水样 4℃以下冷藏避光保存。

【保存期】3 d。

【采样量】250 mL。

【容器洗涤】—

【检出限】直接进样：0.2 μg/L；固相萃取：0.002 μg/L。

【质量保证和质量控制】—

水质　样品的保存和管理技术规定（HJ 493—2009）

【适用范围】天然水、生活污水及工业废水。

【采样容器】（1）硬质玻璃瓶，溶剂洗；（2）聚乙烯瓶（桶）。

【采样方法】—

【固定剂】如果样品被加氯，每 1 000 mL 水加 80 mg 五水硫代硫酸钠。

【保存方法】（1）1～5℃；（2）−20℃冷冻。

【保存期】（1）14 d；（2）1 个月。

【采样量】1 000 mL。

【容器洗涤】—

【检出限】—

【质量保证和质量控制】—

194. 克百威

水质　氨基甲酸酯类农药的测定　超高效液相色谱-三重四极杆质谱法（HJ 827—2017）

【适用范围】地表水、地下水、生活污水和工业废水。

【采样容器】磨口棕色玻璃瓶。

【采样方法】采样瓶要完全注满不留气泡。

【固定剂】（1+1）硫酸或 0.4 g/mL 氢氧化钠。

【保存方法】用（1+1）硫酸或 0.4 g/mL 氢氧化钠调节水样为中性，水样 4℃以下冷藏避光保存。

【保存期】3 d。

【采样量】250 mL。

【容器洗涤】—

【检出限】直接进样：0.1 μg/L；固相萃取：0.005 μg/L。

【质量保证和质量控制】—

水质　样品的保存和管理技术规定（HJ 493—2009）

【适用范围】天然水、生活污水及工业废水。

【采样容器】（1）硬质玻璃瓶，溶剂洗；（2）聚乙烯瓶（桶）。

【采样方法】—

【固定剂】如果样品被加氯，每 1 000 mL 水加 80 mg 五水硫代硫酸钠。

【保存方法】（1）1～5℃；（2）−20℃冷冻。

【保存期】（1）14 d；（2）1 个月。

【采样量】1 000 mL。

【容器洗涤】—

【检出限】—

【质量保证和质量控制】—

195. 苦味酸

生活饮用水标准检验方法　有机物指标（42.1 气相色谱法）（GB/T 5750.8—2006）

【适用范围】生活饮用水及其水源水。

【采样容器】玻璃或塑料瓶。

【采样方法】—

【固定剂】—

【保存方法】于 4℃以下保存。

【保存期】—

【采样量】—

【容器洗涤】—

【检出限】1 mg/L。

【质量保证和质量控制】—

196. 乐果

水质　有机磷农药的测定　气相色谱法（GB/T 13192—1991）

【适用范围】地面水、地下水及工业废水。

【采样容器】玻璃磨口瓶。

【采样方法】在采样前用水样将取样瓶冲洗 2～3 次。

【固定剂】—

【保存方法】弱酸性状态下保存，在 4℃冷藏保存。

【保存期】3 d。

【采样量】1 000 mL。

【容器洗涤】—

【检出限】3.8×10^{-9} g。

【质量保证和质量控制】—

生活饮用水标准检验方法　农药指标（4.1　填充柱气相色谱法）（GB/T 5750.9—2006）

【适用范围】生活饮用水及其水源水。

【采样容器】硬质磨口玻璃瓶。

【采样方法】—

【固定剂】—

【保存方法】冷藏保存。

【保存期】24 h。

【采样量】—

【容器洗涤】—

【检出限】2.5 μg/L。

【质量保证和质量控制】—

生活饮用水标准检验方法　农药指标（4.2 毛细管柱气相色谱法）（GB/T 5750.9—2006）

【适用范围】生活饮用水及其水源水。

【采样容器】硬质磨口玻璃瓶。

【采样方法】—

【固定剂】—

【保存方法】冷藏保存。

【保存期】24 h。

【采样量】—

【容器洗涤】—

【检出限】0.1 μg/L。

【质量保证和质量控制】—

地表水和污水监测技术规范（HJ/T 91—2002）

【适用范围】对江河、湖泊、水库和渠道的水质监测。

【采样容器】硬质玻璃瓶。

【采样方法】—

【固定剂】抗坏血酸。

【保存方法】加入 0.01～0.02 g 抗坏血酸除去残余氯，0～4℃冷藏避光保存。

【保存期】24 h。

【采样量】1 000 mL。

【容器洗涤】洗涤剂洗 1 次，自来水洗 3 次，蒸馏水洗 1 次。

【检出限】—

【质量保证和质量控制】—

水质　样品的保存和管理技术规定（HJ 493—2009）

【适用范围】天然水、生活污水及工业废水。

【采样容器】硬质玻璃瓶（带聚四氟乙烯瓶盖）或塑料容器（适用于草甘膦）。

【采样方法】不能用水样冲洗采样容器，不能使水样充满容器。

【固定剂】—

【保存方法】1～5℃冷藏保存。

【保存期】萃取应在采样后 24 h 内完成，萃取液可保存 5 d。

【采样量】1 000～3 000 mL。

【容器洗涤】—

【检出限】—

【质量保证和质量控制】—

197. 联苯胺

水质 联苯胺的测定 高效液相色谱法（HJ 1017—2019）

【适用范围】地表水、地下水、生活污水和工业废水。

【采样容器】具磨口塞的棕色细口玻璃瓶或带聚四氟乙烯衬垫的棕色螺纹口玻璃瓶。

【采样方法】采样前，向样品瓶中加入硫代硫酸钠，每 500 mL 样品加入 40 mg。采样时，应使样品充满采样瓶，不留液上空间。

【固定剂】盐酸、氢氧化钠。

【保存方法】如果样品的 pH 值不在 6～9，用盐酸溶液或氢氧化钠溶液调至 pH 值至 6～9。采集的样品应在 4℃以下冷藏避光保存，5 d 内萃取，萃取后的洗脱液在 4℃以下冷藏避光保存，4 d 内分析完毕。

【保存期】5 d。

【采样量】500 mL。

【容器洗涤】—

【检出限】0.006 μg/L。

【质量保证和质量控制】—

198. 联苯菊酯

水质 百菌清及拟除虫菊酯类农药的测定 气相色谱-质谱法（HJ 753—2015）

【适用范围】地表水、地下水、工业废水和生活污水。

【采样容器】具磨口塞的棕色玻璃细口瓶。

【采样方法】—

【固定剂】—

【保存方法】4℃保存。

【保存期】7 d 内完成萃取。

【采样量】1 000 mL 或 2 000 mL。

【容器洗涤】—

【检出限】液液萃取：0.005 μg/L；固相萃取：0.007 μg/L。

【质量保证和质量控制】—

地表水和污水监测技术规范（HJ/T 91—2002）

【适用范围】对江河、湖泊、水库和渠道的水质监测。

【采样容器】硬质玻璃瓶。

【采样方法】—

【固定剂】抗坏血酸。

【保存方法】加入 0.01～0.02 g 抗坏血酸除去残余氯，0～4℃冷藏避光保存。

【保存期】24 h。

【采样量】1 000 mL。

【容器洗涤】洗涤剂洗 1 次，自来水洗 3 次，蒸馏水洗 1 次。

【检出限】—

【质量保证和质量控制】—

水质　样品的保存和管理技术规定（HJ 493—2009）

【适用范围】天然水、生活污水及工业废水。

【采样容器】硬质玻璃瓶（带聚四氟乙烯瓶盖）。

【采样方法】不能用水样冲洗采样容器，不能使水样充满容器。

【固定剂】—

【保存方法】1～5℃冷藏保存。

【保存期】萃取应在采样后 24 h 内完成，萃取液可保存 5 d。

【采样量】1 000～3 000 mL。

【容器洗涤】—

【检出限】—

【质量保证和质量控制】—

199. 邻苯二甲酸二（2-乙基己基）酯

生活饮用水标准检验方法　有机物指标（12.1　气相色谱法）（GB/T 5750.8—2006）

【适用范围】生活饮用水及其水源水。

【采样容器】磨口玻璃瓶。

【采样方法】—

【固定剂】—

【保存方法】采集后的样品密封保存。

【保存期】在 1 周内尽快萃取。

【采样量】—

【容器洗涤】—

【检出限】2 μg/L。

【质量保证和质量控制】—

地表水和污水监测技术规范（HJ/T 91—2002）

【适用范围】对江河、湖泊、水库和渠道的水质监测。

【采样容器】硬质玻璃瓶。

【采样方法】—

【固定剂】抗坏血酸。

【保存方法】加入 0.01～0.02 g 抗坏血酸除去残余氯，0～4℃冷藏避光保存。

【保存期】24 h。

【采样量】1 000 mL。

【容器洗涤】洗涤剂洗 1 次，自来水洗 3 次，蒸馏水洗 1 次。

【检出限】—

【质量保证和质量控制】—

水质　样品的保存和管理技术规定（HJ 493—2009）

【适用范围】天然水、生活污水及工业废水。

【采样容器】硬质玻璃瓶。

【采样方法】—

【固定剂】抗坏血酸。

【保存方法】加入 0.01～0.02 g 抗坏血酸除去残余氯，1～5℃避光保存。

【保存期】24 h。

【采样量】1 000 mL。

【容器洗涤】洗涤剂洗 1 次，自来水洗 3 次，蒸馏水洗 1 次。

【检出限】—

【质量保证和质量控制】—

200. 邻苯二甲酸二丁酯

水质　邻苯二甲酸二甲（二丁、二辛）酯的测定　液相色谱法（HJ/T 72—2001）

【适用范围】水和废水。

【采样容器】带玻璃磨口塞的细口瓶。

【采样方法】在灌瓶前要把采样瓶用所需采用的水冲洗 3 次。

【固定剂】1 mol/L 盐酸或 1 mol/L 氢氧化钠。

【保存方法】用盐酸或氢氧化钠将 pH 值调至 7.0 左右，置于 0～4℃冷藏保存。

【保存期】7 d 内进行萃取，30 d 内完成分析。

【采样量】100 mL。

【容器洗涤】—

【检出限】0.1 μg/L。

【质量保证和质量控制】—

地表水和污水监测技术规范（HJ/T 91—2002）

【适用范围】对江河、湖泊、水库和渠道的水质监测。

【采样容器】硬质玻璃瓶。

【采样方法】—

【固定剂】抗坏血酸。

【保存方法】加入 0.01～0.02 g 抗坏血酸除去残余氯，0～4℃冷藏避光保存。

【保存期】24 h。

【采样量】1 000 mL。

【容器洗涤】洗涤剂洗 1 次，自来水洗 3 次，蒸馏水洗 1 次。

【检出限】—

【质量保证和质量控制】—

水质　样品的保存和管理技术规定（HJ 493—2009）

【适用范围】天然水、生活污水及工业废水。

【采样容器】硬质玻璃瓶。

【采样方法】—

【固定剂】抗坏血酸。

【保存方法】加入 0.01～0.02 g 抗坏血酸除去残余氯，1～5℃避光保存。

【保存期】24 h。

【采样量】1 000 mL。

【容器洗涤】洗涤剂洗 1 次，自来水洗 3 次，蒸馏水洗 1 次。

【检出限】—

【质量保证和质量控制】—

201. 邻苯二甲酸二甲酯

水质　邻苯二甲酸二甲（二丁、二辛）酯的测定　液相色谱法（HJ/T 72—2001）

【适用范围】水和废水。

【采样容器】带玻璃磨口塞的细口瓶。

【采样方法】在灌瓶前要把采样瓶用所需采用的水冲洗 3 次。

【固定剂】1 mol/L 盐酸或 1 mol/L 氢氧化钠。

【保存方法】用盐酸或氢氧化钠将 pH 调至 7.0 左右，置于 0～4℃冷藏保存。

【保存期】7 d 内进行萃取，30 d 内完成分析。

【采样量】100 mL。

【容器洗涤】—

【检出限】0.1 μg/L。

【质量保证和质量控制】—

地表水和污水监测技术规范（HJ/T 91—2002）

【适用范围】对江河、湖泊、水库和渠道的水质监测。

【采样容器】硬质玻璃瓶。

【采样方法】—

【固定剂】抗坏血酸。

【保存方法】加入 0.01～0.02 g 抗坏血酸除去残余氯，0～4℃冷藏避光保存。

【保存期】24 h。

【采样量】1 000 mL。

【容器洗涤】洗涤剂洗 1 次，自来水洗 3 次，蒸馏水洗 1 次。

【检出限】—

【质量保证和质量控制】—

水质　样品的保存和管理技术规定（HJ 493—2009）

【适用范围】天然水、生活污水及工业废水。

【采样容器】硬质玻璃瓶。

【采样方法】—

【固定剂】抗坏血酸。

【保存方法】加入 0.01～0.02 g 抗坏血酸除去残余氯，1～5℃避光保存。

【保存期】24 h。

【采样量】1 000 mL。

【容器洗涤】洗涤剂洗 1 次，自来水洗 3 次，蒸馏水洗 1 次。

【检出限】—

【质量保证和质量控制】—

202. 邻苯二甲酸二辛酯

水质　邻苯二甲酸二甲（二丁、二辛）酯的测定　液相色谱法（HJ/T 72—2001）

【适用范围】水和废水。

【采样容器】带玻璃磨口塞的细口瓶。

【采样方法】在灌瓶前要把采样瓶用所需采用的水冲洗 3 次。

【固定剂】1 mol/L 盐酸或 1 mol/L 氢氧化钠。

【保存方法】用盐酸或氢氧化钠将 pH 调至 7.0 左右，置于 0～4℃冷藏保存。

【保存期】7 d 内进行萃取，30 d 内完成分析。

【采样量】100 mL。

【容器洗涤】—

【检出限】0.2 μg/L。

【质量保证和质量控制】—

地表水和污水监测技术规范（HJ/T 91—2002）

【适用范围】对江河、湖泊、水库和渠道的水质监测。

【采样容器】硬质玻璃瓶。

【采样方法】—

【固定剂】抗坏血酸。

【保存方法】加入 0.01～0.02 g 抗坏血酸除去残余氯，0～4℃冷藏避光保存。

【保存期】24 h。

【采样量】1 000 mL。

【容器洗涤】洗涤剂洗 1 次，自来水洗 3 次，蒸馏水洗 1 次。

【检出限】—

【质量保证和质量控制】—

水质　样品的保存和管理技术规定（HJ 493—2009）

【适用范围】天然水、生活污水及工业废水。

【采样容器】硬质玻璃瓶。

【采样方法】—

【固定剂】抗坏血酸。

【保存方法】加入 0.01～0.02 g 抗坏血酸除去残余氯，1～5℃避光保存。

【保存期】24 h。

【采样量】1 000 mL。

【容器洗涤】洗涤剂洗 1 次，自来水洗 3 次，蒸馏水洗 1 次。

【检出限】—

【质量保证和质量控制】—

203. 邻二甲苯

水质　苯系物的测定　顶空/气相色谱法（HJ 1067—2019）

【适用范围】工业废水及地表水。

【采样容器】玻璃瓶采集样品。

【采样方法】样品应充满瓶子，并加盖瓶子。

【固定剂】—

【保存方法】应尽快分析，如不能及时分析，在 4℃冷藏保存。

【保存期】14 d。

【采样量】—

【容器洗涤】—

【检出限】0.05 mg/L。

【质量保证和质量控制】—

水质　挥发性有机物的测定　吹扫捕集/气相色谱法（HJ 686—2014）

【适用范围】地表水、地下水、生活污水和工业废水中挥发性有机物的测定。

【采样容器】40 mL 棕色玻璃瓶，螺旋盖（带聚四氟乙烯涂层密封垫）。

【采样方法】样品采集时不需用水样荡洗。

【固定剂】（1）无余氯样品：盐酸溶液；（2）有余氯样品：抗坏血酸+盐酸。

【保存方法】无余氯样品：0.5 mL 盐酸溶液，4℃保存；有余氯样品：加入约 25 mg 抗坏血酸，再加 0.5 mL 盐酸溶液，4℃保存。

【保存期】14 d。

【采样量】40 mL。

【容器洗涤】采样瓶应在采样前充分清洗。

【检出限】0.5 μg/L。

【质量保证和质量控制】所有样品均采集平行双样，每批样品带一个全程序空白和一个运输空白。

（1）空白分析。①运输空白。采样前在实验室将一份空白试剂水放入样品瓶中密封，将其带到现场。采样时使其瓶盖一直处于密封状态，随样品运回实验室，按与样品相同的分析步骤进行处理和测定，用于检查样品运输过程中是否受到污染。②全程序空白。采样前在实验室将一份空白试剂水放入样品瓶中密封，将其带到现场。与采样的样品瓶同时开盖和密封，随样品运回实验室，按与样品相同的分析步骤进行处理和测定，用于检查样品采集到分析全过程是否受到污染。如全程序空白中目标化合物高于检出限时，不能从样品结果中扣除空白值。应检查所有可能对全程序空白产生影响的环节，仔细查找干扰源。如果确实发现采样、运输或保存过程存在影响分析结果的干扰，需对出现问题批次的样品进行重新采样分析。（2）平行样品的测定。虽然每个样品均采集平行双样，一般每 10 个样品或每批次（少于 10 个样品/批）分析一个平行样，平行样品测定结果的相对偏差＜20%。

水质　挥发性有机物的测定　吹扫捕集/气相色谱-质谱法（HJ 639—2012）

【适用范围】海水、地下水、地表水、生活污水和工业废水。

【采样容器】40 mL 棕色玻璃瓶，具硅橡胶-聚四氟乙烯衬垫螺旋盖。

【采样方法】采样时不需用样品进行荡洗，水样在样品瓶中溢流而不留空间。取样时应尽量避免或减少样品在空气中暴露。

【固定剂】（1）抗坏血酸+盐酸；（2）—。

【保存方法】（1）每 40 mL 样品需加入 25 mg 的抗坏血酸；若样品中总余氯的量超过 5 mg/L，总余氯每超过 5 mg/L，需要多加 25 mg 的抗坏血酸。采样时，水样呈中性时向每个样品瓶中加入 0.5 mL 盐酸溶液，拧紧瓶盖；水样呈碱性时应加入适量盐酸溶液使样品 pH≤2。4℃保存。（2）当水样加盐酸溶液后产生大量气泡时，应弃去该样品，重新采集样品。重新采集的样品不应加盐酸溶液，样品标签上应注明未酸化。4℃保存。

【保存期】（1）14 d；（2）24 h。

【采样量】40 mL。

【容器洗涤】样品瓶应在采样前用甲醇清洗。

【检出限】全扫描模式：1.4 μg/L；离子选择扫描模式：0.2 μg/L。

【质量保证和质量控制】所有样品均采集平行双样。每批样品至少应采集一个运输空白和全程序空白样品。空白中目标化合物浓度应小于下列条件的最大值：（1）方法检出限；（2）相关环保标准限值的 5%；（3）样品分析结果的 5%。若空白试验未满足以上要求，则应采取措施排除污染并重新分析同批样品。

水质　挥发性有机物的测定　顶空/气相色谱-质谱法（HJ 810—2016）

【适用范围】地表水、地下水、生活污水、工业废水和海水。

【采样容器】40 mL 棕色玻璃瓶，具硅橡胶-聚四氟乙烯衬垫螺旋盖。

【采样方法】采集样品时，不宜用水样进行荡洗，应使水样在样品瓶中溢流且不留空间。

【固定剂】（1）抗坏血酸+盐酸；（2）—。

【保存方法】（1）若水样中含有余氯，采样前，应向 40 mL 棕色采样瓶中加入 25 mg 的抗坏血酸。若水样中余氯含量超过 5 mg/L，应按比例增加抗坏血酸的加入量，余氯含量每增加 5 mg/L，则应多加入 25mg 的抗坏血酸。样品采集后，应立即加入适量盐酸溶液，使样品 pH≤2，拧紧瓶盖，4℃以下冷藏，避光和密封保存。（2）当水样加盐酸溶液后有气泡产生，须重新采样，重新采集的样品不加盐酸溶液保存，样品标签上应注明未酸化。

【保存期】（1）14 d；（2）24 h。

【采样量】40 mL。

【容器洗涤】—

【检出限】全扫描模式：4 μg/L；离子选择扫描模式：0.8 μg/L。

【质量保证和质量控制】所有样品均采集平行双样。每批样品应至少做一个全程序空白：按照分析步骤，在实验室将一份实验用水放入样品瓶中密封，将其带到采样现场，与采样的样品瓶同时开盖和密封，之后随样品运回实验室。

生活饮用水标准检验方法　有机物指标（18.2 溶剂萃取-毛细管柱气相色谱法）（GB/T 5750.8—2006）

【适用范围】测定生活饮用水及其水源水。

【采样容器】磨口玻璃瓶。

【采样方法】—

【固定剂】—

【保存方法】低温保存。

【保存期】—

【采样量】—

【容器洗涤】—

【检出限】0.006 mg/L。

【质量保证和质量控制】—

生活饮用水标准检验方法　有机物指标（18.3 顶空-填充柱气相色谱法）（GB/T 5750.8—2006）

【适用范围】测定生活饮用水及其水源水。

【采样容器】顶空瓶。

【采样方法】采集水样至充满瓶，用包有铝箔（或聚四氟乙烯膜）的翻口胶塞封好。

【固定剂】—

【保存方法】冷藏保存。

【保存期】—

【采样量】100 mL。

【容器洗涤】—

【检出限】3.9 μg/L。

【质量保证和质量控制】—

生活饮用水标准检验方法　有机物指标（18.4 顶空-毛细管柱气相色谱法）（GB/T 5750.8—2006）

【适用范围】测定生活饮用水及其水源水。

【采样容器】有聚四氟膜的硅橡胶垫和塑料螺旋帽密封，使用前在 120℃烘烤 2 h。

【采样方法】采集水样至充满瓶。

【固定剂】—

【保存方法】密封低温保存。

【保存期】—

【采样量】40 mL。

【容器洗涤】—

【检出限】3 μg/L。

【质量保证和质量控制】—

生活饮用水标准检验方法　有机物指标（附录 A 吹脱捕集/气相色谱-质谱法测定挥发性有机化合物）（GB/T 5750.8—2006）

【适用范围】测定生活饮用水及其水源水。

【采样容器】40 mL 棕色玻璃瓶附螺旋盖及聚四氟乙烯垫片。

【采样方法】采样时，使水样在瓶中溢流出而不留气泡；若从开放的水体中采样，先用 1 L 的广口瓶或烧杯从有代表性的区域中采样，再小心把水样从广口瓶或烧杯中倒入样品瓶中。

【固定剂】（1）无余氯样品：盐酸溶液；（2）有余氯样品：抗坏血酸+盐酸。

【保存方法】（1）不含余氯的样品和现场空白，每 40 mL 水样中加 4 滴 4 mol/L 的盐酸做固定剂。4℃保存。（2）含余氯的样品和现场空白，在样品瓶中先加入抗坏血酸（每 40 mL 水样中加 25 mg），待样品瓶中充满水样并溢流后，每 20 mL 样品中加入 1 滴 4 mol/L 盐酸调节样品 pH＜2。4℃保存。

【保存期】14 d。

【采样量】40 mL。

【容器洗涤】—

【检出限】0.11 μg/L。

【质量保证和质量控制】所有样品均采集平行样，每批样品要带一个现场空白。

地表水和污水监测技术规范（HJ/T 91—2002）

【适用范围】对江河、湖泊、水库和渠道的水质监测，包括控制断面以及污染源排放污水的监测。

【采样容器】硬质玻璃瓶。

【采样方法】—

【固定剂】盐酸+抗坏血酸。

【保存方法】用（1+10）盐酸调至 pH=2，加入 0.01～0.02 g 抗坏血酸除去残余氯，0～4℃冷藏避光保存。

【保存期】12 h。

【采样量】1 000 mL。

【容器洗涤】洗涤剂洗 1 次，自来水洗 3 次，蒸馏水洗 1 次。

【检出限】—

【质量保证和质量控制】—

水质　样品的保存和管理技术规定（HJ 493—2009）

【适用范围】天然水、生活污水及工业废水。

【采样容器】硬质玻璃瓶。

【采样方法】—

【固定剂】盐酸+抗坏血酸。

【保存方法】用（1+10）盐酸调至 pH≤2，加入 0.01～0.02 g 抗坏血酸除去残余氯，1～5℃避光保存。

【保存期】12 h。

【采样量】1 000 mL。

【容器洗涤】—

【检出限】—

【质量保证和质量控制】—

204. 邻-二硝基苯

水质　硝基苯类化合物的测定　气相色谱-质谱法（HJ 716—2014）

【适用范围】地表水、地下水、工业废水、生活污水和海水。

【采样容器】棕色具聚四氟乙烯衬垫的螺口玻璃瓶。

【采样方法】采集样品时，不要用水样预洗采样瓶，水样应充满采样瓶并加盖密封。

【固定剂】硫代硫酸钠。

【保存方法】若水中有残余氯存在，要在每升水中加入 80 g 硫代硫酸钠除氯，样品采集后应避光于 4℃冷藏。

【保存期】在 7 d 内完成萃取，40 d 内完成分析。

【采样量】1 000～4 000 mL。

【容器洗涤】—

【检出限】液液萃取：0.05 μg/L；固相萃取：0.05 μg/L。

【质量保证和质量控制】—

水质　硝基苯类化合物的测定　液液萃取/固相萃取-气相色谱法（HJ 648—2013）

【适用范围】地表水、地下水、工业废水、生活污水和海水。

【采样容器】—

【采样方法】—

【固定剂】—

【保存方法】—

【保存期】—

【采样量】—

【容器洗涤】—

【检出限】液液萃取：0.019 μg/L；固相萃取：0.003 9 μg/L。

【质量保证和质量控制】空白试验：每批样品（以 10～20 个样品为一批次）应至少做一个全程序空白，目标化合物的浓度应低于检出限。

生活饮用水标准检验方法　有机物指标（31.1 气相色谱法）（GB/T 5750.8—2006）

【适用范围】生活饮用水及其水源水。

【采样容器】磨口玻璃瓶。

【采样方法】用玻璃瓶采集水样，盖紧瓶塞。

【固定剂】—

【保存方法】4℃冷藏保存。

【保存期】—

【采样量】—

【容器洗涤】—

【检出限】取 250 mL 水样时：0.2 mg/L；取 500 mL 水样时：0.1 mg/L。

【质量保证和质量控制】—

205. 邻-硝基甲苯

水质　硝基苯类化合物的测定　气相色谱-质谱法（HJ 716—2014）

【适用范围】地表水、地下水、工业废水、生活污水和海水。

【采样容器】棕色具聚四氟乙烯衬垫的螺口玻璃瓶。

【采样方法】采集样品时，不要用水样预洗采样瓶，水样应充满采样瓶并加盖密封。

【固定剂】硫代硫酸钠。

【保存方法】若水中有残余氯存在，要在每升水中加入 80 g 硫代硫酸钠除氯，样品采集后应避光于 4℃冷藏。

【保存期】在 7 d 内完成萃取，40 d 内完成分析。

【采样量】1 000～4 000 mL。

【容器洗涤】—

【检出限】液液萃取：0.04 μg/L；固相萃取：0.04 μg/L。

【质量保证和质量控制】—

水质　硝基苯类化合物的测定　液液萃取/固相萃取-气相色谱法（HJ 648—2013）

【适用范围】地表水、地下水、工业废水、生活污水和海水。

【采样容器】—

【采样方法】—

【固定剂】—

【保存方法】—

【保存期】—

【采样量】—

【容器洗涤】—

【检出限】液液萃取：0.20 μg/L；固相萃取：0.045 μg/L。

【质量保证和质量控制】空白试验：每批样品（以 10～20 个样品为一批次）应至少做一个全程序空白，目标化合物的浓度应低于检出限。

206. 邻-硝基氯苯

水质 硝基苯类化合物的测定 气相色谱-质谱法（HJ 716—2014）

【适用范围】地表水、地下水、工业废水、生活污水和海水。

【采样容器】棕色具聚四氟乙烯衬垫的螺口玻璃瓶。

【采样方法】采集样品时，不要用水样预洗采样瓶，水样应充满采样瓶并加盖密封。

【固定剂】硫代硫酸钠。

【保存方法】若水中有残余氯存在，要在每升水中加入 80 g 硫代硫酸钠除氯，样品采集后应避光于 4℃冷藏。

【保存期】在 7 d 内完成萃取，40 d 内完成分析。

【采样量】1 000～4 000 mL。

【容器洗涤】—

【检出限】液液萃取：0.05 μg/L；固相萃取：0.04 μg/L。

【质量保证和质量控制】—

水质 硝基苯类化合物的测定 液液萃取/固相萃取-气相色谱法（HJ 648—2013）

【适用范围】地表水、地下水、工业废水、生活污水和海水。

【采样容器】—

【采样方法】—

【固定剂】—

【保存方法】—

【保存期】—

【采样量】—

【容器洗涤】—

【检出限】液液萃取：0.017 μg/L；固相萃取：0.004 0 μg/L。

【质量保证和质量控制】空白试验：每批样品（以 10～20 个样品为一批次）应至少做一个全程序空白，目标化合物的浓度应低于检出限。

生活饮用水标准检验方法 有机物指标（31.1 气相色谱法）（GB/T 5750.8—2006）

【适用范围】生活饮用水及其水源水。

【采样容器】磨口玻璃瓶。

【采样方法】用玻璃瓶采集水样，盖紧瓶塞。

【固定剂】—

【保存方法】4℃冷藏保存。

【保存期】—

【采样量】—

【容器洗涤】—

【检出限】取 250 mL 水样时：0.04 mg/L；取 500 mL 水样时：0.02 mg/L。

【质量保证和质量控制】—

207. 硫丹 I

水质　有机氯农药和氯苯类化合物的测定　气相色谱-质谱法（HJ 699—2014）

【适用范围】地表水、地下水、生活污水、工业废水和海水。

【采样容器】玻璃塞的棕色磨口瓶或具有聚四氟乙烯衬垫的棕色螺口玻璃瓶。

【采样方法】—

【固定剂】（1+1）盐酸。

【保存方法】样品采集后立即用（1+1）盐酸溶液调至 pH＜2，4℃下保存。

【保存期】7 d 内完成萃取，萃取液在 40 d 内完成分析。

【采样量】—

【容器洗涤】—

【检出限】液液萃取：0.032 μg/L；固相萃取：0.033 μg/L。

【质量保证和质量控制】空白试验：每批样品至少做一个空白试验，即全程序空白试验。如果目标化合物有检出，应查明原因。

地表水和污水监测技术规范（HJ/T 91—2002）

【适用范围】对江河、湖泊、水库和渠道的水质监测。

【采样容器】硬质玻璃瓶。

【采样方法】—

【固定剂】抗坏血酸。

【保存方法】加入 0.01～0.02 g 抗坏血酸除去残余氯，0～4℃冷藏避光保存。

【保存期】24 h。

【采样量】1 000 mL。

【容器洗涤】洗涤剂洗 1 次，自来水洗 3 次，蒸馏水洗 1 次。

【检出限】—

【质量保证和质量控制】—

水质　样品的保存和管理技术规定（HJ 493—2009）

【适用范围】天然水、生活污水及工业废水。

【采样容器】硬质玻璃瓶（带聚四氟乙烯瓶盖）。

【采样方法】不能用水样冲洗采样容器，不能使水样充满容器。

【固定剂】—

【保存方法】1～5℃冷藏保存。

【保存期】萃取应在采样后 24 h 内完成，萃取液可保存 5 d。

【采样量】1 000～3 000 mL。

【容器洗涤】—

【检出限】—

【质量保证和质量控制】—

208. 硫丹Ⅱ

水质　有机氯农药和氯苯类化合物的测定　气相色谱-质谱法（HJ 699—2014）

【适用范围】地表水、地下水、生活污水、工业废水和海水。

【采样容器】玻璃塞的棕色磨口瓶或具有聚四氟乙烯衬垫的棕色螺口玻璃瓶。

【采样方法】—

【固定剂】（1+1）盐酸。

【保存方法】样品采集后立即用（1+1）盐酸溶液调至 pH<2，4℃下保存。

【保存期】7 d 内完成萃取，萃取液在 40 d 内完成分析。

【采样量】—

【容器洗涤】—

【检出限】液液萃取：0.044 μg/L；固相萃取：0.037 μg/L。

【质量保证和质量控制】空白试验：每批样品至少做一个空白试验，即全程序空白试验。如果目标化合物有检出，应查明原因。

地表水和污水监测技术规范（HJ/T 91—2002）

【适用范围】对江河、湖泊、水库和渠道的水质监测。

【采样容器】硬质玻璃瓶。

【采样方法】—

【固定剂】抗坏血酸。

【保存方法】加入 0.01～0.02 g 抗坏血酸除去残余氯，0～4℃冷藏避光保存。

【保存期】24 h。

【采样量】1 000 mL。

【容器洗涤】洗涤剂洗 1 次，自来水洗 3 次，蒸馏水洗 1 次。

【检出限】—

【质量保证和质量控制】—

水质　样品的保存和管理技术规定（HJ 493—2009）

【适用范围】天然水、生活污水及工业废水。

【采样容器】硬质玻璃瓶（带聚四氟乙烯瓶盖）。

【采样方法】不能用水样冲洗采样容器，不能使水样充满容器。

【固定剂】—

【保存方法】1～5℃冷藏保存。

【保存期】萃取应在采样后 24 h 内完成，萃取液可保存 5 d。

【采样量】1 000～3 000 mL。

【容器洗涤】—

【检出限】—

【质量保证和质量控制】—

209. 硫丹硫酸酯

水质 有机氯农药和氯苯类化合物的测定 气相色谱-质谱法（HJ 699—2014）

【适用范围】地表水、地下水、生活污水、工业废水和海水。

【采样容器】玻璃塞的棕色磨口瓶或具有聚四氟乙烯衬垫的棕色螺口玻璃瓶。

【采样方法】—

【固定剂】（1+1）盐酸。

【保存方法】样品采集后立即用（1+1）盐酸溶液调至 pH＜2，4℃下保存。

【保存期】7 d 内完成萃取，萃取液在 40 d 内完成分析。

【采样量】—

【容器洗涤】—

【检出限】液液萃取：0.043 μg/L；固相萃取：0.024 μg/L。

【质量保证和质量控制】空白试验：每批样品至少做一个空白试验，即全程序空白试验。如果目标化合物有检出，应查明原因。

地表水和污水监测技术规范（HJ/T 91—2002）

【适用范围】对江河、湖泊、水库和渠道的水质监测。

【采样容器】硬质玻璃瓶。

【采样方法】—

【固定剂】抗坏血酸。

【保存方法】加入 0.01～0.02 g 抗坏血酸除去残余氯，0～4℃冷藏避光保存。

【保存期】24 h。

【采样量】1 000 mL。

【容器洗涤】洗涤剂洗 1 次，自来水洗 3 次，蒸馏水洗 1 次。

【检出限】—

【质量保证和质量控制】—

水质 样品的保存和管理技术规定（HJ 493—2009）

【适用范围】天然水、生活污水及工业废水。

【采样容器】硬质玻璃瓶（带聚四氟乙烯瓶盖）。

【采样方法】不能用水样冲洗采样容器，不能使水样充满容器。

【固定剂】—

【保存方法】1～5℃冷藏保存。

【保存期】萃取应在采样后 24 h 内完成；萃取液可保存 5 d。

【采样量】1 000～3 000 mL。

【容器洗涤】—

【检出限】—

【质量保证和质量控制】—

210. 六氯苯

水质　氯苯类化合物的测定　气相色谱法（HJ 621—2011）

【适用范围】地表水、地下水、饮用水、海水、工业废水和生活污水。

【采样容器】棕色玻璃瓶。

【采样方法】样品充满采样瓶。用内衬聚四氟乙烯硅胶垫（或铝箔垫）的瓶盖密封。

【固定剂】浓硫酸。

【保存方法】采样时每升水样中加入 1.0 mL 浓硫酸，于 2～5℃下保存。

【保存期】7 d。

【采样量】1 000 mL。

【容器洗涤】—

【检出限】0.003 μg/L。

【质量保证和质量控制】空白样品：每批样品应至少分析一个全程序空白样，全程序空白测定值应低于检出限。

水质　有机氯农药和氯苯类化合物的测定　气相色谱-质谱法（HJ 699—2014）

【适用范围】地表水、地下水、生活污水、工业废水和海水。

【采样容器】玻璃塞的棕色磨口瓶或具有聚四氟乙烯衬垫的棕色螺口玻璃瓶。

【采样方法】—

【固定剂】（1+1）盐酸。

【保存方法】样品采集后立即用（1+1）盐酸溶液调至 pH＜2，4℃下保存。

【保存期】7 d 内完成萃取，萃取液在 40 d 内完成分析。

【采样量】—

【容器洗涤】—

【检出限】液液萃取：0.043 μg/L；固相萃取：0.026 μg/L。

【质量保证和质量控制】空白试验：每批样品至少做一个空白试验，即全程序空白试验。如果目标化合物有检出，应查明原因。

生活饮用水标准检验方法　有机物指标（24.1 气相色谱法）（GB/T 5750.8—2006）

【适用范围】测定生活饮用水及其水源水。

【采样容器】磨口塞玻璃瓶。

【采样方法】—

【固定剂】硫酸。

【保存方法】每升水样中加入 1 mL 硫酸，并置于 4℃冷藏保存。

【保存期】保存期 4 d。经过萃取处理后的试样在 4℃冷藏保存 40 d。

【采样量】—

【容器洗涤】—

【检出限】0.02 μg/L。

【质量保证和质量控制】—

211. 六氯丁二烯

水质 挥发性有机物的测定 吹扫捕集/气相色谱法（HJ 686—2014）

【适用范围】地表水、地下水、生活污水和工业废水中挥发性有机物的测定。

【采样容器】40 mL 棕色玻璃瓶，螺旋盖（带聚四氟乙烯涂层密封垫）。

【采样方法】样品采集时不需用水样荡洗。

【固定剂】（1）无余氯样品：盐酸溶液；（2）有余氯样品：抗坏血酸+盐酸。

【保存方法】无余氯样品：0.5 mL 盐酸溶液，4℃保存；有余氯样品：加入约 25 mg 抗坏血酸，再加 0.5 mL 盐酸溶液，4℃保存。

【保存期】14 d。

【采样量】40 mL。

【容器洗涤】采样瓶应在采样前充分清洗。

【检出限】0.1 μg/L。

【质量保证和质量控制】所有样品均采集平行双样，每批样品带一个全程序空白和一个运输空白。（1）空白分析。①运输空白。采样前在实验室将一份空白试剂水放入样品瓶中密封，将其带到现场。采样时使其瓶盖一直处于密封状态，随样品运回实验室，按与样品相同的分析步骤进行处理和测定，用于检查样品运输过程中是否受到污染。②全程序空白。采样前在实验室将一份空白试剂水放入样品瓶中密封，将其带到现场。与采样的样品瓶同时开盖和密封，随样品运回实验室，按与样品相同的分析步骤进行处理和测定，用于检查样品采集到分析全过程是否受到污染。如全程序空白中目标化合物高于检出限时，不能从样品结果中扣除空白值。应检查所有可能对全程序空白产生影响的环节，仔细查找干扰源。如果确实发现采样、运输或保存过程存在影响分析结果的干扰，需对出现问题批次的样品进行重新采样分析。（2）平行样品的测定。虽然每个样品均采集平行双样，一般每 10 个样品或每批次（少于 10 个样品/批）分析一个平行样，平行样品测定结果的相对偏差＜20%。

水质 挥发性有机物的测定 吹扫捕集/气相色谱-质谱法（HJ 639—2012）

【适用范围】海水、地下水、地表水、生活污水和工业废水。

【采样容器】40 mL 棕色玻璃瓶，具硅橡胶-聚四氟乙烯衬垫螺旋盖。

【采样方法】采样时不需用样品进行荡洗，水样在样品瓶中溢流而不留空间。取样时应尽量避免或减少样品在空气中暴露。

【固定剂】（1）抗坏血酸+盐酸；（2）—。

【保存方法】（1）每 40 mL 样品需加入 25 mg 的抗坏血酸；若样品中总余氯的量超过 5 mg/L，总余氯每超过 5 mg/L，需要多加 25 mg 的抗坏血酸。采样时，水样呈中性时向每个样品瓶中加入 0.5 mL 盐酸溶液，拧紧瓶盖；水样呈碱性时应加入适量盐酸溶液使样品 pH≤2。4℃保存。（2）当水样加盐酸溶液后产生大量气泡时，应弃去该样品，重新采集样品。重新采集的样品不应加盐酸溶液，样品标签上应注明未酸化。4℃保存。

【保存期】（1）14 d；（2）24 h。

【采样量】40 mL。

【容器洗涤】样品瓶应在采样前用甲醇清洗。

【检出限】全扫描模式：0.6 μg/L；离子选择扫描模式：0.4 μg/L。

【质量保证和质量控制】所有样品均采集平行双样。每批样品至少应采集一个运输空白和全程序空白样品。空白中目标化合物浓度应小于下列条件的最大值：（1）方法检出限；（2）相关环保标准限值的 5%；（3）样品分析结果的 5%。若空白试验未满足以上要求，则应采取措施排除污染并重新分析同批样品。

水质　挥发性有机物的测定　顶空/气相色谱-质谱法（HJ 810—2016）

【适用范围】地表水、地下水、生活污水、工业废水和海水。

【采样容器】40 mL 棕色玻璃瓶，具硅橡胶-聚四氟乙烯衬垫螺旋盖。

【采样方法】采集样品时，不宜用水样进行荡洗，应使水样在样品瓶中溢流且不留空间。

【固定剂】（1）抗坏血酸+盐酸；（2）—。

【保存方法】（1）若水样中含有余氯，采样前，应向 40 mL 棕色采样瓶中加入 25 mg 的抗坏血酸。若水样中余氯含量超过 5 mg/L，应按比例增加抗坏血酸的加入量，余氯含量每增加 5 mg/L，则应多加入 25 mg 的抗坏血酸。样品采集后，应立即加入适量盐酸溶液，使样品 pH≤2，拧紧瓶盖，4℃以下冷藏，避光和密封保存。（2）当水样加盐酸溶液后有气泡产生，须重新采样，重新采集的样品不加盐酸溶液保存，样品标签上应注明未酸化。

【保存期】（1）14 d；（2）24 h。

【采样量】40 mL。

【容器洗涤】—

【检出限】全扫描模式：7 μg/L；离子选择扫描模式：0.6 μg/L。

【质量保证和质量控制】所有样品均采集平行双样。每批样品应至少做一个全程序空白：按照分析步骤，在实验室将一份实验用水放入样品瓶中密封，将其带到采样现场，与采样的样品瓶同时开盖和密封，之后随样品运回实验室。

水质　挥发性卤代烃的测定　顶空气相色谱法（HJ 620—2011）

【适用范围】地表水、地下水、饮用水、海水、工业废水和生活污水。

【采样容器】具聚四氟乙烯衬垫和实心螺旋盖。

【采样方法】采样时样品沿瓶壁注入，防止气泡产生，水样充满后不留液上空间。

【固定剂】抗坏血酸或硫代硫酸钠。

【保存方法】如果水样含有余氯，向采样瓶中加入 0.3～0.5 g 抗坏血酸或硫代硫酸钠，水样采集后立即放入 4℃左右冷藏保存。

【保存期】7 d。

【采样量】40 mL。

【容器洗涤】—

【检出限】0.2 μg/L。

【质量保证和质量控制】所有样品均采集平行样。平行样品，每分析一批（20 个）样品至少做 10% 的平行样品测定，平行样品相对偏差在 30%以内。

生活饮用水标准检验方法　有机物指标（44.1 气相色谱法）（GB/T 5750.8—2006）

【适用范围】生活饮用水及其水源水。

【采样容器】磨口玻璃瓶。

【采样方法】水样至满瓶，密封。

【固定剂】—

【保存方法】—

【保存期】48 h。

【采样量】—

【容器洗涤】—

【检出限】0.1 μg/L。

【质量保证和质量控制】—

生活饮用水标准检验方法　有机物指标（附录 A 吹脱捕集/气相色谱-质谱法测定挥发性有机化合物）（GB/T 5750.8—2006）

【适用范围】测定生活饮用水及其水源水。

【采样容器】40 mL 棕色玻璃瓶附螺旋盖及聚四氟乙烯垫片。

【采样方法】采样时，使水样在瓶中溢流出而不留气泡；若从开放的水体中采样，先用 1 L 的广口瓶或烧杯从有代表性的区域中采样，再小心把水样从广口瓶或烧杯中倒入样品瓶中。

【固定剂】（1）无余氯样品：盐酸溶液；（2）有余氯样品：抗坏血酸+盐酸。

【保存方法】（1）不含余氯的样品和现场空白，每 40 mL 水样中加 4 滴 4 mol/L 的盐酸做固定剂。4℃保存。（2）含余氯的样品和现场空白，在样品瓶中先加入抗坏血酸（每 40 mL 水样中加 25 mg），待样品瓶中充满水样并溢流后，每 20 mL 样品中加入 1 滴 4 mol/L 盐酸调节样品 pH＜2。4℃保存。

【保存期】14 d。

【采样量】40 mL。

【容器洗涤】—

【检出限】0.11 μg/L。

【质量保证和质量控制】所有样品均采集平行样，每批样品要带一个现场空白。

地表水和污水监测技术规范（HJ/T 91—2002）

【适用范围】对江河、湖泊、水库和渠道的水质监测，包括控制断面以及污染源排放污水的监测。

【采样容器】硬质玻璃瓶。

【采样方法】—

【固定剂】盐酸+抗坏血酸。

【保存方法】用（1+10）盐酸调至 pH=2，加入 0.01～0.02 g 抗坏血酸除去残余氯，0～4℃冷藏避光保存。

【保存期】12 h。

【采样量】1 000 mL。

【容器洗涤】洗涤剂洗 1 次，自来水洗 3 次，蒸馏水洗 1 次。

【检出限】—

【质量保证和质量控制】—

水质　样品的保存和管理技术规定（HJ 493—2009）

【适用范围】天然水、生活污水及工业废水。

【采样容器】硬质玻璃瓶。

【采样方法】—

【固定剂】盐酸+抗坏血酸。

【保存方法】用（1+10）盐酸调至 pH≤2，加入 0.01～0.02 g 抗坏血酸除去残余氯，1～5℃避光保存。

【保存期】12 h。

【采样量】1 000 mL。

【容器洗涤】—

【检出限】—

【质量保证和质量控制】—

212. 氯苯

水质　挥发性有机物的测定　吹扫捕集/气相色谱-质谱法（HJ 639—2012）

【适用范围】海水、地下水、地表水、生活污水和工业废水。

【采样容器】40 mL 棕色玻璃瓶，具硅橡胶-聚四氟乙烯衬垫螺旋盖。

【采样方法】采样时不需用样品进行荡洗，水样在样品瓶中溢流而不留空间。取样时应尽量避免或减少样品在空气中暴露。

【固定剂】（1）抗坏血酸+盐酸；（2）—。

【保存方法】（1）每 40 mL 样品需加入 25 mg 的抗坏血酸；若样品中总余氯的量超过 5 mg/L，总余氯每超过 5 mg/L，需要多加 25 mg 的抗坏血酸。采样时，水样呈中性时向每个样品瓶中加入 0.5 mL 盐酸溶液，拧紧瓶盖；水样呈碱性时应加入适量盐酸溶液使样品 pH≤2。4℃保存。（2）当水样加盐酸溶液后产生大量气泡时，应弃去该样品，重新采集样品。重新采集的样品不应加盐酸溶液，样品标签上应注明未酸化。4℃保存。

【保存期】（1）14 d；（2）24 h。

【采样量】40 mL。

【容器洗涤】样品瓶应在采样前用甲醇清洗。

【检出限】全扫描模式：1.0 μg/L；离子选择扫描模式：0.2 μg/L。

【质量保证和质量控制】所有样品均采集平行双样。每批样品至少应采集一个运输空白和全程序空白样品。空白中目标化合物浓度应小于下列条件的最大值：（1）方法检出限；（2）相关环保标准限值的 5%；（3）样品分析结果的 5%。若空白试验未满足以上要求，则应采取措施排除污染并重新分析同批样品。

水质　挥发性有机物的测定　顶空/气相色谱-质谱法（HJ 810—2016）

【适用范围】地表水、地下水、生活污水、工业废水和海水。

【采样容器】40 mL 棕色玻璃瓶，具硅橡胶-聚四氟乙烯衬垫螺旋盖。

【采样方法】采集样品时，不宜用水样进行荡洗，应使水样在样品瓶中溢流且不留空间。

【固定剂】（1）抗坏血酸+盐酸；（2）—。

【保存方法】（1）若水样中含有余氯，采样前，应向 40 mL 棕色采样瓶中加入 25 mg 的抗坏血酸。若水样中余氯含量超过 5 mg/L，应按比例增加抗坏血酸的加入量，余氯含量每增加 5 mg/L，则应多加入 25 mg 的抗坏血酸。样品采集后，应立即加入适量盐酸溶液，使样品 pH≤2，拧紧瓶盖，4℃以下冷藏，避光和密封保存。（2）当水样加盐酸溶液后有气泡产生，须重新采样，重新采集的样品不加盐酸溶液保存，样品标签上应注明未酸化。

【保存期】（1）14 d；（2）24 h。

【采样量】40 mL。

【容器洗涤】—

【检出限】全扫描模式：4 μg/L；离子选择扫描模式：1.0 μg/L。

【质量保证和质量控制】所有样品均采集平行双样。每批样品应至少做一个全程序空白：按照分析步骤，在实验室将一份实验用水放入样品瓶中密封，将其带到采样现场，与采样的样品瓶同时开盖和密封，之后随样品运回实验室。

水质　氯苯类化合物的测定　气相色谱法（HJ 621—2011）

【适用范围】地表水、地下水、饮用水、海水、工业废水和生活污水。

【采样容器】棕色玻璃瓶。

【采样方法】样品充满采样瓶，用内衬聚四氟乙烯硅胶垫（或铝箔垫）的瓶盖密封。

【固定剂】浓硫酸。

【保存方法】采样时每升水样中加入 1.0 mL 浓硫酸，2～5℃冷藏保存。

【保存期】7 d。

【采样量】1 000 mL。

【容器洗涤】—

【检出限】12 μg/L。

【质量保证和质量控制】空白样品：每批样品应至少分析一个全程序空白样，全程序空白测定值应低于检出限。

水质　氯苯的测定　气相色谱法（HJ/T 74—2001）

【适用范围】地表水、地下水及废水。

【采样容器】玻璃细口瓶，具磨口瓶塞。

【采样方法】在采集前用水样将取样瓶洗涤 2～3 次，样品应充满瓶子，加盖密封，不得有气泡。

【固定剂】—

【保存方法】2～5℃冷藏保存。

【保存期】7 d。

【采样量】1 000 mL。

【容器洗涤】—

【检出限】0.01 mg/L。

【质量保证和质量控制】—

生活饮用水标准检验方法　有机物指标（附录 A 吹脱捕集/气相色谱-质谱法测定挥发性有机化合物）（GB/T 5750.8—2006）

【适用范围】测定生活饮用水及其水源水。

【采样容器】40 mL 棕色玻璃瓶附螺旋盖及聚四氟乙烯垫片。

【采样方法】采样时，使水样在瓶中溢流出而不留气泡；若从开放的水体中采样，先用 1 L 的广口瓶或烧杯从有代表性的区域中采样，再小心把水样从广口瓶或烧杯中倒入样品瓶中。

【固定剂】（1）无余氯样品：盐酸溶液；（2）有余氯样品：抗坏血酸+盐酸。

【保存方法】（1）不含余氯的样品和现场空白，每 40 mL 水样中加 4 滴 4 mol/L 的盐酸做固定剂。4℃保存。（2）含余氯的样品和现场空白，在样品瓶中先加入抗坏血酸（每 40 mL 水样中加 25 mg），待样品瓶中充满水样并溢流后，每 20 mL 样品中加入 1 滴 4 mol/L 盐酸调节样品 pH＜2。4℃保存。

【保存期】14 d。

【采样量】40 mL。

【容器洗涤】—

【检出限】0.04 μg/L。

【质量保证和质量控制】所有样品均采集平行样，每批样品要带一个现场空白。

地表水和污水监测技术规范（HJ/T 91—2002）

【适用范围】对江河、湖泊、水库和渠道的水质监测，包括控制断面以及污染源排放污水的监测。

【采样容器】硬质玻璃瓶。

【采样方法】—

【固定剂】盐酸+抗坏血酸。

【保存方法】用（1+10）盐酸调至 pH=2，加入 0.01～0.02 g 抗坏血酸除去残余氯，0～4℃冷藏避光保存。

【保存期】12 h。

【采样量】1 000 mL。

【容器洗涤】洗涤剂洗 1 次，自来水洗 3 次，蒸馏水洗 1 次。

【检出限】—

【质量保证和质量控制】—

水质　样品的保存和管理技术规定（HJ 493—2009）

【适用范围】天然水、生活污水及工业废水。

【采样容器】硬质玻璃瓶。

【采样方法】—

【固定剂】盐酸+抗坏血酸。

【保存方法】用（1+10）盐酸调至 pH≤2，加入 0.01～0.02 g 抗坏血酸除去残余氯，1～5℃避光保存。

【保存期】12 h。

【采样量】1 000 mL。

【容器洗涤】—

【检出限】—

【质量保证和质量控制】—

213. 氯丁二烯

水质　挥发性有机物的测定　吹扫捕集/气相色谱法（HJ 686—2014）

【适用范围】地表水、地下水、生活污水和工业废水中挥发性有机物的测定。

【采样容器】40 mL 棕色玻璃瓶，螺旋盖（带聚四氟乙烯涂层密封垫）。

【采样方法】样品采集时不需用水样荡洗。

【固定剂】（1）无余氯样品：盐酸溶液；（2）有余氯样品：抗坏血酸+盐酸。

【保存方法】无余氯样品：0.5 mL 盐酸溶液，4℃保存；有余氯样品：加入约 25 mg 抗坏血酸，再加 0.5 mL 盐酸溶液，4℃保存。

【保存期】14 d。

【采样量】40 mL。

【容器洗涤】采样瓶应在采样前充分清洗。

【检出限】0.1 μg/L。

【质量保证和质量控制】所有样品均采集平行双样，每批样品带一个全程序空白和一个运输空白。

（1）空白分析。①运输空白。采样前在实验室将一份空白试剂水放入样品瓶中密封，将其带到现场。采样时使其瓶盖一直处于密封状态，随样品运回实验室，按与样品相同的分析步骤进行处理和测定，用于检查样品运输过程中是否受到污染。②全程序空白。采样前在实验室将一份空白试剂水放入样品瓶中密封，将其带到现场。与采样的样品瓶同时开盖和密封，随样品运回实验室，按与样品相同的分析步骤进行处理和测定，用于检查样品采集到分析全过程是否受到污染。如全程序空白中目标化合物高于检出限时，不能从样品结果中扣除空白值。应检查所有可能对全程序空白产生影响的环节，仔细查找干扰源。如果确实发现采样、运输或保存过程存在影响分析结果的干扰，需对出现问题批次的样品进行重新采样分析。（2）平行样品的测定。虽然每个样品均采集平行双样，一般每 10 个样品或每批次（少于 10 个样品/批）分析一个平行样，平行样品测定结果的相对偏差<20%。

水质　挥发性有机物的测定　吹扫捕集/气相色谱-质谱法（HJ 639—2012）

【适用范围】海水、地下水、地表水、生活污水和工业废水。

【采样容器】40 mL 棕色玻璃瓶，具硅橡胶-聚四氟乙烯衬垫螺旋盖。

【采样方法】采样时不需用样品进行荡洗，水样在样品瓶中溢流而不留空间。取样时应尽量避免或减少样品在空气中暴露。所有样品均采集平行双样，每批样品带一个全程序空白和一个运输空白。

【固定剂】（1）抗坏血酸+盐酸；（2）—。

【保存方法】（1）每 40 mL 样品需加入 25 mg 的抗坏血酸；若样品中总余氯的量超过 5 mg/L，总余氯每超过 5 mg/L，需要多加 25 mg 的抗坏血酸。采样时，水样呈中性时向每个样品瓶中加入 0.5 mL 盐酸溶液，拧紧瓶盖；水样呈碱性时应加入适量盐酸溶液使样品 pH≤2。4℃保存。（2）当水样加盐酸溶液后产生大量气泡时，应弃去该样品，重新采集样品。重新采集的样品不应加盐酸溶液，样品标签上应注明未酸化。4℃保存。

【保存期】（1）14 d；（2）24 h。

【采样量】40 mL。

【容器洗涤】样品瓶应在采样前用甲醇清洗。

【检出限】全扫描模式：1.5 μg/L；离子选择扫描模式：0.5 μg/L。

【质量保证和质量控制】所有样品均采集平行双样。每批样品至少应采集一个运输空白和全程序空白样品。空白中目标化合物浓度应小于下列条件的最大值：（1）方法检出限；（2）相关环保标准限值的 5%；（3）样品分析结果的 5%。若空白试验未满足以上要求，则应采取措施排除污染并重新分析同批样品。

水质　挥发性卤代烃的测定　顶空气相色谱法（HJ 620—2011）

【适用范围】地表水、地下水、饮用水、海水、工业废水和生活污水。

【采样容器】具聚四氟乙烯衬垫和实心螺旋盖。

【采样方法】采样时样品沿瓶壁注入，防止气泡产生，水样充满后不留液上空间。

【固定剂】抗坏血酸或硫代硫酸钠。

【保存方法】如果水样含有余氯，向采样瓶中加入 0.3～0.5 g 抗坏血酸或硫代硫酸钠，水样采集后立即于 4℃左右冷藏保存。

【保存期】7 d。

【采样量】40 mL。

【容器洗涤】—

【检出限】0.36 μg/L。

【质量保证和质量控制】所有样品均采集平行样。平行样品，每分析一批（20 个）样品至少做 10%的平行样品测定，平行样品相对偏差在 30%以内。

生活饮用水标准检验方法　有机物指标（34　顶空气相色谱法）（GB/T 5750.8—2006）

【适用范围】生活饮用水及其水源水。

【采样容器】顶空瓶。

【采样方法】—

【固定剂】—

【保存方法】低温保存。

【保存期】—

【采样量】100 mL。

【容器洗涤】—

【检出限】0.02 mg/L。

【质量保证和质量控制】—

地表水和污水监测技术规范（HJ/T 91—2002）

【适用范围】对江河、湖泊、水库和渠道的水质监测，包括控制断面以及污染源排放污水的监测。

【采样容器】硬质玻璃瓶。

【采样方法】—

【固定剂】盐酸+抗坏血酸。

【保存方法】用（1+10）盐酸调至 pH=2，加入 0.01～0.02 g 抗坏血酸除去残余氯，0～4℃冷藏避光保存。

【保存期】12 h。

【采样量】1 000 mL。

【容器洗涤】洗涤剂洗 1 次，自来水洗 3 次，蒸馏水洗 1 次。

【检出限】—

【质量保证和质量控制】—

水质　样品的保存和管理技术规定（HJ 493—2009）

【适用范围】天然水、生活污水及工业废水。

【采样容器】硬质玻璃瓶。

【采样方法】—

【固定剂】盐酸+抗坏血酸。

【保存方法】用（1+10）盐酸调至 pH≤2，加入 0.01～0.02 g 抗坏血酸除去残余氯，1～5℃避光保存。

【保存期】12 h。

【采样量】1 000 mL。

【容器洗涤】—

【检出限】—

【质量保证和质量控制】—

214. 氯氟氰菊酯

水质 百菌清及拟除虫菊酯类农药的测定 气相色谱-质谱法（HJ 753—2015）

【适用范围】地表水、地下水、工业废水和生活污水。
【采样容器】具磨口塞的棕色玻璃细口瓶。
【采样方法】—
【固定剂】—
【保存方法】4℃保存。
【保存期】7 d 内完成萃取。
【采样量】1 000 mL 或 2 000 mL。
【容器洗涤】—
【检出限】液液萃取：0.03 μg/L；固相萃取：0.05 μg/L。
【质量保证和质量控制】—

地表水和污水监测技术规范（HJ/T 91—2002）

【适用范围】对江河、湖泊、水库和渠道的水质监测。
【采样容器】硬质玻璃瓶。
【采样方法】—
【固定剂】抗坏血酸。
【保存方法】加入 0.01～0.02 g 抗坏血酸除去残余氯，0～4℃冷藏避光保存。
【保存期】24 h。
【采样量】1 000 mL。
【容器洗涤】洗涤剂洗 1 次，自来水洗 3 次，蒸馏水洗 1 次。
【检出限】—
【质量保证和质量控制】—

水质 样品的保存和管理技术规定（HJ 493—2009）

【适用范围】天然水、生活污水及工业废水。
【采样容器】硬质玻璃瓶（带聚四氟乙烯瓶盖）。
【采样方法】不能用水样冲洗采样容器，不能使水样充满容器。
【固定剂】—
【保存方法】1～5℃冷藏保存。
【保存期】萃取应在采样后 24 h 内完成，萃取液可保存 5 d。
【采样量】1 000～3 000 mL。
【容器洗涤】—
【检出限】—
【质量保证和质量控制】—

215. 氯磺隆

水质 磺酰脲类农药的测定 高效液相色谱法（HJ 1018—2019）

【适用范围】地表水、地下水、生活污水和工业废水。

【采样容器】具磨口塞的棕色细口玻璃瓶或带聚四氟乙烯衬垫的棕色螺纹口玻璃瓶。

【采样方法】采集样品时，应使样品充满采样瓶，不留液上空间。

【固定剂】磷酸、氢氧化钠；有余氯的水样：硫代硫酸钠。

【保存方法】如果样品 pH 值不在 7～9，用磷酸或氢氧化钠溶液调节样品 pH 值至 7～9。对于含有余氯的水样，需向水样中加入硫代硫酸钠，使水样中硫代硫酸钠的浓度为 80 mg/L。采集的样品应在 4℃以下冷藏避光保存。

【保存期】2 d 萃取完毕，萃取液应 8 d 内分析完毕。

【采样量】1 000 mL。

【容器洗涤】—

【检出限】直接进样：0.006 mg/L；液液萃取：0.07 μg/L；固相萃取：0.09 μg/L。

【质量保证和质量控制】—

216. 氯嘧磺隆

水质 磺酰脲类农药的测定 高效液相色谱法（HJ 1018—2019）

【适用范围】地表水、地下水、生活污水和工业废水。

【采样容器】具磨口塞的棕色细口玻璃瓶或带聚四氟乙烯衬垫的棕色螺纹口玻璃瓶。

【采样方法】采集样品时，应使样品充满采样瓶，不留液上空间。

【固定剂】磷酸、氢氧化钠；有余氯的水样：硫代硫酸钠。

【保存方法】如果样品 pH 值不在 7～9，用磷酸或氢氧化钠溶液调节样品 pH 值至 7～9。对于含有余氯的水样，需向水样中加入硫代硫酸钠，使水样中硫代硫酸钠的浓度为 80 mg/L。采集的样品应在 4℃以下冷藏避光保存。

【保存期】2 d 萃取完毕，萃取液应 8 d 内分析完毕。

【采样量】1 000 mL。

【容器洗涤】—

【检出限】直接进样：0.006 mg/L；液液萃取：0.06 g/L；固相萃取：0.09 μg/L。

【质量保证和质量控制】—

217. 氯灭杀威

水质 氨基甲酸酯类农药的测定 超高效液相色谱-三重四极杆质谱法（HJ 827—2017）

【适用范围】地表水、地下水、生活污水和工业废水。

【采样容器】磨口棕色玻璃瓶。

【采样方法】采样瓶要完全注满不留气泡。

【固定剂】（1+1）硫酸或 0.4 g/mL 氢氧化钠。

【保存方法】用（1+1）硫酸或 0.4 g/mL 氢氧化钠调节水样为中性，水样 4℃以下冷藏避光保存。

【保存期】3 d。

【采样量】250 mL。

【容器洗涤】—

【检出限】直接进样：0.2 μg/L；固相萃取：0.006 μg/L。

【质量保证和质量控制】—

水质　样品的保存和管理技术规定（HJ 493—2009）

【适用范围】天然水、生活污水及工业废水。

【采样容器】（1）硬质玻璃瓶，溶剂洗；（2）聚乙烯瓶（桶）。

【采样方法】—

【固定剂】如果样品被加氯，每 1 000 mL 水加 80 mg 五水硫代硫酸钠。

【保存方法】（1）1～5℃；（2）−20℃冷冻。

【保存期】（1）14 d；（2）1 个月。

【采样量】1 000 mL。

【容器洗涤】—

【检出限】—

【质量保证和质量控制】—

218. 氯氰菊酯

水质　百菌清及拟除虫菊酯类农药的测定　气相色谱-质谱法（HJ 753—2015）

【适用范围】地表水、地下水、工业废水和生活污水。

【采样容器】具磨口塞的棕色玻璃细口瓶。

【采样方法】—

【固定剂】—

【保存方法】4℃保存。

【保存期】7 d 内完成萃取。

【采样量】1 000 mL 或 2 000 mL。

【容器洗涤】—

【检出限】液液萃取：0.04 μg/L；固相萃取：0.07 μg/L。

【质量保证和质量控制】—

地表水和污水监测技术规范（HJ/T 91—2002）

【适用范围】对江河、湖泊、水库和渠道的水质监测。

【采样容器】硬质玻璃瓶。

【采样方法】—

【固定剂】抗坏血酸。

【保存方法】加入 0.01～0.02 g 抗坏血酸除去残余氯，0～4℃冷藏避光保存。

【保存期】24 h。

【采样量】1 000 mL。

【容器洗涤】洗涤剂洗 1 次，自来水洗 3 次，蒸馏水洗 1 次。
【检出限】—
【质量保证和质量控制】—

水质　样品的保存和管理技术规定（HJ 493—2009）
【适用范围】天然水、生活污水及工业废水。
【采样容器】硬质玻璃瓶（带聚四氟乙烯瓶盖）。
【采样方法】不能用水样冲洗采样容器，不能使水样充满容器。
【固定剂】—
【保存方法】1～5℃冷藏保存。
【保存期】萃取应在采样后 24 h 内完成，萃取液可保存 5 d。
【采样量】1 000～3 000 mL。
【容器洗涤】—
【检出限】—
【质量保证和质量控制】—

219. 氯乙烷

生活饮用水标准检验方法　有机物指标（附录 A 吹脱捕集/气相色谱-质谱法测定挥发性有机化合物）（GB/T 5750.8—2006）
【适用范围】测定生活饮用水及其水源水。
【采样容器】40 mL 棕色玻璃瓶附螺旋盖及聚四氟乙烯垫片。
【采样方法】采样时，使水样在瓶中溢流出而不留气泡；若从开放的水体中采样，先用 1 L 的广口瓶或烧杯从有代表性的区域中采样，再小心把水样从广口瓶或烧杯中倒入样品瓶中。
【固定剂】（1）无余氯样品：盐酸溶液；（2）有余氯样品：抗坏血酸+盐酸。
【保存方法】（1）不含余氯的样品和现场空白，每 40 mL 水样中加 4 滴 4 mol/L 的盐酸做固定剂。4℃保存。（2）含余氯的样品和现场空白，在样品瓶中先加入抗坏血酸（每 40 mL 水样中加 25 mg），待样品瓶中充满水样并溢流后，每 20 mL 样品中加入 1 滴 4 mol/L 盐酸调节样品 pH＜2。4℃保存。
【保存期】14 d。
【采样量】40 mL。
【容器洗涤】—
【检出限】0.10 μg/L。
【质量保证和质量控制】所有样品均采集平行样，每批样品要带一个现场空白。

220. 氯乙烯

水质　挥发性有机物的测定　吹扫捕集/气相色谱-质谱法（HJ 639—2012）
【适用范围】海水、地下水、地表水、生活污水和工业废水。
【采样容器】40 mL 棕色玻璃瓶，具硅橡胶-聚四氟乙烯衬垫螺旋盖。

【采样方法】采样时不需用样品进行荡洗，水样在样品瓶中溢流而不留空间。取样时应尽量避免或减少样品在空气中暴露。

【固定剂】（1）抗坏血酸+盐酸；（2）—。

【保存方法】（1）每 40 mL 样品需加入 25 mg 的抗坏血酸；若样品中总余氯的量超过 5 mg/L，总余氯每超过 5 mg/L，需要多加 25 mg 的抗坏血酸。采样时，水样呈中性时向每个样品瓶中加入 0.5 mL 盐酸溶液，拧紧瓶盖；水样呈碱性时应加入适量盐酸溶液使样品 pH≤2。4℃保存。（2）当水样加盐酸溶液后产生大量气泡时，应弃去该样品，重新采集样品。重新采集的样品不应加盐酸溶液，样品标签上应注明未酸化。4℃保存。

【保存期】（1）14 d；（2）24 h。

【采样量】40 mL。

【容器洗涤】样品瓶应在采样前用甲醇清洗。

【检出限】全扫描模式：1.5 μg/L；离子选择扫描模式：0.5 μg/L。

【质量保证和质量控制】所有样品均采集平行双样。每批样品至少应采集一个运输空白和全程序空白样品。空白中目标化合物浓度应小于下列条件的最大值：（1）方法检出限；（2）相关环保标准限值的 5%；（3）样品分析结果的 5%。若空白试验未满足以上要求，则应采取措施排除污染并重新分析同批样品。

水质　挥发性有机物的测定　顶空/气相色谱-质谱法（HJ 810—2016）

【适用范围】地表水、地下水、生活污水、工业废水和海水。

【采样容器】40 mL 棕色玻璃瓶，具硅橡胶-聚四氟乙烯衬垫螺旋盖。

【采样方法】采集样品时，不宜用水样进行荡洗，应使水样在样品瓶中溢流且不留空间。

【固定剂】（1）抗坏血酸+盐酸；（2）—。

【保存方法】（1）若水样中含有余氯，采样前，应向 40 mL 棕色采样瓶中加入 25 mg 的抗坏血酸。若水样中余氯含量超过 5 mg/L，应按比例增加抗坏血酸的加入量，余氯含量每增加 5 mg/L，则应多加入 25 mg 的抗坏血酸。样品采集后，应立即加入适量盐酸溶液，使样品 pH≤2，拧紧瓶盖，4℃以下冷藏，避光和密封保存。（2）当水样加盐酸溶液后有气泡产生，须重新采样，重新采集的样品不加盐酸溶液保存，样品标签上应注明未酸化。

【保存期】（1）14 d；（2）24 h。

【采样量】40 mL。

【容器洗涤】—

【检出限】全扫描模式：5 μg/L；离子选择扫描模式：0.7 μg/L。

【质量保证和质量控制】所有样品均采集平行双样。每批样品应至少做一个全程序空白：按照分析步骤，在实验室将一份实验用水放入样品瓶中密封，将其带到采样现场，与采样的样品瓶同时开盖和密封，之后随样品运回实验室。

生活饮用水标准检验方法　有机物指标（4.1 填充柱气相色谱法）（GB/T 5750.8—2006）

【适用范围】生活饮用水及其水源水。

【采样容器】顶空瓶，使用前在 100℃烘烤 2 h。

【采样方法】现场采集满瓶，盖紧密封。

【固定剂】DMA（*N*, *N*-二甲基乙酰胺）。

【保存方法】按 1%的比例加入 DMA，4℃冷藏保存。

【保存期】48h。

【采样量】100 mL。

【容器洗涤】—

【检出限】1 μg/L。

【质量保证和质量控制】—

生活饮用水标准检验方法　有机物指标（4.2 毛细管柱气相色谱法）（GB/T 5750.8—2006）

【适用范围】生活饮用水及其水源水。

【采样容器】使用前在 100℃烘烤 2 h。

【采样方法】现场采集满瓶，盖紧密封。

【固定剂】DMA（*N*, *N*-二甲基乙酰胺）。

【保存方法】按 1%的比例加入 DMA，置于 4℃冷藏保存。

【保存期】48 h。

【采样量】20 mL。

【容器洗涤】—

【检出限】1 μg/L。

【质量保证和质量控制】—

生活饮用水标准检验方法　有机物指标（附录 A 吹脱捕集/气相色谱-质谱法测定挥发性有机化合物）（GB/T 5750.8—2006）

【适用范围】测定生活饮用水及其水源水。

【采样容器】40 mL 棕色玻璃瓶附螺旋盖及聚四氟乙烯垫片。

【采样方法】采样时，使水样在瓶中溢流出而不留气泡；若从开放的水体中采样，先用 1 L 的广口瓶或烧杯从有代表性的区域中采样，再小心把水样从广口瓶或烧杯中倒入样品瓶中。

【固定剂】（1）无余氯样品：盐酸溶液；（2）有余氯样品：抗坏血酸+盐酸。

【保存方法】（1）不含余氯的样品和现场空白，每 40 mL 水样中加 4 滴 4 mol/L 的盐酸做固定剂。4℃保存。（2）含余氯的样品和现场空白，在样品瓶中先加入抗坏血酸（每 40 mL 水样中加 25 mg），待样品瓶中充满水样并溢流后，每 20 mL 样品中加入 1 滴 4 mol/L 盐酸调节样品 pH＜2。4℃保存。

【保存期】14 d。

【采样量】40 mL。

【容器洗涤】—

【检出限】0.04 μg/L。

【质量保证和质量控制】所有样品均采集平行样，每批样品要带一个现场空白。

地表水和污水监测技术规范（HJ/T 91—2002）

【适用范围】对江河、湖泊、水库和渠道的水质监测，包括控制断面以及污染源排放污水的监测。

【采样容器】硬质玻璃瓶。

【采样方法】—

【固定剂】盐酸+抗坏血酸。

【保存方法】用（1+10）盐酸调至 pH=2，加入 0.01～0.02 g 抗坏血酸除去残余氯，0～4℃冷藏避光保存。

【保存期】12 h。

【采样量】1 000 mL。

【容器洗涤】洗涤剂洗 1 次，自来水洗 3 次，蒸馏水洗 1 次。

【检出限】—

【质量保证和质量控制】—

水质　样品的保存和管理技术规定（HJ 493—2009）

【适用范围】天然水、生活污水及工业废水。

【采样容器】硬质玻璃瓶。

【采样方法】—

【固定剂】盐酸+抗坏血酸。

【保存方法】用（1+10）盐酸调至 pH≤2，加入 0.01～0.02 g 抗坏血酸除去残余氯，1～5℃避光保存。

【保存期】12 h。

【采样量】1 000 mL。

【容器洗涤】—

【检出限】—

【质量保证和质量控制】—

221. 马拉硫磷

水质　有机磷农药的测定　气相色谱法（GB/T 13192—1991）

【适用范围】地面水、地下水及工业废水。

【采样容器】玻璃磨口瓶。

【采样方法】在采样前用水样将取样瓶冲洗 2～3 次。

【固定剂】—

【保存方法】弱酸性状态下保存，在 4℃冷藏箱中保存。

【保存期】3 d。

【采样量】1 000 mL。

【容器洗涤】—

【检出限】4.3×10^{-9} g。

【质量保证和质量控制】—

生活饮用水标准检验方法　农药指标（4.1 填充柱气相色谱法）（GB/T 5750.9—2006）

【适用范围】生活饮用水及其水源水。

【采样容器】硬质磨口玻璃瓶。

【采样方法】—

【固定剂】—

【保存方法】冷藏保存。

【保存期】24 h。

【采样量】—

【容器洗涤】—

【检出限】2.5 μg/L。

【质量保证和质量控制】—

生活饮用水标准检验方法　农药指标（4.2 毛细管柱气相色谱法）（GB/T 5750.9—2006）

【适用范围】生活饮用水及其水源水。

【采样容器】硬质磨口玻璃瓶。

【采样方法】—

【固定剂】—

【保存方法】冷藏保存。

【保存期】24 h。

【采样量】—

【容器洗涤】—

【检出限】0.1 μg/L。

【质量保证和质量控制】—

地表水和污水监测技术规范（HJ/T 91—2002）

【适用范围】对江河、湖泊、水库和渠道的水质监测。

【采样容器】硬质玻璃瓶。

【采样方法】—

【固定剂】抗坏血酸。

【保存方法】加入 0.01～0.02 g 抗坏血酸除去残余氯，0～4℃冷藏避光保存。

【保存期】24 h。

【采样量】1 000 mL。

【容器洗涤】洗涤剂洗 1 次，自来水洗 3 次，蒸馏水洗 1 次。

【检出限】—

【质量保证和质量控制】—

水质　样品的保存和管理技术规定（HJ 493—2009）

【适用范围】天然水、生活污水及工业废水。

【采样容器】硬质玻璃瓶（带聚四氟乙烯瓶盖）或塑料容器（适用于草甘膦）。
【采样方法】不能用水样冲洗采样容器，不能使水样充满容器。
【固定剂】—
【保存方法】1～5℃冷藏保存。
【保存期】萃取应在采样后 24 h 内完成；萃取液可保存 5 d。
【采样量】1 000～3 000 mL。
【容器洗涤】—
【检出限】—
【质量保证和质量控制】—

222. 锰杀威

水质 氨基甲酸酯类农药的测定 超高效液相色谱-三重四极杆质谱法（HJ 827—2017）

【适用范围】地表水、地下水、生活污水和工业废水。
【采样容器】磨口棕色玻璃瓶。
【采样方法】采样瓶要完全注满不留气泡。
【固定剂】（1+1）硫酸或 0.4 g/mL 氢氧化钠。
【保存方法】用（1+1）硫酸或 0.4 g/mL 氢氧化钠调节水样为中性，水样 4℃以下冷藏避光保存。
【保存期】3 d。
【采样量】250 mL。
【容器洗涤】—
【检出限】直接进样：0.2 μg/L；固相萃取：0.004 μg/L。
【质量保证和质量控制】—

水质 样品的保存和管理技术规定（HJ 493—2009）

【适用范围】天然水、生活污水及工业废水。
【采样容器】（1）硬质玻璃瓶，溶剂洗；（2）聚乙烯瓶（桶）。
【采样方法】—
【固定剂】如果样品被加氯，每 1 000 mL 水加 80 mg 五水硫代硫酸钠。
【保存方法】（1）1～5℃；（2）−20℃冷冻。
【保存期】（1）14 d；（2）1 个月。
【采样量】1 000 mL。
【容器洗涤】—
【检出限】—
【质量保证和质量控制】—

223. 醚苯磺隆

水质 磺酰脲类农药的测定 高效液相色谱法（HJ 1018—2019）

【适用范围】地表水、地下水、生活污水和工业废水。

【采样容器】具磨口塞的棕色细口玻璃瓶或带聚四氟乙烯衬垫的棕色螺纹口玻璃瓶。

【采样方法】采集样品时，应使样品充满采样瓶，不留液上空间。

【固定剂】无余氯的水样：磷酸、氢氧化钠；有余氯的水样：硫代硫酸钠。

【保存方法】如果样品 pH 值不在 7～9，用磷酸或氢氧化钠溶液调节样品 pH 值至 7～9。对于含有余氯的水样，需向水样中加入硫代硫酸钠，使水样中硫代硫酸钠的浓度为 80 mg/L。采集的样品应在 4℃以下冷藏避光保存。

【保存期】2 d 萃取完毕，萃取液应 8 d 内分析完毕。

【采样量】1 000 mL。

【容器洗涤】—

【检出限】直接进样：0.009 mg/L；液液萃取：0.06 μg/L；固相萃取：0.09 μg/L。

【质量保证和质量控制】—

224. 灭虫威

水质　氨基甲酸酯类农药的测定　超高效液相色谱-三重四极杆质谱法（HJ 827—2017）

【适用范围】地表水、地下水、生活污水和工业废水。

【采样容器】磨口棕色玻璃瓶。

【采样方法】采样瓶要完全注满不留气泡。

【固定剂】（1+1）硫酸或 0.4 g/mL 氢氧化钠。

【保存方法】用（1+1）硫酸或 0.4 g/mL 氢氧化钠调节水样为中性，水样 4℃以下冷藏避光保存。

【保存期】3 d。

【采样量】250 mL。

【容器洗涤】—

【检出限】直接进样：0.2 μg/L；固相萃取：0.004 μg/L。

【质量保证和质量控制】—

水质　样品的保存和管理技术规定（HJ 493—2009）

【适用范围】天然水、生活污水及工业废水。

【采样容器】（1）硬质玻璃瓶，溶剂洗；（2）聚乙烯瓶（桶）。

【采样方法】—

【固定剂】如果样品被加氯，每 1 000 mL 水加 80 mg 五水硫代硫酸钠。

【保存方法】（1）1～5℃；（2）−20℃冷冻。

【保存期】（1）14 d；（2）1 个月。

【采样量】1 000 mL。

【容器洗涤】—

【检出限】—

【质量保证和质量控制】—

225. 灭多威

水质 氨基甲酸酯类农药的测定 超高效液相色谱-三重四极杆质谱法（HJ 827—2017）

【适用范围】地表水、地下水、生活污水和工业废水。

【采样容器】磨口棕色玻璃瓶。

【采样方法】采样瓶要完全注满不留气泡。

【固定剂】（1+1）硫酸或 0.4 g/mL 氢氧化钠。

【保存方法】用（1+1）硫酸或 0.4 g/mL 氢氧化钠调节水样为中性，水样 4℃以下冷藏避光保存。

【保存期】3 d。

【采样量】250 mL。

【容器洗涤】—

【检出限】直接进样：0.6 μg/L；固相萃取：0.012 μg/L。

【质量保证和质量控制】—

水质 灭多威和灭多威肟的测定 液相色谱法（HJ 851—2017）

【适用范围】地表水、地下水、生活污水和工业废水。

【采样容器】具磨口塞的棕色玻璃细口瓶。

【采样方法】—

【固定剂】0.1 mol/L 盐酸或 0.1 mol/L 氢氧化钠。

【保存方法】用 0.1 mol/L 盐酸或 0.1 mol/L 氢氧化钠溶液调至 pH 值为 4～6，避光保存。

【保存期】8 d。

【采样量】100 mL。

【容器洗涤】—

【检出限】1 mg/L。

【质量保证和质量控制】—

水质 样品的保存和管理技术规定（HJ 493—2009）

【适用范围】天然水、生活污水及工业废水。

【采样容器】（1）硬质玻璃瓶，溶剂洗；（2）聚乙烯瓶（桶）。

【采样方法】—

【固定剂】如果样品被加氯，每 1 000 mL 水加 80 mg 五水硫代硫酸钠。

【保存方法】（1）1～5℃；（2）−20℃冷冻。

【保存期】（1）14 d；（2）1 个月。

【采样量】1 000 mL。

【容器洗涤】—

【检出限】—

【质量保证和质量控制】—

226. 灭多威肟

水质 氨基甲酸酯类农药的测定 超高效液相色谱-三重四极杆质谱法（HJ 827—2017）

【适用范围】地表水、地下水、生活污水和工业废水。

【采样容器】磨口棕色玻璃瓶。

【采样方法】采样瓶要完全注满不留气泡。

【固定剂】（1+1）硫酸或 0.4 g/mL 氢氧化钠。

【保存方法】用（1+1）硫酸或 0.4 g/mL 氢氧化钠调节水样为中性，水样 4℃以下冷藏避光保存。

【保存期】3 d。

【采样量】250 mL。

【容器洗涤】—

【检出限】直接进样：2 μg/L；固相萃取：0.031 μg/L。

【质量保证和质量控制】—

水质 灭多威和灭多威肟的测定 液相色谱法（HJ 851—2017）

【适用范围】地表水、地下水、生活污水和工业废水。

【采样容器】具磨口塞的棕色玻璃细口瓶。

【采样方法】—

【固定剂】0.1 mol/L 盐酸或 0.1 mol/L 氢氧化钠。

【保存方法】用 0.1 mol/L 盐酸或 0.1 mol/L 氢氧化钠溶液调至 pH 值为 4～6，避光保存。

【保存期】8 d。

【采样量】100 mL。

【容器洗涤】—

【检出限】1 mg/L。

【质量保证和质量控制】—

水质 样品的保存和管理技术规定（HJ 493—2009）

【适用范围】天然水、生活污水及工业废水。

【采样容器】（1）硬质玻璃瓶，溶剂洗；（2）聚乙烯瓶（桶）。

【采样方法】—

【固定剂】如果样品被加氯，每 1 000 mL 水加 80 mg 五水硫代硫酸钠。

【保存方法】（1）1～5℃；（2）−20℃冷冻。

【保存期】（1）14 d；（2）1 个月。

【采样量】1 000 mL。

【容器洗涤】—

【检出限】—

【质量保证和质量控制】—

227. 萘

水质 多环芳烃的测定 液液萃取和固相萃取高效液相色谱法（HJ 478—2009）

【适用范围】饮用水、地下水、地表水、海水、工业废水及生活污水。

【采样容器】具磨口塞的棕色玻璃细口瓶。

【采样方法】采样前不能用水样预洗采样瓶，以防止样品的沾染或吸附，采样瓶要完全注满，不留气泡。

【固定剂】有余氯存在：硫代硫酸钠。

【保存方法】若水中有残余氯存在，要在每升水中加入 80 g 硫代硫酸钠除氯，样品采集后应避光于 4℃冷藏。

【保存期】在 7 d 内萃取，萃取后 40 d 内分析完毕。

【采样量】1 000 mL 或 2 000 mL。

【容器洗涤】样品必须采集在预先洗净烘干的采样瓶中。

【检出限】荧光检测器：0.011 μg/L；紫外检测器：0.012 μg/L。

【质量保证和质量控制】—

水质 挥发性有机物的测定 吹扫捕集/气相色谱-质谱法（HJ 639—2012）

【适用范围】海水、地下水、地表水、生活污水和工业废水。

【采样容器】40 mL 棕色玻璃瓶，具硅橡胶-聚四氟乙烯衬垫螺旋盖。

【采样方法】采样时不需用样品进行荡洗，水样在样品瓶中溢流而不留空间。取样时应尽量避免或减少样品在空气中暴露。

【固定剂】（1）抗坏血酸+盐酸；（2）—。

【保存方法】（1）每 40 mL 样品需加入 25 mg 的抗坏血酸；若样品中总余氯的量超过 5 mg/L，总余氯每超过 5 mg/L，需要多加 25 mg 的抗坏血酸。采样时，水样呈中性时向每个样品瓶中加入 0.5 mL 盐酸溶液，拧紧瓶盖；水样呈碱性时应加入适量盐酸溶液使样品 pH≤2。4℃保存。（2）当水样加盐酸溶液后产生大量气泡时，应弃去该样品，重新采集样品。重新采集的样品不应加盐酸溶液，样品标签上应注明未酸化。4℃保存。

【保存期】（1）14 d；（2）24 h。

【采样量】40 mL。

【容器洗涤】样品瓶应在采样前用甲醇清洗。

【检出限】全扫描模式：1.0 μg/L；离子选择扫描模式：0.4 μg/L。

【质量保证和质量控制】所有样品均采集平行双样。每批样品至少应采集一个运输空白和全程序空白样品。空白中目标化合物浓度应小于下列条件的最大值：（1）方法检出限；（2）相关环保标准限值的 5%；（3）样品分析结果的 5%。若空白试验未满足以上要求，则应采取措施排除污染并重新分析同批样品。

水质 挥发性有机物的测定 顶空/气相色谱-质谱法（HJ 810—2016）

【适用范围】地表水、地下水、生活污水、工业废水和海水。

【采样容器】40 mL 棕色玻璃瓶，具硅橡胶-聚四氟乙烯衬垫螺旋盖。

【采样方法】采集样品时，不宜用水样进行荡洗，应使水样在样品瓶中溢流且不留空间。

【固定剂】（1）抗坏血酸+盐酸；（2）—。

【保存方法】（1）若水样中含有余氯，采样前，应向 40 mL 棕色采样瓶中加入 25 mg 的抗坏血酸。若水样中余氯含量超过 5 mg/L，应按比例增加抗坏血酸的加入量，余氯含量每增加 5 mg/L，则应多加入 25 mg 的抗坏血酸。样品采集后，应立即加入适量盐酸溶液，使样品 pH≤2，拧紧瓶盖，4℃以下冷藏，避光和密封保存。（2）当水样加盐酸溶液后有气泡产生，须重新采样，重新采集的样品不加盐酸溶液保存，样品标签上应注明未酸化。

【保存期】（1）14 d；（2）24 h。

【采样量】40 mL。

【容器洗涤】—

【检出限】全扫描模式：8 μg/L；离子选择扫描模式：0.6 μg/L。

【质量保证和质量控制】所有样品均采集平行双样。每批样品应至少做一个全程序空白：按照分析步骤，在实验室将一份实验用水放入样品瓶中密封，将其带到采样现场，与采样的样品瓶同时开盖和密封，之后随样品运回实验室。

生活饮用水标准检验方法　有机物指标（附录 A 吹脱捕集/气相色谱-质谱法测定挥发性有机化合物）（GB/T 5750.8—2006）

【适用范围】测定生活饮用水及其水源水。

【采样容器】40 mL 棕色玻璃瓶附螺旋盖及聚四氟乙烯垫片。

【采样方法】采样时，使水样在瓶中溢流出而不留气泡；若从开放的水体中采样，先用 1L 的广口瓶或烧杯从有代表性的区域中采样，再小心把水样从广口瓶或烧杯中倒入样品瓶中。

【固定剂】（1）无余氯样品：盐酸溶液；（2）有余氯样品：抗坏血酸+盐酸。

【保存方法】（1）不含余氯的样品和现场空白，每 40 mL 水样中加 4 滴 4 mol/L 的盐酸做固定剂。4℃保存。（2）含余氯的样品和现场空白，在样品瓶中先加入抗坏血酸（每 40 mL 水样中加 25 mg），待样品瓶中充满水样并溢流后，每 20 mL 样品中加入 1 滴 4 mol/L 盐酸调节样品 pH＜2。4℃保存。

【保存期】14 d。

【采样量】40 mL。

【容器洗涤】—

【检出限】0.04 μg/L。

【质量保证和质量控制】所有样品均采集平行样，每批样品要带一个现场空白。

地表水和污水监测技术规范（HJ/T 91—2002）

【适用范围】对江河、湖泊、水库和渠道的水质监测。

【采样容器】硬质玻璃瓶。

【采样方法】—

【固定剂】盐酸+抗坏血酸。

【保存方法】用（1+10）盐酸调至 pH=2，加入 0.01～0.02 g 抗坏血酸除去残余氯，0～4℃冷藏避光保存。

【保存期】12 h。
【采样量】1 000 mL。
【容器洗涤】洗涤剂洗 1 次，自来水洗 3 次，蒸馏水洗 1 次。
【检出限】—
【质量保证和质量控制】—

水质　样品的保存和管理技术规定（HJ 493—2009）

【适用范围】天然水、生活污水及工业废水。
【采样容器】硬质玻璃瓶溶剂洗，带聚四氟乙烯瓶盖。
【采样方法】尽可能现场萃取，如果样品加氯，采样前 1 000 mL 样加 80 mg 五水硫代硫酸钠。
【固定剂】—
【保存方法】1～5℃冷藏保存。
【保存期】7 d。
【采样量】500 mL。
【容器洗涤】—
【检出限】—
【质量保证和质量控制】—

228. 内吸磷

生活饮用水标准检验方法　农药指标（4.1 填充柱气相色谱法）（GB/T 5750.9—2006）

【适用范围】生活饮用水及其水源水。
【采样容器】硬质磨口玻璃瓶。
【采样方法】—
【固定剂】—
【保存方法】冷藏保存。
【保存期】24 h。
【采样量】—
【容器洗涤】—
【检出限】2.5 μg/L。
【质量保证和质量控制】—

生活饮用水标准检验方法　农药指标（4.2 毛细管柱气相色谱法）（GB/T 5750.9—2006）

【适用范围】生活饮用水及其水源水。
【采样容器】硬质磨口玻璃瓶。
【采样方法】—
【固定剂】—
【保存方法】冷藏保存。
【保存期】24 h。

【采样量】—

【容器洗涤】—

【检出限】0.1 μg/L。

【质量保证和质量控制】—

地表水和污水监测技术规范（HJ/T 91—2002）

【适用范围】对江河、湖泊、水库和渠道的水质监测。

【采样容器】硬质玻璃瓶。

【采样方法】—

【固定剂】抗坏血酸。

【保存方法】加入 0.01～0.02 g 抗坏血酸除去残余氯，0～4℃冷藏避光保存。

【保存期】24 h。

【采样量】1 000 mL。

【容器洗涤】洗涤剂洗 1 次，自来水洗 3 次，蒸馏水洗 1 次。

【检出限】—

【质量保证和质量控制】—

水质　样品的保存和管理技术规定（HJ 493—2009）

【适用范围】天然水、生活污水及工业废水。

【采样容器】硬质玻璃瓶（带聚四氟乙烯瓶盖）。

【采样方法】不能用水样冲洗采样容器，不能使水样充满容器。

【固定剂】—

【保存方法】1～5℃冷藏保存。

【保存期】萃取应在采样后 24 h 内完成；萃取液可保存 5 d。

【采样量】1 000～3 000 mL。

【容器洗涤】—

【检出限】—

【质量保证和质量控制】—

229. 芘

水质　多环芳烃的测定　液液萃取和固相萃取高效液相色谱法（HJ 478—2009）

【适用范围】饮用水、地下水、地表水、海水、工业废水及生活污水。

【采样容器】具磨口塞的棕色玻璃细口瓶。

【采样方法】采样前不能用水样预洗采样瓶，以防止样品的沾染或吸附，采样瓶要完全注满，不留气泡。

【固定剂】有余氯水样：硫代硫酸钠。

【保存方法】若水中有残余氯存在，要在每升水中加入 80 g 硫代硫酸钠除氯，样品采集后应避光于 4℃冷藏。

【保存期】在 7 d 内萃取，萃取后 40 d 内分析完毕。
【采样量】1 000 mL 或 2 000 mL。
【容器洗涤】样品必须采集在预先洗净烘干的采样瓶中。
【检出限】荧光检测器：0.003 μg/L；紫外检测器：0.016 μg/L。
【质量保证和质量控制】—

水质　样品的保存和管理技术规定（HJ 493—2009）
【适用范围】天然水、生活污水及工业废水。
【采样容器】硬质玻璃瓶溶剂洗，带聚四氟乙烯瓶盖。
【采样方法】尽可能现场萃取，如果样品加氯，采样前 1 000 mL 样加 80 mg 五水硫代硫酸钠。
【固定剂】—
【保存方法】1～5℃冷藏保存。
【保存期】7 d。
【采样量】500 mL。
【容器洗涤】—
【检出限】—
【质量保证和质量控制】—

230. 七氯

水质　有机氯农药和氯苯类化合物的测定　气相色谱-质谱法（HJ 699—2014）
【适用范围】地表水、地下水、生活污水、工业废水和海水。
【采样容器】玻璃塞的棕色磨口瓶或具有聚四氟乙烯衬垫的棕色螺口玻璃瓶。
【采样方法】—
【固定剂】（1+1）盐酸。
【保存方法】样品采集后立即用（1+1）盐酸溶液调至 pH＜2，4℃下保存。
【保存期】7 d 内完成萃取，萃取液在 40 d 内完成分析。
【采样量】—
【容器洗涤】—
【检出限】液液萃取：0.042 μg/L；固相萃取：0.031 μg/L。
【质量保证和质量控制】空白试验：每批样品至少做一个空白试验，即全程序空白试验。如果目标化合物有检出，应查明原因。

生活饮用水标准检验方法　农药指标（19.1 液液萃取气相色谱法）（GB/T 5750.9—2006）
【适用范围】生活饮用水及其水源水。
【采样容器】—
【采样方法】—
【固定剂】—
【保存方法】—

【保存期】—

【采样量】—

【容器洗涤】—

【检出限】0.000 2 mg/L。

【质量保证和质量控制】—

地表水和污水监测技术规范（HJ/T 91—2002）

【适用范围】对江河、湖泊、水库和渠道的水质监测。

【采样容器】硬质玻璃瓶。

【采样方法】—

【固定剂】抗坏血酸。

【保存方法】加入 0.01～0.02 g 抗坏血酸除去残余氯，0～4℃冷藏避光保存。

【保存期】24 h。

【采样量】1 000 mL。

【容器洗涤】洗涤剂洗 1 次，自来水洗 3 次，蒸馏水洗 1 次。

【检出限】—

【质量保证和质量控制】—

水质　样品的保存和管理技术规定（HJ 493—2009）

【适用范围】天然水、生活污水及工业废水。

【采样容器】硬质玻璃瓶（带聚四氟乙烯瓶盖）。

【采样方法】不能用水样冲洗采样容器，不能使水样充满容器。

【固定剂】—

【保存方法】1～5℃冷藏保存。

【保存期】萃取应在采样后 24 h 内完成；萃取液可保存 5 d。

【采样量】1 000～3 000 mL。

【容器洗涤】—

【检出限】—

【质量保证和质量控制】—

231. 氰戊菊酯

水质　百菌清及拟除虫菊酯类农药的测定　气相色谱-质谱法（HJ 753—2015）

【适用范围】地表水、地下水、工业废水和生活污水。

【采样容器】具磨口塞的棕色玻璃细口瓶。

【采样方法】—

【固定剂】—

【保存方法】4℃保存。

【保存期】7 d 内完成萃取。

【采样量】1 000 mL 或 2 000 mL。

【容器洗涤】—

【检出限】液液萃取：0.05 μg/L；固相萃取：0.07 μg/L。

【质量保证和质量控制】—

地表水和污水监测技术规范（HJ/T 91—2002）

【适用范围】对江河、湖泊、水库和渠道的水质监测。

【采样容器】硬质玻璃瓶。

【采样方法】—

【固定剂】抗坏血酸。

【保存方法】加入 0.01～0.02 g 抗坏血酸除去残余氯，0～4℃冷藏避光保存。

【保存期】24 h。

【采样量】1 000 mL。

【容器洗涤】洗涤剂洗 1 次，自来水洗 3 次，蒸馏水洗 1 次。

【检出限】—

【质量保证和质量控制】—

水质　样品的保存和管理技术规定（HJ 493—2009）

【适用范围】天然水、生活污水及工业废水。

【采样容器】硬质玻璃瓶（带聚四氟乙烯瓶盖）。

【采样方法】不能用水样冲洗采样容器，不能使水样充满容器。

【固定剂】—

【保存方法】1～5℃冷藏保存。

【保存期】萃取应在采样后 24 h 内完成；萃取液可保存 5 d。

【采样量】1 000～3 000 mL。

【容器洗涤】—

【检出限】—

【质量保证和质量控制】—

232. 䓛

水质　多环芳烃的测定　液液萃取和固相萃取高效液相色谱法（HJ 478—2009）

【适用范围】饮用水、地下水、地表水、海水、工业废水及生活污水。

【采样容器】具磨口塞的棕色玻璃细口瓶。

【采样方法】采样前不能用水样预洗采样瓶，以防止样品的沾染或吸附，采样瓶要完全注满，不留气泡。

【固定剂】有余氯水样：硫代硫酸钠。

【保存方法】若水中有残余氯存在，要在每升水中加入 80 g 硫代硫酸钠除氯，样品采集后应避光于 4℃冷藏。

【保存期】在 7 d 内萃取，萃取后 40 d 内分析完毕。

【采样量】1 000 mL 或 2 000 mL。

【容器洗涤】样品必须采集在预先洗净烘干的采样瓶中。

【检出限】荧光检测器：0.008 μg/L；紫外检测器：0.005 μg/L。

【质量保证和质量控制】—

水质　样品的保存和管理技术规定（HJ 493—2009）

【适用范围】天然水、生活污水及工业废水。

【采样容器】硬质玻璃瓶溶剂洗，带聚四氟乙烯瓶盖。

【采样方法】尽可能现场萃取，如果样品加氯，采样前 1 000 mL 样加 80 mg 五水硫代硫酸钠。

【固定剂】—

【保存方法】1～5℃冷藏保存。

【保存期】7 d。

【采样量】500 mL。

【容器洗涤】—

【检出限】—

【质量保证和质量控制】—

233. 噻吩磺隆

水质　磺酰脲类农药的测定　高效液相色谱法（HJ 1018—2019）

【适用范围】地表水、地下水、生活污水和工业废水。

【采样容器】具磨口塞的棕色细口玻璃瓶或带聚四氟乙烯衬垫的棕色螺纹口玻璃瓶。

【采样方法】采集样品时，应使样品充满采样瓶，不留液上空间。

【固定剂】无余氯的水样：磷酸、氢氧化钠；有余氯的水样：硫代硫酸钠。

【保存方法】如果样品 pH 值不在 7～9，用磷酸或氢氧化钠溶液调节样品 pH 值至 7～9。对于含有余氯的水样，需向水样中加入硫代硫酸钠，使水样中硫代硫酸钠的浓度为 80 mg/L。采集的样品应在 4℃以下冷藏，避光保存。

【保存期】2 d 萃取完毕，萃取液应 8 d 内分析完毕。

【采样量】1 000 mL。

【容器洗涤】—

【检出限】直接进样：0.009 mg/L；液液萃取：0.05 μg/L；固相萃取：0.07g/L。

【质量保证和质量控制】—

234. 三氯苯

生活饮用水标准检验方法　有机物指标（24.1 气相色谱法）（GB/T 5750.8—2006）

【适用范围】测定生活饮用水及其水源水。

【采样容器】磨口塞玻璃瓶。

【采样方法】—

【固定剂】硫酸。

【保存方法】每升水样中加入 1 mL 硫酸，并置于 4℃冷藏保存。

【保存期】保存期 4 d，经过萃取处理后的试样在 4℃冷藏保存 40 d。

【采样量】—

【容器洗涤】—

【检出限】0.04 μg/L。

【质量保证和质量控制】—

235. 三氯氟甲烷

生活饮用水标准检验方法　有机物指标（附录 A 吹脱捕集/气相色谱-质谱法测定挥发性有机化合物）（GB/T 5750.8—2006）

【适用范围】测定生活饮用水及其水源水。

【采样容器】40 mL 棕色玻璃瓶附螺旋盖及聚四氟乙烯垫片。

【采样方法】采样时，使水样在瓶中溢流出而不留气泡；若从开放的水体中采样，先用 1 L 的广口瓶或烧杯从有代表性的区域中采样，再小心把水样从广口瓶或烧杯中倒入样品瓶中。

【固定剂】（1）无余氯样品：盐酸溶液；（2）有余氯样品：抗坏血酸+盐酸。

【保存方法】（1）不含余氯的样品和现场空白，每 40 mL 水样中加 4 滴 4 mol/L 的盐酸做固定剂。4℃保存。（2）含余氯的样品和现场空白，在样品瓶中先加入抗坏血酸（每 40 mL 水样中加 25 mg），待样品瓶中充满水样并溢流后，每 20 mL 样品中加入 1 滴 4 mol/L 盐酸调节样品 pH<2。4℃保存。

【保存期】14 d。

【采样量】40 mL。

【容器洗涤】—

【检出限】0.08 μg/L。

【质量保证和质量控制】所有样品均采集平行样，每批样品要带一个现场空白。

236. 三氯甲烷

水质　挥发性有机物的测定　吹扫捕集/气相色谱法（HJ 686—2014）

【适用范围】地表水、地下水、生活污水和工业废水中挥发性有机物的测定。

【采样容器】40 mL 棕色玻璃瓶，螺旋盖（带聚四氟乙烯涂层密封垫）。

【采样方法】样品采集时不需用水样荡洗。

【固定剂】（1）无余氯样品：盐酸溶液；（2）有余氯样品：抗坏血酸+盐酸。

【保存方法】无余氯样品：0.5 mL 盐酸溶液，4℃保存；有余氯样品：加入约 25 mg 抗坏血酸，再加 0.5 mL 盐酸溶液，4℃保存。

【保存期】14 d。

【采样量】40 mL。

【容器洗涤】采样瓶应在采样前充分清洗。

【检出限】0.1 μg/L。

【质量保证和质量控制】所有样品均采集平行双样，每批样品带一个全程序空白和一个运输空白。（1）空白分析。①运输空白。采样前在实验室将一份空白试剂水放入样品瓶中密封，将其带到现场。采样时使其瓶盖一直处于密封状态，随样品运回实验室，按与样品相同的分析步骤进行处理和测定，用于检查样品运输过程中是否受到污染。②全程序空白。采样前在实验室将一份空白试剂水放入样品瓶中密封，将其带到现场。与采样的样品瓶同时开盖和密封，随样品运回实验室，按与样品相同的分析步骤进行处理和测定，用于检查样品采集到分析全过程是否受到污染。如全程序空白中目标化合物高于检出限时，不能从样品结果中扣除空白值。应检查所有可能对全程序空白产生影响的环节，仔细查找干扰源。如果确实发现采样、运输或保存过程存在影响分析结果的干扰，需对出现问题批次的样品进行重新采样分析。（2）平行样品的测定。虽然每个样品均采集平行双样，一般每 10 个样品或每批次（少于 10 个样品/批）分析一个平行样，平行样品测定结果的相对偏差＜20%。

水质　挥发性有机物的测定　吹扫捕集/气相色谱-质谱法（HJ 639—2012）

【适用范围】海水、地下水、地表水、生活污水和工业废水。

【采样容器】40 mL 棕色玻璃瓶，具硅橡胶-聚四氟乙烯衬垫螺旋盖。

【采样方法】采样时不需用样品进行荡洗，水样在样品瓶中溢流而不留空间。取样时应尽量避免或减少样品在空气中暴露。

【固定剂】（1）抗坏血酸+盐酸；（2）—。

【保存方法】（1）每 40 mL 样品需加入 25 mg 的抗坏血酸；若样品中总余氯的量超过 5 mg/L，总余氯每超过 5 mg/L，需要多加 25 mg 的抗坏血酸。采样时，水样呈中性时向每个样品瓶中加入 0.5 mL 盐酸溶液，拧紧瓶盖；水样呈碱性时应加入适量盐酸溶液使样品 pH≤2。4℃保存。（2）当水样加盐酸溶液后产生大量气泡时，应弃去该样品，重新采集样品。重新采集的样品不应加盐酸溶液，样品标签上应注明未酸化。4℃保存。

【保存期】（1）14 d；（2）24 h。

【采样量】40 mL。

【容器洗涤】样品瓶应在采样前用甲醇清洗。

【检出限】全扫描模式：1.4 μg/L；离子选择扫描模式：0.4 μg/L。

【质量保证和质量控制】所有样品均采集平行双样。每批样品至少应采集一个运输空白和全程序空白样品。空白中目标化合物浓度应小于下列条件的最大值：（1）方法检出限；（2）相关环保标准限值的 5%；（3）样品分析结果的 5%。若空白试验未满足以上要求，则应采取措施排除污染并重新分析同批样品。

水质　挥发性有机物的测定　顶空/气相色谱-质谱法（HJ 810—2016）

【适用范围】地表水、地下水、生活污水、工业废水和海水。

【采样容器】40 mL 棕色玻璃瓶，具硅橡胶-聚四氟乙烯衬垫螺旋盖。

【采样方法】采集样品时，不宜用水样进行荡洗，应使水样在样品瓶中溢流且不留空间。

【固定剂】（1）抗坏血酸+盐酸；（2）—。

【保存方法】（1）若水样中含有余氯，采样前，应向 40 mL 棕色采样瓶中加入 25 mg 的抗坏血酸。若水样中余氯含量超过 5 mg/L，应按比例增加抗坏血酸的加入量，余氯含量每增加 5 mg/L，则应多加入 25 mg 的抗坏血酸。样品采集后，应立即加入适量盐酸溶液，使样品 pH≤2，拧紧瓶盖，4℃以下冷藏，避光和密封保存。（2）当水样加盐酸溶液后有气泡产生，须重新采样，重新采集的样品不加盐酸溶液保存，样品标签上应注明未酸化。

【保存期】（1）14 d；（2）24 h。

【采样量】40 mL。

【容器洗涤】—

【检出限】全扫描模式：3 μg/L；离子选择扫描模式：1.1 μg/L。

【质量保证和质量控制】所有样品均采集平行双样。每批样品应至少做一个全程序空白：按照分析步骤，在实验室将一份实验用水放入样品瓶中密封，将其带到采样现场，与采样的样品瓶同时开盖和密封，之后随样品运回实验室。

水质　挥发性卤代烃的测定　顶空气相色谱法（HJ 620—2011）

【适用范围】地表水、地下水、饮用水、海水、工业废水和生活污水。

【采样容器】具聚四氟乙烯衬垫和实心螺旋盖。

【采样方法】采样时样品沿瓶壁注入，防止气泡产生，水样充满后不留液上空间。

【固定剂】抗坏血酸或硫代硫酸钠。

【保存方法】如果水样含有余氯，向采样瓶中加入 0.3～0.5 g 抗坏血酸或硫代硫酸钠。水样采集后立即置于 4℃左右冷藏保存。

【保存期】7 d。

【采样量】40 mL。

【容器洗涤】—

【检出限】0.03 μg/L。

【质量保证和质量控制】所有样品均采集平行样。平行样品，每分析一批（20 个）样品至少做 10%的平行样品测定，平行样品相对偏差在 30%以内。

生活饮用水标准检验方法　有机物指标（1.1 填充柱气相色谱法）（GB/T 5750.8—2006）

【适用范围】生活饮用水及其水源水。

【采样容器】顶空瓶，使用前在 120℃烘烤 2 h。

【采样方法】取水至满瓶，密封。

【固定剂】抗坏血酸。

【保存方法】采样时先加 0.3g～0.5 g 抗坏血酸于顶空瓶内。

【保存期】24 h。

【采样量】150 mL。

【容器洗涤】—

【检出限】0.6 μg/L。

【质量保证和质量控制】—

生活饮用水标准检验方法　有机物指标（1.2　毛细管柱气相色谱法）（GB/T 5750.8—2006）

【适用范围】生活饮用水及其水源水。

【采样容器】顶空瓶，使用前在 120℃烘烤 2 h。

【采样方法】取水至满瓶，密封。

【固定剂】抗坏血酸。

【保存方法】采样时先加 0.3～0.5 g 抗坏血酸于顶空瓶内。

【保存期】24 h。

【采样量】150 mL。

【容器洗涤】—

【检出限】0.2 μg/L。

【质量保证和质量控制】—

生活饮用水标准检验方法　有机物指标（附录 A 吹脱捕集/气相色谱-质谱法测定挥发性有机化合物）（GB/T 5750.8—2006）

【适用范围】测定生活饮用水及其水源水。

【采样容器】40 mL 棕色玻璃瓶附螺旋盖及聚四氟乙烯垫片。

【采样方法】采样时，使水样在瓶中溢流出而不留气泡；若从开放的水体中采样，先用 1 L 的广口瓶或烧杯从有代表性的区域中采样，再小心把水样从广口瓶或烧杯中倒入样品瓶中。

【固定剂】（1）无余氯样品：盐酸溶液；（2）有余氯样品：抗坏血酸+盐酸。

【保存方法】（1）不含余氯的样品和现场空白，每 40 mL 水样中加 4 滴 4 mol/L 的盐酸做固定剂。4℃保存。（2）含余氯的样品和现场空白，在样品瓶中先加入抗坏血酸（每 40 mL 水样中加 25 mg），待样品瓶中充满水样并溢流后，每 20 mL 样品中加入 1 滴 4 mol/L 盐酸调节样品 pH＜2。4℃保存。

【保存期】14 d。

【采样量】40 mL。

【容器洗涤】—

【检出限】0.03 μg/L。

【质量保证和质量控制】所有样品均采集平行样，每批样品要带一个现场空白。

地表水和污水监测技术规范（HJ/T 91—2002）

【适用范围】对江河、湖泊、水库和渠道的水质监测，包括控制断面以及污染源排放污水的监测。

【采样容器】硬质玻璃瓶。

【采样方法】—

【固定剂】盐酸+抗坏血酸。

【保存方法】用（1+10）盐酸调至 pH=2，加入 0.01～0.02 g 抗坏血酸除去残余氯，0～4℃冷藏避光保存。

【保存期】12 h。

【采样量】1 000 mL。
【容器洗涤】洗涤剂洗 1 次，自来水洗 3 次，蒸馏水洗 1 次。
【检出限】—
【质量保证和质量控制】—

水质　样品的保存和管理技术规定（HJ 493—2009）

【适用范围】天然水、生活污水及工业废水。
【采样容器】硬质玻璃瓶.
【采样方法】—
【固定剂】盐酸+抗坏血酸。
【保存方法】用（1+10）盐酸调至 pH≤2，加入 0.01～0.02 g 抗坏血酸除去残余氯，1～5℃避光保存。
【保存期】12 h。
【采样量】1 000 mL。
【容器洗涤】—
【检出限】—
【质量保证和质量控制】—

237. 三氯杀螨醇

水质　有机氯农药和氯苯类化合物的测定　气相色谱-质谱法（HJ 699—2014）

【适用范围】地表水、地下水、生活污水、工业废水和海水。
【采样容器】玻璃塞的棕色磨口瓶或具有聚四氟乙烯衬垫的棕色螺口玻璃瓶。
【采样方法】—
【固定剂】（1+1）盐酸。
【保存方法】样品采集后立即用（1+1）盐酸溶液调至 pH＜2，4℃下保存。
【保存期】7 d 内完成萃取，萃取液在 40 d 内完成分析。
【采样量】—
【容器洗涤】—
【检出限】液液萃取：0.031 μg/L；固相萃取：0.025 μg/L。
【质量保证和质量控制】空白试验：每批样品至少做一个空白试验，即全程序空白试验。如果目标化合物有检出，应查明原因。

地表水和污水监测技术规范（HJ/T 91—2002）

【适用范围】对江河、湖泊、水库和渠道的水质监测。
【采样容器】硬质玻璃瓶。
【采样方法】—
【固定剂】抗坏血酸。
【保存方法】加入 0.01～0.02 g 抗坏血酸除去残余氯，0～4℃冷藏避光保存。
【保存期】24 h。

【采样量】1 000 mL。
【容器洗涤】洗涤剂洗 1 次，自来水洗 3 次，蒸馏水洗 1 次。
【检出限】—
【质量保证和质量控制】—

水质　样品的保存和管理技术规定（HJ 493—2009）

【适用范围】天然水、生活污水及工业废水。
【采样容器】硬质玻璃瓶（带聚四氟乙烯瓶盖）。
【采样方法】不能用水样冲洗采样容器，不能使水样充满容器。
【固定剂】—
【保存方法】1～5℃冷藏保存。
【保存期】萃取应在采样后 24 h 内完成；萃取液可保存 5 d。
【采样量】1 000～3 000 mL。
【容器洗涤】—
【检出限】—
【质量保证和质量控制】—

238. 三氯乙醛

水质　三氯乙醛的测定　吡啶啉酮分光光度法（HJ/T 50—1999）

【适用范围】农田灌溉水质、地下水和城市污水。
【采样容器】玻璃瓶。
【采样方法】—
【固定剂】—
【保存方法】在中性条件下冷藏保存（2～5℃）。
【保存期】72 h。
【采样量】—
【容器洗涤】—
【检出限】0.08 mg/L。
【质量保证和质量控制】—

生活饮用水标准检验方法　消毒副产物指标（8.1 气相色谱法）（GB/T 5750.10—2006）

【适用范围】测定生活饮用水及其水源水。
【采样容器】顶空瓶。
【采样方法】取两个装有 0.1 g 硫代硫酸钠的顶空瓶，充满水样并立即用包有铝箔（或聚四氟乙烯膜）的翻口胶塞封好。
【固定剂】硫代硫酸钠。
【保存方法】冷藏保存。
【保存期】—

【采样量】50 mL。

【容器洗涤】—

【检出限】1 μg/L。

【质量保证和质量控制】—

239. 三氯乙酸

水质　卤代乙酸类化合物的测定　气相色谱法（HJ 758—2015）

【适用范围】地表水、地下水、生活污水和工业废水。

【采样容器】棕色玻璃瓶。

【采样方法】加入水样后，盖好塞子，振荡混匀。

【固定剂】10 mg/mL 氯化铵。

【保存方法】按每 100 mL 水样加 1.0 mL 氯化铵溶液的比例，使水样中氯化铵含量约为 100 mg/L。4℃冷藏，避光保存。

【保存期】14 d 内萃取，样品萃取衍生液在 4℃冷藏保存不能超过 7 d。

【采样量】100 mL。

【容器洗涤】—

【检出限】2 mg/L。

【质量保证和质量控制】空白试验：每批样品至少应采集一个全程序空白，空白中目标化合物的测定值应低于方法检出限。

240. 三氯乙烯

水质　挥发性有机物的测定　吹扫捕集/气相色谱法（HJ 686—2014）

【适用范围】地表水、地下水、生活污水和工业废水中挥发性有机物的测定。

【采样容器】40 mL 棕色玻璃瓶，螺旋盖（带聚四氟乙烯涂层密封垫）。

【采样方法】样品采集时不需用水样荡洗。

【固定剂】（1）无余氯样品：盐酸溶液；（2）有余氯样品：抗坏血酸+盐酸。

【保存方法】无余氯样品：0.5 mL 盐酸溶液，4℃保存；有余氯样品：加入约 25 mg 抗坏血酸，再加 0.5 mL 盐酸溶液，4℃保存。

【保存期】14 d。

【采样量】40 mL。

【容器洗涤】采样瓶应在采样前充分清洗。

【检出限】0.1 μg/L。

【质量保证和质量控制】所有样品均采集平行双样，每批样品带一个全程序空白和一个运输空白。

（1）空白分析。①运输空白。采样前在实验室将一份空白试剂水放入样品瓶中密封，将其带到现场。采样时使其瓶盖一直处于密封状态，随样品运回实验室，按与样品相同的分析步骤进行处理和测定，用于检查样品运输过程中是否受到污染。②全程序空白。采样前在实验室将一份空白试剂水放入样品瓶中密封，将其带到现场。与采样的样品瓶同时开盖和密封，随样品运回实验室，按与样品相同的分析步骤进行处理和测定，用于检查样品采集到分析全过程是否受到污染。如全程序空白中目标化合物高于检出限时，不能从样品结果中扣除空白值。应检查所有可能对全程序空白产生影响的环节，仔细查找干扰源。如果确实发现采样、运输或保存过程存在影响分析结果的干扰，需对出现问题批次的样品进行重新采样分析。（2）平行样品的测定。虽然每个样品均采集平行双样，一般每 10 个样品或每批次（少于 10 个样品/批）分析一个平行样，平行样品测定结果的相对偏差＜20%。

水质　挥发性有机物的测定　吹扫捕集/气相色谱-质谱法（HJ 639—2012）

【适用范围】海水、地下水、地表水、生活污水和工业废水。

【采样容器】40 mL 棕色玻璃瓶，具硅橡胶-聚四氟乙烯衬垫螺旋盖。

【采样方法】采样时不需用样品进行荡洗，水样在样品瓶中溢流而不留空间。取样时应尽量避免或减少样品在空气中暴露。

【固定剂】（1）抗坏血酸+盐酸；（2）—。

【保存方法】（1）每 40 mL 样品需加入 25 mg 的抗坏血酸；若样品中总余氯的量超过 5 mg/L，总余氯每超过 5 mg/L，需要多加 25 mg 的抗坏血酸。采样时，水样呈中性时向每个样品瓶中加入 0.5 mL 盐酸溶液，拧紧瓶盖；水样呈碱性时应加入适量盐酸溶液使样品 pH≤2。4℃保存。（2）当水样加盐酸溶液后产生大量气泡时，应弃去该样品，重新采集样品。重新采集的样品不应加盐酸溶液，样品标签上应注明未酸化。4℃保存。

【保存期】（1）14 d；（2）24 h。

【采样量】40 mL。

【容器洗涤】样品瓶应在采样前用甲醇清洗。

【检出限】全扫描模式：1.2 μg/L；离子选择扫描模式：0.4 μg/L。

【质量保证和质量控制】所有样品均采集平行双样。每批样品至少应采集一个运输空白和全程序空白样品。空白中目标化合物浓度应小于下列条件的最大值：（1）方法检出限；（2）相关环保标准限值的 5%；（3）样品分析结果的 5%。若空白试验未满足以上要求，则应采取措施排除污染并重新分析同批样品。

水质　挥发性有机物的测定　顶空/气相色谱-质谱法（HJ 810—2016）

【适用范围】地表水、地下水、生活污水、工业废水和海水。

【采样容器】40 mL 棕色玻璃瓶，具硅橡胶-聚四氟乙烯衬垫螺旋盖。

【采样方法】采集样品时，不宜用水样进行荡洗，应使水样在样品瓶中溢流且不留空间。

【固定剂】（1）抗坏血酸+盐酸；（2）—。

【保存方法】（1）若水样中含有余氯，采样前，应向 40 mL 棕色采样瓶中加入 25 mg 的抗坏血酸。若水样中余氯含量超过 5 mg/L，应按比例增加抗坏血酸的加入量，余氯含量每增加 5 mg/L，则应多加入 25 mg 的抗坏血酸。样品采集后，应立即加入适量盐酸溶液，使样品 pH≤2，拧紧瓶盖，4℃以下冷藏，避光和密封保存。（2）当水样加盐酸溶液后有气泡产生，须重新采样，重新采集的样品不加盐酸溶液保存，样品标签上应注明未酸化。

【保存期】（1）14 d；（2）24 h。

【采样量】40 mL。

【容器洗涤】—

【检出限】全扫描模式：6 μg/L；离子选择扫描模式：0.8 μg/L。

【质量保证和质量控制】所有样品均采集平行双样。每批样品应至少做一个全程序空白：按照分析步骤，在实验室将一份实验用水放入样品瓶中密封，将其带到采样现场，与采样的样品瓶同时开盖和密封，之后随样品运回实验室。

水质　挥发性卤代烃的测定　顶空气相色谱法（HJ 620—2011）

【适用范围】地表水、地下水、饮用水、海水、工业废水和生活污水。

【采样容器】具聚四氟乙烯衬垫和实心螺旋盖。

【采样方法】采样时样品沿瓶壁注入，防止气泡产生，水样充满后不留液上空间。

【固定剂】抗坏血酸或硫代硫酸钠。

【保存方法】如果水样含有余氯，向采样瓶中加入 0.3～0.5 g 抗坏血酸或硫代硫酸钠。水样采集后立即置于 4℃左右冷藏保存。

【保存期】7 d。

【采样量】40 mL。

【容器洗涤】—

【检出限】0.02 μg/L。

【质量保证和质量控制】所有样品均采集平行样。平行样品，每分析一批（20 个）样品至少做 10%的平行样品测定，平行样品相对偏差在 30%以内。

生活饮用水标准检验方法　有机物指标（7 填充柱气相色谱法）（GB/T 5750.8—2006）

【适用范围】生活饮用水及其水源水。

【采样容器】顶空瓶，使用前在 120℃烘烤 2 h。

【采样方法】取水至满瓶，密封。

【固定剂】抗坏血酸。

【保存方法】采样时先加 0.3 g～0.5 g 抗坏血酸于顶空瓶内。

【保存期】24 h。

【采样量】150 mL。

【容器洗涤】—

【检出限】3 μg/L。

【质量保证和质量控制】—

生活饮用水标准检验方法　有机物指标（附录 A 吹脱捕集/气相色谱-质谱法测定挥发性有机化合物）（GB/T 5750.8—2006）

【适用范围】测定生活饮用水及其水源水。

【采样容器】40 mL 棕色玻璃瓶附螺旋盖及聚四氟乙烯垫片。

【采样方法】采样时，使水样在瓶中溢流出而不留气泡；若从开放的水体中采样，先用 1 L 的广口瓶或烧杯从有代表性的区域中采样，再小心把水样从广口瓶或烧杯中倒入样品瓶中。

【固定剂】（1）无余氯样品：盐酸溶液；（2）有余氯样品：抗坏血酸+盐酸。

【保存方法】（1）不含余氯的样品和现场空白，每 40 mL 水样中加 4 滴 4 mol/L 的盐酸做固定剂。4℃保存。（2）含余氯的样品和现场空白，在样品瓶中先加入抗坏血酸（每 40 mL 水样中加 25 mg），待样品瓶中充满水样并溢流后，每 20 mL 样品中加入 1 滴 4 mol/L 盐酸调节样品 pH＜2。4℃保存。

【保存期】14 d。

【采样量】40 mL。

【容器洗涤】—

【检出限】0.19 μg/L。

【质量保证和质量控制】所有样品均采集平行样，每批样品要带一个现场空白。

地表水和污水监测技术规范（HJ/T 91—2002）

【适用范围】对江河、湖泊、水库和渠道的水质监测，包括控制断面以及污染源排放污水的监测。

【采样容器】硬质玻璃瓶。

【采样方法】—

【固定剂】盐酸+抗坏血酸。

【保存方法】用（1+10）盐酸调至 pH=2，加入 0.01～0.02 g 抗坏血酸除去残余氯，0～4℃冷藏避光保存。

【保存期】12 h。

【采样量】1 000 mL。

【容器洗涤】洗涤剂洗 1 次，自来水洗 3 次，蒸馏水洗 1 次。

【检出限】—

【质量保证和质量控制】—

水质　样品的保存和管理技术规定（HJ 493—2009）

【适用范围】天然水、生活污水及工业废水。

【采样容器】硬质玻璃瓶。

【采样方法】—

【固定剂】盐酸+抗坏血酸。

【保存方法】用（1+10）盐酸调至 pH≤2，加入 0.01～0.02 g 抗坏血酸除去残余氯，1～5℃避光保存。

【保存期】12 h。

【采样量】1 000 mL。

【容器洗涤】—

【检出限】—

【质量保证和质量控制】—

241. 三硝基甲苯

生活饮用水标准检验方法　有机物指标（30.1 气相色谱法）（GB/T 5750.8—2006）

【适用范围】生活饮用水及其水源水。

【采样容器】玻璃瓶。

【采样方法】—

【固定剂】—

【保存方法】避光保存。

【保存期】2 d。

【采样量】—

【容器洗涤】—

【检出限】液液萃取：0.4 mg/L。

【质量保证和质量控制】—

242. 三溴甲烷

水质　挥发性有机物的测定　吹扫捕集/气相色谱法（HJ 686—2014）

【适用范围】地表水、地下水、生活污水和工业废水中挥发性有机物的测定。

【采样容器】40 mL 棕色玻璃瓶，螺旋盖（带聚四氟乙烯涂层密封垫）。

【采样方法】样品采集时不需用水样荡洗。

【固定剂】（1）无余氯样品：盐酸溶液；（2）有余氯样品：抗坏血酸+盐酸。

【保存方法】无余氯样品：0.5 mL 盐酸溶液，4℃保存；有余氯样品：加入约 25 mg 抗坏血酸，再加 0.5 mL 盐酸溶液，4℃保存。

【保存期】14 d。

【采样量】40 mL。

【容器洗涤】采样瓶应在采样前充分清洗。

【检出限】0.1 μg/L。

【质量保证和质量控制】所有样品均采集平行双样，每批样品带一个全程序空白和一个运输空白。（1）空白分析。①运输空白。采样前在实验室将一份空白试剂水放入样品瓶中密封，将其带到现场。采样时使其瓶盖一直处于密封状态，随样品运回实验室，按与样品相同的分析步骤进行处理和测定，用于检查样品运输过程中是否受到污染。②全程序空白。采样前在实验室将一份空白试剂水放入样品瓶中密封，将其带到现场。与采样的样品瓶同时开盖和密封，随样品运回实验室，按与样品相同的分析步骤进行处理和测定，用于检查样品采集到分析全过程是否受到污染。如全程序空白中目标化合物高于检出限时，不能从样品结果中扣除空白值。应检查所有可能对全程序空白产生影响的环节，仔细查找干扰源。如果确实发现采样、运输或保存过程存在影响分析结果的干扰，需对出现问题批次的样品进行重新采样分析。（2）平行样品的测定。虽然每个样品均采集平行双样，一般每 10 个样品或每批次（少于 10 个样品/批）分析一个平行样，平行样品测定结果的相对偏差＜20%。

水质 挥发性有机物的测定 吹扫捕集/气相色谱-质谱法（HJ 639—2012）

【适用范围】海水、地下水、地表水、生活污水和工业废水。

【采样容器】40 mL 棕色玻璃瓶，具硅橡胶-聚四氟乙烯衬垫螺旋盖。

【采样方法】采样时不需用样品进行荡洗，水样在样品瓶中溢流而不留空间。取样时应尽量避免或减少样品在空气中暴露。

【固定剂】（1）抗坏血酸+盐酸；（2）—。

【保存方法】（1）每 40 mL 样品需加入 25 mg 的抗坏血酸；若样品中总余氯的量超过 5 mg/L，总余氯每超过 5 mg/L，需要多加 25 mg 的抗坏血酸。采样时，水样呈中性时向每个样品瓶中加入 0.5 mL 盐酸溶液，拧紧瓶盖；水样呈碱性时应加入适量盐酸溶液使样品 pH≤2。4℃保存。（2）当水样加盐酸溶液后产生大量气泡时，应弃去该样品，重新采集样品。重新采集的样品不应加盐酸溶液，样品标签上应注明未酸化。4℃保存。

【保存期】（1）14 d；（2）24 h。

【采样量】40 mL。

【容器洗涤】样品瓶应在采样前用甲醇清洗。

【检出限】全扫描模式：0.6 μg/L；离子选择扫描模式：0.5 μg/L。

【质量保证和质量控制】所有样品均采集平行双样，每批样品带一个全程序空白和一个运输空白。空白中目标化合物浓度应小于下列条件的最大值：（1）方法检出限；（2）相关环保标准限值的 5%；（3）样品分析结果的 5%。若空白试验未满足以上要求，则应采取措施排除污染并重新分析同批样品。

水质 挥发性有机物的测定 顶空/气相色谱-质谱法（HJ 810—2016）

【适用范围】地表水、地下水、生活污水、工业废水和海水。

【采样容器】40 mL 棕色玻璃瓶，具硅橡胶-聚四氟乙烯衬垫螺旋盖。

【采样方法】采集样品时，不宜用水样进行荡洗，应使水样在样品瓶中溢流且不留空间。

【固定剂】（1）抗坏血酸+盐酸；（2）—。

【保存方法】（1）若水样中含有余氯，采样前，应向 40 mL 棕色采样瓶中加入 25 mg 的抗坏血酸。若水样中余氯含量超过 5 mg/L，应按比例增加抗坏血酸的加入量，余氯含量每增加 5 mg/L，则应多加入 25 mg 的抗坏血酸。样品采集后，应立即加入适量盐酸溶液，使样品 pH≤2，拧紧瓶盖，4℃以下冷藏，避光和密封保存。（2）当水样加盐酸溶液后有气泡产生，须重新采样，重新采集的样品不加盐酸溶液保存，样品标签上应注明未酸化。

【保存期】（1）14 d；（2）24 h。

【采样量】40 mL。

【容器洗涤】—

【检出限】全扫描模式：6 μg/L；离子选择扫描模式：0.9 μg/L。

【质量保证和质量控制】所有样品均采集平行双样。每批样品应至少做一个全程序空白：按照分析步骤，在实验室将一份实验用水放入样品瓶中密封，将其带到采样现场，与采样的样品瓶同时开盖和密封，之后随样品运回实验室。

水质　挥发性卤代烃的测定　顶空气相色谱法（HJ 620—2011）

【适用范围】地表水、地下水、饮用水、海水、工业废水和生活污水。

【采样容器】具聚四氟乙烯衬垫和实心螺旋盖。

【采样方法】采样时样品沿瓶壁注入，防止气泡产生，水样充满后不留液上空间。

【固定剂】抗坏血酸或硫代硫酸钠。

【保存方法】如果水样含有余氯，向采样瓶中加入 0.3～0.5 g 抗坏血酸或硫代硫酸钠。水样采集后于4℃左右冷藏保存。

【保存期】7 d。

【采样量】40 mL。

【容器洗涤】—

【检出限】0.04 μg/L。

【质量保证和质量控制】所有样品均采集平行样。平行样品，每分析一批（20 个）样品至少做 10%的平行样品测定，平行样品相对偏差在 30%以内。

生活饮用水标准检验方法　有机物指标（1.1 填充柱气相色谱法）（GB/T 5750.8—2006）

【适用范围】生活饮用水及其水源水。

【采样容器】顶空瓶，使用前在 120℃烘烤 2 h。

【采样方法】取水至满瓶，密封。

【固定剂】抗坏血酸。

【保存方法】采样时先加 0.3～0.5 g 抗坏血酸于顶空瓶内。

【保存期】24 h。

【采样量】150 mL。

【容器洗涤】—

【检出限】6 μg/L。

【质量保证和质量控制】—

生活饮用水标准检验方法　有机物指标（附录 A 吹脱捕集/气相色谱-质谱法测定挥发性有机化合物）（GB/T 5750.8—2006）

【适用范围】测定生活饮用水及其水源水。

【采样容器】40 mL 棕色玻璃瓶附螺旋盖及聚四氟乙烯垫片。

【采样方法】采样时，使水样在瓶中溢流出而不留气泡；若从开放的水体中采样，先用 1 L 的广口瓶或烧杯从有代表性的区域中采样，再小心把水样从广口瓶或烧杯中倒入样品瓶中。

【固定剂】（1）无余氯样品：盐酸溶液；（2）有余氯样品：抗坏血酸+盐酸。

【保存方法】（1）不含余氯的样品和现场空白，每 40 mL 水样中加 4 滴 4 mol/L 的盐酸做固定剂。4℃保存。（2）含余氯的样品和现场空白，在样品瓶中先加入抗坏血酸（每 40 mL 水样中加 25 mg），待样品瓶中充满水样并溢流后，每 20 mL 样品中加入 1 滴 4 mol/L 盐酸调节样品 pH＜2。4℃保存。

【保存期】14 d。

【采样量】40 mL。

【容器洗涤】—

【检出限】0.12 μg/L。

【质量保证和质量控制】所有样品均采集平行样，每批样品要带一个现场空白。

地表水和污水监测技术规范（HJ/T 91—2002）

【适用范围】对江河、湖泊、水库和渠道的水质监测，包括控制断面以及污染源排放污水的监测。

【采样容器】硬质玻璃瓶。

【采样方法】—

【固定剂】盐酸+抗坏血酸。

【保存方法】用（1+10）盐酸调至 pH=2，加入 0.01～0.02 g 抗坏血酸除去残余氯，0～4℃冷藏避光保存。

【保存期】12 h。

【采样量】1 000 mL。

【容器洗涤】洗涤剂洗 1 次，自来水洗 3 次，蒸馏水洗 1 次。

【检出限】—

【质量保证和质量控制】—

水质　样品的保存和管理技术规定（HJ 493—2009）

【适用范围】天然水、生活污水及工业废水。

【采样容器】硬质玻璃瓶。

【采样方法】—

【固定剂】盐酸+抗坏血酸。

【保存方法】用（1+10）盐酸调至 pH≤2，加入 0.01～0.02 g 抗坏血酸除去残余氯，1～5℃避光保存。

【保存期】12 h。

【采样量】1 000 mL。

【容器洗涤】—

【检出限】—

【质量保证和质量控制】—

243. 三溴乙酸

水质　卤代乙酸类化合物的测定　气相色谱法（HJ 758—2015）

【适用范围】地表水、地下水、生活污水和工业废水。

【采样容器】棕色玻璃瓶。

【采样方法】加入水样后，盖好塞子，振荡混匀。

【固定剂】10 mg/mL 氯化铵。

【保存方法】按每 100 mL 水样加 1.0 mL 氯化铵溶液的比例，使水样中氯化铵含量约为 100 mg/L。4℃冷藏避光保存。

【保存期】14 d 内萃取，样品萃取衍生液在 4℃冷藏保存不能超过 7 d。

【采样量】100 mL。

【容器洗涤】—

【检出限】2 mg/L。

【质量保证和质量控制】空白试验：每批样品至少应采集一个全程序空白，空白中目标化合物的测定值应低于方法检出限。

244. 杀草快

水质　百草枯和杀草快的测定　固相萃取-高效液相色谱法（HJ 914—2017）

【适用范围】地表水、地下水和废水。

【采样容器】聚氯乙烯或聚丙烯材质。

【采样方法】—

【固定剂】水样含余氯时：（1+1）硫酸；硫代硫酸钠。

【保存方法】当水样 pH＞9 时，应用（1+1）硫酸溶液调节水样 pH 至中性，当水样中含余氯时，需加入硫代硫酸钠，每升水加入 0.1 g。0～4℃避光保存。

【保存期】7 d 内完成萃取，萃取后 21 d 内完成分析。

【采样量】—

【容器洗涤】—

【检出限】0.4 μg/L。

【质量保证和质量控制】—

地表水和污水监测技术规范（HJ/T 91—2002）

【适用范围】对江河、湖泊、水库和渠道的水质监测。

【采样容器】硬质玻璃瓶。

【采样方法】—

【固定剂】抗坏血酸。

【保存方法】加入 0.01～0.02 g 抗坏血酸除去残余氯，0～4℃冷藏避光保存。

【保存期】24 h。

【采样量】1 000 mL。

【容器洗涤】洗涤剂洗 1 次，自来水洗 3 次，蒸馏水洗 1 次。

【检出限】—

【质量保证和质量控制】—

水质　样品的保存和管理技术规定（HJ 493—2009）

【适用范围】天然水、生活污水及工业废水。

【采样容器】硬质玻璃瓶。

【采样方法】—

【固定剂】抗坏血酸。

【保存方法】加入 0.01～0.02 g 抗坏血酸除去残余氯，1～5℃避光保存。

【保存期】24 h。

【采样量】1 000 mL。

【容器洗涤】洗涤剂洗 1 次，自来水洗 3 次，蒸馏水洗 1 次。

【检出限】—

【质量保证和质量控制】—

245. 杀螟硫磷

水、土中有机磷农药测定的气相色谱法（GB/T 14552—2003）

【适用范围】地面水、地下水及土壤中有机磷农药。

【采样容器】磨口玻璃瓶。

【采样方法】先用水样冲洗样品 2～3 次。

【固定剂】—

【保存方法】在 4℃冷藏保存。

【保存期】—

【采样量】1 000 mL。

【容器洗涤】—

【检出限】0.237 2×10^{-3} mg/L。

【质量保证和质量控制】—

地表水和污水监测技术规范（HJ/T 91—2002）

【适用范围】对江河、湖泊、水库和渠道的水质监测。

【采样容器】硬质玻璃瓶。

【采样方法】—

【固定剂】抗坏血酸。

【保存方法】加入 0.01～0.02 g 抗坏血酸除去残余氯，0～4℃冷藏避光保存。

【保存期】24 h。

【采样量】1 000 mL。

【容器洗涤】洗涤剂洗 1 次，自来水洗 3 次，蒸馏水洗 1 次。

【检出限】—

【质量保证和质量控制】—

水质　样品的保存和管理技术规定（HJ 493—2009）

【适用范围】天然水、生活污水及工业废水。

【采样容器】硬质玻璃瓶（带聚四氟乙烯瓶盖）。

【采样方法】不能用水样冲洗采样容器，不能使水样充满容器。

【固定剂】—

【保存方法】1～5℃冷藏保存。

【保存期】萃取应在采样后 24 h 内完成；萃取液可保存 5 d。

【采样量】1 000～3 000 mL。
【容器洗涤】—
【检出限】—
【质量保证和质量控制】—

246. 杀扑磷

水、土中有机磷农药测定的气相色谱法（GB/T 14552—2003）

【适用范围】地面水、地下水及土壤中有机磷农药。
【采样容器】磨口玻璃瓶。
【采样方法】先用水样冲洗样品 2～3 次。
【固定剂】—
【保存方法】在 4℃冷藏保存。
【保存期】—
【采样量】1 000 mL。
【容器洗涤】—
【检出限】$0.424\,0\times10^{-3}$ mg/L。
【质量保证和质量控制】—

地表水和污水监测技术规范（HJ/T 91—2002）

【适用范围】对江河、湖泊、水库和渠道的水质监测。
【采样容器】硬质玻璃瓶。
【采样方法】—
【固定剂】抗坏血酸。
【保存方法】加入 0.01～0.02 g 抗坏血酸除去残余氯，0～4℃冷藏避光保存。
【保存期】24 h。
【采样量】1 000 mL。
【容器洗涤】洗涤剂洗 1 次，自来水洗 3 次，蒸馏水洗 1 次。
【检出限】—
【质量保证和质量控制】—

水质　样品的保存和管理技术规定（HJ 493—2009）

【适用范围】天然水、生活污水及工业废水。
【采样容器】硬质玻璃瓶（带聚四氟乙烯瓶盖）。
【采样方法】不能用水样冲洗采样容器，不能使水样充满容器。
【固定剂】—
【保存方法】1～5℃冷藏保存。
【保存期】萃取应在采样后 24 h 内完成，萃取液可保存 5 d。
【采样量】1 000～3 000 mL。

【容器洗涤】—

【检出限】—

【质量保证和质量控制】—

247. 十溴二苯醚（BDE-209）

水质　多溴二苯醚的测定　气相色谱-质谱法（HJ 909—2017）

【适用范围】地表水、地下水、工业废水和生活污水。

【采样容器】聚四氟乙烯内衬旋盖棕色细口玻璃瓶。

【采样方法】—

【固定剂】硫代硫酸钠。

【保存方法】每升水加入 80 mg 硫代硫酸钠，于 4℃保存。

【保存期】14 d 内萃取。

【采样量】1 000～4 000 mL。

【容器洗涤】—

【检出限】0.02 μg/L。

【质量保证和质量控制】—

248. 石油类

水质　石油类的测定　紫外分光光度法（试行）（HJ 970—2018）

【适用范围】地表水、地下水和海水中石油类的测定。

【采样容器】硬质玻璃瓶。

【采样方法】—

【固定剂】加盐酸酸化至 pH≤2。

【保存方法】0～4℃冷藏保存。

【保存期】3 d。

【采样量】500 mL。

【容器洗涤】—

【检出限】0.01 mg/L。

【质量保证和质量控制】—

【结果表示】保留小数位数与检出限一致，最多保留三位有效数字。

249. 叔丁基苯

水质　挥发性有机物的测定　吹扫捕集/气相色谱-质谱法（HJ 639—2012）

【适用范围】海水、地下水、地表水、生活污水和工业废水。

【采样容器】40 mL 棕色玻璃瓶，具硅橡胶-聚四氟乙烯衬垫螺旋盖。

【采样方法】采样时不需用样品进行荡洗，水样在样品瓶中溢流而不留空间。取样时应尽量避免或减少样品在空气中暴露。

【固定剂】（1）抗坏血酸+盐酸；（2）—。

【保存方法】（1）每 40 mL 样品需加入 25 mg 的抗坏血酸；若样品中总余氯的量超过 5 mg/L，总余氯每超过 5 mg/L，需要多加 25 mg 的抗坏血酸。采样时，水样呈中性时向每个样品瓶中加入 0.5 mL 盐酸溶液，拧紧瓶盖；水样呈碱性时应加入适量盐酸溶液使样品 pH≤2。4℃保存。（2）当水样加盐酸溶液后产生大量气泡时，应弃去该样品，重新采集样品。重新采集的样品不应加盐酸溶液，样品标签上应注明未酸化。4℃保存。

【保存期】（1）14 d；（2）24 h。

【采样量】40 mL。

【容器洗涤】样品瓶应在采样前用甲醇清洗。

【检出限】全扫描模式：1.2 μg/L；离子选择扫描模式：0.4 μg/L。

【质量保证和质量控制】所有样品均采集平行双样。每批样品至少应采集一个运输空白和全程序空白样品。空白中目标化合物浓度应小于下列条件的最大值：（1）方法检出限；（2）相关环保标准限值的 5%；（3）样品分析结果的 5%。若空白试验未满足以上要求，则应采取措施排除污染并重新分析同批样品。

水质　挥发性有机物的测定　顶空/气相色谱-质谱法（HJ 810—2016）

【适用范围】地表水、地下水、生活污水、工业废水和海水。

【采样容器】40 mL 棕色玻璃瓶，具硅橡胶-聚四氟乙烯衬垫螺旋盖。

【采样方法】采集样品时，不宜用水样进行荡洗，应使水样在样品瓶中溢流且不留空间。

【固定剂】（1）抗坏血酸+盐酸；（2）—。

【保存方法】（1）若水样中含有余氯，采样前，应向 40 mL 棕色采样瓶中加入 25 mg 的抗坏血酸。若水样中余氯含量超过 5 mg/L，应按比例增加抗坏血酸的加入量，余氯含量每增加 5 mg/L，则应多加入 25 mg 的抗坏血酸。样品采集后，应立即加入适量盐酸溶液，使样品 pH≤2，拧紧瓶盖，4℃以下冷藏，避光和密封保存。（2）当水样加盐酸溶液后有气泡产生，须重新采样，重新采集的样品不加盐酸溶液保存，样品标签上应注明未酸化。

【保存期】（1）14 d；（2）24 h。

【采样量】40 mL。

【容器洗涤】—

【检出限】全扫描模式：3 μg/L；离子选择扫描模式：0.8 μg/L。

【质量保证和质量控制】所有样品均采集平行双样。每批样品应至少做一个全程序空白：按照分析步骤，在实验室将一份实验用水放入样品瓶中密封，将其带到采样现场，与采样的样品瓶同时开盖和密封，之后随样品运回实验室。

生活饮用水标准检验方法　有机物指标（附录 A 吹脱捕集/气相色谱-质谱法测定挥发性有机化合物）（GB/T 5750.8—2006）

【适用范围】测定生活饮用水及其水源水。

【采样容器】40 mL 棕色玻璃瓶附螺旋盖及聚四氟乙烯垫片。

【采样方法】采样时，使水样在瓶中溢流出而不留气泡；若从开放的水体中采样，先用 1 L 的广口瓶或烧杯从有代表性的区域中采样，再小心把水样从广口瓶或烧杯中倒入样品瓶中。

【固定剂】（1）无余氯样品：盐酸溶液；（2）有余氯样品：抗坏血酸+盐酸。

【保存方法】（1）不含余氯的样品和现场空白，每 40 mL 水样中加 4 滴 4 mol/L 的盐酸做固定剂。4℃保存。（2）含余氯的样品和现场空白，在样品瓶中先加入抗坏血酸（每 40 mL 水样中加 25 mg），待样品瓶中充满水样并溢流后，每 20 mL 样品中加入 1 滴 4 mol/L 盐酸调节样品 pH＜2。4℃保存。

【保存期】14 d。

【采样量】40 mL。

【容器洗涤】—

【检出限】0.14 μg/L。

【质量保证和质量控制】所有样品均采集平行样，每批样品要带一个现场空白。

地表水和污水监测技术规范（HJ/T 91—2002）

【适用范围】对江河、湖泊、水库和渠道的水质监测，包括控制断面以及污染源排放污水的监测。

【采样容器】硬质玻璃瓶。

【采样方法】—

【固定剂】盐酸+抗坏血酸。

【保存方法】用（1+10）盐酸调至 pH=2，加入 0.01～0.02 g 抗坏血酸除去残余氯，0～4℃冷藏避光保存。

【保存期】12 h。

【采样量】1 000 mL。

【容器洗涤】洗涤剂洗 1 次，自来水洗 3 次，蒸馏水洗 1 次。

【检出限】—

【质量保证和质量控制】—

水质　样品的保存和管理技术规定（HJ 493—2009）

【适用范围】天然水、生活污水及工业废水。

【采样容器】硬质玻璃瓶。

【采样方法】—

【固定剂】盐酸+抗坏血酸。

【保存方法】用（1+10）盐酸调至 pH≤2，加入 0.01～0.02 g 抗坏血酸除去残余氯，1～5℃避光保存。

【保存期】12 h。

【采样量】1 000 mL。

【容器洗涤】—

【检出限】—

【质量保证和质量控制】—

250. 水胺硫磷

水、土中有机磷农药测定的气相色谱法（GB/T 14552—2003）

【适用范围】地面水、地下水及土壤中有机磷农药。

【采样容器】磨口玻璃瓶。
【采样方法】先用水样冲洗样品 2～3 次。
【固定剂】—
【保存方法】在 4℃冷藏保存。
【保存期】—
【采样量】1 000 mL。
【容器洗涤】—
【检出限】0.572 0×10^{-3} mg/L。
【质量保证和质量控制】—

地表水和污水监测技术规范（HJ/T 91—2002）

【适用范围】对江河、湖泊、水库和渠道的水质监测。
【采样容器】硬质玻璃瓶。
【采样方法】—
【固定剂】抗坏血酸。
【保存方法】加入 0.01～0.02 g 抗坏血酸除去残余氯，0～4℃冷藏避光保存。
【保存期】24 h。
【采样量】1 000 mL。
【容器洗涤】洗涤剂洗 1 次，自来水洗 3 次，蒸馏水洗 1 次。
【检出限】—
【质量保证和质量控制】—

水质　样品的保存和管理技术规定（HJ 493—2009）

【适用范围】天然水、生活污水及工业废水。
【采样容器】硬质玻璃瓶（带聚四氟乙烯瓶盖）。
【采样方法】不能用水样冲洗采样容器，不能使水样充满容器。
【固定剂】—
【保存方法】1～5℃冷藏保存。
【保存期】萃取应在采样后 24 h 内完成，萃取液可保存 5 d。
【采样量】1 000～3 000 mL。
【容器洗涤】—
【检出限】—
【质量保证和质量控制】—

251．顺-1,2-二氯丙烯

生活饮用水标准检验方法　有机物指标（附录 A 吹脱捕集/气相色谱-质谱法测定挥发性有机化合物）（GB/T 5750.8—2006）

【适用范围】测定生活饮用水及其水源水。

【采样容器】40 mL 棕色玻璃瓶附螺旋盖及聚四氟乙烯垫片。

【采样方法】采样时，使水样在瓶中溢流出而不留气泡；若从开放的水体中采样，先用 1 L 的广口瓶或烧杯从有代表性的区域中采样，再小心把水样从广口瓶或烧杯中倒入样品瓶中。

【固定剂】（1）无余氯样品：盐酸溶液；（2）有余氯样品：抗坏血酸+盐酸。

【保存方法】（1）不含余氯的样品和现场空白，每 40 mL 水样中加 4 滴 4 mol/L 的盐酸做固定剂。4℃保存。（2）含余氯的样品和现场空白，在样品瓶中先加入抗坏血酸（每 40 mL 水样中加 25 mg），待样品瓶中充满水样并溢流后，每 20 mL 样品中加入 1 滴 4 mol/L 盐酸调节样品 pH＜2。4℃保存。

【保存期】14 d。

【采样量】40 mL。

【容器洗涤】—

【检出限】0.02 μg/L。

【质量保证和质量控制】所有样品均采集平行样，每批样品要带一个现场空白。

252. 顺-1,3-二氯丙烯

水质 挥发性有机物的测定 吹扫捕集/气相色谱-质谱法（HJ 639—2012）

【适用范围】海水、地下水、地表水、生活污水和工业废水。

【采样容器】40 mL 棕色玻璃瓶，具硅橡胶-聚四氟乙烯衬垫螺旋盖。

【采样方法】采样时不需用样品进行荡洗，水样在样品瓶中溢流而不留空间。取样时应尽量避免或减少样品在空气中暴露。

【固定剂】（1）抗坏血酸+盐酸；（2）—。

【保存方法】（1）每 40 mL 样品需加入 25 mg 的抗坏血酸；若样品中总余氯的量超过 5 mg/L，总余氯每超过 5 mg/L，需要多加 25 mg 的抗坏血酸。采样时，水样呈中性时向每个样品瓶中加入 0.5 mL 盐酸溶液，拧紧瓶盖；水样呈碱性时应加入适量盐酸溶液使样品 pH≤2。4℃保存。（2）当水样加盐酸溶液后产生大量气泡时，应弃去该样品，重新采集样品。重新采集的样品不应加盐酸溶液，样品标签上应注明未酸化。4℃保存。

【保存期】（1）14 d；（2）24 h。

【采样量】40 mL。

【容器洗涤】样品瓶应在采样前用甲醇清洗。

【检出限】全扫描模式：1.4 μg/L；离子选择扫描模式：0.3 μg/L。

【质量保证和质量控制】所有样品均采集平行双样。每批样品至少应采集一个运输空白和全程序空白样品。空白中目标化合物浓度应小于下列条件的最大值：（1）方法检出限；（2）相关环保标准限值的 5%；（3）样品分析结果的 5%。若空白试验未满足以上要求，则应采取措施排除污染并重新分析同批样品。

水质 挥发性有机物的测定 顶空/气相色谱-质谱法（HJ 810—2016）

【适用范围】地表水、地下水、生活污水、工业废水和海水。

【采样容器】40 mL 棕色玻璃瓶，具硅橡胶-聚四氟乙烯衬垫螺旋盖。

【采样方法】采集样品时，不宜用水样进行荡洗，应使水样在样品瓶中溢流且不留空间。

【固定剂】（1）抗坏血酸+盐酸；（2）—。

【保存方法】（1）若水样中含有余氯，采样前，应向 40 mL 棕色采样瓶中加入 25 mg 的抗坏血酸。若水样中余氯含量超过 5 mg/L，应按比例增加抗坏血酸的加入量，余氯含量每增加 5 mg/L，则应多加入 25 mg 的抗坏血酸。样品采集后，应立即加入适量盐酸溶液，使样品 pH≤2，拧紧瓶盖，4℃以下冷藏，避光和密封保存。（2）当水样加盐酸溶液后有气泡产生，须重新采样，重新采集的样品不加盐酸溶液保存，样品标签上应注明未酸化。

【保存期】（1）14 d；（2）24 h。

【采样量】40 mL。

【容器洗涤】—

【检出限】全扫描模式：7 μg/L；离子选择扫描模式：1.2 μg/L。

【质量保证和质量控制】所有样品均采集平行双样。每批样品应至少做一个全程序空白：按照分析步骤，在实验室将一份实验用水放入样品瓶中密封，将其带到采样现场，与采样的样品瓶同时开盖和密封，之后随样品运回实验室。

地表水和污水监测技术规范（HJ/T 91—2002）

【适用范围】对江河、湖泊、水库和渠道的水质监测，包括控制断面以及污染源排放污水的监测。

【采样容器】硬质玻璃瓶。

【采样方法】—

【固定剂】盐酸+抗坏血酸。

【保存方法】用（1+10）盐酸调至 pH=2，加入 0.01～0.02 g 抗坏血酸除去残余氯，0～4℃冷藏避光保存。

【保存期】12 h。

【采样量】1 000 mL。

【容器洗涤】洗涤剂洗 1 次，自来水洗 3 次，蒸馏水洗 1 次。

【检出限】—

【质量保证和质量控制】—

水质　样品的保存和管理技术规定（HJ 493—2009）

【适用范围】天然水、生活污水及工业废水。

【采样容器】硬质玻璃瓶。

【采样方法】—

【固定剂】盐酸+抗坏血酸。

【保存方法】用（1+10）盐酸调至 pH≤2，加入 0.01～0.02 g 抗坏血酸除去残余氯，1～5℃避光保存。

【保存期】12 h。

【采样量】1 000 mL。

【容器洗涤】—

【检出限】—

【质量保证和质量控制】—

253. 顺-1,2-二氯乙烯

水质 挥发性有机物的测定 吹扫捕集/气相色谱法（HJ 686—2014）

【适用范围】地表水、地下水、生活污水和工业废水中挥发性有机物的测定。

【采样容器】40 mL 棕色玻璃瓶，螺旋盖（带聚四氟乙烯涂层密封垫）。

【采样方法】样品采集时不需用水样荡洗。

【固定剂】（1）无余氯样品：盐酸溶液；（2）有余氯样品：抗坏血酸+盐酸。

【保存方法】无余氯样品：0.5 mL 盐酸溶液，4℃保存；有余氯样品：加入约 25 mg 抗坏血酸，再加 0.5 mL 盐酸溶液，4℃保存。

【保存期】14 d。

【采样量】40 mL。

【容器洗涤】采样瓶应在采样前充分清洗。

【检出限】0.1 μg/L。

【质量保证和质量控制】所有样品均采集平行双样，每批样品带一个全程序空白和一个运输空白。（1）空白分析。①运输空白。采样前在实验室将一份空白试剂水放入样品瓶中密封，将其带到现场。采样时使其瓶盖一直处于密封状态，随样品运回实验室，按与样品相同的分析步骤进行处理和测定，用于检查样品运输过程中是否受到污染。②全程序空白。采样前在实验室将一份空白试剂水放入样品瓶中密封，将其带到现场。与采样的样品瓶同时开盖和密封，随样品运回实验室，按与样品相同的分析步骤进行处理和测定，用于检查样品采集到分析全过程是否受到污染。如全程序空白中目标化合物高于检出限时，不能从样品结果中扣除空白值。应检查所有可能对全程序空白产生影响的环节，仔细查找干扰源。如果确实发现采样、运输或保存过程存在影响分析结果的干扰，需对出现问题批次的样品进行重新采样分析。（2）平行样品的测定。虽然每个样品均采集平行双样，一般每 10 个样品或每批次（少于 10 个样品/批）分析一个平行样，平行样品测定结果的相对偏差＜20%。

水质 挥发性有机物的测定 吹扫捕集/气相色谱-质谱法（HJ 639—2012）

【适用范围】海水、地下水、地表水、生活污水和工业废水。

【采样容器】40 mL 棕色玻璃瓶，具硅橡胶-聚四氟乙烯衬垫螺旋盖。

【采样方法】采样时不需用样品进行荡洗，水样在样品瓶中溢流而不留空间。取样时应尽量避免或减少样品在空气中暴露。

【固定剂】（1）抗坏血酸+盐酸；（2）—。

【保存方法】（1）每 40 mL 样品需加入 25 mg 的抗坏血酸；若样品中总余氯的量超过 5 mg/L，总余氯每超过 5 mg/L，需要多加 25 mg 的抗坏血酸。采样时，水样呈中性时向每个样品瓶中加入 0.5 mL 盐酸溶液，拧紧瓶盖；水样呈碱性时应加入适量盐酸溶液使样品 pH≤2。4℃保存。（2）当水样加盐酸溶液后产生大量气泡时，应弃去该样品，重新采集样品。重新采集的样品不应加盐酸溶液，样品标签上应注明未酸化。4℃保存。

【保存期】（1）14 d；（2）24 h。

【采样量】40 mL。

【容器洗涤】样品瓶应在采样前用甲醇清洗。

【检出限】全扫描模式：1.2 μg/L；离子选择扫描模式：0.4 μg/L。

【质量保证和质量控制】所有样品均采集平行双样，每批样品带一个全程序空白和一个运输空白。空白中目标化合物浓度应小于下列条件的最大值：（1）方法检出限；（2）相关环保标准限值的 5%；（3）样品分析结果的 5%。若空白试验未满足以上要求，则应采取措施排除污染并重新分析同批样品。

水质　挥发性有机物的测定　顶空/气相色谱-质谱法（HJ 810—2016）

【适用范围】地表水、地下水、生活污水、工业废水和海水。

【采样容器】40 mL 棕色玻璃瓶，具硅橡胶-聚四氟乙烯衬垫螺旋盖。

【采样方法】采集样品时，不宜用水样进行荡洗，应使水样在样品瓶中溢流且不留空间。

【固定剂】（1）抗坏血酸+盐酸；（2）—。

【保存方法】（1）若水样中含有余氯，采样前，应向 40 mL 棕色采样瓶中加入 25 mg 的抗坏血酸。若水样中余氯含量超过 5 mg/L，应按比例增加抗坏血酸的加入量，余氯含量每增加 5 mg/L，则应多加入 25 mg 的抗坏血酸。样品采集后，应立即加入适量盐酸溶液，使样品 pH≤2，拧紧瓶盖，4℃以下冷藏，避光和密封保存。（2）当水样加盐酸溶液后有气泡产生，须重新采样，重新采集的样品不加盐酸溶液保存，样品标签上应注明未酸化。

【保存期】（1）14 d；（2）24 h。

【采样量】40 mL。

【容器洗涤】—

【检出限】全扫描模式：3 μg/L；离子选择扫描模式：0.5 μg/L。

【质量保证和质量控制】所有样品均采集平行双样。每批样品应至少做一个全程序空白：按照分析步骤，在实验室将一份实验用水放入样品瓶中密封，将其带到采样现场，与采样的样品瓶同时开盖和密封，之后随样品运回实验室。

水质　挥发性卤代烃的测定　顶空气相色谱法（HJ 620—2011）

【适用范围】地表水、地下水、饮用水、海水、工业废水和生活污水。

【采样容器】具聚四氟乙烯衬垫和实心螺旋盖。

【采样方法】采样时样品沿瓶壁注入，防止气泡产生，水样充满后不留液上空间。

【固定剂】抗坏血酸或硫代硫酸钠。

【保存方法】如果水样含有余氯，向采样瓶中加入 0.3～0.5 g 抗坏血酸或硫代硫酸钠。水样采集后立即置于 4℃左右冷藏保存。

【保存期】7 d。

【采样量】40 mL。

【容器洗涤】—

【检出限】1.38 μg/L。

【质量保证和质量控制】所有样品均采集平行样。平行样品，每分析一批（20 个）样品至少做 10%

的平行样品测定，平行样品相对偏差在30%以内。

生活饮用水标准检验方法　有机物指标（6 吹脱捕集气相色谱法）（GB/T 5750.8—2006）

【适用范围】测定生活饮用水及其水源水。

【采样容器】玻璃瓶，具有用聚四氟乙烯薄膜包硅橡胶垫的螺旋盖。

【采样方法】水样至满瓶，密封。

【固定剂】（1+1）盐酸；有余氯样品：抗坏血酸。

【保存方法】水样中不含余氯可加4滴（1+1）盐酸；若含有余氯，采样时先加40 mg抗坏血酸，样品保存在4℃冷藏。

【保存期】—

【采样量】40 mL。

【容器洗涤】—

【检出限】0.02 μg/L。

【质量保证和质量控制】—

生活饮用水标准检验方法　有机物指标（附录A 吹脱捕集/气相色谱-质谱法测定挥发性有机化合物）（GB/T 5750.8—2006）

【适用范围】测定生活饮用水及其水源水。

【采样容器】40 mL棕色玻璃瓶附螺旋盖及聚四氟乙烯垫片。

【采样方法】采样时，使水样在瓶中溢流出而不留气泡；若从开放的水体中采样，先用1 L的广口瓶或烧杯从有代表性的区域中采样，再小心把水样从广口瓶或烧杯中倒入样品瓶中。

【固定剂】（1）无余氯样品：盐酸溶液；（2）有余氯样品：抗坏血酸+盐酸。

【保存方法】（1）不含余氯的样品和现场空白，每40 mL水样中加4滴4 mol/L的盐酸做固定剂。4℃保存。（2）含余氯的样品和现场空白，在样品瓶中先加入抗坏血酸（每40 mL水样中加25 mg），待样品瓶中充满水样并溢流后，每20 mL样品中加入1滴4 mol/L盐酸调节样品pH＜2。4℃保存。

【保存期】14 d。

【采样量】40 mL。

【容器洗涤】—

【检出限】0.12 μg/L。

【质量保证和质量控制】所有样品均采集平行样，每批样品要带一个现场空白。

地表水和污水监测技术规范（HJ/T 91—2002）

【适用范围】对江河、湖泊、水库和渠道的水质监测，包括控制断面以及污染源排放污水的监测。

【采样容器】硬质玻璃瓶。

【采样方法】—

【固定剂】盐酸+抗坏血酸。

【保存方法】用（1+10）盐酸调至pH=2，加入0.01～0.02 g抗坏血酸除去残余氯，0～4℃冷藏避光保存。

【保存期】12 h。

【采样量】1 000 mL。

【容器洗涤】洗涤剂洗 1 次，自来水洗 3 次，蒸馏水洗 1 次。

【检出限】—

【质量保证和质量控制】—

水质 样品的保存和管理技术规定（HJ 493—2009）

【适用范围】天然水、生活污水及工业废水。

【采样容器】硬质玻璃瓶。

【采样方法】—

【固定剂】盐酸+抗坏血酸。

【保存方法】用（1+10）盐酸调至 pH≤2，加入 0.01～0.02 g 抗坏血酸除去残余氯，1～5℃避光保存。

【保存期】12 h。

【采样量】1 000 mL。

【容器洗涤】—

【检出限】—

【质量保证和质量控制】—

254. 四氯苯

生活饮用水标准检验方法 有机物指标（24.1 气相色谱法）（GB/T 5750.8—2006）

【适用范围】测定生活饮用水及其水源水。

【采样容器】磨口塞玻璃瓶。

【采样方法】—

【固定剂】硫酸。

【保存方法】每升水样中加入 1 mL 硫酸，并置于 4℃冷藏保存。

【保存期】保存期 4 d，经过萃取处理后的试样在 4℃冷藏保存 40 d。

【采样量】—

【容器洗涤】—

【检出限】0.02 μg/L。

【质量保证和质量控制】—

255. 四氯化碳

水质 挥发性有机物的测定 吹扫捕集/气相色谱法（HJ 686—2014）

【适用范围】地表水、地下水、生活污水和工业废水中挥发性有机物的测定。

【采样容器】40 mL 棕色玻璃瓶，螺旋盖（带聚四氟乙烯涂层密封垫）。

【采样方法】样品采集时不需用水样荡洗。

【固定剂】（1）无余氯样品：盐酸溶液；（2）有余氯样品：抗坏血酸+盐酸。

【保存方法】无余氯样品：0.5 mL 盐酸溶液，4℃保存；有余氯样品：加入约 25 mg 抗坏血酸，再加

0.5 mL 盐酸溶液，4℃保存。

【保存期】14 d。

【采样量】40 mL。

【容器洗涤】采样瓶应在采样前充分清洗。

【检出限】0.1 μg/L。

【质量保证和质量控制】所有样品均采集平行双样，每批样品带一个全程序空白和一个运输空白。（1）空白分析。①运输空白。采样前在实验室将一份空白试剂水放入样品瓶中密封，将其带到现场。采样时使其瓶盖一直处于密封状态，随样品运回实验室，按与样品相同的分析步骤进行处理和测定，用于检查样品运输过程中是否受到污染。②全程序空白。采样前在实验室将一份空白试剂水放入样品瓶中密封，将其带到现场。与采样的样品瓶同时开盖和密封，随样品运回实验室，按与样品相同的分析步骤进行处理和测定，用于检查样品采集到分析全过程是否受到污染。如全程序空白中目标化合物高于检出限时，不能从样品结果中扣除空白值。应检查所有可能对全程序空白产生影响的环节，仔细查找干扰源。如果确实发现采样、运输或保存过程存在影响分析结果的干扰，需对出现问题批次的样品进行重新采样分析。（2）平行样品的测定。虽然每个样品均采集平行双样，一般每 10 个样品或每批次（少于 10 个样品/批）分析一个平行样，平行样品测定结果的相对偏差＜20%

水质　挥发性有机物的测定　吹扫捕集/气相色谱-质谱法（HJ 639—2012）

【适用范围】海水、地下水、地表水、生活污水和工业废水。

【采样容器】40 mL 棕色玻璃瓶，具硅橡胶-聚四氟乙烯衬垫螺旋盖。

【采样方法】采样时不需用样品进行荡洗，水样在样品瓶中溢流而不留空间。取样时应尽量避免或减少样品在空气中暴露。

【固定剂】（1）抗坏血酸+盐酸；（2）—。

【保存方法】（1）每 40 mL 样品需加入 25 mg 的抗坏血酸；若样品中总余氯的量超过 5 mg/L，总余氯每超过 5 mg/L，需要多加 25 mg 的抗坏血酸。采样时，水样呈中性时向每个样品瓶中加入 0.5 mL 盐酸溶液，拧紧瓶盖；水样呈碱性时应加入适量盐酸溶液使样品 pH≤2。4℃保存。（2）当水样加盐酸溶液后产生大量气泡时，应弃去该样品，重新采集样品。重新采集的样品不应加盐酸溶液，样品标签上应注明未酸化。4℃保存。

【保存期】（1）14 d；（2）24 h。

【采样量】40 mL。

【容器洗涤】样品瓶应在采样前用甲醇清洗。

【检出限】全扫描模式：1.5 μg/L；离子选择扫描模式：0.4 μg/L。

【质量保证和质量控制】所有样品均采集平行双样。每批样品至少应采集一个运输空白和全程序空白样品。空白中目标化合物浓度应小于下列条件的最大值：（1）方法检出限；（2）相关环保标准限值的 5%；（3）样品分析结果的 5%。若空白试验未满足以上要求，则应采取措施排除污染并重新分析同批样品。

水质 挥发性有机物的测定 顶空/气相色谱-质谱法（HJ 810—2016）

【适用范围】地表水、地下水、生活污水、工业废水和海水。

【采样容器】40 mL 棕色玻璃瓶，具硅橡胶-聚四氟乙烯衬垫螺旋盖。

【采样方法】采集样品时，不宜用水样进行荡洗，应使水样在样品瓶中溢流且不留空间。

【固定剂】（1）抗坏血酸+盐酸；（2）—。

【保存方法】（1）若水样中含有余氯，采样前，应向 40 mL 棕色采样瓶中加入 25 mg 的抗坏血酸。若水样中余氯含量超过 5 mg/L，应按比例增加抗坏血酸的加入量，余氯含量每增加 5 mg/L，则应多加入 25 mg 的抗坏血酸。样品采集后，应立即加入适量盐酸溶液，使样品 pH≤2，拧紧瓶盖，4℃以下冷藏，避光和密封保存。（2）当水样加盐酸溶液后有气泡产生，须重新采样，重新采集的样品不加盐酸溶液保存，样品标签上应注明未酸化。

【保存期】（1）14 d；（2）24 h。

【采样量】40 mL。

【容器洗涤】—

【检出限】全扫描模式：3 μg/L；离子选择扫描模式：0.8 μg/L。

【质量保证和质量控制】所有样品均采集平行双样。每批样品应至少做一个全程序空白：按照分析步骤，在实验室将一份实验用水放入样品瓶中密封，将其带到采样现场，与采样的样品瓶同时开盖和密封，之后随样品运回实验室。

水质 挥发性卤代烃的测定 顶空气相色谱法（HJ 620—2011）

【适用范围】地表水、地下水、饮用水、海水、工业废水和生活污水。

【采样容器】具聚四氟乙烯衬垫和实心螺旋盖。

【采样方法】采样时样品沿瓶壁注入，防止气泡产生，水样充满后不留液上空间。

【固定剂】抗坏血酸或硫代硫酸钠。

【保存方法】如果水样含有余氯，向采样瓶中加入 0.3～0.5 g 抗坏血酸或硫代硫酸钠。水样采集后立即置于 4℃左右冷藏保存。

【保存期】7 d。

【采样量】40 mL。

【容器洗涤】—

【检出限】0.03 μg/L。

【质量保证和质量控制】所有样品均采集平行样。平行样品，每分析一批（20 个）样品至少做 10%的平行样品测定，平行样品相对偏差在 30%以内。

生活饮用水标准检验方法 有机物指标（1.1 填充柱气相色谱法）（GB/T 5750.8—2006）

【适用范围】生活饮用水及其水源水。

【采样容器】顶空瓶，使用前在 120℃烘烤 2 h。

【采样方法】取水至满瓶，密封。

【固定剂】抗坏血酸。

【保存方法】采样时先加 0.3～0.5 g 抗坏血酸于顶空瓶内。

【保存期】24 h。

【采样量】150 mL。

【容器洗涤】—

【检出限】0.3 μg/L。

【质量保证和质量控制】—

生活饮用水标准检验方法　有机物指标（1.2 毛细管柱气相色谱法）（GB/T 5750.8—2006）

【适用范围】生活饮用水及其水源水。

【采样容器】顶空瓶，使用前在 120℃烘烤 2 h。

【采样方法】取水至满瓶，密封。

【固定剂】抗坏血酸。

【保存方法】采样时先加 0.3～0.5 g 抗坏血酸于顶空瓶内。

【保存期】24 h。

【采样量】150 mL。

【容器洗涤】—

【检出限】0.1 μg/L。

【质量保证和质量控制】—

生活饮用水标准检验方法　有机物指标（附录 A 吹脱捕集/气相色谱-质谱法测定挥发性有机化合物）（GB/T 5750.8—2006）

【适用范围】测定生活饮用水及其水源水。

【采样容器】40 mL 棕色玻璃瓶附螺旋盖及聚四氟乙烯垫片。

【采样方法】采样时，使水样在瓶中溢流出而不留气泡；若从开放的水体中采样，先用 1 L 的广口瓶或烧杯从有代表性的区域中采样，再小心把水样从广口瓶或烧杯中倒入样品瓶中。

【固定剂】（1）无余氯样品：盐酸溶液；（2）有余氯样品：抗坏血酸+盐酸。

【保存方法】（1）不含余氯的样品和现场空白，每 40 mL 水样中加 4 滴 4 mol/L 的盐酸做固定剂。4℃保存。（2）含余氯的样品和现场空白，在样品瓶中先加入抗坏血酸（每 40 mL 水样中加 25 mg），待样品瓶中充满水样并溢流后，每 20 mL 样品中加入 1 滴 4 mol/L 盐酸调节样品 pH＜2。4℃保存。

【保存期】14 d。

【采样量】40 mL。

【容器洗涤】—

【检出限】0.21 μg/L。

【质量保证和质量控制】所有样品均采集平行样，每批样品要带一个现场空白。

地表水和污水监测技术规范（HJ/T 91—2002）

【适用范围】对江河、湖泊、水库和渠道的水质监测，包括控制断面以及污染源排放污水的监测。

【采样容器】硬质玻璃瓶。

【采样方法】—

【固定剂】盐酸+抗坏血酸。

【保存方法】用（1+10）盐酸调至 pH=2，加入 0.01～0.02 g 抗坏血酸除去残余氯，0～4℃冷藏避光保存。

【保存期】12 h。

【采样量】1 000 mL。

【容器洗涤】洗涤剂洗 1 次，自来水洗 3 次，蒸馏水洗 1 次。

【检出限】—

【质量保证和质量控制】—

水质　样品的保存和管理技术规定（HJ 493—2009）

【适用范围】天然水、生活污水及工业废水。

【采样容器】硬质玻璃瓶。

【采样方法】—

【固定剂】盐酸+抗坏血酸。

【保存方法】用（1+10）盐酸调至 pH≤2，加入 0.01～0.02 g 抗坏血酸除去残余氯，1～5℃避光保存。

【保存期】12 h。

【采样量】1 000 mL。

【容器洗涤】—

【检出限】—

【质量保证和质量控制】—

256. 四氯乙烯

水质　挥发性有机物的测定　吹扫捕集/气相色谱法（HJ 686—2014）

【适用范围】地表水、地下水、生活污水和工业废水中挥发性有机物的测定。

【采样容器】40 mL 棕色玻璃瓶，螺旋盖（带聚四氟乙烯涂层密封垫）。

【采样方法】样品采集时不需用水样荡洗。

【固定剂】（1）无余氯样品：盐酸溶液；（2）有余氯样品：抗坏血酸+盐酸。

【保存方法】无余氯样品：0.5 mL 盐酸溶液，4℃保存；有余氯样品：加入约 25 mg 抗坏血酸，再加 0.5 mL 盐酸溶液，4℃保存。

【保存期】14 d。

【采样量】40 mL。

【容器洗涤】采样瓶应在采样前充分清洗。

【检出限】0.1 μg/L。

【质量保证和质量控制】所有样品均采集平行双样，每批样品带一个全程序空白和一个运输空白。

（1）空白分析。①运输空白。采样前在实验室将一份空白试剂水放入样品瓶中密封，将其带到现场。采样时使其瓶盖一直处于密封状态，随样品运回实验室，按与样品相同的分析步骤进行处理和测定，用于检查样品运输过程中是否受到污染。②全程序空白。采样前在实验室将一份空白试剂水放入样品瓶中密封，将其带到现场。与采样的样品瓶同时开盖和密封，随样品运回实验室，按与样品相同的分析步骤进行处理和测定，用于检查样品采集到分析全过程是否受到污染。如全程序空白中目标化合物高于检出限时，不能从样品结果中扣除空白值。应检查所有可能对全程序空白产生影响的环节，仔细查找干扰源。如果确实发现采样、运输或保存过程存在影响分析结果的干扰，需对出现问题批次的样品进行重新采样分析。（2）平行样品的测定。虽然每个样品均采集平行双样，一般每 10 个样品或每批次（少于 10 个样品/批）分析一个平行样，平行样品测定结果的相对偏差＜20%。

水质　挥发性有机物的测定　吹扫捕集/气相色谱-质谱法（HJ 639—2012）

【适用范围】海水、地下水、地表水、生活污水和工业废水。

【采样容器】40 mL 棕色玻璃瓶，具硅橡胶-聚四氟乙烯衬垫螺旋盖。

【采样方法】采样时不需用样品进行荡洗，水样在样品瓶中溢流而不留空间。取样时应尽量避免或减少样品在空气中暴露。

【固定剂】（1）抗坏血酸+盐酸；（2）—。

【保存方法】（1）每 40 mL 样品需加入 25 mg 的抗坏血酸；若样品中总余氯的量超过 5 mg/L，总余氯每超过 5 mg/L，需要多加 25 mg 的抗坏血酸。采样时，水样呈中性时向每个样品瓶中加入 0.5 mL 盐酸溶液，拧紧瓶盖；水样呈碱性时应加入适量盐酸溶液使样品 pH≤2。4℃保存。（2）当水样加盐酸溶液后产生大量气泡时，应弃去该样品，重新采集样品。重新采集的样品不应加盐酸溶液，样品标签上应注明未酸化。4℃保存。

【保存期】（1）14 d；（2）24 h。

【采样量】40 mL。

【容器洗涤】样品瓶应在采样前用甲醇清洗。

【检出限】全扫描模式：1.2 μg/L；离子选择扫描模式：0.2 μg/L。

【质量保证和质量控制】所有样品均采集平行双样。每批样品至少应采集一个运输空白和全程序空白样品。空白中目标化合物浓度应小于下列条件的最大值：（1）方法检出限；（2）相关环保标准限值的 5%；（3）样品分析结果的 5%。若空白试验未满足以上要求，则应采取措施排除污染并重新分析同批样品。

水质　挥发性有机物的测定　顶空/气相色谱-质谱法（HJ 810—2016）

【适用范围】地表水、地下水、生活污水、工业废水和海水。

【采样容器】40 mL 棕色玻璃瓶，具硅橡胶-聚四氟乙烯衬垫螺旋盖。

【采样方法】采集样品时，不宜用水样进行荡洗，应使水样在样品瓶中溢流且不留空间。

【固定剂】（1）抗坏血酸+盐酸；（2）—。

【保存方法】（1）若水样中含有余氯，采样前，应向 40 mL 棕色采样瓶中加入 25 mg 的抗坏血酸。若水样中余氯含量超过 5 mg/L，应按比例增加抗坏血酸的加入量，余氯含量每增加 5 mg/L，则应多加入 25 mg 的抗坏血酸。样品采集后，应立即加入适量盐酸溶液，使样品 pH≤2，拧紧瓶盖，4℃以下冷藏，避光和密封保存。（2）当水样加盐酸溶液后有气泡产生，须重新采样，重新采集的样品不加盐酸溶液保存，样品标签上应注明未酸化。

【保存期】（1）14 d；（2）24 h。

【采样量】40 mL。

【容器洗涤】—

【检出限】全扫描模式：3 μg/L；离子选择扫描模式：0.8 μg/L。

【质量保证和质量控制】所有样品均采集平行双样。每批样品应至少做一个全程序空白：按照分析步骤，在实验室将一份实验用水放入样品瓶中密封，将其带到采样现场，与采样的样品瓶同时开盖和密封，之后随样品运回实验室。

水质　挥发性卤代烃的测定　顶空气相色谱法（HJ 620—2011）

【适用范围】地表水、地下水、饮用水、海水、工业废水和生活污水。

【采样容器】具聚四氟乙烯衬垫和实心螺旋盖。

【采样方法】采样时样品沿瓶壁注入，防止气泡产生，水样充满后不留液上空间。

【固定剂】抗坏血酸或硫代硫酸钠。

【保存方法】如果水样含有余氯，向采样瓶中加入 0.3～0.5 g 抗坏血酸或硫代硫酸钠。水样采集后立即置于 4℃左右冷藏保存。

【保存期】7 d。

【采样量】40 mL。

【容器洗涤】—

【检出限】0.03 μg/L。

【质量保证和质量控制】所有样品均采集平行样。平行样品，每分析一批（20 个）样品至少做 10%的平行样品测定，平行样品相对偏差在 30%以内。

生活饮用水标准检验方法　有机物指标（8 填充柱气相色谱法）（GB/T 5750.8—2006）

【适用范围】生活饮用水及其水源水。

【采样容器】顶空瓶，使用前在 120℃烘烤 2 h。

【采样方法】取水至满瓶，密封。

【固定剂】抗坏血酸。

【保存方法】采样时先加 0.3～0.5 g 抗坏血酸于顶空瓶内。

【保存期】24 h。

【采样量】150 mL。

【容器洗涤】—

【检出限】1.2 μg/L。

【质量保证和质量控制】—

生活饮用水标准检验方法　有机物指标（附录 A 吹脱捕集/气相色谱-质谱法测定挥发性有机化合物）（GB/T 5750.8—2006）

【适用范围】测定生活饮用水及其水源水。

【采样容器】40 mL 棕色玻璃瓶附螺旋盖及聚四氟乙烯垫片。

【采样方法】采样时，使水样在瓶中溢流出而不留气泡；若从开放的水体中采样，先用 1 L 的广口瓶或烧杯从有代表性的区域中采样，再小心把水样从广口瓶或烧杯中倒入样品瓶中。

【固定剂】（1）无余氯样品：盐酸溶液；（2）有余氯样品：抗坏血酸+盐酸。

【保存方法】（1）不含余氯的样品和现场空白，每 40 mL 水样中加 4 滴 4 mol/L 的盐酸做固定剂。4℃保存。（2）含余氯的样品和现场空白，在样品瓶中先加入抗坏血酸（每 40 mL 水样中加 25 mg），待样品瓶中充满水样并溢流后，每 20 mL 样品中加入 1 滴 4 mol/L 盐酸调节样品 pH＜2。4℃保存。

【保存期】14 d。

【采样量】40 mL。

【容器洗涤】—

【检出限】0.14 μg/L。

【质量保证和质量控制】所有样品均采集平行样，每批样品要带一个现场空白。

地表水和污水监测技术规范（HJ/T 91—2002）

【适用范围】对江河、湖泊、水库和渠道的水质监测，包括控制断面以及污染源排放污水的监测。

【采样容器】硬质玻璃瓶。

【采样方法】—

【固定剂】盐酸+抗坏血酸。

【保存方法】用（1+10）盐酸调至 pH=2，加入 0.01～0.02 g 抗坏血酸除去残余氯，0～4℃冷藏避光保存。

【保存期】12 h。

【采样量】1 000 mL。

【容器洗涤】洗涤剂洗 1 次，自来水洗 3 次，蒸馏水洗 1 次。

【检出限】—

【质量保证和质量控制】—

水质　样品的保存和管理技术规定（HJ 493—2009）

【适用范围】天然水、生活污水及工业废水。

【采样容器】硬质玻璃瓶。

【采样方法】—

【固定剂】盐酸+抗坏血酸。

【保存方法】用（1+10）盐酸调至 pH≤2，加入 0.01～0.02 g 抗坏血酸除去残余氯，1～5℃避光保存。

【保存期】12 h。

【采样量】1 000 mL。

【容器洗涤】—

【检出限】—

【质量保证和质量控制】—

257. 四乙基铅

水质 四乙基铅的测定 顶空/气相色谱-质谱法（HJ 959—2018）

【适用范围】地表水、地下水、生活污水和工业废水。

【采样容器】棕色螺口玻璃瓶，具聚四氟乙烯内衬的硅橡胶垫，或其他同类采样瓶。

【采样方法】将样品沿瓶壁缓慢导入采样瓶，直至满瓶，尽量减少由于搅动引起的四乙基铅溢出，并避免将空气气泡引入采样瓶。

【固定剂】甲醇。

【保存方法】向 40 mL 采样瓶内加入 800 μl 甲醇保存剂（每 10 mL 水样加入 200 μl 甲醇保存剂）。4℃左右避光保存。

【保存期】24 h。

【采样量】40 mL。

【容器洗涤】—

【检出限】0.02 mg/L。

【质量保证和质量控制】现场采集平行双样。

生活饮用水标准检验方法 金属指标（24.1 双硫腙比色法）（GB/T 5750.6—2006）

【适用范围】生活饮用水及其水源水。

【采样容器】玻璃瓶。

【采样方法】—

【固定剂】—

【保存方法】冷藏。

【保存期】—

【采样量】0.2 L。

【容器洗涤】—

【检出限】0.1 μg/L。

【质量保证和质量控制】—

258. 松节油

水质 松节油的测定 气相色谱法（HJ 696—2014）

【适用范围】地表水、地下水、工业废水和生活污水。

【采样容器】硬质磨口玻璃瓶或具有特氟龙材质隔垫的棕色螺纹口玻璃瓶。

【采样方法】—

【固定剂】—

【保存方法】4℃下保存。

【保存期】48 h 内完成萃取，萃取液可保存 7 d。

【采样量】250 mL。

【容器洗涤】—

【检出限】0.03 mg/L。

【质量保证和质量控制】—

水质 松节油的测定 吹扫捕集/气相色谱-质谱法（HJ 866—2017）

【适用范围】地表水、地下水、生活污水和工业废水。

【采样容器】带聚四氟乙烯衬垫螺旋盖的棕色宽口玻璃瓶。

【采样方法】将样品沿壁缓慢导入样品瓶，直至满瓶，应尽量减少由于搅动引起的松节油溢出，并避免将空气气泡引入采样瓶。

【固定剂】—

【保存方法】1～5℃冷藏保存。

【保存期】2 d。

【采样量】40 mL。

【容器洗涤】—

【检出限】0.5 μg/L。

【质量保证和质量控制】—

生活饮用水标准检验方法 有机物指标（40.1 气相色谱法）（GB/T 5750.8—2006）

【适用范围】生活饮用水及其水源水。

【采样容器】磨口玻璃瓶。

【采样方法】—

【固定剂】—

【保存方法】4℃冷藏保存。

【保存期】在 24 h 内萃取。

【采样量】—

【容器洗涤】—

【检出限】0.02 mg/L。

【质量保证和质量控制】—

259. 速灭磷

水、土中有机磷农药测定的气相色谱法（GB/T 14552—2003）

【适用范围】地面水、地下水及土壤中有机磷农药。

【采样容器】磨口玻璃瓶。

【采样方法】先用水样冲洗样品 2～3 次。

【固定剂】—

【保存方法】4℃冷藏保存。

【保存期】—

【采样量】1 000 mL。

【容器洗涤】—

【检出限】$0.860\,0\times10^{-4}$ mg/L。

【质量保证和质量控制】—

地表水和污水监测技术规范（HJ/T 91—2002）

【适用范围】对江河、湖泊、水库和渠道的水质监测。

【采样容器】硬质玻璃瓶。

【采样方法】—

【固定剂】抗坏血酸。

【保存方法】加入 0.01～0.02 g 抗坏血酸除去残余氯，0～4℃冷藏避光保存。

【保存期】24 h。

【采样量】1 000 mL。

【容器洗涤】洗涤剂洗 1 次，自来水洗 3 次，蒸馏水洗 1 次。

【检出限】—

【质量保证和质量控制】—

水质　样品的保存和管理技术规定（HJ 493—2009）

【适用范围】天然水、生活污水及工业废水。

【采样容器】硬质玻璃瓶（带聚四氟乙烯瓶盖）。

【采样方法】不能用水样冲洗采样容器，不能使水样充满容器。

【固定剂】—

【保存方法】1～5℃冷藏保存。

【保存期】萃取应在采样后 24 h 内完成；萃取液可保存 5 d。

【采样量】1 000～3 000 mL。

【容器洗涤】—

【检出限】—

【质量保证和质量控制】—

260. 速灭威

水质　氨基甲酸酯类农药的测定　超高效液相色谱-三重四极杆质谱法（HJ 827—2017）

【适用范围】地表水、地下水、生活污水和工业废水。

【采样容器】磨口棕色玻璃瓶。

【采样方法】采样瓶要完全注满不留气泡。

【固定剂】（1+1）硫酸或 0.4 g/mL 氢氧化钠。

【保存方法】用（1+1）硫酸或 0.4 g/mL 氢氧化钠调节水样为中性，水样 4℃以下冷藏避光保存。

【保存期】3 d。

【采样量】250 mL。

【容器洗涤】—

【检出限】直接进样：0.3 μg/L；固相萃取：0.004 μg/L。

【质量保证和质量控制】—

水质　样品的保存和管理技术规定（HJ 493—2009）

【适用范围】天然水、生活污水及工业废水。

【采样容器】（1）硬质玻璃瓶，溶剂洗；（2）聚乙烯瓶（桶）。

【采样方法】—

【固定剂】如果样品被加氯，每 1 000 mL 水加 80 mg 五水硫代硫酸钠。

【保存方法】（1）1～5℃；（2）−20℃冷冻。

【保存期】（1）14 d；（2）1 个月。

【采样量】1 000 mL。

【容器洗涤】—

【检出限】—

【质量保证和质量控制】—

261．外环氧七氯

水质　有机氯农药和氯苯类化合物的测定　气相色谱-质谱法（HJ 699—2014）

【适用范围】地表水、地下水、生活污水、工业废水和海水。

【采样容器】玻璃塞的棕色磨口瓶或具有聚四氟乙烯衬垫的棕色螺口玻璃瓶。

【采样方法】—

【固定剂】（1+1）盐酸。

【保存方法】样品采集后立即用（1+1）盐酸溶液调至 pH＜2，4℃下保存。

【保存期】7 d 内完成萃取，萃取液在 40 d 内完成分析。

【采样量】—

【容器洗涤】—

【检出限】液液萃取：0.053 μg/L；固相萃取：0.031 μg/L。

【质量保证和质量控制】空白试验：每批样品至少做一个空白试验，即全程序空白试验。如果目标化合物有检出，应查明原因。

地表水和污水监测技术规范（HJ/T 91—2002）

【适用范围】对江河、湖泊、水库和渠道的水质监测。

【采样容器】硬质玻璃瓶。

【采样方法】—

【固定剂】抗坏血酸。

【保存方法】加入 0.01～0.02 g 抗坏血酸除去残余氯，0～4℃冷藏避光保存。

【保存期】24 h。

【采样量】1 000 mL。

【容器洗涤】洗涤剂洗 1 次，自来水洗 3 次，蒸馏水洗 1 次。

【检出限】—

【质量保证和质量控制】—

水质　样品的保存和管理技术规定（HJ 493—2009）

【适用范围】天然水、生活污水及工业废水。

【采样容器】硬质玻璃瓶（带聚四氟乙烯瓶盖）。

【采样方法】不能用水样冲洗采样容器，不能使水样充满容器。

【固定剂】—

【保存方法】1～5℃冷藏保存。

【保存期】萃取应在采样后 24 h 内完成，萃取液可保存 5 d。

【采样量】1 000～3 000 mL。

【容器洗涤】—

【检出限】—

【质量保证和质量控制】—

262. 微囊藻毒素-LR

水质　微囊藻毒素的测定（GB/T 20466—2006）

【适用范围】饮用水、湖泊水、河水、地表水。

【采样容器】—

【采样方法】—

【固定剂】—

【保存方法】—

【保存期】4 h 内完成过滤，减压过滤后，−20℃保存 30 d。

【采样量】1 500～2 000 mL。

【容器洗涤】—

【检出限】0.1 μg/L。

【质量保证和质量控制】—

生活饮用水标准检验方法　有机物指标（13.1 高压液相色谱法）（GB/T 5750.8—2006）

【适用范围】饮用水及其水源水。

【采样容器】—

【采样方法】—

【固定剂】—

【保存方法】—

【保存期】—

【采样量】≥5 000 mL。

【容器洗涤】—

【检出限】0.06 μg/L。

【质量保证和质量控制】—

263. 五氯苯

水质　氯苯类化合物的测定　气相色谱法（HJ 621—2011）

【适用范围】地表水、地下水、饮用水、海水、工业废水和生活污水。

【采样容器】棕色玻璃瓶。

【采样方法】样品充满采样瓶，用内衬聚四氟乙烯硅胶垫（或铝箔垫）的瓶盖密封。

【固定剂】浓硫酸。

【保存方法】采样时每升水样中加入 1.0 mL 浓硫酸，于 2～5℃下保存。

【保存期】7 d。

【采样量】1 000 mL。

【容器洗涤】—

【检出限】0.003 μg/L。

【质量保证和质量控制】空白样品：每批样品应至少分析一个全程序空白样，全程序空白测定值应低于检出限。

水质　有机氯农药和氯苯类化合物的测定　气相色谱-质谱法（HJ 699—2014）

【适用范围】地表水、地下水、生活污水、工业废水和海水。

【采样容器】玻璃塞的棕色磨口瓶或具有聚四氟乙烯衬垫的棕色螺口玻璃瓶。

【采样方法】—

【固定剂】（1+1）盐酸。

【保存方法】样品采集后立即用（1+1）盐酸溶液调至 pH＜2，4℃下保存。

【保存期】7 d 内完成萃取，萃取液在 40 d 内完成分析。

【采样量】—

【容器洗涤】—

【检出限】液液萃取：0.043 μg/L；固相萃取：0.030 μg/L。

【质量保证和质量控制】空白试验：每批样品至少做一个空白试验，即全程序空白试验。如果目标化合物有检出，应查明原因。

264. 五氯酚

水质　酚类化合物的测定　液液萃取/气相色谱法（HJ 676—2013）

【适用范围】地表水、地下水、生活污水和工业废水。

【采样容器】棕色硬质玻璃瓶。

【采样方法】采样时，不要用水样预洗采样瓶，水样应充满样品瓶并加盖密封。

【固定剂】（1+3）盐酸。

【保存方法】采样后，加入适量盐酸溶液将水样调至 pH＜2，在 4℃下避光保存。

【保存期】在 7 d 内萃取，萃取液在 4℃下避光保存，20 d 内完成分析。

【采样量】1 000 mL。

【容器洗涤】—

【检出限】1.1 μg/L。

【质量保证和质量控制】空白样品：每 20 个样品或每批样品（少于 20 个样品/批）至少做一个全程序空白样品，空白样品中目标化合物浓度应低于方法检出限。

水质 酚类化合物的测定 气相色谱-质谱法（HJ 744—2015）

【适用范围】地表水、地下水、生活污水和工业废水。

【采样容器】磨口棕色玻璃瓶。

【采样方法】采样时，不要用水样预洗采样瓶，水样应充满样品瓶并加盖密封。

【固定剂】（1+1）硫酸。

【保存方法】采样后，用（1+1）硫酸溶液将水样调至 pH≤2，在 4℃下避光保存。

【保存期】在 7 d 内萃取，萃取液在 4℃下避光保存，20 d 内完成分析。

【采样量】—

【容器洗涤】—

【检出限】液液萃取：0.1 μg/L；固相萃取：0.1 μg/L。

【质量保证和质量控制】每 20 个样品或每批样品（少于 20 个样品/批）至少做一个全程序空白样品。全程序空白中目标物测定浓度均应低于方法检出限。否则应检查所有可能对全程序空白产生影响的环节，仔细查找干扰源。若确实发现采样、运输或保存过程存在影响分析结果的干扰，需对出现问题批次的样品进行重新采样分析。

水质 五氯酚的测定 气相色谱法（HJ 591—2010）

【适用范围】地表水、地下水、海水、生活污水和工业废水。

【采样容器】棕色玻璃瓶。

【采样方法】—

【固定剂】（1+9）硫酸、硫酸铜；余氯存在时：硫代硫酸钠。

【保存方法】每 100 mL 水样中加入 1 mL（1+9）硫酸溶液和 0.5 g 硫酸铜，在 4℃下暗处保存；若有余氯存在，每 100 mL 水样中加入约 80 mg 硫代硫酸钠，摇匀，样品应避免阳光直射。

【保存期】在 7 d 内萃取，萃取液 4℃避光保存，30 d 内进行分析。

【采样量】—

【容器洗涤】—

【检出限】0.01 μg/L。

【质量保证和质量控制】—

生活饮用水标准检验方法 消毒副产物指标（12.1 衍生化气相色谱法）（GB/T 5750.10—2006）

【适用范围】生活饮用水及其水源水。

【采样容器】—

【采样方法】—

【固定剂】浓硫酸、硫酸铜。

【保存方法】每升水样中加入 1 mL 硫酸、5 g 硫酸铜，冷藏保存。

【保存期】—

【采样量】—

【容器洗涤】—

【检出限】0.03 μg/L。

【质量保证和质量控制】—

生活饮用水标准检验方法　消毒副产物指标（12.2 顶空固相微萃取气相色谱法）（GB/T 5750.10—2006）

【适用范围】生活饮用水及其水源水。

【采样容器】具塞试管。

【采样方法】—

【固定剂】0.1 mol/L 氢氧化钠。

【保存方法】加入 1 mL 0.1 mol/L 氢氧化钠。

【保存期】24 h。

【采样量】100 mL。

【容器洗涤】—

【检出限】0.2 μg/L。

【质量保证和质量控制】—

地表水和污水监测技术规范（HJ/T 91—2002）

【适用范围】对江河、湖泊、水库和渠道的水质监测。

【采样容器】硬质玻璃瓶。

【采样方法】—

【固定剂】磷酸+抗坏血酸。

【保存方法】用磷酸调至 pH=2，用 0.01～0.02 g 抗坏血酸除去残余氯。

【保存期】24 h。

【采样量】1 000 mL。

【容器洗涤】洗涤剂洗 1 次，自来水洗 3 次，蒸馏水洗 1 次。

【检出限】—

【质量保证和质量控制】—

水质　样品的保存和管理技术规定（HJ 493—2009）

【适用范围】天然水、生活污水及工业废水。

【采样容器】硬质玻璃瓶。

【采样方法】—

【固定剂】磷酸+抗坏血酸。

【保存方法】1～5℃避光，用磷酸调至 pH≤2，加入 0.01～0.02 g 抗坏血酸除去残余氯。

【保存期】24 h。

【采样量】1 000 mL。

【容器洗涤】洗涤剂洗 1 次，自来水洗 3 次，蒸馏水洗 1 次。

【检出限】—

【质量保证和质量控制】—

265. 五氯硝基苯

水质　有机氯农药和氯苯类化合物的测定　气相色谱-质谱法（HJ 699—2014）

【适用范围】地表水、地下水、生活污水、工业废水和海水。

【采样容器】玻璃塞的棕色磨口瓶或具有聚四氟乙烯衬垫的棕色螺口玻璃瓶。

【采样方法】—

【固定剂】（1+1）盐酸。

【保存方法】样品采集后立即用（1+1）盐酸溶液调至 pH＜2，4℃下保存。

【保存期】7 d 内完成萃取，萃取液在 40 d 内完成分析。

【采样量】—

【容器洗涤】—

【检出限】液液萃取：0.036 μg/L；固相萃取：0.021 μg/L。

【质量保证和质量控制】空白试验：每批样品至少做一个空白试验，即全程序空白试验。如果目标化合物有检出，应查明原因。

地表水和污水监测技术规范（HJ/T 91—2002）

【适用范围】对江河、湖泊、水库和渠道的水质监测。

【采样容器】硬质玻璃瓶。

【采样方法】—

【固定剂】抗坏血酸。

【保存方法】加入 0.01～0.02 g 抗坏血酸除去残余氯，0～4℃冷藏避光保存。

【保存期】24 h。

【采样量】1 000 mL。

【容器洗涤】洗涤剂洗 1 次，自来水洗 3 次，蒸馏水洗 1 次。

【检出限】—

【质量保证和质量控制】—

水质　样品的保存和管理技术规定（HJ 493—2009）

【适用范围】天然水、生活污水及工业废水。

【采样容器】硬质玻璃瓶（带聚四氟乙烯瓶盖）。

【采样方法】不能用水样冲洗采样容器，不能使水样充满容器。

【固定剂】—

【保存方法】1～5℃冷藏保存。

【保存期】萃取应在采样后 24 h 内完成，萃取液可保存 5 d。

【采样量】1 000～3 000 mL。

【容器洗涤】—

【检出限】—

【质量保证和质量控制】—

266. 芴

水质　多环芳烃的测定　液液萃取和固相萃取高效液相色谱法（HJ 478—2009）

【适用范围】饮用水、地下水、地表水、海水、工业废水及生活污水。

【采样容器】具磨口塞的棕色玻璃细口瓶。

【采样方法】采样前不能用水样预洗采样瓶，以防止样品的沾染或吸附，采样瓶要完全注满，不留气泡。

【固定剂】有余氯水样：硫代硫酸钠。

【保存方法】若水中有残余氯存在，要在每升水中加入 80 g 硫代硫酸钠除氯，样品采集后应避光于 4℃冷藏。

【保存期】在 7 d 内萃取，萃取后 40 d 内分析完毕。

【采样量】1 000 mL 或 2 000 mL。

【容器洗涤】样品必须采集在预先洗净烘干的采样瓶中。

【检出限】荧光检测器：0.004 μg/L；紫外检测器：0.013 μg/L。

【质量保证和质量控制】—

水质　样品的保存和管理技术规定（HJ 493—2009）

【适用范围】天然水、生活污水及工业废水。

【采样容器】硬质玻璃瓶溶剂洗，带聚四氟乙烯瓶盖。

【采样方法】尽可能现场萃取，如果样品加氯，采样前 1 000 mL 样加 80 mg 五水硫代硫酸钠。

【固定剂】—

【保存方法】1～5℃冷藏保存。

【保存期】7 d。

【采样量】500 mL。

【容器洗涤】—

【检出限】—

【质量保证和质量控制】—

267. 硝磺草酮

水质　硝磺草酮的测定　液相色谱法（HJ 850—2017）

【适用范围】地表水、地下水、生活污水和工业废水。

【采样容器】具磨口塞的棕色玻璃细口瓶。

【采样方法】—

【固定剂】—

【保存方法】4℃以下冷藏，避光和密封保存。

【保存期】7 d。

【采样量】100 mL。

【容器洗涤】—

【检出限】0.01 mg/L。

【质量保证和质量控制】—

268. 硝基苯

水质 硝基苯类化合物的测定 气相色谱-质谱法（HJ 716—2014）

【适用范围】地表水、地下水、工业废水、生活污水和海水。

【采样容器】棕色具聚四氟乙烯衬垫的螺口玻璃瓶。

【采样方法】采集样品时，不要用水样预洗采样瓶，水样应充满采样瓶并加盖密封。

【固定剂】硫代硫酸钠。

【保存方法】若水中有残余氯存在，要在每升水中加入 80 g 硫代硫酸钠除氯，样品采集后应避光于4℃冷藏。

【保存期】在 7 d 内完成萃取，40 d 内完成分析。

【采样量】1 000～4 000 mL。

【容器洗涤】—

【检出限】液液萃取：0.04 μg/L；固相萃取：0.04 μg/L。

【质量保证和质量控制】—

水质 硝基苯类化合物的测定 液液萃取/固相萃取-气相色谱法（HJ 648—2013）

【适用范围】地表水、地下水、工业废水、生活污水和海水。

【采样容器】—

【采样方法】—

【固定剂】—

【保存方法】—

【保存期】—

【采样量】—

【容器洗涤】—

【检出限】液液萃取：0.17 μg/L；固相萃取：0.032 μg/L。

【质量保证和质量控制】空白试验：每批样品（以 10～20 个样品为一批次）应至少做一个全程序空白，目标化合物的浓度应低于检出限。

生活饮用水标准检验方法 有机物指标（29.1 气相色谱法）（GB/T 5750.8—2006）

【适用范围】生活饮用水及其水源水。

【采样容器】具塞磨口玻璃瓶。

【采样方法】—

【固定剂】—

【保存方法】避光 4℃低温保存。

【保存期】7 d 内完成萃取，萃取后 40 d 内完成分析。

【采样量】1 000 mL。

【容器洗涤】—

【检出限】0.5 μg/L。

【质量保证和质量控制】—

269. 溴苯

生活饮用水标准检验方法　有机物指标（附录 A 吹脱捕集/气相色谱-质谱法测定挥发性有机化合物）（GB/T 5750.8—2006）

【适用范围】测定生活饮用水及其水源水。

【采样容器】40 mL 棕色玻璃瓶附螺旋盖及聚四氟乙烯垫片。

【采样方法】采样时，使水样在瓶中溢流出而不留气泡；若从开放的水体中采样，先用 1 L 的广口瓶或烧杯从有代表性的区域中采样，再小心把水样从广口瓶或烧杯中倒入样品瓶中。

【固定剂】（1）无余氯样品：盐酸溶液；（2）有余氯样品：抗坏血酸+盐酸。

【保存方法】（1）不含余氯的样品和现场空白，每 40 mL 水样中加 4 滴 4 mol/L 的盐酸做固定剂。4℃保存。（2）含余氯的样品和现场空白，在样品瓶中先加入抗坏血酸（每 40 mL 水样中加 25 mg），待样品瓶中充满水样并溢流后，每 20 mL 样品中加入 1 滴 4 mol/L 盐酸调节样品 pH<2。4℃保存。

【保存期】14 d。

【采样量】40 mL。

【容器洗涤】—

【检出限】0.03 μg/L。

【质量保证和质量控制】所有样品均采集平行样，每批样品要带一个现场空白。

270. 溴甲烷

生活饮用水标准检验方法　有机物指标（附录 A 吹脱捕集/气相色谱-质谱法测定挥发性有机化合物）（GB/T 5750.8—2006）

【适用范围】测定生活饮用水及其水源水。

【采样容器】40 mL 棕色玻璃瓶附螺旋盖及聚四氟乙烯垫片。

【采样方法】采样时，使水样在瓶中溢流出而不留气泡；若从开放的水体中采样，先用 1 L 的广口瓶或烧杯从有代表性的区域中采样，再小心把水样从广口瓶或烧杯中倒入样品瓶中。

【固定剂】（1）无余氯样品：盐酸溶液；（2）有余氯样品：抗坏血酸+盐酸。

【保存方法】（1）不含余氯的样品和现场空白，每 40 mL 水样中加 4 滴 4 mol/L 的盐酸做固定剂。4℃保存。（2）含余氯的样品和现场空白，在样品瓶中先加入抗坏血酸（每 40 mL 水样中加 25 mg），待样品瓶中充满水样并溢流后，每 20 mL 样品中加入 1 滴 4 mol/L 盐酸调节样品 pH<2。4℃保存。

【保存期】14 d。

【采样量】40 mL。

【容器洗涤】—

【检出限】0.11 μg/L。

【质量保证和质量控制】所有样品均采集平行样，每批样品要带一个现场空白。

271. 溴硫磷

水、土中有机磷农药测定的气相色谱法（GB/T 14552—2003）

【适用范围】地面水、地下水及土壤中有机磷农药。

【采样容器】磨口玻璃瓶。

【采样方法】先用水样冲洗样品 2～3 次。

【固定剂】—

【保存方法】4℃冷藏保存。

【保存期】—

【采样量】1 000 mL。

【容器洗涤】—

【检出限】0.286 0×10^{-3} mg/L。

【质量保证和质量控制】—

地表水和污水监测技术规范（HJ/T 91—2002）

【适用范围】对江河、湖泊、水库和渠道的水质监测。

【采样容器】硬质玻璃瓶。

【采样方法】—

【固定剂】抗坏血酸。

【保存方法】加入 0.01～0.02 g 抗坏血酸除去残余氯，0～4℃冷藏避光保存。

【保存期】24 h。

【采样量】1 000 mL。

【容器洗涤】洗涤剂洗 1 次，自来水洗 3 次，蒸馏水洗 1 次。

【检出限】—

【质量保证和质量控制】—

水质　样品的保存和管理技术规定（HJ 493—2009）

【适用范围】天然水、生活污水及工业废水。

【采样容器】硬质玻璃瓶（带聚四氟乙烯瓶盖）。

【采样方法】不能用水样冲洗采样容器，不能使水样充满容器。

【固定剂】—

【保存方法】1～5℃冷藏保存。

【保存期】萃取应在采样后 24 h 内完成，萃取液可保存 5 d。

【采样量】1 000～3 000 mL。

【容器洗涤】—

【检出限】—

【质量保证和质量控制】—

272. 溴氯甲烷

水质 挥发性有机物的测定 吹扫捕集/气相色谱-质谱法（HJ 639—2012）

【适用范围】海水、地下水、地表水、生活污水和工业废水。

【采样容器】40 mL 棕色玻璃瓶，具硅橡胶-聚四氟乙烯衬垫螺旋盖。

【采样方法】采样时不需用样品进行荡洗，水样在样品瓶中溢流而不留空间。取样时应尽量避免或减少样品在空气中暴露。

【固定剂】（1）抗坏血酸+盐酸；（2）—。

【保存方法】（1）每 40 mL 样品需加入 25 mg 的抗坏血酸；若样品中总余氯的量超过 5 mg/L，总余氯每超过 5 mg/L，需要多加 25 mg 的抗坏血酸。采样时，水样呈中性时向每个样品瓶中加入 0.5 mL 盐酸溶液，拧紧瓶盖；水样呈碱性时应加入适量盐酸溶液使样品 pH≤2。4℃保存。（2）当水样加盐酸溶液后产生大量气泡时，应弃去该样品，重新采集样品。重新采集的样品不应加盐酸溶液，样品标签上应注明未酸化。4℃保存。

【保存期】（1）14 d；（2）24 h。

【采样量】40 mL。

【容器洗涤】样品瓶应在采样前用甲醇清洗。

【检出限】全扫描模式：1.4 μg/L；离子选择扫描模式：0.5 μg/L。

【质量保证和质量控制】所有样品均采集平行双样。每批样品至少应采集一个运输空白和全程序空白样品。空白中目标化合物浓度应小于下列条件的最大值：（1）方法检出限；（2）相关环保标准限值的 5%；（3）样品分析结果的 5%。若空白试验未满足以上要求，则应采取措施排除污染并重新分析同批样品。

水质 挥发性有机物的测定 顶空/气相色谱-质谱法（HJ 810—2016）

【适用范围】地表水、地下水、生活污水、工业废水和海水。

【采样容器】40 mL 棕色玻璃瓶，具硅橡胶-聚四氟乙烯衬垫螺旋盖。

【采样方法】采集样品时，不宜用水样进行荡洗，应使水样在样品瓶中溢流且不留空间。

【固定剂】（1）抗坏血酸+盐酸；（2）—。

【保存方法】（1）若水样中含有余氯，采样前，应向 40 mL 棕色采样瓶中加入 25 mg 的抗坏血酸。若水样中余氯含量超过 5 mg/L，应按比例增加抗坏血酸的加入量，余氯含量每增加 5 mg/L，则应多加入 25 mg 的抗坏血酸。样品采集后，应立即加入适量盐酸溶液，使样品 pH≤2，拧紧瓶盖，4℃以下冷藏，避光和密封保存。（2）当水样加盐酸溶液后有气泡产生，须重新采样，重新采集的样品不加盐酸溶液保存，样品标签上应注明未酸化。

【保存期】（1）14 d；（2）24 h。

【采样量】40 mL。

【容器洗涤】—

【检出限】全扫描模式：6 μg/L；离子选择扫描模式：0.4 μg/L。

【质量保证和质量控制】所有样品均采集平行双样。每批样品应至少做一个全程序空白：按照分析步骤，在实验室将一份实验用水放入样品瓶中密封，将其带到采样现场，与采样的样品瓶同时开盖和密封，之后随样品运回实验室。

生活饮用水标准检验方法　有机物指标（附录 A 吹脱捕集/气相色谱-质谱法测定挥发性有机化合物）（GB/T 5750.8—2006）

【适用范围】测定生活饮用水及其水源水。

【采样容器】40 mL 棕色玻璃瓶附螺旋盖及聚四氟乙烯垫片。

【采样方法】采样时，使水样在瓶中溢流出而不留气泡；若从开放的水体中采样，先用 1 L 的广口瓶或烧杯从有代表性的区域中采样，再小心把水样从广口瓶或烧杯中倒入样品瓶中。

【固定剂】（1）无余氯样品：盐酸溶液；（2）有余氯样品：抗坏血酸+盐酸。

【保存方法】（1）不含余氯的样品和现场空白，每 40 mL 水样中加 4 滴 4 mol/L 的盐酸做固定剂。4℃保存。（2）含余氯的样品和现场空白，在样品瓶中先加入抗坏血酸（每 40 mL 水样中加 25 mg），待样品瓶中充满水样并溢流后，每 20 mL 样品中加入 1 滴 4 mol/L 盐酸调节样品 pH＜2。4℃保存。

【保存期】14 d。

【采样量】40 mL。

【容器洗涤】—

【检出限】0.04 μg/L。

【质量保证和质量控制】所有样品均采集平行样，每批样品要带一个现场空白。

地表水和污水监测技术规范（HJ/T 91—2002）

【适用范围】对江河、湖泊、水库和渠道的水质监测，包括控制断面以及污染源排放污水的监测。

【采样容器】硬质玻璃瓶。

【采样方法】—

【固定剂】盐酸+抗坏血酸。

【保存方法】用（1+10）盐酸调至 pH=2，加入 0.01～0.02 g 抗坏血酸除去残余氯，0～4℃冷藏避光保存。

【保存期】12 h。

【采样量】1 000 mL。

【容器洗涤】洗涤剂洗 1 次，自来水洗 3 次，蒸馏水洗 1 次。

【检出限】—

【质量保证和质量控制】—

水质　样品的保存和管理技术规定（HJ 493—2009）

【适用范围】天然水、生活污水及工业废水。

【采样容器】硬质玻璃瓶。

【采样方法】—

【固定剂】盐酸+抗坏血酸。

【保存方法】用（1+10）盐酸调至 pH≤2，加入 0.01～0.02 g 抗坏血酸除去残余氯，1～5℃避光保存。

【保存期】12 h。

【采样量】1 000 mL。

【容器洗涤】—

【检出限】—

【质量保证和质量控制】—

273. 溴氰菊酯

水质　百菌清及拟除虫菊酯类农药的测定　气相色谱-质谱法（HJ 753—2015）

【适用范围】地表水、地下水、工业废水和生活污水。

【采样容器】具磨口塞的棕色玻璃细口瓶。

【采样方法】—

【固定剂】—

【保存方法】4℃保存。

【保存期】7 d 内完成萃取。

【采样量】1 000 mL 或 2 000 mL。

【容器洗涤】—

【检出限】液液萃取：0.04 μg/L；固相萃取：0.08 μg/L。

【质量保证和质量控制】—

水质　百菌清和溴氰菊酯的测定　气相色谱法（HJ 698—2014）

【适用范围】地表水、地下水、工业废水和生活污水。

【采样容器】硬质磨口玻璃瓶或具有特氟龙材质隔垫的棕色螺纹口玻璃瓶。

【采样方法】—

【固定剂】—

【保存方法】于 2～5℃下保存。

【保存期】7 d 内完成萃取，萃取液可保存 40 d。

【采样量】—

【容器洗涤】—

【检出限】0.40 μg/L。

【质量保证和质量控制】—

生活饮用水标准检验方法　农药指标（11.1　气相色谱法）（GB/T 5750.9—2006）

【适用范围】测定生活饮用水及其水源水。

【采样容器】磨口玻璃瓶。

【采样方法】—

【固定剂】—
【保存方法】4℃冷藏保存。
【保存期】24 h。
【采样量】1 000 mL。
【容器洗涤】—
【检出限】0.2 μg/L。
【质量保证和质量控制】—

生活饮用水标准检验方法　农药指标（11.2　高压液相色谱法）（GB/T 5750.9—2006）

【适用范围】测定生活饮用水及其水源水。
【采样容器】磨口玻璃瓶。
【采样方法】—
【固定剂】—
【保存方法】4℃冷藏保存。
【保存期】24 h。
【采样量】1 000 mL。
【容器洗涤】—
【检出限】0.002 mg/L。
【质量保证和质量控制】—

地表水和污水监测技术规范（HJ/T 91—2002）

【适用范围】对江河、湖泊、水库和渠道的水质监测。
【采样容器】硬质玻璃瓶。
【采样方法】—
【固定剂】抗坏血酸。
【保存方法】加入 0.01～0.02 g 抗坏血酸除去残余氯，0～4℃冷藏避光保存。
【保存期】24 h。
【采样量】1 000 mL。
【容器洗涤】洗涤剂洗 1 次，自来水洗 3 次，蒸馏水洗 1 次。
【检出限】—
【质量保证和质量控制】—

水质　样品的保存和管理技术规定（HJ 493—2009）

【适用范围】天然水、生活污水及工业废水。
【采样容器】硬质玻璃瓶（带聚四氟乙烯瓶盖）。
【采样方法】不能用水样冲洗采样容器，不能使水样充满容器。
【固定剂】—
【保存方法】1～5℃冷藏保存。

【保存期】萃取应在采样后 24 h 内完成，萃取液可保存 5 d。

【采样量】1 000～3 000 mL。

【容器洗涤】—

【检出限】—

【质量保证和质量控制】—

274. 烟嘧磺隆

水质 磺酰脲类农药的测定 高效液相色谱法（HJ 1018—2019）

【适用范围】地表水、地下水、生活污水和工业废水。

【采样容器】具磨口塞的棕色细口玻璃瓶或带聚四氟乙烯衬垫的棕色螺纹口玻璃瓶。

【采样方法】采集样品时，应使样品充满采样瓶，不留液上空间。

【固定剂】磷酸、氢氧化钠；有余氯的水样：硫代硫酸钠。

【保存方法】如果样品 pH 值不在 7～9，用磷酸或氢氧化钠溶液调节样品 pH 值至 7～9。对于含有余氯的水样，需向水样中加入硫代硫酸钠，使水样中硫代硫酸钠的浓度为 80 mg/L。采集的样品应在 4℃以下冷藏，避光保存。

【保存期】2 d 萃取完毕，萃取液应 8 d 内分析完毕。

【采样量】1 000 mL。

【容器洗涤】—

【检出限】直接进样：0.009 mg/L；液液萃取：0.05 μg/L；固相萃取：0.05 μg/L。

【质量保证和质量控制】—

275. 一氯二溴乙酸

水质 卤代乙酸类化合物的测定 气相色谱法（HJ 758—2015）

【适用范围】地表水、地下水、生活污水和工业废水。

【采样容器】棕色玻璃瓶。

【采样方法】加入水样后，盖好塞子，振荡混匀。

【固定剂】10 mg/mL 氯化铵。

【保存方法】按每 100 mL 水样加 1.0 mL 氯化铵溶液的比例，使水样中氯化铵含量约为 100 mg/L。4℃冷藏，避光保存。

【保存期】14 d 内萃取，样品萃取衍生液在 4℃冷藏保存不能超过 7 d。

【采样量】100 mL。

【容器洗涤】—

【检出限】2 mg/L。

【质量保证和质量控制】空白试验：每批样品至少应采集一个全程序空白，空白中目标化合物的测定值应低于方法检出限。

276. 一氯二溴乙烷

生活饮用水标准检验方法　有机物指标（附录 A 吹脱捕集/气相色谱-质谱法测定挥发性有机化合物）（GB/T 5750.8—2006）

【适用范围】测定生活饮用水及其水源水。

【采样容器】40 mL 棕色玻璃瓶附螺旋盖及聚四氟乙烯垫片。

【采样方法】采样时，使水样在瓶中溢流出而不留气泡；若从开放的水体中采样，先用 1 L 的广口瓶或烧杯从有代表性的区域中采样，再小心把水样从广口瓶或烧杯中倒入样品瓶中。

【固定剂】（1）无余氯样品：盐酸溶液；（2）有余氯样品：抗坏血酸+盐酸。

【保存方法】（1）不含余氯的样品和现场空白，每 40 mL 水样中加 4 滴 4 mol/L 的盐酸做固定剂。4℃保存。（2）含余氯的样品和现场空白，在样品瓶中先加入抗坏血酸（每 40 mL 水样中加 25 mg），待样品瓶中充满水样并溢流后，每 20 mL 样品中加入 1 滴 4 mol/L 盐酸调节样品 pH＜2。4℃保存。

【保存期】14 d。

【采样量】40 mL。

【容器洗涤】—

【检出限】0.10 g/L。

【质量保证和质量控制】所有样品均采集平行样，每批样品要带一个现场空白。

277. 一氯甲烷

生活饮用水标准检验方法　有机物指标（附录 A 吹脱捕集/气相色谱-质谱法测定挥发性有机化合物）（GB/T 5750.8—2006）

【适用范围】测定生活饮用水及其水源水。

【采样容器】40 mL 棕色玻璃瓶附螺旋盖及聚四氟乙烯垫片。

【采样方法】采样时，使水样在瓶中溢流出而不留气泡；若从开放的水体中采样，先用 1 L 的广口瓶或烧杯从有代表性的区域中采样，再小心把水样从广口瓶或烧杯中倒入样品瓶中。

【固定剂】（1）无余氯样品：盐酸溶液；（2）有余氯样品：抗坏血酸+盐酸。

【保存方法】（1）不含余氯的样品和现场空白，每 40 mL 水样中加 4 滴 4 mol/L 的盐酸做固定剂。4℃保存。（2）含余氯的样品和现场空白，在样品瓶中先加入抗坏血酸（每 40 mL 水样中加 25 mg），待样品瓶中充满水样并溢流后，每 20 mL 样品中加入 1 滴 4 mol/L 盐酸调节样品 pH＜2。4℃保存。

【保存期】14 d。

【采样量】40 mL。

【容器洗涤】—

【检出限】0.13 μg/L。

【质量保证和质量控制】所有样品均采集平行样，每批样品要带一个现场空白。

278. 一氯乙酸

水质 卤代乙酸类化合物的测定 气相色谱法（HJ 758—2015）

【适用范围】地表水、地下水、生活污水和工业废水。

【采样容器】棕色玻璃瓶。

【采样方法】加入水样后，盖好塞子，振荡混匀。

【固定剂】10 mg/mL 氯化铵。

【保存方法】按每 100 mL 水样加 1.0 mL 氯化铵溶液的比例，使水样中氯化铵含量约为 100 mg/L。4℃冰箱冷藏，避光保存。

【保存期】14 d 内萃取，样品萃取衍生液在 4℃冷藏保存不能超过 7 d。

【采样量】100 mL。

【容器洗涤】—

【检出限】2 mg/L。

【质量保证和质量控制】空白试验：每批样品至少应采集一个全程序空白，空白中目标化合物的测定值应低于方法检出限。

279. 一溴二氯甲烷

水质 挥发性有机物的测定 吹扫捕集/气相色谱-质谱法（HJ 639—2012）

【适用范围】海水、地下水、地表水、生活污水和工业废水。

【采样容器】40 mL 棕色玻璃瓶，具硅橡胶-聚四氟乙烯衬垫螺旋盖。

【采样方法】采样时不需用样品进行荡洗，水样在样品瓶中溢流而不留空间。取样时应尽量避免或减少样品在空气中暴露。

【固定剂】（1）抗坏血酸+盐酸；（2）—。

【保存方法】（1）每 40 mL 样品需加入 25 mg 的抗坏血酸；若样品中总余氯的量超过 5 mg/L，总余氯每超过 5 mg/L，需要多加 25 mg 的抗坏血酸。采样时，水样呈中性时向每个样品瓶中加入 0.5 mL 盐酸溶液，拧紧瓶盖；水样呈碱性时应加入适量盐酸溶液使样品 pH≤2。4℃保存。（2）当水样加盐酸溶液后产生大量气泡时，应弃去该样品，重新采集样品。重新采集的样品不应加盐酸溶液，样品标签上应注明未酸化。4℃保存。

【保存期】（1）14 d；（2）24 h。

【采样量】40 mL。

【容器洗涤】样品瓶应在采样前用甲醇清洗。

【检出限】全扫描模式：1.3 μg/L；离子选择扫描模式：0.4 μg/L。

【质量保证和质量控制】所有样品均采集平行双样。每批样品至少应采集一个运输空白和全程序空白样品。空白中目标化合物浓度应小于下列条件的最大值：（1）方法检出限；（2）相关环保标准限值的 5%；（3）样品分析结果的 5%。若空白试验未满足以上要求，则应采取措施排除污染并重新分析同批样品。

水质 挥发性有机物的测定 顶空/气相色谱-质谱法（HJ 810—2016）

【适用范围】地表水、地下水、生活污水、工业废水和海水。

【采样容器】40 mL 棕色玻璃瓶，具硅橡胶-聚四氟乙烯衬垫螺旋盖。

【采样方法】采集样品时，不宜用水样进行荡洗，应使水样在样品瓶中溢流且不留空间。

【固定剂】（1）抗坏血酸+盐酸；（2）—。

【保存方法】（1）若水样中含有余氯，采样前，应向 40 mL 棕色采样瓶中加入 25 mg 的抗坏血酸。若水样中余氯含量超过 5 mg/L，应按比例增加抗坏血酸的加入量，余氯含量每增加 5 mg/L，则应多加入 25 mg 的抗坏血酸。样品采集后，应立即加入适量盐酸溶液，使样品 pH≤2，拧紧瓶盖，4℃以下冷藏，避光和密封保存。（2）当水样加盐酸溶液后有气泡产生，须重新采样，重新采集的样品不加盐酸溶液保存，样品标签上应注明未酸化。

【保存期】（1）14 d；（2）24 h。

【采样量】40 mL。

【容器洗涤】—

【检出限】全扫描模式：3 μg/L；离子选择扫描模式：0.6 μg/L。

【质量保证和质量控制】所有样品均采集平行双样。每批样品应至少做一个全程序空白：按照分析步骤，在实验室将一份实验用水放入样品瓶中密封，将其带到采样现场，与采样的样品瓶同时开盖和密封，之后随样品运回实验室。

水质　挥发性卤代烃的测定　顶空气相色谱法（HJ 620—2011）

【适用范围】地表水、地下水、饮用水、海水、工业废水和生活污水。

【采样容器】具聚四氟乙烯衬垫和实心螺旋盖。

【采样方法】采样时样品沿瓶壁注入，防止气泡产生，水样充满后不留液上空间。

【固定剂】抗坏血酸或硫代硫酸钠。

【保存方法】如果水样含有余氯，向采样瓶中加入 0.3～0.5 g 抗坏血酸或硫代硫酸钠。水样采集后立即放入 4℃左右冷藏保存。

【保存期】7 d。

【采样量】40 mL。

【容器洗涤】—

【检出限】0.02 μg/L。

【质量保证和质量控制】所有样品均采集平行样。平行样品，每分析一批（20 个）样品至少做 10%的平行样品测定，平行样品相对偏差在 30%以内。

生活饮用水标准检验方法　有机物指标（1.1 填充柱气相色谱法）（GB/T 5750.8—2006）

【适用范围】生活饮用水及其水源水。

【采样容器】顶空瓶，使用前在 120℃烘烤 2 h。

【采样方法】取水至满瓶，密封。

【固定剂】抗坏血酸。

【保存方法】采样时先加 0.3～0.5 g 抗坏血酸于顶空瓶内。

【保存期】24 h。

【采样量】150 mL。

【容器洗涤】—

【检出限】1 μg/L。

【质量保证和质量控制】—

生活饮用水标准检验方法　有机物指标（附录 A 吹脱捕集/气相色谱-质谱法测定挥发性有机化合物）（GB/T 5750.8—2006）

【适用范围】测定生活饮用水及其水源水。

【采样容器】40 mL 棕色玻璃瓶附螺旋盖及聚四氟乙烯垫片。

【采样方法】采样时，使水样在瓶中溢流出而不留气泡；若从开放的水体中采样，先用 1 L 的广口瓶或烧杯从有代表性的区域中采样，再小心把水样从广口瓶或烧杯中倒入样品瓶中。

【固定剂】（1）无余氯样品：盐酸溶液；（2）有余氯样品：抗坏血酸+盐酸。

【保存方法】（1）不含余氯的样品和现场空白，每 40 mL 水样中加 4 滴 4 mol/L 的盐酸做固定剂。4℃保存。（2）含余氯的样品和现场空白，在样品瓶中先加入抗坏血酸（每 40 mL 水样中加 25 mg），待样品瓶中充满水样并溢流后，每 20 mL 样品中加入 1 滴 4 mol/L 盐酸调节样品 pH＜2。4℃保存。

【保存期】14 d。

【采样量】40 mL。

【容器洗涤】—

【检出限】0.08 μg/L。

【质量保证和质量控制】所有样品均采集平行样，每批样品要带一个现场空白。

地表水和污水监测技术规范（HJ/T 91—2002）

【适用范围】对江河、湖泊、水库和渠道的水质监测，包括控制断面以及污染源排放污水的监测。

【采样容器】硬质玻璃瓶。

【采样方法】—

【固定剂】盐酸+抗坏血酸。

【保存方法】用（1+10）盐酸调至 pH=2，加入 0.01～0.02 g 抗坏血酸除去残余氯，0～4℃冷藏避光保存。

【保存期】12 h。

【采样量】1 000 mL。

【容器洗涤】洗涤剂洗 1 次，自来水洗 3 次，蒸馏水洗 1 次。

【检出限】—

【质量保证和质量控制】—

水质　样品的保存和管理技术规定（HJ 493—2009）

【适用范围】天然水、生活污水及工业废水。

【采样容器】硬质玻璃瓶。

【采样方法】—

【固定剂】盐酸+抗坏血酸。

【保存方法】用（1+10）盐酸调至 pH≤2，加入 0.01～0.02 g 抗坏血酸除去残余氯，1～5℃避光保存。

【保存期】12 h。

【采样量】1 000 mL。

【容器洗涤】—

【检出限】—

【质量保证和质量控制】—

280. 一溴二氯乙酸

水质　卤代乙酸类化合物的测定　气相色谱法（HJ 758—2015）

【适用范围】地表水、地下水、生活污水和工业废水。

【采样容器】棕色玻璃瓶。

【采样方法】加入水样后，盖好塞子，振荡混匀。

【固定剂】10 mg/mL 氯化铵。

【保存方法】按每 100 mL 水样加 1.0 mL 氯化铵溶液的比例，使水样中氯化铵含量约为 100 mg/L。4℃冰箱冷藏，避光保存。

【保存期】14 d 内萃取，样品萃取衍生液在 4℃冷藏保存不能超过 7 d。

【采样量】100 mL。

【容器洗涤】—

【检出限】2 mg/L。

【质量保证和质量控制】空白试验：每批样品至少应采集一个全程序空白，空白中目标化合物的测定值应低于方法检出限。

281. 一溴一氯乙酸

水质　卤代乙酸类化合物的测定　气相色谱法（HJ 758—2015）

【适用范围】地表水、地下水、生活污水和工业废水。

【采样容器】棕色玻璃瓶。

【采样方法】加入水样后，盖好塞子，振荡混匀。

【固定剂】10 mg/mL 氯化铵。

【保存方法】按每 100 mL 水样加 1.0 mL 氯化铵溶液的比例，使水样中氯化铵含量约为 100 mg/L。4℃冷藏，避光保存。

【保存期】14 d 内萃取，样品萃取衍生液在 4℃冷藏保存不能超过 7 d。

【采样量】100 mL。

【容器洗涤】—

【检出限】2 mg/L。

【质量保证和质量控制】空白试验：每批样品至少应采集一个全程序空白，空白中目标化合物的测定值应低于方法检出限。

282. 一溴乙酸

水质 卤代乙酸类化合物的测定 气相色谱法（HJ 758—2015）

【适用范围】地表水、地下水、生活污水和工业废水。

【采样容器】棕色玻璃瓶。

【采样方法】加入水样后，盖好塞子，振荡混匀。

【固定剂】10 mg/mL 氯化铵。

【保存方法】按每 100 mL 水样加 1.0 mL 氯化铵溶液的比例，使水样中氯化铵含量约为 100 mg/L。4℃冰箱冷藏，避光保存。

【保存期】14 d 内萃取，样品萃取衍生液在 4℃冷藏保存不能超过 7 d。

【采样量】100 mL。

【容器洗涤】—

【检出限】2 mg/L。

【质量保证和质量控制】空白试验：每批样品至少应采集一个全程序空白，空白中目标化合物的测定值应低于方法检出限。

283. 乙苯

水质 苯系物的测定 顶空/气相色谱法（HJ 1067—2019）

【适用范围】工业废水及地表水。

【采样容器】玻璃瓶。

【采样方法】样品应充满瓶子，并加盖瓶子。

【固定剂】—

【保存方法】应尽快分析，如不能及时分析，在 4℃冷藏保存。

【保存期】14 d。

【采样量】—

【容器洗涤】—

【检出限】0.05 mg/L。

【质量保证和质量控制】—

水质 挥发性有机物的测定 吹扫捕集/气相色谱法（HJ 686—2014）

【适用范围】地表水、地下水、生活污水和工业废水中挥发性有机物的测定。

【采样容器】40 mL 棕色玻璃瓶，螺旋盖（带聚四氟乙烯涂层密封垫）。

【采样方法】样品采集时不需用水样荡洗。

【固定剂】（1）无余氯样品：盐酸溶液；（2）有余氯样品：抗坏血酸+盐酸。

【保存方法】无余氯样品：0.5 mL 盐酸溶液，4℃保存；有余氯样品：加入约 25 mg 抗坏血酸，再加 0.5 mL 盐酸溶液，4℃保存。

【保存期】14 d。

【采样量】40 mL。

【容器洗涤】采样瓶应在采样前充分清洗。

【检出限】0.5 μg/L。

【质量保证和质量控制】所有样品均采集平行双样，每批样品带一个全程序空白和一个运输空白。（1）空白分析。①运输空白。采样前在实验室将一份空白试剂水放入样品瓶中密封，将其带到现场。采样时使其瓶盖一直处于密封状态，随样品运回实验室，按与样品相同的分析步骤进行处理和测定，用于检查样品运输过程中是否受到污染。②全程序空白。采样前在实验室将一份空白试剂水放入样品瓶中密封，将其带到现场。与采样的样品瓶同时开盖和密封，随样品运回实验室，按与样品相同的分析步骤进行处理和测定，用于检查样品采集到分析全过程是否受到污染。如全程序空白中目标化合物高于检出限时，不能从样品结果中扣除空白值。应检查所有可能对全程序空白产生影响的环节，仔细查找干扰源。如果确实发现采样、运输或保存过程存在影响分析结果的干扰，需对出现问题批次的样品进行重新采样分析。（2）平行样品的测定。虽然每个样品均采集平行双样，一般每 10 个样品或每批次（少于 10 个样品/批）分析一个平行样，平行样品测定结果的相对偏差＜20%。

水质　挥发性有机物的测定　吹扫捕集/气相色谱-质谱法（HJ 639—2012）

【适用范围】海水、地下水、地表水、生活污水和工业废水。

【采样容器】40 mL 棕色玻璃瓶，具硅橡胶-聚四氟乙烯衬垫螺旋盖。

【采样方法】采样时不需用样品进行荡洗，水样在样品瓶中溢流而不留空间。取样时应尽量避免或减少样品在空气中暴露。

【固定剂】（1）抗坏血酸+盐酸；（2）—。

【保存方法】（1）每 40 mL 样品需加入 25 mg 的抗坏血酸；若样品中总余氯的量超过 5 mg/L，总余氯每超过 5 mg/L，需要多加 25mg 的抗坏血酸。采样时，水样呈中性时向每个样品瓶中加入 0.5 mL 盐酸溶液，拧紧瓶盖；水样呈碱性时应加入适量盐酸溶液使样品 pH≤2。4℃保存。（2）当水样加盐酸溶液后产生大量气泡时，应弃去该样品，重新采集样品。重新采集的样品不应加盐酸溶液，样品标签上应注明未酸化。4℃保存。

【保存期】（1）14 d；（2）24 h。

【采样量】40 mL。

【容器洗涤】样品瓶应在采样前用甲醇清洗。

【检出限】全扫描模式：0.8 μg/L；离子选择扫描模式：0.3 μg/L。

【质量保证和质量控制】所有样品均采集平行双样。每批样品至少应采集一个运输空白和全程序空白样品。空白中目标化合物浓度应小于下列条件的最大值：（1）方法检出限；（2）相关环保标准限值的 5%；（3）样品分析结果的 5%。若空白试验未满足以上要求，则应采取措施排除污染并重新分析同批样品。

水质　挥发性有机物的测定　顶空/气相色谱-质谱法（HJ 810—2016）

【适用范围】地表水、地下水、生活污水、工业废水和海水。

【采样容器】40 mL 棕色玻璃瓶，具硅橡胶-聚四氟乙烯衬垫螺旋盖。

【采样方法】采集样品时，不宜用水样进行荡洗，应使水样在样品瓶中溢流且不留空间。

【固定剂】（1）抗坏血酸+盐酸；（2）—。

【保存方法】（1）若水样中含有余氯，采样前，应向 40 mL 棕色采样瓶中加入 25 mg 的抗坏血酸。若水样中余氯含量超过 5 mg/L，应按比例增加抗坏血酸的加入量，余氯含量每增加 5 mg/L，则应多加入 25 mg 的抗坏血酸。样品采集后，应立即加入适量盐酸溶液，使样品 pH≤2，拧紧瓶盖，4℃以下冷藏，避光和密封保存。（2）当水样加盐酸溶液后有气泡产生，须重新采样，重新采集的样品不加盐酸溶液保存，样品标签上应注明未酸化。

【保存期】（1）14 d；（2）24 h。

【采样量】40 mL。

【容器洗涤】—

【检出限】全扫描模式：4 μg/L；离子选择扫描模式：1.0 μg/L。

【质量保证和质量控制】所有样品均采集平行双样。每批样品应至少做一个全程序空白：按照分析步骤，在实验室将一份实验用水放入样品瓶中密封，将其带到采样现场，与采样的样品瓶同时开盖和密封，之后随样品运回实验室。

生活饮用水标准检验方法　有机物指标（18.1 溶剂萃取-填充柱气相色谱法）（GB/T 5750.8—2006）

【适用范围】测定生活饮用水及其水源水。

【采样容器】磨口玻璃瓶。

【采样方法】—

【固定剂】—

【保存方法】低温保存。

【保存期】—

【采样量】—

【容器洗涤】—

【检出限】—

【质量保证和质量控制】—

生活饮用水标准检验方法　有机物指标（18.2 溶剂萃取-毛细管柱气相色谱法）（GB/T 5750.8—2006）

【适用范围】测定生活饮用水及其水源水。

【采样容器】磨口玻璃瓶。

【采样方法】—

【固定剂】—

【保存方法】低温保存。

【保存期】—

【采样量】—

【容器洗涤】—

【检出限】0.006 mg/L。

【质量保证和质量控制】—

生活饮用水标准检验方法　有机物指标（18.3 顶空-填充柱气相色谱法）（GB/T 5750.8—2006）

【适用范围】测定生活饮用水及其水源水。

【采样容器】顶空瓶。

【采样方法】采集水样至充满瓶，用包有铝箔（或聚四氟乙烯膜）的翻口胶塞封好。

【固定剂】—

【保存方法】冷藏保存。

【保存期】—

【采样量】100 mL。

【容器洗涤】—

【检出限】2.1 μg/L。

【质量保证和质量控制】—

生活饮用水标准检验方法　有机物指标（18.4 顶空-毛细管柱气相色谱法）（GB/T 5750.8—2006）

【适用范围】测定生活饮用水及其水源水。

【采样容器】有聚四氟膜的硅橡胶垫和塑料螺旋帽密封，使用前在 120℃烘烤 2 h。

【采样方法】采集水样至充满瓶。

【固定剂】—

【保存方法】密封低温保存。

【保存期】—

【采样量】40 mL。

【容器洗涤】—

【检出限】2 μg/L。

【质量保证和质量控制】—

生活饮用水标准检验方法　有机物指标（附录 A 吹脱捕集/气相色谱-质谱法测定挥发性有机化合物）（GB/T 5750.8—2006）

【适用范围】测定生活饮用水及其水源水。

【采样容器】40ml 棕色玻璃瓶附螺旋盖及聚四氟乙烯垫片。

【采样方法】采样时，使水样在瓶中溢流出而不留气泡；若从开放的水体中采样，先用 1 L 的广口瓶或烧杯从有代表性的区域中采样，再小心把水样从广口瓶或烧杯中倒入样品瓶中。

【固定剂】（1）无余氯样品：盐酸溶液；（2）有余氯样品：抗坏血酸+盐酸。

【保存方法】（1）不含余氯的样品和现场空白，每 40 mL 水样中加 4 滴 4 mol/L 的盐酸做固定剂。4℃保存。（2）含余氯的样品和现场空白，在样品瓶中先加入抗坏血酸（每 40 mL 水样中加 25 mg），待样品瓶中充满水样并溢流后，每 20 mL 样品中加入 1 滴 4 mol/L 盐酸调节样品 pH＜2。4℃保存。

【保存期】14 d。

【采样量】40 mL。

【容器洗涤】—

【检出限】0.06 μg/L。

【质量保证和质量控制】所有样品均采集平行样，每批样品要带一个现场空白。

地表水和污水监测技术规范（HJ/T 91—2002）

【适用范围】对江河、湖泊、水库和渠道的水质监测，包括控制断面以及污染源排放污水的监测。

【采样容器】硬质玻璃瓶。

【采样方法】—

【固定剂】盐酸+抗坏血酸。

【保存方法】用（1+10）盐酸调至 pH=2，加入 0.01～0.02 g 抗坏血酸除去残余氯，0～4℃冷藏避光保存。

【保存期】12 h。

【采样量】1 000 mL。

【容器洗涤】洗涤剂洗 1 次，自来水洗 3 次，蒸馏水洗 1 次。

【检出限】—

【质量保证和质量控制】—

水质　样品的保存和管理技术规定（HJ 493—2009）

【适用范围】天然水、生活污水及工业废水。

【采样容器】硬质玻璃瓶。

【采样方法】—

【固定剂】盐酸+抗坏血酸。

【保存方法】用（1+10）盐酸调至 pH≤2，加入 0.01～0.02 g 抗坏血酸除去残余氯，1～5℃避光保存。

【保存期】12 h。

【采样量】1 000 mL。

【容器洗涤】—

【检出限】—

【质量保证和质量控制】—

284. 乙撑硫脲

水质　乙撑硫脲的测定　液相色谱法（HJ 849—2017）

【适用范围】地表水、地下水、生活污水和工业废水。

【采样容器】具磨口塞的棕色玻璃细口瓶。

【采样方法】—

【固定剂】—

【保存方法】4℃以下冷藏，避光密封保存。

【保存期】30 d。

【采样量】100 mL。

【容器洗涤】—

【检出限】3 mg/L。

【质量保证和质量控制】—

285. 乙基汞

水质 烷基汞的测定 气相色谱法（GB/T 14204—1993）

【适用范围】地面水及污水。

【采样容器】塑料桶。

【采样方法】—

【固定剂】硫酸铜。

【保存方法】如在数小时内样品不能进行分析，应在采样瓶中预先加入硫酸铜，加入量为每升 1 g，水样在 2～5℃下贮存。

【保存期】—

【采样量】2 500 mL。

【容器洗涤】—

【检出限】10 ng/L。

【质量保证和质量控制】—

水质 烷基汞的测定 吹扫捕集/气相色谱-冷原子荧光光谱法（HJ 977—2018）

【适用范围】地表水、地下水、生活污水、工业废水和海水。

【采样容器】具螺口的高密度聚乙烯瓶、硼硅玻璃瓶或氟化聚乙烯瓶。

【采样方法】—

【固定剂】盐酸+饱和硫酸铜。

【保存方法】每升样品加入 4 mL 盐酸，样品 pH 值应在 1～2，加入 2 mL 饱和硫酸铜溶液，摇匀，用聚乙烯袋密封采样瓶，置于 4℃以下避光冷藏保存。

【保存期】8 d。

【采样量】500 mL 或 1 000 mL。

【容器洗涤】—

【检出限】0.02 ng/L。

【质量保证和质量控制】—

286. 乙腈

水质 乙腈的测定 吹扫捕集/气相色谱法（HJ 788—2016）

【适用范围】地表水、地下水、工业废水和生活污水。

【采样容器】带聚四氟乙烯衬垫螺旋盖的棕色宽口采样瓶。

【采样方法】采集样品应充满采样瓶并加盖密封。

【固定剂】—

【保存方法】4℃以下冷藏，避光密封保存。

【保存期】6 d。

【采样量】40 mL。

【容器洗涤】—

【检出限】氢火焰离子化检测器：0.1 mg/L；氮磷检测器：0.009 mg/L。

【质量保证和质量控制】空白试验：每批次样品应至少带一个全程序空白，空白中乙腈的测定结果应低于方法检出限。

水质　乙腈的测定　直接进样/气相色谱法（HJ 789—2016）

【适用范围】地表水、地下水、工业废水和生活污水。

【采样容器】带聚四氟乙烯衬垫螺旋盖的棕色宽口采样瓶。

【采样方法】采集样品应充满采样瓶并加盖密封。

【固定剂】—

【保存方法】4℃以下冷藏，避光密封保存。

【保存期】6 d。

【采样量】40 mL。

【容器洗涤】—

【检出限】0.04 mg/L。

【质量保证和质量控制】空白试验：每批次样品应至少带一个全程序空白，空白中乙腈的测定结果应低于方法检出限。

生活饮用水标准检验方法　有机物指标（14.1 气相色谱法）（GB/T 5750.8—2006）

【适用范围】生活饮用水及其水源水。

【采样容器】磨口玻璃瓶。

【采样方法】采集样品应充满采样瓶并加盖密封。

【固定剂】—

【保存方法】4℃冷藏保存。

【保存期】—

【采样量】—

【容器洗涤】—

【检出限】0.025 mg/L。

【质量保证和质量控制】—

287. 乙醛

生活饮用水标准检验方法　消毒副产物指标（7.1 气相色谱法）（GB/T 5750.10—2006）

【适用范围】测定生活饮用水及其水源水。

【采样容器】磨口塞玻璃瓶。

【采样方法】—

【固定剂】—

【保存方法】—

【保存期】—

【采样量】—

【容器洗涤】—

【检出限】0.3 μg/L。

【质量保证和质量控制】—

288. 异丙苯

水质　苯系物的测定　顶空/气相色谱法（HJ 1067—2019）

【适用范围】工业废水及地表水。

【采样容器】玻璃瓶。

【采样方法】样品应充满瓶子，并加盖瓶子。

【固定剂】—

【保存方法】应尽快分析，如不能及时分析，在 4℃冷藏保存。

【保存期】14 d。

【采样量】—

【容器洗涤】—

【检出限】0.05 mg/L。

【质量保证和质量控制】—

水质　挥发性有机物的测定　吹扫捕集/气相色谱法（HJ 686—2014）

【适用范围】地表水、地下水、生活污水和工业废水中挥发性有机物的测定。

【采样容器】40 mL 棕色玻璃瓶，螺旋盖（带聚四氟乙烯涂层密封垫）。

【采样方法】样品采集时不需用水样荡洗。

【固定剂】（1）无余氯样品：盐酸溶液；（2）有余氯样品：抗坏血酸+盐酸。

【保存方法】无余氯样品：0.5 mL 盐酸溶液，4℃保存；有余氯样品：加入约 25 mg 抗坏血酸，再加 0.5 mL 盐酸溶液，4℃保存。

【保存期】14 d。

【采样量】40 mL。

【容器洗涤】采样瓶应在采样前充分清洗。

【检出限】0.5 μg/L。

【质量保证和质量控制】所有样品均采集平行双样。（1）空白分析。①运输空白。采样前在实验室将一份空白试剂水放入样品瓶中密封，将其带到现场。采样时使其瓶盖一直处于密封状态，随样品运回实验室，按与样品相同的分析步骤进行处理和测定，用于检查样品运输过程中是否受到污染。②全程序空白。采样前在实验室将一份空白试剂水放入样品瓶中密封，将其带到现场。与采样的样品瓶同时开盖和密封，随样品运回实验室，按与样品相同的分析步骤进行处理和测定，用于检查样品采集到分析全过程是否受到污染。如全程序空白中目标化合物高于检出限时，不能从样品结果中扣除空白值。应检查所有可能对全程序空白产生影响的环节，仔细查找干扰源。如果确实发现采样、运输或保存过程存在影响分析结果的干扰，需对出现问题批次的样品进行重新采样分析。（2）平行样品的测定。虽然每个样品均采集平行双样，一般每 10 个样品或每批次（少于 10 个样品/批）分析一个平行样，平行样品测定结果的相对偏差＜20%。

水质 挥发性有机物的测定 吹扫捕集/气相色谱-质谱法（HJ 639—2012）

【适用范围】海水、地下水、地表水、生活污水和工业废水。

【采样容器】40 mL 棕色玻璃瓶，具硅橡胶-聚四氟乙烯衬垫螺旋盖。

【采样方法】采样时不需用样品进行荡洗，水样在样品瓶中溢流而不留空间。取样时应尽量避免或减少样品在空气中暴露。

【固定剂】（1）抗坏血酸+盐酸；（2）—。

【保存方法】（1）每 40 mL 样品需加入 25 mg 的抗坏血酸；若样品中总余氯的量超过 5 mg/L，总余氯每超过 5 mg/L，需要多加 25 mg 的抗坏血酸。采样时，水样呈中性时向每个样品瓶中加入 0.5 mL 盐酸溶液，拧紧瓶盖；水样呈碱性时应加入适量盐酸溶液使样品 pH≤2。4℃保存。（2）当水样加盐酸溶液后产生大量气泡时，应弃去该样品，重新采集样品。重新采集的样品不应加盐酸溶液，样品标签上应注明未酸化。4℃保存。

【保存期】（1）14 d；（2）24 h。

【采样量】40 mL。

【容器洗涤】样品瓶应在采样前用甲醇清洗。

【检出限】全扫描模式：0.7 μg/L；离子选择扫描模式：0.3 μg/L。

【质量保证和质量控制】所有样品均采集平行双样。每批样品至少应采集一个运输空白和全程序空白样品。空白中目标化合物浓度应小于下列条件的最大值：（1）方法检出限；（2）相关环保标准限值的 5%；（3）样品分析结果的 5%。若空白试验未满足以上要求，则应采取措施排除污染并重新分析同批样品。

水质 挥发性有机物的测定 顶空/气相色谱-质谱法（HJ 810—2016）

【适用范围】地表水、地下水、生活污水、工业废水和海水。

【采样容器】40 mL 棕色玻璃瓶，具硅橡胶-聚四氟乙烯衬垫螺旋盖。

【采样方法】采集样品时，不宜用水样进行荡洗，应使水样在样品瓶中溢流且不留空间。

【固定剂】（1）抗坏血酸+盐酸；（2）—。

【保存方法】（1）若水样中含有余氯，采样前，应向 40 mL 棕色采样瓶中加入 25 mg 的抗坏血酸。若水样中余氯含量超过 5 mg/L，应按比例增加抗坏血酸的加入量，余氯含量每增加 5 mg/L，则应多加入 25 mg 的抗坏血酸。样品采集后，应立即加入适量盐酸溶液，使样品 pH≤2，拧紧瓶盖，4℃以下冷藏，避光和密封保存。（2）当水样加盐酸溶液后有气泡产生，须重新采样，重新采集的样品不加盐酸溶液保存，样品标签上应注明未酸化。

【保存期】（1）14 d；（2）24 h。

【采样量】40 mL。
【容器洗涤】—
【检出限】全扫描模式：3 μg/L；离子选择扫描模式：0.9 μg/L。
【质量保证和质量控制】所有样品均采集平行双样。每批样品应至少做一个全程序空白：按照分析步骤，在实验室将一份实验用水放入样品瓶中密封，将其带到采样现场，与采样的样品瓶同时开盖和密封，之后随样品运回实验室。

生活饮用水标准检验方法　有机物指标（18.3 顶空-填充柱气相色谱法）（GB/T 5750.8—2006）
【适用范围】测定生活饮用水及其水源水。
【采样容器】顶空瓶。
【采样方法】采集水样至充满瓶，用包有铝箔（或聚四氟乙烯膜）的翻口胶塞封好。
【固定剂】—
【保存方法】冷藏保存。
【保存期】—
【采样量】100 mL。
【容器洗涤】—
【检出限】3.2 μg/L。
【质量保证和质量控制】—

生活饮用水标准检验方法　有机物指标（18.4 顶空-毛细管柱气相色谱法）（GB/T 5750.8—2006）
【适用范围】测定生活饮用水及其水源水。
【采样容器】有聚四氟膜的硅橡胶垫和塑料螺旋帽密封，使用前在 120℃烘烤 2 h。
【采样方法】采集水样至充满瓶。
【固定剂】—
【保存方法】密封低温保存。
【保存期】—
【采样量】40 mL。
【容器洗涤】—
【检出限】3 μg/L。
【质量保证和质量控制】—

生活饮用水标准检验方法　有机物指标（附录 A 吹脱捕集/气相色谱-质谱法测定挥发性有机化合物）（GB/T 5750.8—2006）
【适用范围】测定生活饮用水及其水源水。
【采样容器】40 mL 棕色玻璃瓶附螺旋盖及聚四氟乙烯垫片。
【采样方法】采样时，使水样在瓶中溢流出而不留气泡；若从开放的水体中采样，先用 1 L 的广口瓶或烧杯从有代表性的区域中采样，再小心把水样从广口瓶或烧杯中倒入样品瓶中。
【固定剂】（1）无余氯样品：盐酸溶液；（2）有余氯样品：抗坏血酸+盐酸。

【保存方法】（1）不含余氯的样品和现场空白，每 40 mL 水样中加 4 滴 4 mol/L 的盐酸做固定剂。4℃保存。（2）含余氯的样品和现场空白，在样品瓶中先加入抗坏血酸（每 40 mL 水样中加 25 mg），待样品瓶中充满水样并溢流后，每 20 mL 样品中加入 1 滴 4 mol/L 盐酸调节样品 pH＜2。4℃保存。

【保存期】14 d。

【采样量】40 mL。

【容器洗涤】—

【检出限】0.15 μg/L。

【质量保证和质量控制】所有样品均采集平行样，每批样品要带一个现场空白。

地表水和污水监测技术规范（HJ/T 91—2002）

【适用范围】对江河、湖泊、水库和渠道的水质监测，包括控制断面以及污染源排放污水的监测。

【采样容器】硬质玻璃瓶。

【采样方法】—

【固定剂】盐酸+抗坏血酸。

【保存方法】用（1+10）盐酸调至 pH=2，加入 0.01～0.02 g 抗坏血酸除去残余氯，0～4℃冷藏避光保存。

【保存期】12 h。

【采样量】1 000 mL。

【容器洗涤】洗涤剂洗 1 次，自来水洗 3 次，蒸馏水洗 1 次。

【检出限】—

【质量保证和质量控制】—

水质 样品的保存和管理技术规定（HJ 493—2009）

【适用范围】天然水、生活污水及工业废水。

【采样容器】硬质玻璃瓶。

【采样方法】—

【固定剂】盐酸+抗坏血酸。

【保存方法】用（1+10）盐酸调至 pH≤2，加入 0.01～0.02 g 抗坏血酸除去残余氯，1～5℃避光保存。

【保存期】12 h。

【采样量】1 000 mL。

【容器洗涤】—

【检出限】—

【质量保证和质量控制】—

289. 异丙威

水质 氨基甲酸酯类农药的测定 超高效液相色谱-三重四极杆质谱法（HJ 827—2017）

【适用范围】地表水、地下水、生活污水和工业废水。

【采样容器】磨口棕色玻璃瓶。

【采样方法】采样瓶要完全注满不留气泡。

【固定剂】（1+1）硫酸或 0.4 g/mL 氢氧化钠。

【保存方法】用（1+1）硫酸或 0.4 g/mL 氢氧化钠调节水样为中性，水样 4℃以下冷藏避光保存。

【保存期】3 d。

【采样量】250 mL。

【容器洗涤】—

【检出限】直接进样：0.2 μg/L；固相萃取：0.003 μg/L。

【质量保证和质量控制】—

水质　样品的保存和管理技术规定（HJ 493—2009）

【适用范围】天然水、生活污水及工业废水。

【采样容器】（1）硬质玻璃瓶，溶剂洗；（2）聚乙烯瓶（桶）。

【采样方法】—

【固定剂】如果样品被加氯，每 1 000 mL 水加 80 mg 五水硫代硫酸钠。

【保存方法】（1）1～5℃；（2）−20℃冷冻。

【保存期】（1）14 d；（2）1 个月。

【采样量】1 000 mL。

【容器洗涤】—

【检出限】—

【质量保证和质量控制】—

290. 异稻瘟净

水、土中有机磷农药测定的气相色谱法（GB/T 14552—2003）

【适用范围】地面水、地下水及土壤中有机磷农药。

【采样容器】磨口玻璃瓶。

【采样方法】先用水样冲洗样品 2～3 次。

【固定剂】—

【保存方法】4℃冷藏保存。

【保存期】—

【采样量】1 000 mL。

【容器洗涤】—

【检出限】$0.252\,0\times10^{-3}$ mg/L。

【质量保证和质量控制】—

地表水和污水监测技术规范（HJ/T 91—2002）

【适用范围】对江河、湖泊、水库和渠道的水质监测。

【采样容器】硬质玻璃瓶。

【采样方法】—

【固定剂】抗坏血酸。

【保存方法】加入 0.01～0.02 g 抗坏血酸除去残余氯，0～4℃冷藏避光保存。

【保存期】24 h。

【采样量】1 000 mL。

【容器洗涤】洗涤剂洗 1 次，自来水洗 3 次，蒸馏水洗 1 次。

【检出限】—

【质量保证和质量控制】—

水质　样品的保存和管理技术规定（HJ 493—2009）

【适用范围】天然水、生活污水及工业废水。

【采样容器】硬质玻璃瓶（带聚四氟乙烯瓶盖）。

【采样方法】不能用水样冲洗采样容器，不能使水样充满容器。

【固定剂】—

【保存方法】1～5℃冷藏保存。

【保存期】萃取应在采样后 24 h 内完成，萃取液可保存 5 d。

【采样量】1 000～3 000 mL。

【容器洗涤】—

【检出限】—

【质量保证和质量控制】—

291. 异狄氏剂

水质　有机氯农药和氯苯类化合物的测定　气相色谱-质谱法（HJ 699—2014）

【适用范围】地表水、地下水、生活污水、工业废水和海水。

【采样容器】玻璃塞的棕色磨口瓶或具有聚四氟乙烯衬垫的棕色螺口玻璃瓶。

【采样方法】—

【固定剂】（1+1）盐酸。

【保存方法】样品采集后立即用（1+1）盐酸溶液调至 pH＜2，4℃下保存。

【保存期】7 d 内完成萃取，萃取液在 40 d 内完成分析。

【采样量】—

【容器洗涤】—

【检出限】液液萃取：0.046 μg/L；固相萃取：0.056 μg/L。

【质量保证和质量控制】空白试验：每批样品至少做一个空白试验，即全程序空白试验。如果目标化合物有检出，应查明原因。

地表水和污水监测技术规范（HJ/T 91—2002）

【适用范围】对江河、湖泊、水库和渠道的水质监测。

【采样容器】硬质玻璃瓶。

【采样方法】—

【固定剂】抗坏血酸。

【保存方法】加入 0.01～0.02 g 抗坏血酸除去残余氯，0～4℃冷藏避光保存。

【保存期】24 h。

【采样量】1 000 mL。

【容器洗涤】洗涤剂洗 1 次，自来水洗 3 次，蒸馏水洗 1 次。

【检出限】—

【质量保证和质量控制】—

水质 样品的保存和管理技术规定（HJ 493—2009）

【适用范围】天然水、生活污水及工业废水。

【采样容器】硬质玻璃瓶（带聚四氟乙烯瓶盖）。

【采样方法】不能用水样冲洗采样容器，不能使水样充满容器。

【固定剂】—

【保存方法】1～5℃冷藏保存。

【保存期】萃取应在采样后 24 h 内完成，萃取液可保存 5 d。

【采样量】1 000～3 000 mL。

【容器洗涤】—

【检出限】—

【质量保证和质量控制】—

292. 异狄氏剂醛

水质 有机氯农药和氯苯类化合物的测定 气相色谱-质谱法（HJ 699—2014）

【适用范围】地表水、地下水、生活污水、工业废水和海水。

【采样容器】玻璃塞的棕色磨口瓶或具有聚四氟乙烯衬垫的棕色螺口玻璃瓶。

【采样方法】—

【固定剂】（1+1）盐酸。

【保存方法】样品采集后立即用（1+1）盐酸溶液调至 pH＜2，4℃下保存。

【保存期】7 d 内完成萃取，萃取液在 40 d 内完成分析。

【采样量】—

【容器洗涤】—

【检出限】液液萃取：0.051 μg/L；固相萃取：0.029 μg/L。

【质量保证和质量控制】空白试验：每批样品至少做一个空白试验，即全程序空白试验。如果目标化合物有检出，应查明原因。

地表水和污水监测技术规范（HJ/T 91—2002）

【适用范围】对江河、湖泊、水库和渠道的水质监测。

【采样容器】硬质玻璃瓶。

【采样方法】—

【固定剂】抗坏血酸。

【保存方法】加入 0.01～0.02 g 抗坏血酸除去残余氯，0～4℃冷藏避光保存。

【保存期】24 h。

【采样量】1 000 mL。

【容器洗涤】洗涤剂洗 1 次，自来水洗 3 次，蒸馏水洗 1 次。

【检出限】—

【质量保证和质量控制】—

水质　样品的保存和管理技术规定（HJ 493—2009）

【适用范围】天然水、生活污水及工业废水。

【采样容器】硬质玻璃瓶（带聚四氟乙烯瓶盖）。

【采样方法】不能用水样冲洗采样容器，不能使水样充满容器。

【固定剂】—

【保存方法】1～5℃冷藏保存。

【保存期】萃取应在采样后 24 h 内完成，萃取液可保存 5 d。

【采样量】1 000～3 000 mL。

【容器洗涤】—

【检出限】—

【质量保证和质量控制】—

293. 异狄氏剂酮

水质　有机氯农药和氯苯类化合物的测定　气相色谱-质谱法（HJ 699—2014）

【适用范围】地表水、地下水、生活污水、工业废水和海水。

【采样容器】玻璃塞的棕色磨口瓶或具有聚四氟乙烯衬垫的棕色螺口玻璃瓶。

【采样方法】—

【固定剂】（1+1）盐酸。

【保存方法】样品采集后立即用（1+1）盐酸溶液调至 pH＜2，4℃下保存。

【保存期】7 d 内完成萃取，萃取液在 40 d 内完成分析。

【采样量】—

【容器洗涤】—

【检出限】液液萃取：0.046 μg/L；固相萃取：0.031 μg/L。

【质量保证和质量控制】空白试验：每批样品至少做一个空白试验，即全程序空白试验。如果目标化合物有检出，应查明原因。

地表水和污水监测技术规范（HJ/T 91—2002）

【适用范围】对江河、湖泊、水库和渠道的水质监测。

【采样容器】硬质玻璃瓶。

【采样方法】—

【固定剂】抗坏血酸。
【保存方法】加入 0.01～0.02 g 抗坏血酸除去残余氯，0～4℃冷藏避光保存。
【保存期】24 h。
【采样量】1 000 mL。
【容器洗涤】洗涤剂洗 1 次，自来水洗 3 次，蒸馏水洗 1 次。
【检出限】—
【质量保证和质量控制】—

水质　样品的保存和管理技术规定（HJ 493—2009）
【适用范围】天然水、生活污水及工业废水。
【采样容器】硬质玻璃瓶（带聚四氟乙烯瓶盖）。
【采样方法】不能用水样冲洗采样容器，不能使水样充满容器。
【固定剂】—
【保存方法】1～5℃冷藏保存。
【保存期】萃取应在采样后 24 h 内完成，萃取液可保存 5 d。
【采样量】1 000～3 000 mL。
【容器洗涤】—
【检出限】—
【质量保证和质量控制】—

294. 茚并[1,2,3-*c*,*d*]芘

水质　多环芳烃的测定　液液萃取和固相萃取高效液相色谱法（HJ 478—2009）
【适用范围】饮用水、地下水、地表水、海水、工业废水及生活污水。
【采样容器】具磨口塞的棕色玻璃细口瓶。
【采样方法】采样前不能用水样预洗采样瓶，以防止样品的沾染或吸附，采样瓶要完全注满，不留气泡。
【固定剂】有余氯水样：硫代硫酸钠。
【保存方法】若水中有残余氯存在，要在每升水中加入 80 g 硫代硫酸钠除氯，样品采集后应避光于 4℃冷藏。
【保存期】在 7 d 内萃取，萃取后 40 d 内分析完毕。
【采样量】1 000 mL 或 2 000 mL。
【容器洗涤】样品必须采集在预先洗净烘干的采样瓶中。
【检出限】荧光检测器：0.003 μg/L；紫外检测器：0.005 μg/L。
【质量保证和质量控制】—

水质　样品的保存和管理技术规定（HJ 493—2009）
【适用范围】天然水、生活污水及工业废水。
【采样容器】硬质玻璃瓶溶剂洗，带聚四氟乙烯瓶盖。

【采样方法】尽可能现场萃取，如果样品加氯，采样前 1 000 mL 样加 80 mg 五水硫代硫酸钠。

【固定剂】—

【保存方法】1～5℃冷藏保存。

【保存期】7 d。

【采样量】500 mL。

【容器洗涤】—

【检出限】—

【质量保证和质量控制】—

295. 荧蒽

水质　多环芳烃的测定　液液萃取和固相萃取高效液相色谱法（HJ 478—2009）

【适用范围】饮用水、地下水、地表水、海水、工业废水及生活污水。

【采样容器】具磨口塞的棕色玻璃细口瓶。

【采样方法】采样前不能用水样预洗采样瓶，以防止样品的沾染或吸附，采样瓶要完全注满，不留气泡。

【固定剂】有余氯水样：硫代硫酸钠。

【保存方法】若水中有残余氯存在，要在每升水中加入 80 g 硫代硫酸钠除氯，样品采集后应避光于 4℃冷藏。

【保存期】在 7 d 内萃取，萃取后 40 d 内分析完毕。

【采样量】1 000 mL 或 2 000 mL。

【容器洗涤】样品必须采集在预先洗净烘干的采样瓶中。

【检出限】荧光检测器：0.002 μg/L；紫外检测器：0.005 μg/L。

【质量保证和质量控制】—

水质　样品的保存和管理技术规定（HJ 493—2009）

【适用范围】天然水、生活污水及工业废水。

【采样容器】硬质玻璃瓶溶剂洗，带聚四氟乙烯瓶盖。

【采样方法】尽可能现场萃取，如果样品加氯，采样前 1 000 mL 样加 80 mg 五水硫代硫酸钠。

【固定剂】—

【保存方法】1～5℃冷藏保存。

【保存期】7 d。

【采样量】500 mL。

【容器洗涤】—

【检出限】—

【质量保证和质量控制】—

296. 正丙苯

水质 挥发性有机物的测定 吹扫捕集/气相色谱-质谱法（HJ 639—2012）

【适用范围】海水、地下水、地表水、生活污水和工业废水。

【采样容器】40 mL 棕色玻璃瓶，具硅橡胶-聚四氟乙烯衬垫螺旋盖。

【采样方法】采样时不需用样品进行荡洗，水样在样品瓶中溢流而不留空间。取样时应尽量避免或减少样品在空气中暴露。

【固定剂】（1）抗坏血酸+盐酸；（2）—。

【保存方法】（1）每 40 mL 样品需加入 25 mg 的抗坏血酸；若样品中总余氯的量超过 5 mg/L，总余氯每超过 5 mg/L，需要多加 25 mg 的抗坏血酸。采样时，水样呈中性时向每个样品瓶中加入 0.5 mL 盐酸溶液，拧紧瓶盖；水样呈碱性时应加入适量盐酸溶液使样品 pH≤2。4℃保存。（2）当水样加盐酸溶液后产生大量气泡时，应弃去该样品，重新采集样品。重新采集的样品不应加盐酸溶液，样品标签上应注明未酸化。4℃保存。

【保存期】（1）14 d；（2）24 h。

【采样量】40 mL。

【容器洗涤】样品瓶应在采样前用甲醇清洗。

【检出限】全扫描模式：0.8 μg/L；离子选择扫描模式：0.2 μg/L。

【质量保证和质量控制】每批样品至少应采集一个运输空白和全程序空白样品。空白中目标化合物浓度应小于下列条件的最大值：（1）方法检出限；（2）相关环保标准限值的 5%；（3）样品分析结果的 5%。若空白试验未满足以上要求，则应采取措施排除污染并重新分析同批样品。

水质 挥发性有机物的测定 顶空/气相色谱-质谱法（HJ 810—2016）

【适用范围】地表水、地下水、生活污水、工业废水和海水。

【采样容器】40 mL 棕色玻璃瓶，具硅橡胶-聚四氟乙烯衬垫螺旋盖。

【采样方法】采集样品时，不宜用水样进行荡洗，应使水样在样品瓶中溢流且不留空间。

【固定剂】（1）抗坏血酸+盐酸；（2）—。

【保存方法】（1）若水样中含有余氯，采样前，应向 40 mL 棕色采样瓶中加入 25 mg 的抗坏血酸。若水样中余氯含量超过 5 mg/L，应按比例增加抗坏血酸的加入量，余氯含量每增加 5 mg/L，则应多加入 25 mg 的抗坏血酸。样品采集后，应立即加入适量盐酸溶液，使样品 pH≤2，拧紧瓶盖，4℃以下冷藏，避光和密封保存。（2）当水样加盐酸溶液后有气泡产生，须重新采样，重新采集的样品不加盐酸溶液保存，样品标签上应注明未酸化。

【保存期】（1）14 d；（2）24 h。

【采样量】40 mL。

【容器洗涤】—

【检出限】全扫描模式：4 μg/L；离子选择扫描模式：0.7 μg/L。

【质量保证和质量控制】所有样品均采集平行双样。每批样品应至少做一个全程序空白：按照分析步骤，在实验室将一份实验用水放入样品瓶中密封，将其带到采样现场，与采样的样品瓶同时开盖和密封，之后随样品运回实验室。

生活饮用水标准检验方法　有机物指标（附录 A 吹脱捕集/气相色谱-质谱法测定挥发性有机化合物）（GB/T 5750.8—2006）

【适用范围】测定生活饮用水及其水源水。

【采样容器】40 mL 棕色玻璃瓶附螺旋盖及聚四氟乙烯垫片。

【采样方法】采样时，使水样在瓶中溢流出而不留气泡；若从开放的水体中采样，先用 1 L 的广口瓶或烧杯从有代表性的区域中采样，再小心把水样从广口瓶或烧杯中倒入样品瓶中。

【固定剂】（1）无余氯样品：盐酸溶液；（2）有余氯样品：抗坏血酸+盐酸。

【保存方法】（1）不含余氯的样品和现场空白，每 40 mL 水样中加 4 滴 4 mol/L 的盐酸做固定剂。4℃保存。（2）含余氯的样品和现场空白，在样品瓶中先加入抗坏血酸（每 40 mL 水样中加 25 mg），待样品瓶中充满水样并溢流后，每 20 mL 样品中加入 1 滴 4 mol/L 盐酸调节样品 pH＜2。4℃保存。

【保存期】14 d。

【采样量】40 mL。

【容器洗涤】—

【检出限】0.04 μg/L。

【质量保证和质量控制】所有样品均采集平行样，每批样品要带一个现场空白。

地表水和污水监测技术规范（HJ/T 91—2002）

【适用范围】对江河、湖泊、水库和渠道的水质监测，包括控制断面以及污染源排放污水的监测。

【采样容器】硬质玻璃瓶。

【采样方法】—

【固定剂】盐酸+抗坏血酸。

【保存方法】用（1+10）盐酸调至 pH=2，加入 0.01～0.02 g 抗坏血酸除去残余氯，0～4℃冷藏避光保存。

【保存期】12 h。

【采样量】1 000 mL。

【容器洗涤】洗涤剂洗 1 次，自来水洗 3 次，蒸馏水洗 1 次。

【检出限】—

【质量保证和质量控制】—

水质　样品的保存和管理技术规定（HJ 493—2009）

【适用范围】天然水、生活污水及工业废水。

【采样容器】硬质玻璃瓶。

【采样方法】—

【固定剂】盐酸+抗坏血酸。

【保存方法】用（1+10）盐酸调至 pH≤2，加入 0.01～0.02 g 抗坏血酸除去残余氯，1～5℃避光保存。

【保存期】12 h。

【采样量】1 000 mL。

【容器洗涤】—

【检出限】—

【质量保证和质量控制】—

297. 正丁基苯

水质 挥发性有机物的测定 吹扫捕集/气相色谱-质谱法（HJ 639—2012）

【适用范围】海水、地下水、地表水、生活污水和工业废水。

【采样容器】40 mL 棕色玻璃瓶，具硅橡胶-聚四氟乙烯衬垫螺旋盖。

【采样方法】采样时不需用样品进行荡洗，水样在样品瓶中溢流而不留空间。取样时应尽量避免或减少样品在空气中暴露。

【固定剂】（1）抗坏血酸+盐酸；（2）—。

【保存方法】（1）每 40 mL 样品需加入 25 mg 的抗坏血酸；若样品中总余氯的量超过 5 mg/L，总余氯每超过 5 mg/L，需要多加 25 mg 的抗坏血酸。采样时，水样呈中性时向每个样品瓶中加入 0.5 mL 盐酸溶液，拧紧瓶盖；水样呈碱性时应加入适量盐酸溶液使样品 pH≤2。4℃保存。（2）当水样加盐酸溶液后产生大量气泡时，应弃去该样品，重新采集样品。重新采集的样品不应加盐酸溶液，样品标签上应注明未酸化。4℃保存。

【保存期】（1）14 d；（2）24 h。

【采样量】40 mL。

【容器洗涤】样品瓶应在采样前用甲醇清洗。

【检出限】全扫描模式：1.0 μg/L；离子选择扫描模式：0.3 μg/L。

【质量保证和质量控制】所有样品均采集平行双样。每批样品至少应采集一个运输空白和全程序空白样品。空白中目标化合物浓度应小于下列条件的最大值：（1）方法检出限；（2）相关环保标准限值的 5%；（3）样品分析结果的 5%。若空白试验未满足以上要求，则应采取措施排除污染并重新分析同批样品。

水质 挥发性有机物的测定 顶空/气相色谱-质谱法（HJ 810—2016）

【适用范围】地表水、地下水、生活污水、工业废水和海水。

【采样容器】40 mL 棕色玻璃瓶，具硅橡胶-聚四氟乙烯衬垫螺旋盖。

【采样方法】采集样品时，不宜用水样进行荡洗，应使水样在样品瓶中溢流且不留空间。

【固定剂】（1）抗坏血酸+盐酸；（2）—。

【保存方法】（1）若水样中含有余氯，采样前，应向 40 mL 棕色采样瓶中加入 25 mg 的抗坏血酸。若水样中余氯含量超过 5 mg/L，应按比例增加抗坏血酸的加入量，余氯含量每增加 5 mg/L，则应多加入 25 mg 的抗坏血酸。样品采集后，应立即加入适量盐酸溶液，使样品 pH≤2，拧紧瓶盖，4℃以下冷藏，避光和密封保存。（2）当水样加盐酸溶液后有气泡产生，须重新采样，重新采集的样品不加盐酸溶液保存，样品标签上应注明未酸化。

【保存期】（1）14 d；（2）24 h。

【采样量】40 mL。

【容器洗涤】—

【检出限】全扫描模式：3 μg/L；离子选择扫描模式：0.6 μg/L。

【质量保证和质量控制】所有样品均采集平行双样。每批样品应至少做一个全程序空白：按照分析步骤，在实验室将一份实验用水放入样品瓶中密封，将其带到采样现场，与采样的样品瓶同时开盖和密封，之后随样品运回实验室。

生活饮用水标准检验方法　有机物指标（附录 A 吹脱捕集/气相色谱-质谱法测定挥发性有机化合物）（GB/T 5750.8—2006）

【适用范围】测定生活饮用水及其水源水。

【采样容器】40 mL 棕色玻璃瓶附螺旋盖及聚四氟乙烯垫片。

【采样方法】采样时，使水样在瓶中溢流出而不留气泡；若从开放的水体中采样，先用 1 L 的广口瓶或烧杯从有代表性的区域中采样，再小心把水样从广口瓶或烧杯中倒入样品瓶中。

【固定剂】（1）无余氯样品：盐酸溶液；（2）有余氯样品：抗坏血酸+盐酸。

【保存方法】（1）不含余氯的样品和现场空白，每 40 mL 水样中加 4 滴 4 mol/L 的盐酸做固定剂。4℃保存。（2）含余氯的样品和现场空白，在样品瓶中先加入抗坏血酸（每 40 mL 水样中加 25 mg），待样品瓶中充满水样并溢流后，每 20 mL 样品中加入 1 滴 4 mol/L 盐酸调节样品 pH＜2。4℃保存。

【保存期】14 d。

【采样量】40 mL。

【容器洗涤】—

【检出限】0.11 μg/L。

【质量保证和质量控制】所有样品均采集平行样，每批样品要带一个现场空白。

地表水和污水监测技术规范（HJ/T 91—2002）

【适用范围】对江河、湖泊、水库和渠道的水质监测，包括控制断面以及污染源排放污水的监测。

【采样容器】硬质玻璃瓶。

【采样方法】—

【固定剂】盐酸+抗坏血酸。

【保存方法】用（1+10）盐酸调至 pH=2，加入 0.01～0.02 g 抗坏血酸除去残余氯，0～4℃冷藏避光保存。

【保存期】12 h。

【采样量】1 000 mL。

【容器洗涤】洗涤剂洗 1 次，自来水洗 3 次，蒸馏水洗 1 次。

【检出限】—

【质量保证和质量控制】—

水质　样品的保存和管理技术规定（HJ 493—2009）

【适用范围】天然水、生活污水及工业废水。

【采样容器】硬质玻璃瓶。

【采样方法】—

【固定剂】盐酸+抗坏血酸。

【保存方法】用（1+10）盐酸调至 pH≤2，加入 0.01～0.02 g 抗坏血酸除去残余氯，1～5℃避光保存。

【保存期】12 h。

【采样量】1 000 mL。

【容器洗涤】—

【检出限】—

【质量保证和质量控制】—

298. 仲丁基苯

水质 挥发性有机物的测定 吹扫捕集/气相色谱-质谱法（HJ 639—2012）

【适用范围】海水、地下水、地表水、生活污水和工业废水。

【采样容器】40 mL 棕色玻璃瓶，具硅橡胶-聚四氟乙烯衬垫螺旋盖。

【采样方法】采样时不需用样品进行荡洗，水样在样品瓶中溢流而不留空间。取样时应尽量避免或减少样品在空气中暴露。

【固定剂】（1）抗坏血酸+ 盐酸；（2）—。

【保存方法】（1）每 40 mL 样品需加入 25 mg 的抗坏血酸；若样品中总余氯的量超过 5 mg/L，总余氯每超过 5 mg/L，需要多加 25 mg 的抗坏血酸。采样时，水样呈中性时向每个样品瓶中加入 0.5 mL 盐酸溶液，拧紧瓶盖；水样呈碱性时应加入适量盐酸溶液使样品 pH≤2。4℃保存。（2）当水样加盐酸溶液后产生大量气泡时，应弃去该样品，重新采集样品。重新采集的样品不应加盐酸溶液，样品标签上应注明未酸化。4℃保存。

【保存期】（1）14 d；（2）24 h。

【采样量】40 mL。

【容器洗涤】样品瓶应在采样前用甲醇清洗。

【检出限】全扫描模式：1.0 μg/L；离子选择扫描模式：0.3 μg/L。

【质量保证和质量控制】所有样品均采集平行双样。每批样品至少应采集一个运输空白和全程序空白样品。空白中目标化合物浓度应小于下列条件的最大值：（1）方法检出限；（2）相关环保标准限值的 5%；（3）样品分析结果的 5%。若空白试验未满足以上要求，则应采取措施排除污染并重新分析同批样品。

水质 挥发性有机物的测定 顶空/气相色谱-质谱法（HJ 810—2016）

【适用范围】地表水、地下水、生活污水、工业废水和海水。

【采样容器】40 mL 棕色玻璃瓶，具硅橡胶-聚四氟乙烯衬垫螺旋盖。

【采样方法】采集样品时，不宜用水样进行荡洗，应使水样在样品瓶中溢流且不留空间。

【固定剂】（1）抗坏血酸+盐酸；（2）—。

【保存方法】（1）若水样中含有余氯，采样前，应向 40 mL 棕色采样瓶中加入 25 mg 的抗坏血酸。若水样中余氯含量超过 5 mg/L，应按比例增加抗坏血酸的加入量，余氯含量每增加 5 mg/L，则应多加入 25 mg 的抗坏血酸。样品采集后，应立即加入适量盐酸溶液，使样品 pH≤2，拧紧瓶盖，4℃以下冷藏，避光和密封保存。（2）当水样加盐酸溶液后有气泡产生，须重新采样，重新采集的样品不加盐酸溶液保存，样品标签上应注明未酸化。

【保存期】（1）14 d；（2）24 h。

【采样量】40 mL。

【容器洗涤】—

【检出限】全扫描模式：4 μg/L；离子选择扫描模式：0.6 μg/L。

【质量保证和质量控制】所有样品均采集平行双样。每批样品应至少做一个全程序空白：按照分析步骤，在实验室将一份实验用水放入样品瓶中密封，将其带到采样现场，与采样的样品瓶同时开盖和密封，之后随样品运回实验室。

生活饮用水标准检验方法　有机物指标（附录 A 吹脱捕集/气相色谱-质谱法测定挥发性有机化合物）（GB/T 5750.8—2006）

【适用范围】测定生活饮用水及其水源水。

【采样容器】40 mL 棕色玻璃瓶附螺旋盖及聚四氟乙烯垫片。

【采样方法】采样时，使水样在瓶中溢流出而不留气泡；若从开放的水体中采样，先用 1 L 的广口瓶或烧杯从有代表性的区域中采样，再小心把水样从广口瓶或烧杯中倒入样品瓶中。

【固定剂】（1）无余氯样品：盐酸溶液；（2）有余氯样品：抗坏血酸+盐酸。

【保存方法】（1）不含余氯的样品和现场空白，每 40 mL 水样中加 4 滴 4 mol/L 的盐酸做固定剂。4℃保存。（2）含余氯的样品和现场空白，在样品瓶中先加入抗坏血酸（每 40 mL 水样中加 25 mg），待样品瓶中充满水样并溢流后，每 20 mL 样品中加入 1 滴 4 mol/L 盐酸调节样品 pH<2。4℃保存。

【保存期】14 d。

【采样量】40 mL。

【容器洗涤】—

【检出限】0.13 μg/L。

【质量保证和质量控制】所有样品均采集平行样，每批样品要带一个现场空白。

地表水和污水监测技术规范（HJ/T 91—2002）

【适用范围】对江河、湖泊、水库和渠道的水质监测，包括控制断面以及污染源排放污水的监测。

【采样容器】硬质玻璃瓶。

【采样方法】—

【固定剂】盐酸+抗坏血酸。

【保存方法】用（1+10）盐酸调至 pH=2，加入 0.01～0.02 g 抗坏血酸除去残余氯，0～4℃冷藏避光保存。

【保存期】12 h。

【采样量】1 000 mL。

【容器洗涤】洗涤剂洗 1 次，自来水洗 3 次，蒸馏水洗 1 次。

【检出限】—

【质量保证和质量控制】—

水质　样品的保存和管理技术规定（HJ 493—2009）

【适用范围】天然水、生活污水及工业废水。

【采样容器】硬质玻璃瓶。

【采样方法】—

【固定剂】盐酸+抗坏血酸。

【保存方法】用（1+10）盐酸调至 pH≤2，加入 0.01～0.02 g 抗坏血酸除去残余氯，1～5℃避光保存。

【保存期】12 h。

【采样量】1 000 mL。

【容器洗涤】—

【检出限】—

【质量保证和质量控制】—

299. 仲丁威

水质　氨基甲酸酯类农药的测定　超高效液相色谱-三重四极杆质谱法（HJ 827—2017）

【适用范围】地表水、地下水、生活污水和工业废水。

【采样容器】磨口棕色玻璃瓶。

【采样方法】采样瓶要完全注满不留气泡。

【固定剂】（1+1）硫酸或 0.4 g/mL 氢氧化钠。

【保存方法】用（1+1）硫酸或 0.4 g/mL 氢氧化钠调节水样为中性，水样 4℃以下冷藏避光保存。

【保存期】3 d。

【采样量】250 mL。

【容器洗涤】—

【检出限】直接进样：0.2 μg/L；固相萃取：0.007 μg/L。

【质量保证和质量控制】—

水质　样品的保存和管理技术规定（HJ 493—2009）

【适用范围】天然水、生活污水及工业废水。

【采样容器】（1）硬质玻璃瓶，溶剂洗；（2）聚乙烯瓶（桶）。

【采样方法】—

【固定剂】如果样品被加氯，每 1 000 mL 水加 80 mg 五水硫代硫酸钠。

【保存方法】（1）1～5℃；（2）−20℃冷冻。

【保存期】（1）14 d；（2）1 个月。

【采样量】1 000 mL。

【容器洗涤】—

【检出限】—

【质量保证和质量控制】—